中等专业学校试用教材

设备安装工艺

张锡璋　主编

中国建筑工业出版社

前　言

　　《设备安装工艺》是根据建设部教育司1988年3月颁布的工业设备安装工程专业的《毕业生业务规格》、《教学计划》和1989年12月颁布的《设备安装工艺教学大纲》编写的。

　　本书由四川省建筑总公司高级工程师（教授级）包其国副总工程师及四川省建筑工程学校高级讲师谢守陶主任和讲师刘成毅同志评审，建设部中专校建筑机电与设备安装专业教学指导委员会评审推荐，最后由包其国担任主审。他们对本书提出许多宝贵意见，在此致以诚挚的谢意。

　　参加本书编写的有：王绍民（第十章和第十一章）、岳柏山（第十四章）和张锡璋（其余各章），刘居田、高文安、张学文和吴杰生四同志协助描图，全书由张锡璋担任主编。

　　由于作者水平有限，不妥之处在所难免，恳请广大读者批评指正。

目 录

绪　　论

《设备安装工艺》是讲述设备安装的施工程序和方法及安装质量标准的一门科学。

工业设备的种类繁多，大体上可分为两大类：机械设备和静置设备。

所谓的机械设备，是指由许多零部件按一定的机构学原理组成，可以做功或者起特殊作用的装置。如：

（1）金属切削机床类——车床、刨车、铣床、镗床、磨床、钻床、滚齿机等。

（2）锻压和铸造类——压力机、液压机、空气锤和造型机、碾砂机、筛砂机、混砂机及冲天炉等。

（3）通用机械类——压缩机、风机、泵、空气分离设备等。

（4）起重运输类——桥式起重机、电动葫芦、电梯、皮带运输机等。

（5）专用机械类——冶金机械、石油化工机械、轻工机械、农业机械、医疗机械、建材机械、发电及配电机械等。

（6）其他机械——打包机械、检验机械等。

所谓的静置设备，是指塔、罐、柜、槽等容器类设备和电视塔、电线塔、火炬塔、排气筒等金属构筑类设备。

机械设备按照生产工艺要求安放在一定的基础位置上，并使之具备投产或使用条件的施工过程，称为机械设备安装。

机械设备安装，可分为整体式机械设备（由制造厂完全装配好的机械设备）安装和解体式机械设备（制造厂只组装成部件的机械设备）安装。前者安装简便、容易；后者复杂、难度大。当然机械设备安装的难易还与精密度高低有关。概括的讲，机械设备安装的一般程序是：开箱检查验收、起重与搬运、基础验收放线和设备放线、设备就位、找平找正、设备固定、拆卸、清洗、装配、试运转和验收交工等。

对某些机械设备（如锅炉）来说，安装施工也就是这类机械产品最后一道组装工序，将散装的零、部件组装成完整的产品，并进行性能测试和试运转（冷态和热态的）。

对于静置设备，可分为静置设备整体安装、静置设备的组对安装和静置设备现场制作安装三种情况。静置设备整体安装比较简单，设备由制造厂制造好，整体运到安装现场，其主要安装任务是吊装就位和找平找正等。静置设备的组对安装，是由制造厂分段制造（多数因运输条件限制），运抵现场，在现场组对成整体（可散装正装、散装倒装或整体吊装就位）。这类设备因尺寸大、自重大，其安装的主要工作量是组对和吊装。对要在施工现场制作安装的设备（多数因刚度不足而受运输条件限制不能在制造厂制造），则要进行放线下料、成型组对、焊接与检验、刷漆防腐等工艺施工。

与设备安装配套的施工项目还有管道、电气、仪表等工程。设备安装质量的好坏，也直接影响其他工程的施工质量和进度。由此可见，安装工程施工必须多工种协同配合，才能完成整体工程任务，首先安装要和土建紧密配合，因为安装施工是在构筑物上进行，而构筑物是由土建施工人员完成的；其次是安装各工种之间的配合。参加安装施工的主要工种有：安装钳工、设备起重工、电焊工、气焊工、铆工、通风工、管道工、电气安装工、筑炉工、油漆工和仪表调整工等。从安装工程施工任务来看可划分为三大部分：设备、管道和电气。从使用角度看，三者是一个整体，仅在施工时才这样分工，便于管理。在设备安装中，机械设备安装主要的工种是安装钳工，在机械设备安装过程中起主导作用。静置设备安装主要工种是铆工（对一些简单的安装施工有时也由安装钳工负责）和设备起重工。安装钳工是钳工工种中的一个分支，它在掌握普通钳工的知识和技能基础上，还要熟练地掌握设备安装的基本知识与技能。

设备安装涉及的技术问题广，需要的知识面宽。为了保持理论知识的系统性和讲述方便，把设备安装过程所需主要的理论知识分工如下：

现场制安静置设备的设计和制作工艺在《金属结构》课程中讲授。设备安装中的检测技术和方法在《设备安装测试基础》课程中讲授。设备的吊装与搬运在《设备起重与搬运》课程中讲授。设备安装的施工组织与管理和安装定额与预算均另开专门课程讲授。而《设备安装工艺》这门课程的主要任务是：掌握设备安装的基本工艺过程和典型安装方法；了解典型工业设备的工作原理、主要结构及其安装工艺和质量要求，具备设备安装施工管理和技术管理的能力。

"设备安装工艺"正处于发展阶段，作为一项实用的科学，有待不断研究和深入探索。安装工程是建设中最后施工阶段，通过安装工程的最后试生产，装置即可转入正式使用，发挥投资效益。因此设备安装是基本建设工程的重要组成部分。土建与安装是建筑业的两大支柱。安装工程的速度和质量，是基本建设事业发展的重要标志，设备安装工程包括设备从制造出厂进入现场安装直至正式投产使用前的全部过程，所以，设备安装工程是建设和生产的重要"桥梁"和"纽带"，是扩大再生产必不可少的步骤。

设备安装作为一项独立的工艺技术是伴随着工业化发展而出现的，但其重要性在工业化初期并没有给予应有的重视。随着工业化与专业化的发展，人们越来越发现它的重要性。这不仅在于设备投资占基本建设费用的比重大，而且设备安装的施工质量和工期直接影响投资效益的发挥，因而成为人们关注的大问题。随着国家工业化的发展，设备安装工程的施工手段已从原始的劳动密集型转向技术密集型发展，要求从事设备安装的工人、技术人员和领导干部必须熟练掌握安装工程的基本知识、安装工程的内容和一般要求；设备基础类型和特点；垫铁和地脚螺栓的种类和特点；设备的搬运和起重、保管和验收及各种设备的安装方法与检测方法；能正确分析设备在安装过程中出现的故障及排除方法等，并能运用现代化的系统工程手段进行管理。随着工业化的发展，设备安装已形成为一门独立的学科。

思 考 题 与 习 题

0—1　《设备安装工艺》是干什么的？

0—2　什么是机械设备？什么是静置设备？

0—3　机械设备安装的类型有哪些？其主要任务是什么？其程序是什么？

0—4　静置设备安装的类型有哪些？其主要任务各是什么？

0—5　安装工程有哪些工种参加？设备安装工程的主要工种是什么？

0—6　简述"设备安装工艺"的发展过程。

0—7　工业设备安装的任务是什么？你对从事安装事业有什么感想？

第一篇 设备安装概论

第一章 设备安装的准备工作

第一节 设备的开箱检查

一、设备的开箱

设备出厂时，大多是经过良好包装的。设备运抵现场后，把设备的包装箱打开，以备检查和安装，这道工序叫做设备开箱。

设备开箱，应注意以下几点：

(1) 设备开箱前，应查明设备的名称、型号和规格，检查设备的箱号和箱数以及包装情况，防止开错。

(2) 设备开箱前，最好将设备搬至安装地点附近，以减少开箱后的搬运工作。

(3) 开箱时，应先将设备箱顶板上的灰尘扫除干净，防止灰土落入设备内。

(4) 设备开箱时，一般自顶板开始，查明情况，再采取适当方法拆除其他箱板。如果不便首先拆开顶板，也可选择侧面的适当位置拆除少数箱板，查明情况后再进行开箱。

(5) 开箱时，要选择合适的开箱工具，不要用力过猛，以免损伤箱内设备。

(6) 拆卸箱板时，应注意周围的环境，以防箱板倒下碰伤周围设备或人员。拆下的箱板应及时回收或妥善保管。

(7) 设备上的防护物和包装，应在施工工序需要时拆除，不得过早拆除，以免设备受损。

二、清点检查

设备开箱后，安装单位应会同有关部门人员对设备进行清点检查。清点检查的目的有三个：第一，设备的零件、部件、附件是否齐全；第二，设备有否损坏；第三，清点检查完毕后，应填写《设备开箱检查记录单》，设备交安装单位保管，即办理移交。为此，应注意以下几点：

(1) 设备的清点检查，应根据设备制造厂提供的设备装箱单进行。

(2) 清点检查时，首先应该核实设备的名称、型号和规格，必要时应对照设备图纸进行检查。

(3) 清点设备的零件、部件、随机附件、备件、附属材料工具，以及设备出厂合格证和其他技术文件是否齐全。

(4) 检查设备外观质量，如有缺陷、损伤和锈蚀等情况，应填入记录单中，并进行研究和处理。

（5）设备的转动和滑动部件，在防锈油料未清除前，不得转动和滑动。由于检查而除去的油料，在检查后应重新涂上。

通过开箱检查，可以初步了解设备的完整程度和是否缺少零部件；但是，要想查出设备的所有缺陷和问题是不可能的。设备的开箱检查只能查看外观质量，更具体更细致的技术检查，必须在以后的各施工工序中继续进行。

三、设备及零部件的保管

安装单位在设备开箱检查后，应对设备及其零部件妥善保管。在保管中要注意以下几点：

（1）设备开箱后，应加强保管，进行编号、分类；一般不得露天放置，以免设备损伤和受风雨灰砂的侵害。

（2）暂时不安装的设备和零部件，应把已检查过的精加工面重新涂油，以免锈蚀；并采取保护措施，以防擦伤和损坏。

（3）经过切削加工的零件、部件和备件，不得直接放在地面上，最好置于木板架上。

（4）堆放在一起的零部件，先安装的应放在外面或上面，后安装的应放在里面或下面，以免安装时乱翻。

（5）设备上的易碎物品、易丢失的小零件、贵重仪表和材料均应单独收藏和保管，但要注意编号，以免混淆和丢失。

四、进口设备的验收与管理

近几年来，我国引进了一些国外生产的机器和设备。这些机器和设备的特点是：技术较先进、结构较复杂、安装与调试涉及到多种专业知识，价格也比较昂贵，从事设备安装工程的技术人员必须了解从国外引进设备的接运、商检、保管维护和安装调试等工作。

（一）签定合同

引进国外设备，通常是由外贸部门代替用户向国外订货。订货成交后，由外贸部门与外商签订贸易合同。该合同是同外商进行交涉的法律依据。

合同的内容主要包括：外商应交付的内容与范围；交付方式（包括交货地点）；价格；验收的方法和依据；双方承担的权利和义务。

在合同中，一般规定有两个保证期：

1.索赔期

索赔期也称品质降次保证期。通常情况下，如发现引进设备质量、规格、数量存在问题，应在规定期限内对外商提出索赔，索赔期的期限长短是根据设备的复杂程度、国际惯例、用户要求而确定的。一般是从设备到达我国卸货港后，从船上卸到码头上之日算起20天至90天。

2.保证期

保证期也称使用保证期。如果发现引进的设备质量不合格，零件存在缺陷等，按合同的规定，责任在于售方。因此在保证期内对外商提出索赔。保证期是从设备的卸毕日期起三个月至十二个月，有时也可以从设备安装调试后（由外商委派安装人员）六个月至十二个月提出索赔。

合同签定之后，外贸部门常以订货通知单的形式将有关的合同内容通知用户，如设备名称、型号、交付内容和范围、价格、交货日期、地点、卸货港口及品质降次保证期限和使用保证期等。

对于比较复杂的大型设备，外贸部门将合同复制样本交给用户，合同的原本保存在外贸部门。

引进项目的工程建设进度要为进口设备工作创造完善的条件，确保进口设备的检验、安装、调试等工作按合同规定期限完成。

（二）接运

由于进口设备从国外经过长途转运（一般是海运）到中国卸货港。订货合同中规定的两个保证期一般是从设备到中国港口后卸毕日期开始算起，因此进口设备的接运工作十分重要，最好派专人在港口负责联系接运，接运工作主要是：

（1）密切配合港口、铁路等部门做好国内装运工作，对超高、超重、大型精密贵重设备要派专人押运，对装运中有特殊要求的（如超高、超重、超长、超宽、防震等）设备还要事先编制妥善措施，并及时向上级有关部门报告，力求使到港设备尽快地、安全地运到安装场地。

（2）与有关部门密切配合，按国外装运单清点到货箱件，核对实物。如发现缺箱、破损等问题要会同有关部门做好检查记录（必要时拍照片），取得有效签证文件，分清责任，便于索赔。对于破损的包装要迅速设法修复，避免装卸中再遭损失。

（3）设备运到现场后，要办理交接手续，并检查包装完好情况，做到箱件数量清、手续清和责任清。

（三）商检

所谓商检，就是进口商品检验的简称。国外设备到厂后应尽快进行商检工作。做好这项工作，对于维护国家利益、监督外商履行合同、防止外商投机诈骗，以确保进口设备高质量及时安装投产，具有重要的政治意义和经济意义。

根据外贸部"进口物质检验和索赔办法"规定，进口设备由订货部门负责组织检验，商品检验局经过必要的核实或复验后予以出证。

进口设备的商检工作是在当地的商品检验局指导下进行的。

进口设备的商检依据是对外贸易合同和国外发货、运输单据等，这些也是对外出证索赔的法律依据。如果发现缺少必要的单据和技术资料，应分别向代订设备的外贸部门和对外贸易运输公司索取。

商检前，必须将有关技术资料翻译好，组织参加商检的人员熟悉和核对"合同"（或订货通知单）、"装箱单"，准备好必要的开箱工具，安排合适的开箱检验的场地（尤其是大型分装多箱的设备），无关人员不得进入开箱场地，通知当地商品检验局确定开箱商检日期。

要坚持技术标准，现场进行商检。在设备商检同时，必须对提供的技术标准进行审查。

进口设备商检时，开箱前应查明包装或货件上的标记、号码及件数与收货单记载的是否相符。注意包装有无油污、水渍、破损、修补等情况。

开箱时，应避免重力敲击或以铁器插入箱内。开箱后，应先检查箱内货物的衬垫包装是否符合保护货物的质量要求。如果发现包装影响商品质量，应详细记录包装情况，保持包装原状或拍下照片。对于表面已发现残损的，除对内外包装做好检查并详细记录（必要时进行拍照）外，还应逐件检查残损情况。

此外，应以运输单证为依据，检查进口设备的总数量，进行验收时应以商务记录或现货签证为准，箱内或包件内的数量应以发票、装箱单、明细单为依据。每箱可能有溢有缺，应注意各箱溢缺能否相抵。箱（件）内发现数量短少，要记录箱（件）内货物衬垫情况，并保留原包装物料，以备复检。对电器、备品备件、易损零件等开箱检验时，必须注意零件内是否混入内包装物料。

对于进口设备经验收发现问题时，就应按国际规定索赔。索赔前应及时申报商检局检验出具证明，并提供验收报告，以及对外贸易合同、发票、装箱单、提货单或运单及有关技术资料，以供商检局审核复验，申报商检局检验出证。必须在索赔期内最少留出十五天时间，以备商检局复验出证和对外贸易公司办理对外索赔手续。

对于需要对外提出索赔，未经商检局检验出证或经检验出证提出退货或换货的设备，应妥善保管，暂勿动用，以免被动。对于索赔而无需退货或换货的设备，在未得到外商同意索赔前要使用的，需征得商检局同意。

（四）保管维护

进口设备运到现场后应在仓库或空厂房内存放，如有特殊要求则应采取相应措施，只有允许在室外存放的，才能放置在露天仓库内保管。无论室内室外仓库存放的设备，其存放位置要适应运输、起吊、消防、不变形等要求，并考虑防火、防盗、防潮、防雨、防鼠、防压及防倒等措施。

对于进口设备开箱商检后，短期内又无安装条件的，或安装后短期内不投入生产的，要设专人做好保养维护工作。

对于外商提供的和随设备带来的技术资料（原件），包括图纸、样本、说明书、合格证、装箱单、有关函件等，要逐项登记交资料部门翻译复制、保管，随设备带来的专用工具、量具及备品备件，应清点入帐，分别交职能部门保管。

（五）关于进口设备安装调试问题

1. 安装调试方式

进口设备安装调试按合同规定一般有以下三种方式：

（1）由外商派专门技术人员来现场负责安装调试。

（2）由我方指派国内某安装单位负责安装，由外商负责调试。

（3）我方负责安装调试。

为了节省外汇，除了特别大型、精密、稀有、复杂的设备外，一般引进的机械设备应由我方负责。

2. 安装调试前应及时做好以下准备工作

（1）译制好全部有关安装调试的技术资料；

（2）组织有关安装调试人员（包括操作者要定人定机）熟悉有关资料，制定安装调试计划，编制工艺规程和其他技术文件；

（3）准备好安装调试所需材料、工件、工装、夹具和量具等；

（4）对安装的机械设备的基础，施工完毕并验收合格；

（5）对于有外商派来的技术人员参加安装调试的工程，要组织较强的技术力量，积极配合，充分作好准备，认真学习较先进的安装工艺和调试技术。

引进机械设备的安装调试工作，除要按照"合同"规定的技术要求执行外，还应参照我国验收规范进行。

3.安装调试时的注意事项

(1) 在进行引进机械设备调试时，必须有安装部门、管理部门和生产部门的有关人员参加。调试合格后，调试负责人和操作者在调试记录上签证（外商负责调试的，由双方签证）；调试不合格者，要及时办理索赔。

(2) 安装调试合格后，应及时办理交工验收手续，使设备投入使用。力争在合同规定的保证期内充分考核设备的性能。出现问题者，凡是属于外商责任的，均可办理索赔。

(3) 必须注意：引进设备的接运、商检、保管维护、安装调试等相互关系密切，政策性和时间性均极强，必须在合同规定的两个保证期内做好有关工作。商检工作必须根据合同规定在索赔期内完成，否则外商不承担任何责任。安装调试必须在保证期内完成，以便在运行中暴露更多设备性能上存在的问题和向外商索赔。

第二节 设备基础

一、设备基础的作用及对其要求

每台设备都需要一个坚固的基础，以承受设备本身的重量和设备运转时产生的摆动和振动。并能长久保证设备正常运行，对其他邻近建筑不得有任何妨碍。因此设备基础的主要作用是：

(1) 根据生产工艺要求，把设备牢固地固定在设计位置上。

(2) 能承受设备的重量，运转过程中产生的各种力和力矩，并能将它均匀地传递到土壤中去。

(3) 吸收和隔离因动力作用而产生的振动，防止共振现象。

对设备基础的基本要求是：

(1) 具有足够的强度、刚度和稳定性。

(2) 能耐介质的腐蚀。

(3) 不发生过度沉陷和变形，确保设备正常运转。

(4) 不因设备本身运转时的振动或地震的影响而对周围建筑物产生影响。

(5) 不会由于外部荷载（例如风荷载）而产生倾倒。

(6) 能最大限度节省材料及施工费用。

二、基础的分类

(一) 按基础的位置可分为：

1.室内基础

室内基础不受室外风荷载的影响。在设计基础时，只考虑设备的重量及运转时产生的力和力矩。

2.室外基础

室外基础除受到设备的重量及运转时产生的力和力矩作用外，还受到风荷载的影响。因此，在设计时还应考虑当地风荷载最大值对基础造成的倾覆力矩。

（二）按基础承受荷载性质可分为：

1. 受静负荷的设备基础

这类设备基础仅承受设备本身重量和内部物料的重量，基本上没有动负荷。例如：贮罐、热交换器和塔类等静置设备。若在室外，还要考虑风荷载产生的倾覆力矩。

2. 受动负荷的设备基础

这类设备基础不仅承受设备本身重量及加工件重量的静负荷作用，同时还承受设备在运转中产生的动负荷作用。例如：离心压缩机、蒸汽轮机等高转数机械产生的旋转惯性力；活塞式压缩机等往复式机械产生的往复惯性力和旋转惯性力；振动力较大的冲床、锻锤、破碎机等。

（三）按基础使用的材料不同可分为：

1. 素混凝土基础

这类基础是用砂子、石子和水泥按一定配比浇注而成。它多用于安装静置设备或动荷不大的设备，例如：罐槽类设备，轻型切削机床、小型电机和水泵及其它均衡运转的小型设备。

2. 钢筋混凝土基础

这类基础不同的是在基础浇注之前或浇注过程中，放置扎成一定形状的钢筋骨架或钢筋网，以加强基础的强度和刚度。这类基础安装大型及有振动力的设备。例如：压缩机、轧钢机和重型金属切削机床等。

（四）按基础的结构和外形不同可分为：

1. 单体式基础

单体式基础又称单块式基础，它是按工艺要求单独建成的，不与其他基础或厂房相连；其顶面的形状与设备底座基本相似或者稍大一些；其顶面标高根据工艺需要而定。

单体式基础根据结构形状不同又可分为以下四种：

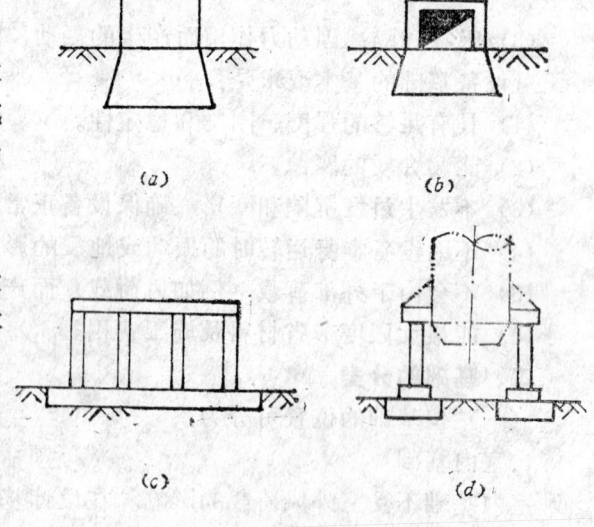

（1）实体式基础（图1-1a）。对于大型塔类设备和外形简单的设备多用实体式基础。这种基础的顶面有方形的、矩形的和圆形的等多种形状，其外形有单节的、多节的和阶梯式的几种。

（2）地下室式基础（图1-1b）。这类设备基础主要用来安装重量较轻的设备，其结构特点是有一空腔，形成地下室结构；地面以下部分四面形成倾斜角度。

（3）墙式基础（图1-1c）。这类基础的结构特点是基础形成竖立的墙壁，用来承受主要的力。主要用来安装重量较轻的设备、回转式设备或贮罐。

图 1-1 单体式基础

（a）实体式；（b）地下室式；（c）墙式；（d）构架式

（4）构架式基础（图1-1d）。这类基础主要用来安装某些需要在底部进行操作的设备，如物料反应罐等。

2.大块式基础（图1-2）

大块式基础建成连续大块式或板式，以供邻近多台设备、辅助设备和工艺管道的安装（图1-2a）。有时也可将厂房的混凝土楼板或屋顶作为大块板式基础使用（图1-2b）。

三、基础的施工

基础施工由土建部门来完成的，但是生产部门和安装部门也必须了解基础施工的过程，以便进行必要的技术监督和基础验收工作。

基础施工大致分如下过程：挖基坑、装设模板、安装钢筋、安装地脚螺栓或预留孔模板、浇注混凝土、维护保养、拆除模板等。

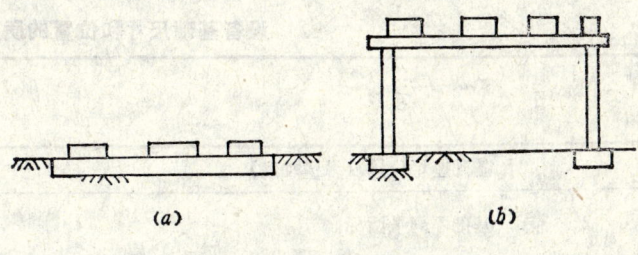

图 1-2 大块式基础
(a) 地坪式；(b) 楼板式

为了使基础混凝土达到预定的强度，基础浇注完毕之后不允许立即进行设备安装，而至少养护7～14天（此时混凝土强度达到设计强度的60％以上）；否则必须在基础施工阶段采取必要的措施。

四、基础的验收

虽然基础施工由土建单位负责，但是安装单位在设备安装就位前，应对设备基础进行检验，以保证安装工作顺利进行。

土建部门将基础移交给安装部门时，安装部门应检查下列技术文件是否齐全：

(1) 附有材料表的基础施工图；

(2) 基础标高测量图表；

(3) 基础定位测量图表；

(4) 关于基础质量合格记录及签署的交接证书；

(5) 对大型设备或高精度设备及冲压设备的基础，提供基础预压记录及沉降观测点。

基础验收的具体工作是由安装部门根据技术文件和技术规范，对基础工程进行全面审查。其检查项目和验收标准如下：

(1) 基础表面的模板、地脚螺栓孔内的模板及地脚螺栓固定架，必须拆除掉。碎料（如木块、碎砖、脱落的混凝土块等）及杂物、积水等，应全部清除干净。

(2) 基础的几何尺寸，必须符合图纸设计要求，其偏差不能超过表1-1规定的允许误差范围。

(3) 根据设计图纸要求，检查所有预埋件（包括预埋地脚螺栓）的数量和位置的正确性。

(4) 基础混凝土的强度应符合设计要求。

(5) 基础表面应无蜂窝、裂纹及露筋等缺陷。用50N重的手锤敲击基础，检查密实度，不得有空洞声音。

混凝土基础（包括钢筋混凝土基础）由土建部门负责施工，并向安装单位移交。安装单位根据设计要求进行验收。对大型设备基础需要进行预压试验（压力试验），亦由土建部门实施，安装单位协助。

在五十年代曾采用过"钢球撞痕法"对混凝土进行强度校验。但由于撞痕大小的取值不易正确，因而强度值也不真实。在六十年代用"回弹法"作强度测试，并且对混凝土是否疏松，采用"超声法"检测。对有空洞怀疑的混凝土体用"取芯法"来检验混凝土的质量。这些检测工具和手段，土建部门一般都具备，因此安装单位验收基础时，对混凝土基础的质量如有不符合要求时，可向土建部门提出，要求进行复查。

设备基础尺寸和位置的质量要求　　　　表 1-1

项次	项	目	允许偏差 (mm)
1	基础座标位置（纵横轴线）		±20
2	基础不同平面标高		+0 −20
3	基础上平面外形尺寸		+20
4	凸台上平面外形尺寸		−20
5	凹穴尺寸		±20
6	基础上平面的水平度	每米	5
		全长	10
7	竖向偏差	每米	5
		全高	20
8	预埋地脚螺栓	顶端标高	+20 −0
		中心距（在根和顶）	±2
9	预留地脚螺栓孔	中心位置	±10
		孔壁垂直度	10
		深度	+20 −0
10	预埋活动地脚螺栓锚板	标高	+20 −0
		中心位置	±5
		水平度（带槽的锚板）	5
		水平度（带螺纹孔的锚板）	2

五、基础的处理

（一）基础偏差的处理

设备基础经过检验后，对于不符合要求的地方，应立即进行处理，直到达到要求为止。

一般情况，基础的标高、中心线的位置以及地脚螺栓偏斜（或地脚螺栓孔中心线偏移）的现象较普遍，其处理方法如下：

（1）当基础标高过高时，可用凿子将高出的部分凿去；当基础标高低于设计标高时，可待基础铲麻面后补浇注混凝土。

（2）当基础中心线偏差过大时，可改变地脚螺栓的位置来补救。

（3）对于地脚螺栓孔中心线发生偏移过大的情况，可用扩大地脚螺栓孔的方法来修正；当地脚螺栓孔垂直度发生偏差过大时，可用修整地脚螺栓孔壁的方法来纠正。

（二）基础铲麻面

为了使二次灌浆层能与预浇的设备基础结合牢固，应在基础表面铲出麻坑，这项处理基础表面的工作叫做基础铲麻面。

铲麻面的方法是：利用尖铲在光滑的基础表面上凿出一个一个麻坑，其直径为30～50mm，麻坑的间距可根据基础的大小来决定，基础较小，二次灌浆层起重要作用，间距可小些，一般取55～100mm；基础较大时，取150mm左右。基础转角处应铲有缺口（图1-3），以使二次灌浆层更加牢固。

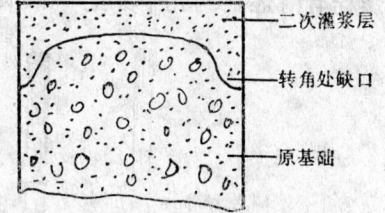

图1-3 基础转角处缺口图

基础铲麻面时，应加强劳动保护，注意安全，操作者应戴口罩和防护眼镜。

第三节 地 脚 螺 栓

地脚螺栓的作用是固定设备，使设备与基础牢固地联接在一起，以免工作时发生位移、振动和倾覆。

地脚螺栓、螺母和垫圈通常随设备配套供应，并在设备说明书中有明确规定。

地脚螺栓的直径与设备底座螺栓孔有关，其关系见表1-2。

底座螺栓孔与螺栓直径的关系 表1-2

底座螺孔 (mm)	55～65	48～55	40～48	33～40	27～33	22～27	17～22	13～17	12～13	10～12
螺栓直径 (mm)	48	42	36	30	24	20	16	12	10	8

通常情况下，每个地脚螺栓配置一个垫圈和一个螺母，但对振动剧烈的设备，应安装锁紧螺母或双螺母。

一、地脚螺栓的分类

地脚螺栓的长度应符合图纸的要求。当图上无规定时，可按下式确定：

$$L = 15d + S + (5 \sim 10) \quad (mm) \tag{1-1}$$

式中 L——地脚螺栓的长度，mm；

d——地脚螺栓的直径，mm；

S——垫铁高度、机座厚度、螺母厚度和预留量（一般为三个螺距）的总和。

（一）根据地脚螺栓的长短分为

1.短地脚螺栓

短地脚螺栓用来固定轻的、没有剧烈振动和冲击的设备，其长度为100～1000mm。

2.长地脚螺栓

长地脚螺栓用来固定重的、有剧烈振动和冲击的设备。其长度为1000～4000mm，长地脚螺栓大多和锚板一起使用（图1-5）。锚板用钢板焊制或用铸铁铸造。

（二）根据地脚螺栓与基础的连接形式可分为

1.死地脚螺栓——不可拆

11

死地脚螺栓通常用来固定工作时没有剧烈振动和冲击的中小型设备，它往往与基础浇灌在一起，故称死地脚螺栓——不可拆。其长度一般在100～1000mm之间，属于短地脚螺栓。常用的死地脚螺栓，头部多做成开叉式和带钩的形状，如图1-4所示。带钩的死地脚螺栓有时还在钩孔中穿上一根横杆，以防扭转和增大抗拔能力。

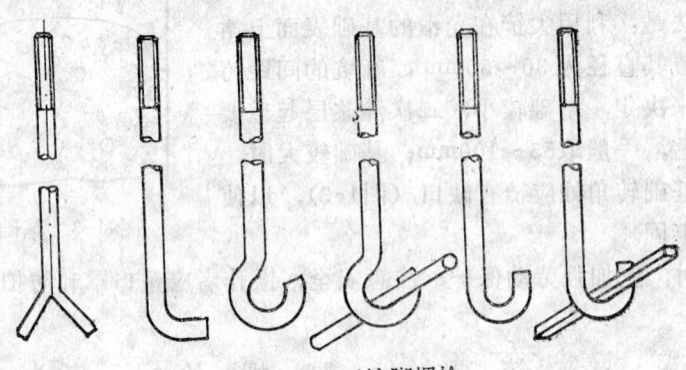

图 1-4　死地脚螺栓

2.活地脚螺栓——可拆

所谓活地脚螺栓，是指地脚螺栓与基础不浇灌在一起，基础内预先留出地脚螺栓的预留孔，并在孔下端埋入锚板，如图1-5所示。这种活地脚螺栓便于装拆，故当需要移动设备或更换地脚螺栓时，活地脚螺栓可以方便的取出。

活地脚螺栓一般是用来固定工作时有剧烈振动和冲击的重型设备，它的长度一般为1～4m，属于长地脚螺栓。它的形状分为两种：一种是螺栓两端都带有螺纹，都使用螺母；另一种是顶端有螺纹，下端呈"T"字型。双头螺纹式活地脚螺栓安装时必须拧紧，以免松动，T型头式活地脚螺栓安装时，必须在螺栓顶端面上打上方向性记号，以确保在插入锚板后，将螺栓转动90°的正确性，使矩形头正确的放入锚板槽内。

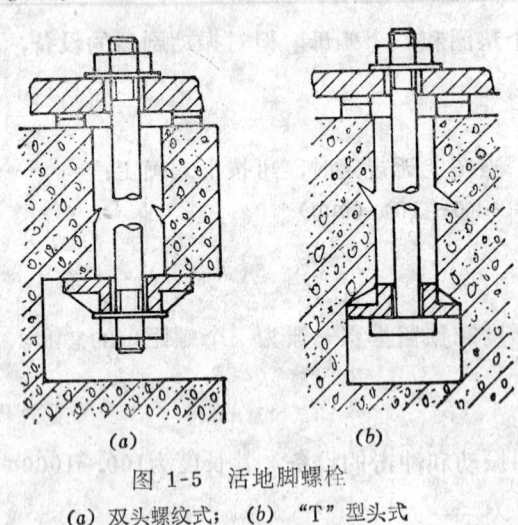

图 1-5　活地脚螺栓

(a) 双头螺纹式；(b) "T"型头式

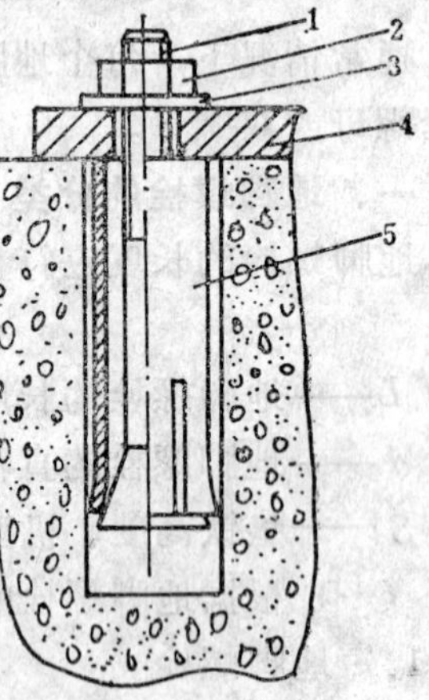

图 1-6　锚固式地脚螺栓

1—螺杆；2—螺母；3—垫圈；
4—设备底座；5—带口套管

3.锚固式地脚螺栓

锚固式地脚螺栓又叫膨胀螺栓（胀锚螺栓），这是一种新型地脚螺栓。锚固式地脚螺栓的结构如图1-6所示。这种地脚螺栓结构复杂，加工制做成本高。多数应用在浇灌基础

12

时，忘记埋设地脚螺栓或忘记留预留孔的情况下，这时可在基础上钻出螺栓孔，安装锚固式地脚螺栓。

二、地脚螺栓的安装

地脚螺栓在安装前，应将地脚螺栓上的锈垢、油污等清除干净（但螺纹部分仍应涂上油脂），以保证地脚螺栓灌浆后能与混凝土结合牢固。

（一）死地脚螺栓的一次灌浆法

在浇灌设备基础时，同时也将地脚螺栓浇灌好的方法称为一次灌浆法。根据地脚螺栓埋入的深度不同（一般总埋深为 $10d \sim 20d$，d 为地脚螺栓直径），可分为全部预埋和部分预埋两种型式，如图1-7所示。死地脚螺栓的一次浇灌法的优点是地脚螺栓与混凝土的结合力强，增加了地脚螺栓的稳定性、坚固性和抗振性；其缺点是安装时需使用地脚螺栓固定架，安装后不便于调整。

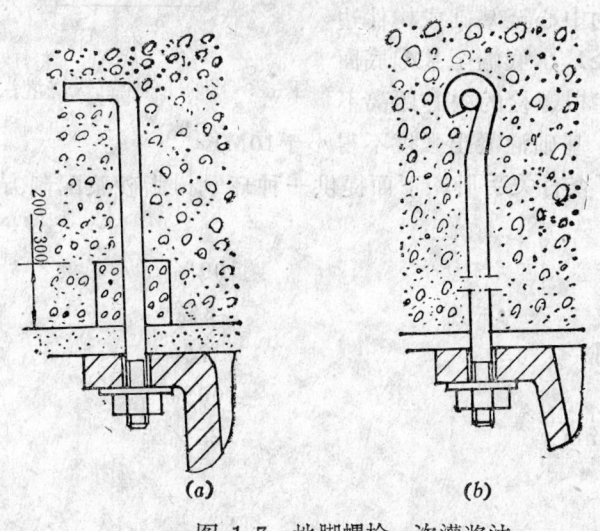

图 1-7 地脚螺栓一次灌浆法
(a) 全部预埋法；(b) 部分预埋法

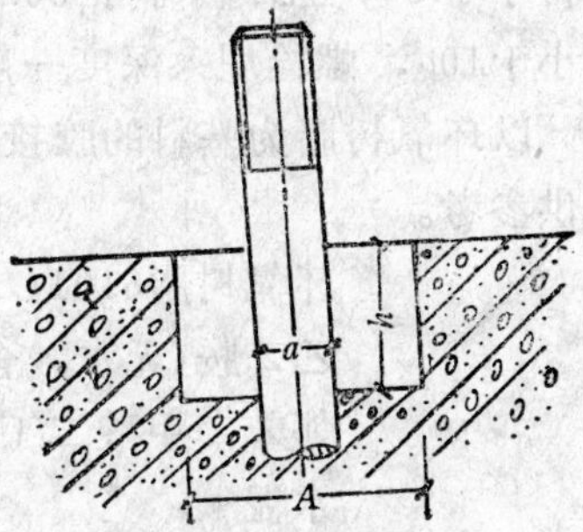

图 1-8 螺栓上部预留调整孔

对死地脚螺栓部分预埋法，根据设备的要求，在安装螺栓部位的上部预留调整孔，如图1-8所示，其预留孔的尺寸见表1-3。

螺栓上部预留调整孔尺寸（mm）　　　　表 1-3

d（螺栓直径）	$20 \sim 24$	$30 \sim 36$	$42 \sim 48$	56
A（孔的每边尺寸）	100	130	160	180
h（孔的深度）	200	300	400	500

（二）死地脚螺栓二次浇灌法

在浇灌基础时，预先在基础内留出地脚螺栓预留孔，在安装设备时再把地脚螺栓安装在预留孔内，然后用混凝土或水泥砂浆把预留孔浇灌满，使地脚螺栓固定，这就是死地脚螺栓的二次浇灌法，如图1-9所示。二次浇灌法的优点是地脚螺栓容易调整，缺点是现浇的混凝土与原基础结合的不够牢固。

死地脚螺栓的二次浇灌法，是常采用的一种方法。安装时应注意以下几点：

1.地脚螺栓的垂直度偏差不应超过10/1000。

2.地脚螺栓离孔壁的距离应不小于15mm（a≥15mm）。

3.地脚螺栓底端不应碰孔底。

（三）活地脚螺栓的安装

在设备安装前，首先要将锚板安装好。锚板应平整牢固。然后将地脚螺栓放入预留孔内（螺杆部分要涂两遍红丹漆防锈）。设备就位后，将地脚螺栓拧紧。地脚螺栓孔内多用干砂充满。

（四）锚固式地脚螺栓的安装

锚固式地脚螺栓安装时，首先是在已施工完的基础上钻出螺栓孔，螺栓孔的直径比螺杆最粗部分大，比膨胀后的直径小。然后装入螺栓并锚固，再灌入以环氧树脂为基料的胶接剂。

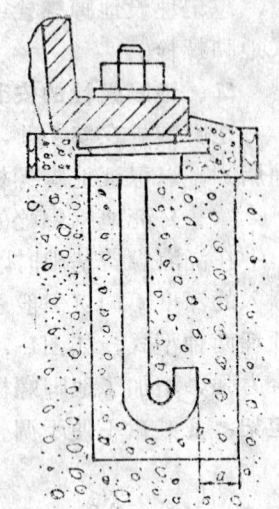

图 1-9 地脚螺栓二次浇灌法

用锚固式地脚螺栓（又称胀锚螺栓）作地脚螺栓时（基础或构件有裂缝的部位不能使用），螺栓的中心至基础或构件边缘的距离不得小于7d（d 为胀锚螺栓直径），底端至基础底面不得小于3d，且不得小于30mm，相邻二根螺栓的中心距离不得小于10d，螺栓埋入深度一般为4～7d，基础混凝土强度不得小于10MPa。

以环氧树脂为基料的胶接剂配比，可查有关手册。下面提供一种环氧树脂砂浆配制方法供参考。

环氧树脂6101(E-44)	100%
乙二胺（无水，含胺量98%）	8%
邻苯二甲酸二丁酯（工业用）	17%
水泥	100%
砂子粒径（自然级配）≤1mm	25%
含水量≤0.2%	
含泥量≤2%	

拌合前，砂子要筛净除土。浇灌时，螺栓孔要用压缩空气吹除灰尘。

环氧树脂砂浆的调制：先将环氧树脂加热至60～80℃，然后加入邻苯二甲酸二丁酯并拌合均匀，待冷却至30～35℃时，再加入乙二胺，经拌合均匀后，再把30～35℃的砂子加入，最后拌合均匀。环氧树脂不能直接放在火上加热，可在烘箱或水浴、砂浴池内加热，加热温度不宜超过80℃。当加入乙二胺时，环氧树脂基液的温度不能超过35℃，否则可能引起暴凝。砂子温度应在30～35℃，温度过高可能立即凝固，过低在拌合时容易带入空气而形成气泡，影响质量，环氧树脂一次的配量不宜太多，一般在2kg左右。环氧树脂砂浆

环氧树脂砂浆养护时间 表 1-4

平　均　气　温　（℃）	养　护　时　间　(h)	
	用无水乙二胺时	用有水乙二胺时
15	4	6
20	3	5
25	2	4
＞30	1	3

注：用有水乙二胺时，有水乙二胺用量 = $\dfrac{无水乙二胺用量}{有水乙二胺的含胺量}$ ×100%

调制完毕，应迅速进行浇注并立即将螺栓慢慢旋转插入。浇注后的环氧树脂砂浆，经一定时间养护后即可进行设备安装。养护时间可参考表1-4。

随着粘接剂的发展，直杆地脚螺栓（即尾部既不弯钩也不设膨胀装置）将会得到发展。

三、地脚螺栓的受力分析

地脚螺栓在安装时应垂直，其垂直度允差为10/1000。

如果地脚螺栓安装得不垂直，既影响安装工作进行，又会使地脚螺栓受力恶化，甚至影响设备正常运行，其受力分析如下：

当螺栓与基础平面垂直时（见图1-10a）则螺栓受到的拉应力为

$$\sigma_l = \frac{P}{A} = \frac{4P}{\pi d^2} \tag{1-2}$$

式中 σ_l ——螺栓受到的拉应力；

A ——螺栓的横截面积，$A = \frac{\pi d^2}{4}$，d 为直径；

P ——螺栓受的拉力。

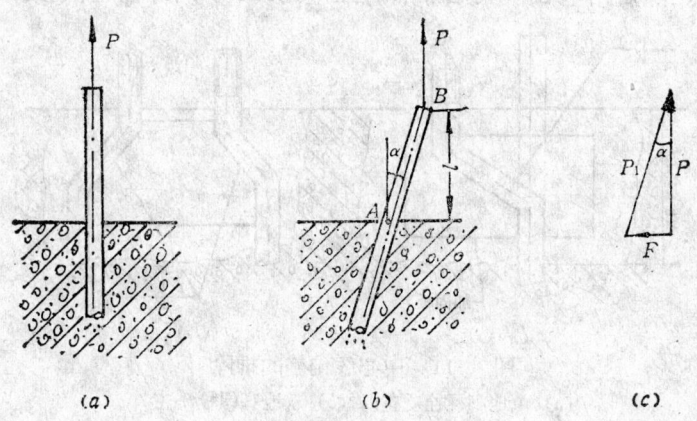

图 1-10 地脚螺栓受力情况

(a) 螺栓垂直；(b) 螺栓倾斜；(c) 受力分析

当地脚螺栓存在垂直度偏差（见图1-10b），则其根部截面的内力有

轴力 $\qquad N = P_1 = \frac{P}{\cos\alpha}$

弯矩 $\qquad M = Fl = Pl\,\mathrm{tg}\alpha$

剪力 $\qquad Q = F = P\,\mathrm{tg}\alpha$

而相应的应力有

拉应力 $\qquad \sigma_l = \frac{N}{A} = \frac{4P}{\pi d^2 \cos\alpha}$

剪应力 $\qquad \tau = \frac{Q}{A} = \frac{4P\,\mathrm{tg}\alpha}{\pi d^2}$

弯曲应力 $\qquad \sigma_W = \frac{M}{W} = \frac{32Pl\,\mathrm{tg}\alpha}{\pi d^3}$

则危险点的合成正应力为

$$\sigma = \sigma_l + \sigma_w = \frac{4P}{\pi d^2}\left(\frac{1}{\cos\alpha} + \frac{8l\,\mathrm{tg}\alpha}{d}\right) = \overset{\circ}{\sigma l}\left(\frac{1}{\cos\alpha} + \frac{8l\,\mathrm{tg}\alpha}{a}\right) > \overset{\circ}{\sigma l}$$

显然，不仅使螺栓正应力增加（$\sigma > \overset{\circ}{\sigma l}$），而且还有剪应力，这使螺栓受力恶化。同时，由于水平分力的存在，增加了设备的不稳定因素，甚至使设备产生水平位移。因此，在安装地脚螺栓时，要避免倾斜现象产生。

四、地脚螺栓偏差的处理

地脚螺栓安装的正确与否，直接影响着设备的安装质量。因此，如果地脚螺栓安装的不正确，就应该认真地进行处理。地脚螺栓发生的偏差情况不同，处理的方法也不同。现将常见的地脚螺栓偏差处理方法介绍如下：

1.地脚螺栓中心距偏差的排除

当地脚螺栓中心线偏差在10mm以内时，可用氧乙炔焰将螺栓根部烤红，再用锤打（敲打螺纹部位时，要戴上螺母）或用千斤顶矫正。

当中心距偏差在10～30mm范围内时，可用凿子去除螺栓周围的混凝土，其深度为螺栓直径的8～15倍。然后用氧乙炔火焰加热烤红（约850℃，螺栓呈淡樱红色），用锤或千

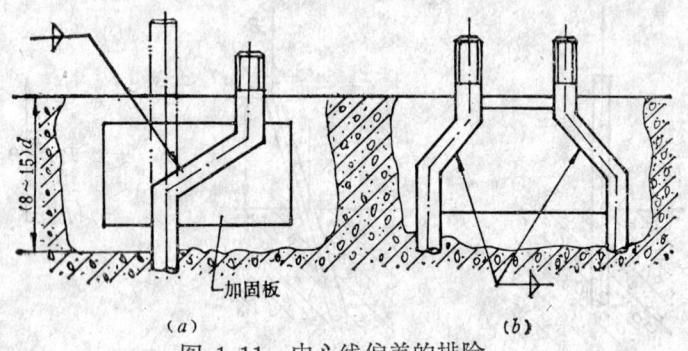

图 1-11　中心线偏差的排除

(a) 单地脚螺栓矫正；　(b) 双地脚螺栓矫正

斤顶矫正，并在弯曲后的螺杆处加焊钢板加固，如图1-11a所示。

当两地脚螺栓中心距偏大或偏小时，且中心距又不大时，可用如图1-11b所示方法处理。

对于直径较大（>30mm）的地脚螺栓，当发生较大偏差时，若用烤红煨弯的方法有困难，可按图1-12所示方法进行处理。即将螺栓切断，用一块厚度等于偏差值的钢板焊在螺栓中间，两侧再焊上两块加固钢板。加固钢板长度不应小于螺栓直径的3～4倍。

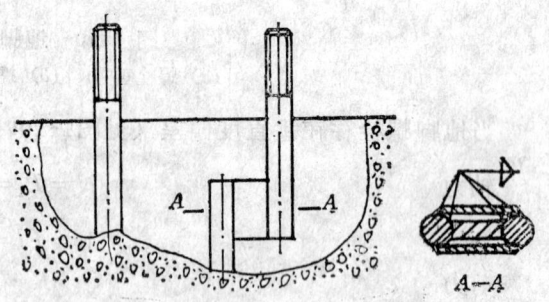

图 1-12　大直径地脚螺栓偏差处理方法

2.地脚螺栓标高偏差的排除

若地脚螺栓过高，可割去一部分，再套上丝扣。不允许用增加垫圈数量和厚度的办法来处理。套丝时，要注意防止油类滴到混凝土基础上。

若地脚螺栓高度不够而偏差又不大（≤15mm），可用氧乙炔焰将地脚螺栓烤红，在螺杆上套上一段钢管，垫上垫圈，戴上螺母并拧紧，借拧紧螺母的力量将螺杆烤红部分拉长。此时注意烤红的螺杆部分应尽量长些，拉长部分必须焊上2～3块钢板加固，如图1-13所示。

如果地脚螺栓低的数值超过15mm，不能用加热的方法拉长，可在螺栓周围开一个深坑，在距底100mm处将螺杆割断，另焊上一根新加工的螺杆，并用钢板或圆钢加固，加固长度应为螺栓直径的4～5倍，如图1-14所示。

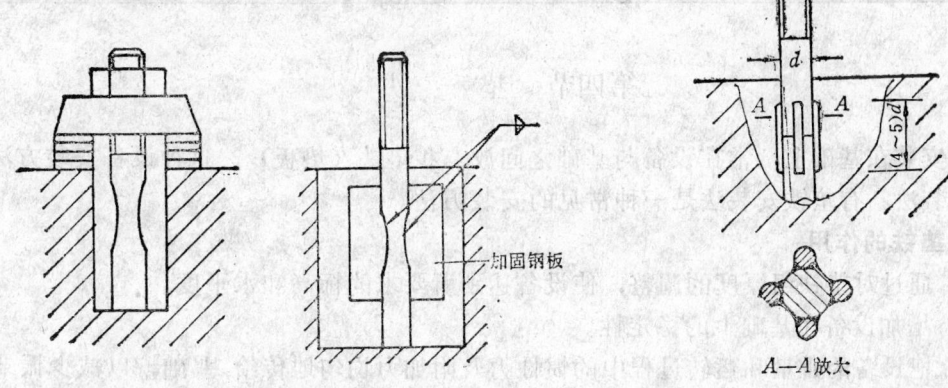

图 1-13　地脚螺栓拉长　　　　　　　　　　图 1-14　地脚螺栓的接长

3.地脚螺栓"活拔"的排除

"活拔"是指拧紧地脚螺栓时用力过大，将地脚螺栓从基础中拔出来。这种现象会使设备安装精度受到影响。要想排除这种现象，须将螺栓腰部混凝土凿去，在螺杆上焊两条交叉的钢筋（见图1-15），然后补灌混凝土。待混凝土硬化后再拧紧地脚螺栓。

五、紧固地脚螺栓时的注意事项

（1）紧固地脚螺栓时，螺母下面应放垫圈，螺母与垫圈之间及垫圈与设备底座间应接触良好。

（2）T型头式活地脚螺栓在紧固前一定要查看其"标记"，保证使T型头与钢板的长方形孔成正交。

（3）拧紧地脚螺栓应在混凝土强度达到规定强度的75%以后进行。

（4）扭紧螺母后，螺栓必须露出螺母1.5～5个螺距。

（5）紧固地脚螺栓时，应从设备中间开始，然后往两边交错对角进行。见图1-16所示。同时施力要均匀，即对称均匀紧固法。禁止紧完一边再紧另一边或顺序渐次紧固。全

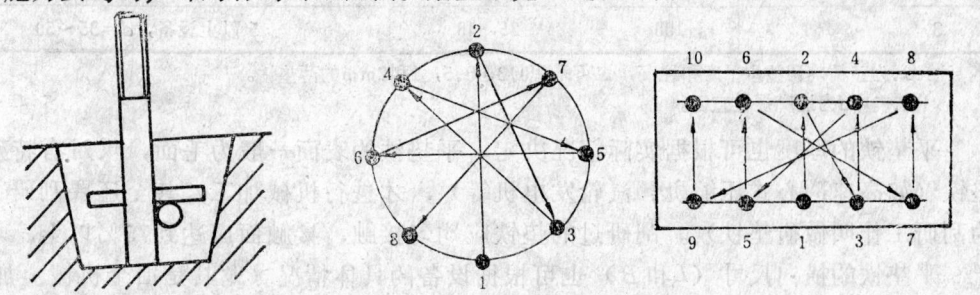

图 1-15　地脚螺栓松动的处理方法　　　　　图 1-16　地脚螺栓拧紧次序

部紧完后，要按原次序再紧一遍。

（6）紧固地脚螺栓时，应使用标准长度扳手，只有M30以上的螺栓才允许加套管增加扳手的长度。这样既要保证拧紧，又要防止施力过大而损坏螺纹或将地脚螺栓"活拔"。在扭紧地脚螺栓时，其扭矩可参照表1-5所列数值。

地 脚 螺 栓 扭 紧 力 矩 表　　　　　　　　表1-5

螺栓直径（mm）	10	12	16	20	24	30	36	42	48
扭紧力矩（N·m）	12	24	60	100	250	550	950	1500	2300

第四节　垫　铁

设备安装在基础上，常在设备与基础之间放一些垫铁（垫板），这种设备安装方法叫有垫铁安装法。有垫铁安装法是一种常见的安装方法。

一、垫铁的作用

（1）通过对垫铁组厚度的调整，使设备达到所要求的标高和水平度。

（2）增加设备在基础上的稳定性。

（3）把设备的重量和运转过程中的惯性力及附加力均匀地传给基础，以减少振动。

（4）便于进行二次灌浆。

二、垫铁的分类

垫铁按其材质可以分为铸造垫铁和钢制垫铁两类。铸造垫铁是由灰铸铁铸造而成，成本低，适于大批量生产。它的厚度一般不少于20mm。钢制垫铁是由钢板切割而成，厚度不限，最薄不宜少于1mm，适用于小批量、多规格的场所；应尽量利用钢板边角料制作。

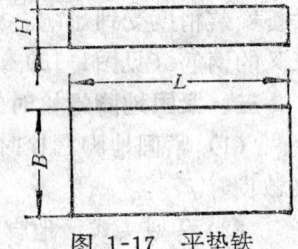

图 1-17　平垫铁

垫铁按其形状来分，可以分为平垫铁、斜垫铁、开口垫铁和可调整垫铁。现分别介绍如下：

（一）平垫铁

平垫铁的形状如图1-17所示，规格见表1-6。

平 垫 铁 的 尺 寸（mm）　　　　　　　表1-6

编 号	L	B	H	使 用 说 明
1	110	70	3, 6, 9	5t以下设备，$d=20\sim35$
2	135	80	12, 15	5t以上设备，$d=35\sim50$
3	150	100	25, 40	5t以上设备，$d=35\sim50$

注：1.为了精确调整水平度和柱高，也可采用0.3，0.5，1和2mm的薄垫铁。
　　2.表中d为地脚螺栓直径。

平垫铁的厚度也可根据实际情况决定。平垫铁的表面一般为毛面，仅对有特殊要求的垫铁（如高速离心式压缩机、汽轮发电机等），才进行机械加工，甚至还要刮研（对垫铁的刮研工作叫做研垫铁）。刮研过的垫铁应均匀接触，接触面应达到75%以上。

平垫铁的横向尺寸（L和B）也可根据设备的具体情况（尤其是冶金机械）加大。

（二）斜垫铁

斜垫铁的形状如图1-18所示。规格如表1-7所示。

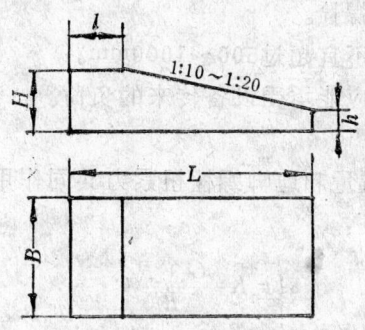

图 1-18 斜垫铁

斜 垫 铁 的 尺 寸（mm）　　　　　　　　表 1-7

编 号	L	B	l	h	使　用　说　明
1	100	60	5	3	5t以下设备，$d=20\sim35$
2	120	75	10	4	5t以上设备，$d=35\sim50$
3	140	90	15	5	

斜垫铁的斜度为1/10～1/20。同组斜垫铁的斜度必须一致，斜垫铁应与同号平垫铁配合使用。

（三）开口垫铁

开口垫铁见图1—19所示。

开口垫铁常用在设备以支座形式安装在金属结构或地坪上，且支承面积较小。垫铁的基本尺寸一般与设备底脚相等。若需要焊接固定时，可大出20～40mm。其开口宽度$D=d+(2\sim5)$mm，其中d为地脚螺栓直径。

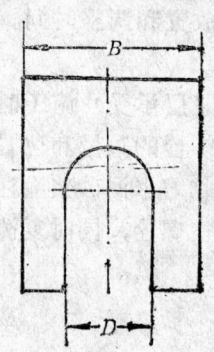

图 1-19 开口垫铁

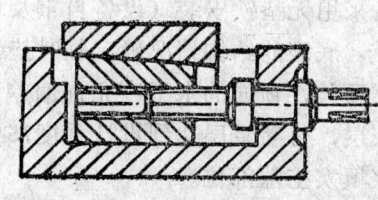

图 1-20 调整垫铁

（四）调整垫铁（图1-20）

调整垫铁一般用于精度要求较高的金属切削机床（如精密车床、磨床、龙门刨床、龙门铣床、导轨磨床等）的安装中。它一般都由设备制造厂设计制作，作为附件随机床带来。

三、垫铁的布置

（一）垫铁的布置原则

(1) 每个地脚螺栓旁至少应有一组垫铁。

(2) 垫铁应尽量靠近地脚螺栓。

(3) 相邻两垫铁组距离，不宜超过500～1000mm。

(4) 每一组垫铁的面积均应能承受设备传来的负荷。

(二) 垫铁面积的计算

垫铁总面积应根据设备的重量和地脚螺栓扭紧力共同作用在垫铁上的负荷来确定。垫铁的总面积的近似计算公式如下：

$$A = K_T \frac{Q + P}{R} \tag{1-3}$$

式中　A——垫铁的总面积，mm^2；

　　　K_T——安全系数，$K_T = 1.5～3$，离心式压缩机的垫铁可选$K_T = 2.5$；

　　　Q——设备重量，N；

　　　P——由于地脚螺栓拧紧后而加在垫铁上的压力，拧紧力可采用地脚螺栓的许用抗拉强度求得，N；

　　　R——设备基础上单位面积的抗压强度，可根据混凝土设计标号求得，MPa。

对于垫铁面积国外有不同的理解。在日本，考虑到二次灌浆层的承载，垫铁面积小些，对节省钢材有利。德国，对垫铁没有明确要求，仅要求能满足设备的标高和水平度，但对二次灌浆层的要求非常苛刻，目的在于确保其承载能力。由于早强快硬微膨胀浇筑水泥的出现，施工技术的发展，吸取了国外先进设备安装技术，垫铁可以只考虑承受设备重量和地脚螺栓紧固力，工作负荷可由二次灌浆层和垫铁共同承受（主要由二次灌浆层承受），并且可不考虑一定的安全系数，因此垫铁面积可小些。

七十年代以来，采用"座浆法"代替"研磨法"，二次灌浆采用高强微胀浇筑水泥，用斜铁或调整螺栓来取代垫铁进行设备安装位置的调整；二次灌浆后取出斜铁，发展为"无垫铁安装法"。这样既减少了垫铁的消耗，又省掉了垫铁放置和调整时间。在冶金系统的冶金设备安装中已推广。

设备采用无垫铁安装（设备自重及地脚螺栓拧紧力均由灌浆层承受）施工时，应根据设备自重、底座的结构情况确定临时垫铁、小型千斤顶或调整螺栓的数量和位置，调整螺栓的支撑顶丝，顶面的水平度允许偏差应不大于1/1000。用无收缩水泥砂浆灌注，应随即捣实灌浆层，待灌浆层达到设计强度75％以上时，才能松掉调整螺栓，同时复测水平度，并用砂浆填实空隙部位。

(三) 垫铁组数的确定

垫铁组数的确定方法有二种：

(1) 根据垫铁布置原则，选定垫铁布置方式，从而确定了垫铁的组数，然后根据垫铁的组数和单块垫铁的面积，核算垫铁的总面积，应使垫铁的实际总面积不小于计算值，即

$$K_0 Z A_0 \geqslant A \tag{1-4}$$

式中　K_0——垫铁有效接触系数，一般取0.65～0.85；

　　　Z——垫铁组数；

　　　A_0——每组垫铁与基础的接触面积，mm^2；

　　　A——垫铁计算总面积，mm^2。

(2) 根据计算的垫铁总面积和选定的垫铁规格，求垫铁的组数，即

$$Z \geqslant \frac{A}{K_0 A_0} \qquad (1-5)$$

式中符号同前。

（四）垫铁的布置方式

1.标准垫法（见图1-21）

标准垫法是把垫铁放在地脚螺栓的两侧，这是布置垫铁的基本方法，因此称为标准垫法。这种垫铁的布置方式在设备安装中采用最多。

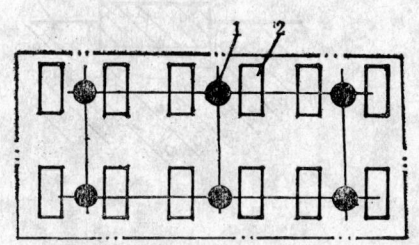
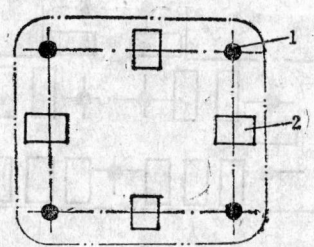

图 1-21　垫铁的标准垫法
1—地脚螺栓；2—垫铁

图 1-22　垫铁的十字垫法
1—地脚螺栓；2—垫铁

2.十字垫法（见图1-22）

垫铁的十字垫法一般多用于小型设备，其设备底座较小，地脚螺栓间距较近。

3.井字垫法（见图1-23）

垫铁的井字垫法多用于设备底座近似于方形，而设备底座又较十字垫法为大。

4.辅助垫法（见图1-24）

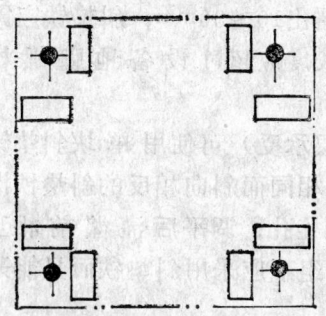
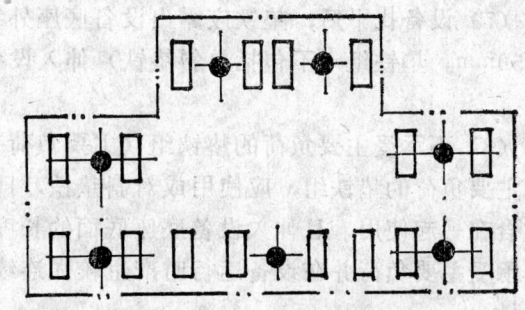

图 1-23　垫铁的井字垫法

图 1-24　垫铁的辅助垫法

当地脚螺栓间距较远时（即间距超过500～1000mm），应在地脚螺栓之间中间位置加一组垫铁——称作辅助垫铁。这种布置垫铁方式称为辅助垫法。另外，对拼接的大型机座，例如大型龙门刨床的床身，在接缝两边必须各垫一组垫铁。

5.混合垫法（见图1-25）

当设备底座形状较为复杂且有的地脚螺栓间距较大而采用的一种垫铁布置方式。

四、放置垫铁时应注意的事项

（1）要使垫铁与基础接触良好。为此常用的方法有二：一是铲平，即在混凝土基础上

放置垫铁的地方，用扁铲或其他工具铲研平整，这项工作一般称"研磨法"。二是在放置垫铁的位置上凿个坑，用高强度水泥砂浆固定一块垫铁，并用铁水平抄平（见图1-26），这种工艺常叫"座浆法"。

（2）应尽量减少每个垫铁组中垫铁的块数，一般不超过三块，并少用薄垫铁。放置时，厚的放在下面，薄的放在上面，最薄的放在中间。

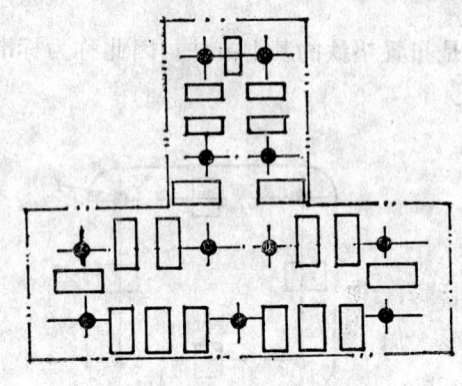

图 1-25　混合垫法

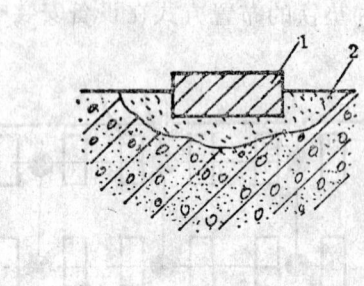

图 1-26　用砂浆固定垫铁

1—垫铁；2—砂浆

（3）当平垫铁和斜垫铁混合使用时，平垫铁放在下面，斜垫铁放在上面。

（4）垫铁不得有飞边毛刺。垫铁组内垫铁块应排列整齐。斜垫铁和可调整垫铁在设备找平后，应还有再调整的余量。

（5）垫铁组的总高度一般在30～100mm之间。过高会影响设备的稳定性，也增加了二次灌浆工作量；过低时，则不便于二次灌浆。

（6）各垫铁组顶面标高均应符合设计要求，其误差应符合规范要求。

（7）设备找平后，垫铁应露出设备底座外缘。平垫铁露出10～30mm；斜垫铁应露出10～50mm。垫铁组（不包括单斜垫铁）伸入设备底座面的长度应超过设备地脚螺栓中心。

（8）不承受主要负荷的垫铁组（主要负荷基本由灌浆层承受）可使用单块斜垫铁；承受主要负荷的垫铁组，应使用成对斜垫铁，即把两块斜度相同而斜向相反的斜垫铁沿斜面贴合在一起使用，且伸入设备底座底面的长度超过地脚螺栓孔；调平后灌浆前相互点焊。承受主要负荷并在设备运行时产生较强连续振动的垫铁组不应采用斜垫铁而只能采用平垫铁。

（9）在拧紧地脚螺栓后，每组垫铁的压紧程度应一致，并可用0.25kg手锤逐组轻击听音检查，声音清脆响亮者为好，反之需进一步垫实。对高速运转、受冲击负荷和振动较大的设备，用0.05mm塞尺检查垫铁与底座面间的间隙，从垫铁二侧（同一断面处）塞入的总长度不得超过垫铁长（宽）的1/3。

（10）设备找正后，对钢制垫铁，应将垫铁组内的垫铁互相焊牢。对可调垫铁，其螺纹部分和调整块滑动面上应涂以耐水性较好的润滑脂（如钙基润滑脂）。

近年来，我国根据国外垫板（垫铁）技术的发展，研制成减震垫板。它是橡胶减震和可调整垫板的组合体，具有减震、消音、防滑等作用，对延长设备使用寿命有一定效果。

设备采用减震垫板调整,在设备占地范围内,地坪(基础)的高低差不得大于减震垫板调整量的30～50%,放置减震垫板的部位必须平整。垫板调平后可用胀锚地脚螺栓固定。采用橡胶减震垫板时,设备调平后,经过1～2周应再进行一次调平。

思 考 题 与 习 题

1—1 设备开箱时应注意哪些问题？

1—2 设备清点检查中应注意哪些问题？

1—3 设备及零部件在开箱以后应怎样进行保管？

1—4 基础的作用是什么？设备基础有哪些种类？

1—5 设备基础的检查验收标准是什么？

1—6 当设备基础出现偏差时,怎样进行处理？

1—7 设备的地脚螺栓有几种型式？怎样进行安装？

1—8 地脚螺栓安装时,对垂直度有什么要求？地脚螺栓安装不垂直有什么危害？

1—9 地脚螺栓常出现哪些偏差？对它们应怎样进行处理？

1—10 拧紧地脚螺栓时,应注意哪些问题？

1—11 垫铁的作用是什么？常用的有哪几种？

1—12 垫铁的布置原则是什么？垫铁的总面积和最少组数如何确定？

1—13 垫铁的布置方式有几种？

1—14 放置垫铁时应注意哪些问题？

第二章 基础放线与设备就位

正确地找出并划定设备安装的基准线，然后根据这些基准线将设备落位到正确的位置上，这项工作，在设备安装中统称放线就位。放线就位包括下列内容：基准线的确定及基础放线；设备上中心线的划定；设备的起重搬运；吊装就位；找正（设备中心线与基础中心线吻合）找标高。

第一节 基 础 放 线

一、安装基准线

决定一个物体的空间位置，需要三个坐标数值。所以安装基准线一般有平面位置基准线（纵向和横向轴线）和标高基准线。

如何确定安装基准线呢？

确定安装基准线的依据是施工图，一般是根据有关建筑物的轴线、边缘线或标高线确定设备安装基准线。

对不同的设备，放线的要求不同。

有些设备是单体运转的，运转时与其他设备没有联系，对这些设备的位置要求不高，一般只要求设备中心线与基础中心线吻合，或是离开厂房墙、柱一定距离。此时只需要用墨线在基础上划出记号即可。有时甚至不划出基准线，在就位时直接用尺测量。

有些设备，虽属单体运转，但有排列要求。如金工车间的金属切削机床，不仅要求排列整齐，而且彼此间还有操作距离和检修距离等要求。此时应用墨线在基础上划出共同的安装基准线。

有些设备，互相间是衔接的。也就是说设备间有工作物输送；还有些设备，彼此之间是直接连接的。它们相互之间纵横位置和高度要求就更高了。用墨线的方法一般不能满足要求，需要埋设中心标板和标高基准点，再根据中心标板拉钢丝作为安装基准线。

依据有关建筑物轴线、边缘线确定平面位置基准线，这是基本方法。但是，建筑物的允许偏差比设备安装允许的偏差大的多，因此，在放线的过程中往往出现顾此失彼的现象，为此，在确定安装基准线时，应先校对与设备安装有关的基础外形，预留孔洞、预埋构件和墙、柱、楼板等相互间的位置和距离，是否符合安装的要求，以及核对设备本身的有关尺寸，因为基础实际轴线对平面安装基准线允差为±20mm（见表1-1），允许调整范围较大，必要时或条件允许的情况下，可做适当调整，使之皆满足偏差要求。

二、平面位置安装基准线的放线方法

（一）确定基准中心点

线是由点组成的。要确定一条线，首先要确定点。安装基准线一般都是直线。根据两点决定一条直线的法则，要划定一条安装基准线，只需要确定两个基准中心点就可以了。

安装基准中心点，是依据建筑物来划定。

有的工厂，有全厂性的永久水准点和中心点，它们一般设置在厂房的控制网或主轴线上。如果设计规定设备轴线平行或垂直于厂房某主轴线，且距离为若干，那么用经纬仪或几何法，就可以简单而精确地定出相应的安装基准中心点。

有的厂房找不到这类主轴线，但设备基础上有中心点时，则可以设备基础为基准定出安装用的基准中心点。

有的厂房是以柱子中心或边缘为基准。但一个厂房的许多柱子误差比较大，这时则可根据距设备最近的梁柱为主，确定基准中心点。

基准中心点要选定两个，其间距要足够大，以减少误差。将两个基准中心点连起来，就构成安装基准线。平面位置安装基准线至少有两条：纵和横。根据上述原则，就可以划出任意条平面位置安装基准线。

（二）基准线的形式

确定了基准中心点后，就可以根据点放线。放出的线一般有以下几种形式：

1.划墨线

是用墨斗绷线。这种方法误差较大（一般在2mm左右），且距离长时难度大，时间久了也容易消失。一般用在要求不高的地方。

2.用点代替线

安装中有时不需要整条的线，此时可划几个点代替。划点时可拉线，在需要的地方划上点后去掉线。也可用经纬仪投点。要求不高时，可以用墨直接划；要求高时，可埋设中心标板。例如用墨划标高点常用"▽"符号表示，且以其顶边为准。

3.用光线代替线

用光学仪器，如自动准直仪、水准仪、经纬仪、激光准直仪等光学仪器的光线代替划墨线和拉线等方法。

4.拉线

拉线是安装中放平面位置基准线常用的方法。如对联动设备的轴心线，由于轴心线较长，放放线有误差，可架设钢丝替代设备中心基准线。

（三）拉线的工具和要求

1.线

拉线用的线一般为钢丝，因为它的强度比较大。钢丝的直径为 0.2～1mm，视拉线的距离而定。钢丝上不应有锈蚀和死弯。线一般拉在空中，为了确定其位置，要吊线锤。吊线锤用的线可为弦线、尼龙线或棉线。棉线易断、起毛，但挂线方便。弦线和尼龙线强度较大而耐用，但较硬，挂设时要多打结，因为结少了易滑下，但结太多了又易产生较大误差。

2.线锤

线锤是定中心用的，用铜或钢制成的圆锥体。其锤尖是为了对准中心点用的。

3.线架

线架是用来固定拉线的。安设在所拉线两端。线架上应有拉紧装置和调节装置。拉紧装置可采用螺旋副或棘轮，更多是采用重锤。调节装置是用来微调节所拉线的中心位置。

4.要注意二支点间的下垂度

（四）中心标板

中心标板是供划定基准中心点用的。它是一段型钢（角钢、槽钢、工字钢或导轨）或钢板牢固地埋设在设备基础表面。标板的顶面宜稍露出基础表面，切勿凹入。埋设时宜用高标号水泥砂浆，最好焊在基础内的钢筋上。待水泥养护期满后，在标板上定出中心点，打上冲眼；在冲眼周围可用红漆划一圆圈，作为明显标记。

三、标高基准点

固定式设备的平面位置，在施工图上都有要求，但对标高就不一定都有要求。

有些设备，尤其是单体设备，例如金属切削机床、空气压缩机，在基础上，只要不影响地脚螺栓、垫铁和灌浆，其标高偏大或偏小关系均不大。或者虽然有要求，但允差比较大。对这些设备一般不必检测它的标高。

对标高要求严格的设备，要在设备附近设置若干标高基准点，作为检测设备标高用。

标高基准点一般有两种形式：

1.简单标高基准点

在设备基础上、附近的墙或柱子上的适当部位处，分别用墨或红漆划上标记，然后用水准仪测出各标记的具体标高数值，并注明在该标记附近。设备的标高都采用相对标高，其零位线即是设备所在厂房的零位线。标高基准点可设在零位线以上，此时标高值为"＋"，也可以设在零位线以下，此时标高值为"－"。

2.钢制预埋标高基准点

对标高要求高时可采用钢制预埋的标高基准点。它是用直径为19～25mm，杆长不小于50mm的铆钉，牢固地埋设在基础表面(上面或侧面)。铆钉的球形头应露出基础表面10～14mm。埋设时，用高标号水泥砂浆。若有可能，铆钉杆焊在基础内的钢筋上；或者在铆钉杆下端焊上50×50mm钢板（焊上长50mm钢筋也可），然后灌浆（见图 2-1）。埋设的位置距设备上观测点愈近愈好，且又便于观测。灌浆养护期满后，用水准仪根据厂房原有的标高基准点，测出埋设的标高基准点的实际标高（允许偏差0.5mm），将其数值标注在标高基准点近旁。由于设备基础可能下沉，因此其标高要定期复查。

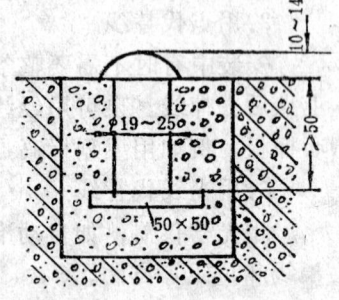

图 2-1 铆钉式基准点

中心标板和钢制标高基准点，最好在土建单位灌筑基础时，由安装单位配合埋设。也可以在基础上预留小孔以后埋设。预留孔应下大上小，位置适当。

第二节 设 备 划 线

设备的中心位置是由中心线决定的。在安装前必须在设备上找出有关中心，或找出有关的中心线上两点。设备就位找正中心位置时，就是使这些点与基础基准线重合。

设备找中心，一般根据加工面进行，其方法主要有以下几种：

一、利用地脚螺栓孔找中心

对于安装位置要求不太高的设备，可根据设备上的地脚螺栓孔找出设备中心线。

二、利用设备上精确螺栓孔找中心

三、利用设备上的轴或圆孔找中心

四、利用设备上精加工的平面找中心

五、对塔类设备用管口位置与基础位置相一致找中心

第三节 设 备 就 位

设备就位就是根据安装基准把设备安置在正确的位置上，它包括纵、横位置和标高。其依据是基础上的安装基准线和设备上的中心线（即定位基准）。二者允差见表2-1。

定位标准对安装基准线的距离允许偏差 　　　　表 2-1

项　次	项　　　　　　目	允 许 偏 差 (mm)	
		平 面 位 置	标 　　高
1	与其他设备无机械上的联系	±10	+20 −10
2	与其他设备有机械上的联系	±2	±1

设备就位前，基础表面应打成麻面，并清除油污、泥土等脏物，用水冲洗或用压缩空气吹净，同时将地脚螺栓预留孔中的杂质和淤水除去。

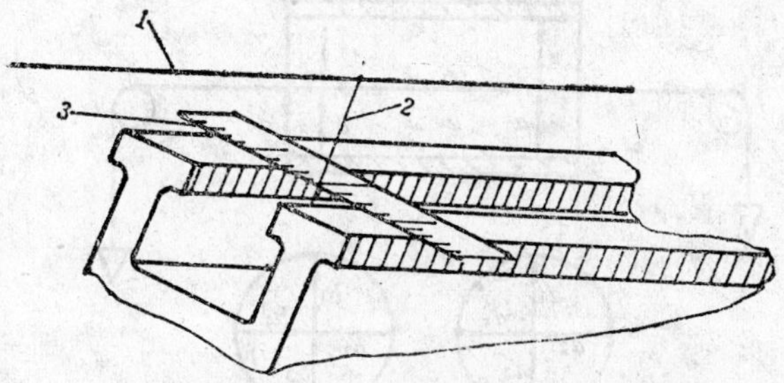

一、检测设备平面位置的方法

1.线锤、钢板尺量中线法（见图2-2）

在所拉设的安装基准线上挂线锤，设备上搁钢板尺，看垂线是否在设备中点。

2.样板法（图2-3）

有些底座间隔较宽的设备，例如轧钢机，可用专门制作的样板代替钢板尺。

3.两线锤对冲眼法（图2-4）

当设备上有冲眼作为定位基准，可在拉设的安装基准线上挂两个线锤，看两垂线是否与冲眼对准。

4.挂边线法（图2-5）

对一些圆形机件，对中心不大容易对准，可用挂边线法。使吊线沿圆形表面下垂,测量垂线间距离。图2-5所示圆形机件中心距安装基准线的水平距离为 $l + \dfrac{D}{2}$。

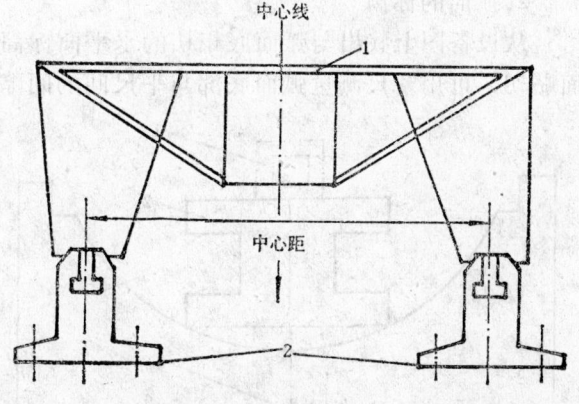

图 2-2 线锤、钢板尺量中线
1—安装基准线；2—线锤；3—钢板尺

图 2-3 利用样板找中心
1—样板；2—机座

5.内径量具测量法（图2-6）

对圆筒形零件，可以将安装基准线穿过机件中心，然后用测量内径的量具在其两端各测上下左右互成90°的四个位置。若 $a_1 = a_2 = a_3 = a_4$；$b_1 = b_2 = b_3 = b_4$，则表示中心已对准。

27

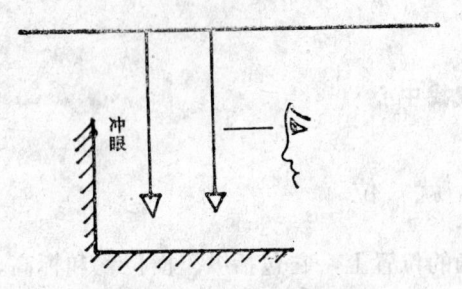

图 2-4 两线锤对冲眼

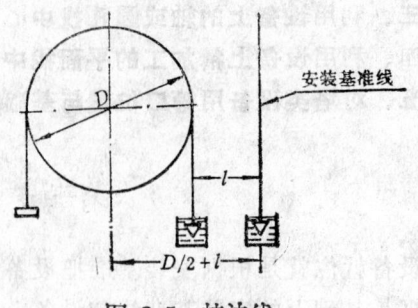

图 2-5 挂边线

二、检测设备标高的方法

检测设备的标高，主要是检测设备上的定位基准与标高基准点间的相对高差。一般有以下几种方法：

1.加工面上的标高

设备上有明显的加工面，可直接用来作为测量标高用的平面。把水平仪和平尺放在加工面上，调整设备使水平仪气泡居中，然后检测平尺底部与标高基准点之间垂直距离，如图2-7所示。

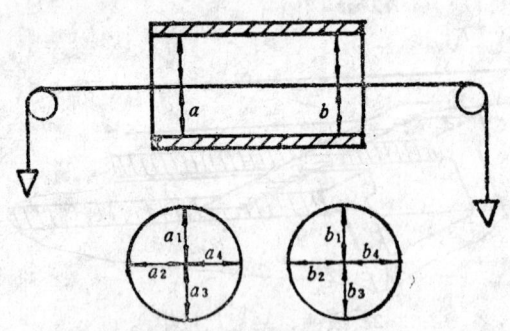

图 2-6 内径量具测量法

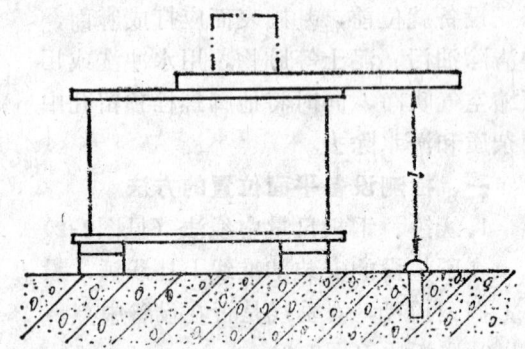

图 2-7 检测机床底座标高

2.弧面的标高

从设备图上找出与弧面底相切的水平面标高。检测时用平尺引出。由于平尺不能与弧面贴切，可用塞尺测量弧面底部与平尺间的间隙，从而求出弧面的标高（见图2-8）。

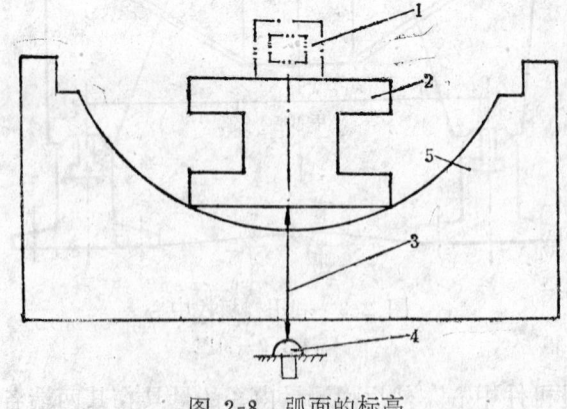

图 2-8 弧面的标高

图 2-9 轴的标高

1—框式水平仪;2—平尺;3—直尺;4—标高基准点;5—弧面机件

28

3.轴的标高（见图2-9）

把平尺搭在轴上，另一端加设托架。计算轴线的标高，应考虑轴的半径。

4.用水准仪测标高

用水准仪测标高最简单，但要考虑在设备上能否放标尺（一般设备安装时，多用钢板尺代替标尺），且有放水准仪的地方。

调整标高时，可以用斜垫铁，调整垫铁，也可以用自制的小千斤顶或撬棍。

第四节 设备的初平

设备的初平就是在设备就位后（不再水平移动），初步地将设备的水平度大体上调整到接近要求的程度。一般情况下，这时设备还没有彻底清洗；地脚螺栓还没有二次灌浆，设备找平后不能紧固；因此只能对设备初平。如果地脚螺栓是预埋的，那么设备就位后，即可进行清洗，一次找平（精平），可省去初平这道工序。

找平工作是设备安装中最重要而且要求严格的工作。任何设备都必须进行找平。找平的主要工具是水平仪。设备找平的关键问题，不仅在于操作，水平仪的位置也很重要。同找标高一样，放置水平仪也需要有基准面。但找平的基准面应选择精确的、主要的加工面。

一、初平的基本方法

1.在精加工的平面上找平

这是最普通的找平方法。纵横方位找平都在这个面上（找标高也在这个面上），图2-10为设备底座的找平，图2-11为减速机底座的找平。

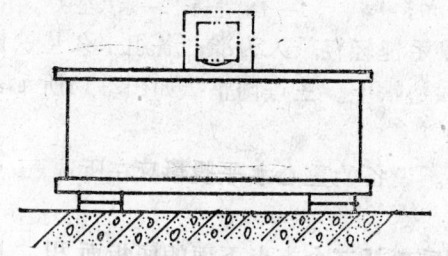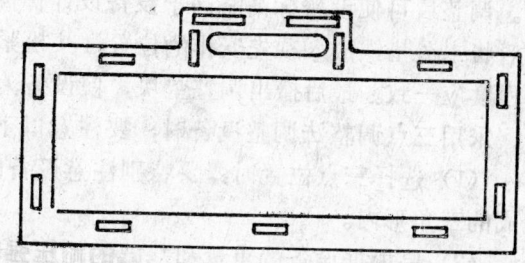

图 2-10 设备底座的找平　　　　　　　　图 2-11 减速机底座的找平

2.在精加工的立面上找平

有些设备除找水平外，还应找立面的铅垂度。如龙门刨床的立柱也是主要的找平依据。

3.在床面导轨上找平

这是机床设备的一般找平方法。

4.轴承座的找平

当轴未装入轴承座时，可在轴承中找平。

5.利用样板找平

有些设备没有放水平仪的位置，但是有精加工的斜面。在这种情况下，可以制作样板，使样板贴在加工面上，再用水平仪找平。见图2-12。

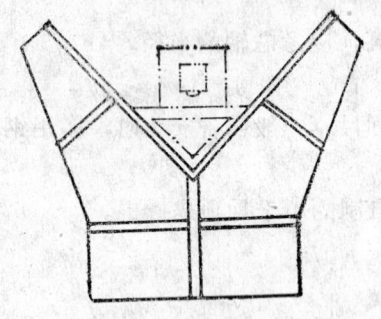

图 2-12 利用样板找平

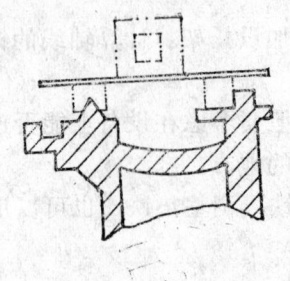

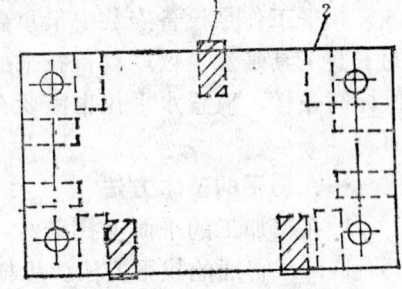

图 2-13 用特制垫块找平
(a) V型垫块； (b) 圆棒垫块

有些设备如重型机床导轨横断面呈V型或U型，必须制造精密特制垫块或 圆 棒，然后在上搁置平尺和水平仪找平，见图2-13。

有些设备的工作台是倾斜的，如螺丝磨床。这不便于找平，但每台设备都带有一个特制找平座，可将水平仪放在这个找平座上找平。

二、设备水平的三点调整法

调整设备水平的方法有：三点法、四点法和多点法。一般都采用三点调整法。设备水平的三点调整法，是一种快速找标高和水平的方法，因为它与设备接触的只有三点，恰好组成一个平面，调整起来既方便又精确。

调整时，首先在设备底座下选择适当的位置，放入三组斜垫铁（调整垫铁更好）用以调整设备标高、水平度。调整后可使设备标高略高于设备设计标高1～2mm；

图 2-14 三点调整法

1—调整垫铁；2—永久垫铁

然后将永久垫铁放入预先安排的位置，其松紧程度以手锤轻轻敲入为准；各组永久垫铁松紧程度应一致。最后撤出调整垫块，使设备落在永久垫铁上。三点调整法如图2-14所示。

采用三点调整法调整设备时，要注意以下两点：

(1) 选择三点位置时，要特别注意设备的稳定。设备的重心水平投影应在所选三点组成的三角形内。

(2) 要根据设备的重量和基础的耐压强度，慎重选择三个支点下面的底板面 积。底板总面积要有足够的大小，以保证三点处的基础不被破坏。如果三个支点不够稳妥时，可以适当增加辅助支点。但这些辅助支点不起主要的调整作用。

三、设备初平时的注意事项

(1) 在较小的测定面上可直接用水平仪检查；大的测定面上应先放上平尺,然后用水平仪检查。平尺与测定面间应擦干净，并用塞尺检查，互相接触要良好。

(2) 使用水平仪时，应反正（旋转180°）各测一次，以修正其本身的误差。

(3) 测定面如有接头时，在接头处一定要检查水平度。

四、初平复查

初平复查时，可采用设备中心、标高、水平联合找法。

设备的中心、标高和水平度是决定设备安装位置的三个基本条件，三者必须同时达到要求。但是三者是互相影响互相关联的。例如：找水平时，可能使中心与标高变动，同样，找标高时，另外两项也可能产生偏差。因而在实际调整中，我们不可能把这三项操作同时完成和单独完成。只能采取分别进行、互相照顾、渐近达到的方法。实际当中，常用下列两种方法之一。一种是先找中心，再找标高，最后找水平；如此周而复始，循环进行，直到中心、标高、水平三者都达到要求。另一种是先找标高，再找水平，最后找中心；同样要周而复始，循环进行。现将上述两种方法的具体作法介绍如下：

第一种方法：将设备吊装就位以后，首先将设备上的中点对准基础中心线(找正)；然后在基准线的一端调整斜垫铁，将此端标高找好（找标高）；最后找水平，借调整斜垫铁来调整设备的水平度(找水平)。找好水平后，复查中心和标高，再复查水平度。三者基本找好后，在底座下安装永久垫铁，撤去调整垫铁。斜铁去掉后再复查，若不合格则再调整。

第二种方法：与第一种方法大致相同，只是顺序不一样。它是先将设备一端标高找好，再找水平，将水平和标高复查好，塞好垫铁后，再对准中心线找中心。这种方法多用在地脚螺栓预埋及对中心线要求不太严的场合。

在进行联合找平时，要求对前面讲过的找中心、找标高和找水平的各种方法合理选择使用。

第五节　有垫铁安装法和无垫铁安装法

设备安装到基础上，分为有垫铁安装法和无垫铁安装法。

一、有垫铁安装法

目前，大多数设备安装都采用有垫铁安装法。因此，除有特殊声明，我们讲的设备安装都是有垫铁安装法。

有垫铁安装法是借设备底座与设备之间的垫铁组找平设备，并将设备的载荷传给基础。在有垫铁安装法中又有二次灌浆法和座浆法。

（一）二次灌浆法

二次灌浆法又分为地脚螺栓预埋法（即死地脚螺栓一次灌浆法）和地脚螺栓预留孔法（即死地脚螺栓二次浇灌法）及活地脚螺栓安装法三种。

1.地脚螺栓预埋法

即死地脚螺栓一次灌浆法。用这种安装方法安装设备时，设备初平后，即可扭紧地脚螺栓，然后再复查初平的水平度。若发现水平不符合要求时，调整垫铁厚度来调整设备的水平度，不得依靠拧紧或放松某个或某几个地脚螺栓来调整，以免引起地脚螺栓受力不均。特别是铸造底座，若过度地拧紧某个地脚螺栓，会损坏设备底座。若发现某个垫铁组低了，则不要把所有的地脚螺栓都松开来调整，否则会造成重新找水平的麻烦。此后便可开始设备拆卸清洗和装配，待精平后便可一次完成二次灌浆。

2.地脚螺栓预留孔法

即死地脚螺栓二次浇灌法。用这种安装方法安装设备时，设备初平后，需先把地脚螺栓浇灌死，待养生期满后（其强度达到75％以上），拧紧地脚螺栓后对初平复查、拆卸清洗和装配，精平后再二次灌浆。

3.活地脚螺栓法

用这种方法安装设备时，初平后即可拧紧地脚螺栓，然后复查初平的水平度、拆卸清洗和装配，精平后进行二次灌浆。

用二次灌浆法，放置垫铁的基础要铲研，即所谓"研磨法"，费工多，劳动强度大。为了解决这个问题，可采用座浆法。

（二）座浆法

座浆法施工是一种敷设垫铁的新工艺。座浆法首先是在已达到设计强度的混凝土基础上，在欲安置设备垫铁的位置处，用风镐或其他工具凿出一个深度约为30～40mm的锅底形圆坑，再在凹坑四周安放木模箱，浇灌无收缩水泥砂浆，然后根据设备垫铁标高要求安装平垫铁，利用混凝土凝固前的可塑性，调整平垫铁的设计标高和水平度，以达到设计要求。

1.座浆法砂浆配合比

座浆法砂浆是由水泥、砂子、石子、水配制而成。其水泥必须采用早强、快硬、收缩值和膨胀值小的浇筑水泥。水泥应特别注意保管，严防受潮。水泥质量的好坏是做好座浆的关键。若拆包后当天用不完，应封好袋口放在干燥室内。水泥存放时间以不超过3个月为宜。

座浆混凝土配合比（重量）为水泥:砂:石子＝1:1:1。水灰比夏季约取0.33～0.37，冬季可取0.30左右。

2.先座浆法施工过程

座浆法分为先座浆和后座浆两种。在设备就位以前进行座浆施工称为先座浆法。设备就位并初步调好标高、水平以后再进行座浆施工称为后座浆法。先座浆施工方便，操作无障碍，浆墩质量好。但当设备的底座未经加工时，则垫铁与设备贴合就不如后座浆好，有时还需斜垫铁调整。

先座浆法施工过程如下：

（1）凿打座浆坑。凿坑的深度及大小应根据可能出现的施工误差情况及垫铁的大小来决定。

凿打的工具常用凿子、钢钎或风铲。凿坑前应将其四周杂物及油污清除干净，坑的长度和宽度应比垫铁的长度和宽度大60～80mm，锅底坑的深度应不小于30～40mm。且座浆层混凝土的厚度应不小于50mm，在凿锅底状坑时，常会碰到基础钢筋，此时可把钢筋两旁的混凝土凿掉，自至深度达到要求为止。坑打好后，将坑内和周围碎石清扫掉，用水或用压缩空气吹除杂物，坑内不得沾有油污。为使新老混凝土紧密结合，用水充分浸润混凝土30min。然后除尽坑内积水，在坑内涂一层薄的水泥砂浆，水泥砂浆的水灰比为：

$$水泥:水 = 1:1～1.5$$

（2）拌制座浆混凝土。座浆混凝土因一次用量不多，宜在基础附近用人工搅拌。把称好的水泥砂子倒在铁板上先拌合两遍，再加上称好的石子共同拌合两遍，随后加入称量好的水拌合三至四遍，直至颜色均匀为止。一般拌合物要在30min内用完。

（3）座浆。座浆前应在坑内及周围均匀涂刷薄薄一层1:1.5～1水泥净浆。但须注意：这层水泥净浆不能涂刷过早，一定要在坑内浇注混凝土时才涂刷，待其稍干，即可将拌好的混凝土倒入坑内，分层捣实，每层以40mm为宜。座浆墩的上表面应做成中间高四周低的弧形，在放置垫铁时，由中央向四周逐渐接触排出空气。

（4）安放垫铁

垫板表面应干净，不得有油污。

在座浆墩做好后40min左右（视气温而定），待混凝土表面稍干并处于塑性状态时，放上钢垫板；用手均匀在垫板上施力，或用木把轻轻敲击垫铁中心部位，使其平稳下降，排出其间的空气，以使结合紧密。用水准仪找正找平，再小心轻轻拍打垫板周围的混凝土，使其达到要求。混凝土面应低于垫铁上表面2～5mm，并再次校准垫板基准标高和水平。待第一块垫板混凝土硬化，强度达到要求后（约4～5小时），用方水平和直尺以第一块垫板为基准，按上述方法安装其余垫板，使所有垫板都保持同一标高。在同一基础面上，垫板标高误差在0.3mm以内。

（5）养护

混凝土在干燥环境中硬化，不但不膨胀，反而会收缩，所以要特别注意养护。一般4～5小时后即要洒水养护，为使混凝土在潮湿环境中硬化，在座浆位置上架空覆盖草袋(草袋不直接压在垫板上)。并在其上经常浇水养护，使草袋保持潮湿。当养护温度低于5℃时，要采取保温措施。一般养护3天后即可安装设备。

在安装垫板和养护过程中，其周围应禁止振动，以免引起垫板水平标高的变化，设备基础周围应立牌告示"注意"！

3.后座浆法

后座浆法是在设备安装就位后施工，操作不方便，浆墩质量不如先座浆法好，但不需测定垫板的标高和水平度，垫铁与设备底座可以完全贴合在一起。

后座浆法的适用范围是：

（1）设备底面为未加工的焊接构件；

（2）基础螺栓采用预留孔，垫板位置离地脚螺栓距离超过50mm，螺栓拧紧后设备底板存在弹性变形，此时采用后座浆法可消除以上缺陷；

（3）对于安装精度要求很高的设备，如磨床等，为使垫板与设备底面贴合更为理想，应采用后座浆法。

在施工时应注意以下几点：

（1）设备就位前先打好座浆坑，并处理干净；

（2）用辅助垫板的三点安装法初步找平找正；

（3）座浆混凝土墩的高度若超过100mm以上时，需采用木匣或铁匣支护，以便捣实；其他与先座浆法相同。

还有一种与后座浆法相类似工艺，称压浆法。

4.压浆法

为使垫铁，设备底座底面与灌浆层的接触良好，一些大型金属切削机床或其他精密设备的二次灌浆，常采用压浆法施工，具体作法如下：

（1）在地脚螺栓上点焊一根小圆钢，作为支承垫铁的临时托架。小圆钢点焊的位置，可根据调整垫铁的升降块在最低极限位置时的厚度、设备底座地脚螺栓孔深度、螺母和垫圈厚度、地脚螺栓露出螺母长度等累计计算。点焊位置应在小圆钢的下方，点焊强度应以保证在压浆时能被胀脱为限。如不能用地脚螺栓调整垫铁支承时，可用调整螺钉或斜垫铁支承。

（2）将焊有小圆钢的地脚螺栓穿入设备的地脚螺栓孔内。

（3）设备用临时垫铁组初步找正。

（4）将调整垫铁的升降块调至最低位置，并将垫铁放到地脚螺栓的小圆钢上，将地脚螺栓稍稍拧紧，使垫铁与设备底座紧密接触，暂时固定在正确位置上。

（5）灌浆时，一般先灌满地脚螺栓孔，待混凝土达到规定强度70％后，再灌垫铁下面的压浆层，压浆层在设备底座面下的厚度一般为30～50mm。

（6）压浆层达到初凝后期（手指揿压还能略有凹印），调整升降块，胀脱小圆钢，将压浆层压紧。

（7）压浆层达到规定强度的75％后，拆除临时垫铁组，进行设备的最后找正找平。

二、无垫板安装简介

在设备安装中，近年来出现了无垫板安装新技术。这大大提高了工作效率，节省了垫板钢材，保证了设备安装质量。

无垫铁安装法的设备底座与基础之间没有垫铁，设备的重量及附加载荷完全由二次灌浆层承担并传给基础。

（一）无垫铁安装法施工过程

无垫铁安装法的安装过程和有垫铁安装法大致相同，无垫铁安装法的找平找正找标高的调整工作也是利用调整螺钉、斜垫铁、调整垫铁等工具。所不同的是设备与基础之间没有永久垫铁。当调整工作完毕，拧紧地脚螺栓后，即进行二次灌浆。在二次灌浆层养护期满，达到应有的强度后，便把作调整用的调整螺钉、斜垫铁、调整垫铁全部拆除（也可不拆除），然后将留下的空间灌满灰浆，并再次拧紧地脚螺栓。同时复查标高、水平度和中心线是否符合要求。

（二）无垫铁灌浆材料的配比和要求

采用无垫铁施工时，二次灌浆所用的砂浆，应用膨胀水泥或无收缩水泥拌制而成。膨胀水泥是用525～625号水泥加 $\frac{4}{1000}$ 铝粉拌制而成。砂浆中水泥、砂子、水、铝粉的配合比为1:2:0.4:0.004（重量比）。由于铝粉占的比例很小，不易掺合均匀，故掺合时应严格按照逐步扩大掺合法进行掺合，直到铝粉和水泥全部掺合完毕，再与砂子、水拌合。对砂浆的要求是水灰比要小，以提高其强度和防止收缩。对水灰比的粘湿程度可用手检查，当用手捏紧砂浆时能捏成块，而没有水分挤出；手放开后，砂浆能慢慢散开，即"捏得拢，放得开。"砂浆符合这样的要求，才能进行二次灌浆工作。

（三）无垫铁安装法应注意的事项

（1）设备的调整工作，如说明书上有规定，就按说明书规定进行。说明书无规定时，可用一般斜垫铁，调整垫铁和调整螺钉来进行调整。常用三点法找平，但也应考虑设备底座的具体情况。

（2）使用无垫铁安装法的设备底部二次灌浆层，原则上不低于100mm，并压实捣实。

（3）膨胀水泥砂浆，应随拌随灌，不要拌好存放时间过长，以免影响质量。

（4）设备底座为空心者，应在安装前将底座灌满浆，或在二次灌浆时采用压力灌浆法。

（5）设备找平找正后，应先将地脚螺栓拧紧，再进行二次灌浆。

（6）安装完毕后与二次灌浆的时间间隔，不应超过24小时，否则灌浆前应重新检查。

（7）在灌浆前，应在调整垫铁周围放置模板，以便灌浆后取出垫铁；待二次灌浆达到一定硬度后，才允许抽出垫铁。

目前，无垫铁安装法广泛应用在引进的大型设备上，如离心式压缩机、同步电动机等。这类设备在设计时，其设备与基础之间有基础板，基础板与基础之间用螺栓联结，而设备在基础板上安装。其安装步骤如下：

（1）在基础板上划出纵横十字中心线。

（2）在地脚螺栓上焊接一块 80×80×8mm 支承板（见图2-15），将焊好支承板的地脚螺栓把紧在基础板上。支承板距螺栓顶部高度 l 为基础板厚加上螺母厚和垫圈厚及2～3个螺距。

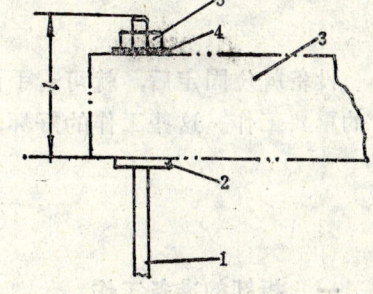

图 2-15　无垫板安装
1—地脚螺栓；2—支承板；3—基础板；
4—垫圈；5—螺母

（3）把连好地脚螺栓的基础板就位，地脚螺栓插入到预留的地脚螺栓孔内。

（4）用横梁（若配合调整螺栓更好）把基础板支承在基础上。

（5）调整基础板的中心位置，使基础板上的中心线与基础中心线吻合，并调整基础板的标高、水平度，使其达到设计要求。

（6）在地脚螺栓孔内浇灌混凝土。

（7）当混凝土强度达到要求后，即可在基础板上安装设备。

用无垫板安装法的优点：

（1）混凝土基础不承受地脚螺栓的预紧压力。

（2）被安装设备底座不受弯矩。而这个力矩往往会使设备产生明显变形，从而降低了设备精度。

（3）无垫板安装简化了安装工序。把二次找正变为一次找正，从而缩短工期。用传统垫板安装时，先将设备初步找正，挂上地脚螺栓后灌浆，等混凝土强度达到要求后再做第二次找正并拧紧地脚螺栓。

（4）可以节约大量垫板钢板。尤其是当基础做低了变得更突出。因此无垫板安装法对基础标高允差要求可放宽。

思 考 题 与 习 题

2-1　什么是安装基准线？怎样划定？

2-2　安装基准线的形式有几种？

2-3　设计一种既能上下移动，又能左右移动的线架？

2-4　什么是中心标板和标高基准点？各有什么用途？它们埋设有什么要求？

2-5　设备找中心的方法有几种？如何找法？你还会几种几何形状的找中心的方法？

2-6　设备位置检查方法有哪几种？

2-7　什么是座浆法？座浆法有几种？先座浆法的施工步骤是什么？后座浆法与先座浆法有什么异同？

2-8　什么是无垫铁安装法？它与有垫铁安装有什么区别？有什么优越性？

2-9　无垫铁安装法的灌浆材料有些什么成分？拌合时有什么要求？

第三章 设备拆卸和清洗

设备就位固定后，就可着手设备的拆卸和清洗工作。拆卸和清洗是设备安装中不可缺少的重要工作。这些工作的好坏，直接影响着设备的使用寿命和生产产品的质量。

第一节 拆 卸

一、拆卸的准备工作

设备或部件拆卸前要做好相应的准备工作，做到有条不紊地进行，禁止盲目地拆卸。

（1）拆卸前要很好地熟悉拆卸设备或部件的图纸，了解它的构造、零件与零件间的相互关系，牢记需拆卸零件或部件的位置和作用。

（2）拆卸前，要根据结构的情况，研究并确定拆卸的方法和步骤，保证设备和零部件的完好和拆卸工作顺利进行。

（3）拆卸前，在互相接合的两个零部件上，用同样的字头打上印记或用其他方法作好记号，以使能按原位置装配，避免错装。打印记号的位置要醒目，但应避免在配合面上打印。测量必要的装配间隙。

（4）拆卸前，应根据确定的拆卸方法，准备好需要用的机械、工具和材料，以保证拆卸工作顺利进行。

二、拆卸方法

（一）螺纹联接的拆卸

正常联接的螺纹是很容易拆卸的，只要选用合适的扳手，按螺纹相反的方向旋转即可拆卸（有锁紧保险装置的螺栓应先拆除锁紧保险装置）。对于那些年久失修、生锈腐蚀，或者发生故障后，用正常方法已不能进行拆卸的那些螺纹联接的拆卸方法。如：

1.对螺栓头、螺母或螺钉头开口仍然完好的螺纹联接的拆卸方法：

（1）用煤油或螺栓松动剂浸润。将联接件放入煤油或螺栓松动剂中浸泡，或用棉纱浸上煤油或螺栓松动剂包在螺栓头或螺母上，或滴注在联接处。用螺栓松动剂时，常是喷洒在联接处。煤油或螺栓松动剂浸入螺纹联接处，使铁锈浸润变松软，同时起润滑作用。这些都是对锈蚀的螺纹拆卸行之有效的方法。

（2）用手锤敲击螺栓头或螺母，使联接处受到震动，如再配合浸润煤油、机油或螺栓松动剂，可拆卸锈蚀严重的螺纹联接。

2.对螺栓头已经拆断的拆卸方法：

（1）如果螺杆仍有一部分露在螺孔外，可用锯在螺杆顶端开槽，然后用改锥旋松；也可将螺杆两侧锉平，用扳手旋松；也可在螺杆顶端焊上一个螺栓头后旋松。这些方法一般在螺纹联接良好，无锈蚀、无损坏的情况下采用。

（2）断在孔中的螺栓，直径较小的可选用比螺纹内径小$0.5\sim1$mm的钻头，把螺栓钻透，再用丝锥将残留部分攻去。直径较大的，可在螺杆上钻一个孔，在孔内打入一个四方钢棍，再用扳手将断螺栓拧出，或攻螺纹，并旋入方头或六角头螺栓,将断螺栓一起拧出。

(3) 对过盈配合的螺纹联接，可将带内螺纹的零件加热，使其直径胀大，然后 旋 出外螺纹零件。

(二) 击卸

击卸是一种最简单也最常见的拆卸方法。它是借锤击的力量，使相互配合的零件产生位移而互相脱离，从而达到拆卸目的的一种拆卸方法。拆卸前为减少摩擦阻力，常在连接处用润滑油浸润。击拆是一种简单易行的拆卸方法；但如果使用不当，或者操作不正确，也常会打坏零件，甚至达不到拆卸的目的。

击卸常用的工具是手锤（一般为0.5～1kg）。有时也用木锤、铜锤或大锤。另外，击卸还常用冲子和垫块。安装工地上常用紫铜棒（φ20～φ35）代替冲子，用铜、铝板或木块作垫块。

击卸时，应根据不同结构而采取不同的方法和步骤。举例如下：

1.装在轴上有过盈零件的击卸

较为典型的这类零件是皮带轮、联轴节和滚动轴承等。

图3-1是用套管击卸滚动轴承的情形。锤击的力量应施加在滚动轴承内圈上；若施加在外圈上，可导致轴承损坏。

图3-2是用冲子击卸滚动轴承的情形。当然施力也要加在内圈上，但打击的力量不能太大太猛；而每击一次，就要移动一下位置，使内圈四周都受到均匀的打击力量，否则会使轴承发生偏斜、卡牢或损坏轴颈，这些都是不允许发生的现象。

2.击卸孔中衬套

滑动轴承衬套和滚动轴承外圈在孔中多属有过盈的配合，从孔中取出它们，也常采用击卸的方法。击卸时，在衬套上垫上垫块，用锤打击垫块，使衬套卸出，如图3-3所示。击卸时左右对称，交换敲击，不许在一边敲击。

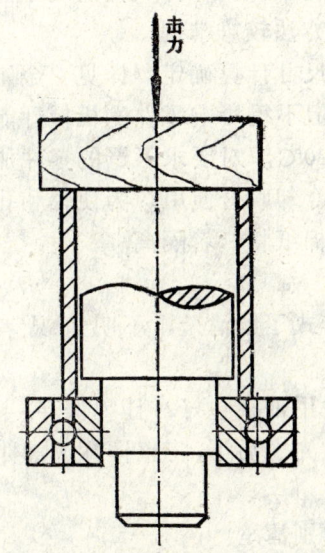 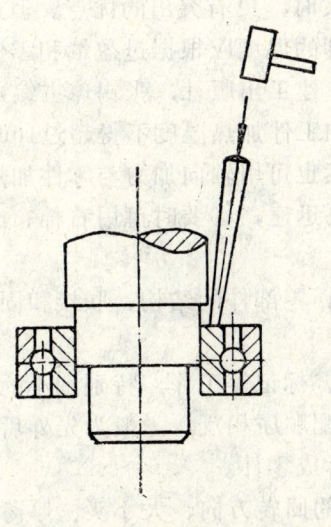 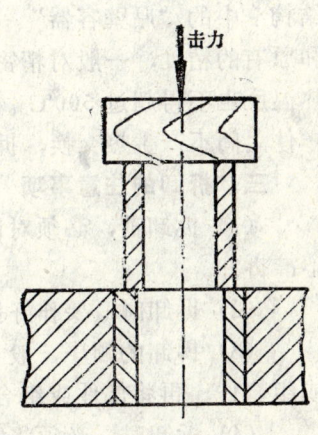

图 3-1 用套管击拆滚动轴承　　图 3-2 用冲子击卸滚动轴承　　图 3-3 击卸孔中衬套

3.小型轴承盖的击卸

普通小型轴承盖的拆卸，常采用对称地打入斜垫的办法，如图3-4所示。

（三）压卸和拉卸

压卸和拉卸比击卸有很多优点，它施力均匀，力的大小和方向容易控制，能拆卸较大的零部件和过盈量较大的零部件，且损坏零件的机会较少。其缺点是压卸和拉卸需要相应的机械和工具。

压卸需要使用压力机床。常用的压力机床有机械压力机、摩擦压力机和液压压力机等。工地上常用千斤顶。

拉卸常用一种螺旋工具——拉模（俗称扒子）。图3-5为用拉模拆卸零件的情形。

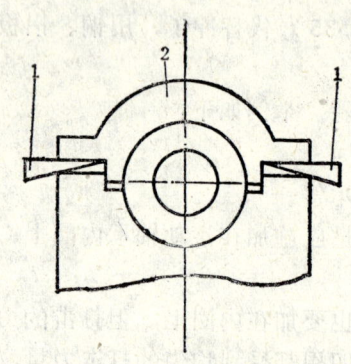

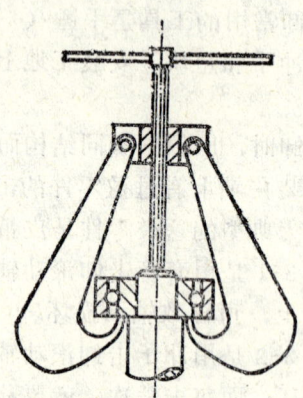

图 3-4　轴承盖的拆卸

1—楔铁；2—瓦盖

图 3-5　用拉模拆卸零件

（四）加热和冷却的拆卸

一般材料都有热胀冷缩特性。可利用加热的方法使孔的直径扩大，用冷却的方法使轴的直径缩小，从而使装配件间过盈量减少或者产生间隙，达到拆卸的目的。利用热胀冷缩的办法拆卸，可以避免击卸或压（拉）卸过程中可能产生的卡住或损伤零件表面的现象。尤其是在装配过盈量和尺寸均大时，更有突出的优点。但这种方法较难掌握。

在实际应用中，加热或冷却的温度应根据过盈量和零件的尺寸计算确定（详见《金属结构》中的"厚壁容器"一章，建工出版社，张锡璋主编），但不得影响零件的机械性能和原有的精度，一般对精密机加工件加热温度不得超过100～120℃。对要求不严的零件加热温度也不得超过500℃。当然也可用轴向加力与零件加热或冷却联合使用。为使轴和孔零件之间不产生热交换，拆卸要迅速，必要时用石棉布或石棉纸将二者隔离。

三、拆卸的注意事项

（1）拆卸前，必须对设备、零部件的结构、联接和固定方式了解清楚，不明情况者不准拆卸。

（2）拆卸时，要作好打印、标记等工作，特别细小的零件用油纸包好，挂牌保存。

（3）拆卸的顺序一般与装配顺序相反，一般为先外后内，先上后下，将整体拆成部件或组合件，再将部件或组合件拆成零件。

（4）拆卸时，必须将零件的回转方向、大小头、厚薄端辨别清楚。

（5）拆下的零件，应根据零件的形状和特点，分别采用适当的方式保存好，不要乱堆乱放，一般都放在本机上。放在地面上的零件，应用油布或塑料布盖好；放在架子上的零件，应排列整齐，挂牌注明零件的名称、规格和件数；易组合在一起的零件（如螺栓、垫圈和螺母）应尽量装在一起，以免丢失。

（6）在拆卸过程中，如果不可避免地要损坏一些零件时，应注意保留价值较高、质量较好、制造难或贵重的零件。

（7）拆卸时，要特别注意安全，工具必须牢固，操作必须准确。

（8）可不拆卸的，或者拆卸后要降低联接质量的零部件，应尽量不卸，如过盈配合、密封连接、铆接、加热装配的机件等；对标有不准拆卸标记的设备或零部件，则禁止拆卸（如铅封的零部件）。

第二节 设 备 的 清 洗

一、设备清洗的一般知识

（一）清洗的目的和要求

设备安装过程中的清洗，是指清除和洗净零件表面的油脂、污垢和粘附的机械杂质。

设备由制造厂出厂时，有的是整体，有的是拆成零部件，运到施工现场。拆成零部件运来时，其加工面上所涂的油、脂，必须清洗干净后才能进行装配。如是整体或分部件运来的，由于长途运输或在仓库内存放时间较长会使油变质、加工面生锈以及浸有泥砂污物等，也必须拆开清洗干净再进行装配。一台设备不能一次全部清洗完毕，而是要在安装过程中，配合各工序的需要，分别进行清洗。一般说，在设备就位、装配和找平找正时，所需要的或规定的测量基准面应即时清洗。装配时，与有关零件相连的零件，清洗后应立即装配。在试运转及调整过程中，凡涉及到的零部件均要清洗，不准拆卸的部位可不打开清洗。

对清洗的要求是：

（1）清洗工作必须认真仔细地进行，选择最好的清洗方案。机件间配合不当，制造上的缺陷，运输、存放期间造成的变形和损坏，都必须在清洗工作中发现并予以处理。

（2）清洗的场地要清洁，不要在多灰尘地区或露天进行，必要时要在清洗区做适当的遮挡。

（3）清洗以前，要熟悉和弄清设备的性能、结构、润滑系统，做好准备工作，准备所需要的工具、材料和放置机件的木箱、木架及装配需要的压缩空气、水、电、照明和安全防火设备等。准备好各种清洗设备所需的清洗剂、清洗油。

（二）清洗的步骤

1.初洗（也称粗洗）

主要去除设备上的旧油、污泥、漆迹和锈斑。旧油脂和污泥一般用软金属片（铝或铜）、竹片等刮掉，对粗加工面上的漆迹可铲刮，对精加工面上的漆迹可用溶剂洗掉。

2.细洗（也称油洗）

初洗后的机件，用清洗油将渣子、脏物等冲洗干净。必要时，还可用热油烫洗。但油温不宜超过120℃。

3.精洗（也称净洗）

是用洁净的清洗油最后洗净，也可用蒸汽或压缩空气吹净一次后再用油洗。精洗主要用于安装精度和加工精度都较高的机件。

二、清洗的方法

清洗的方法很多，常用的清洗方法有：

1.擦洗

擦洗是用棉布、棉纱等浸上清洗液对机件清洗的方法。这种方法多用于初洗（粗洗）和细洗，它简单易行，清洗设备简单，是一种安装工地常用的方法。但效率低，劳动强度大。

2.浸洗

浸洗是将机件放入盛有清洗液的容器中浸泡一段时间并进行清洗的一种方法，它适用于几何形状复杂的机件或者是油脂干固、油脂变质较严重的机件。这也是安装工地上常用的一种方法，它需要一些简单的容器，操作简单，但清洗液需要量较大。必要时可对清洗液加热，以增加清洗效果。但要注意安全。浸泡时间一般为2～20分钟。

3.喷洗

喷洗是利用清洗机清洗的一种方法。适用于污垢较重和半固体油污的清洗。

4.电解清洗

这种清洗方法是将被清洗的机件放入盛有碱液的电解槽中，然后通电，利用化学反应清除机件上的矿物油、防锈油。这种方法清洗效果较好，清洗效率高，但维护管理较复杂，要有相当的设备和特殊电源（低电压、大电流），适用于批量清洗，多用于工厂，安装现场应用较少。

5.超声波清洗

超声波清洗是一种比较先进的清洗方法。选择适当的清洗液，利用超声波清洗装置产生的超声空化作用，将机件上的粘附泥尘、油污除掉。它特别适用于清洗要求高的小零件。其清洗效果好，生产效率高，但设备成本高，维护管理复杂，目前安装工地上应用不多。

三、安装工程中常用的清洗剂

（一）石油溶剂

石油溶剂主要是洗掉机件上的防锈油质，常用的有以下四种：

1.汽油

汽油是天然石油的直馏精制产品。

汽油溶剂是一种良好的清洗剂，它对油脂、漆类的去除能力较强，是最常用的清洗剂之一。汽油是无色或呈淡黄色的液体，沸点较低，易燃（是一级易燃液体）、易挥发，在湿度大的工作环境中，清洗后的机件表面易结露。因此，清洗后的机件应及时擦干或吹干。在使用汽油进行擦洗或人工浸洗时，应戴手套，并注意通风防火。

2.煤油

煤油也是轻质石油产品一类，由天然石油或人造石油经分馏或裂化而得。煤油也是一种常用的清洗剂，清洗能力不及汽油，挥发性和易燃性也比汽油低，但也是易燃物（二级易燃液体）。灯用煤油的闪点是40℃，溶剂煤油的闪点为65℃。当用热煤油时，加热温度不得高于闪点。加热时，不得用火焰直接对盛煤油的容器加热，应该用隔水加热的办法。

煤油中含有水分，酸值高，化学稳定性差，清洗后如不及时去净，会使金属产生锈蚀。所以，精密零件一般不宜用煤油作最后一道工序清洗。

3.轻柴油

轻柴油是高速柴油机用的燃料，粘度比煤油高，可用于清洗一般钢铁机件。

4.机械油、汽轮机油和变压器油

使用这类油剂时，一般都将其加热，加热温度不得超过120℃。

（二）碱性清洗液

碱性清洗液是一种成本低的除油脱脂清洗剂。使用时一般加热至60～90℃，清洗效果较好。浸洗或喷洗5～10分钟，再用清水清洗。常用的碱性清洗液配方如下：

（1）氢氧化钠（0.5～1%）、碳酸钠（5～10%）、水玻璃（硅酸钠）（3～4%）和水。

（2）氢氧化钠（1～2%）、磷酸三钠（5～8%）、水玻璃（3～4%）和水。

前两类清洗剂碱性较强，能清洗矿物油、植物油和钠基脂，适用于一般钢铁件。

（3）磷酸三钠（5～8%）、磷酸二氢钠（2～3%）、水玻璃（5～6%）、烷基苯磺酸钠（0.5～1%）和水。

这种清洗液碱性较弱，有除油能力，对金属腐蚀性较低，适用于钢铁及铝合金件。

（4）十二烷基硫酸钠（0.5%）、油酸三乙醇胺（3%）、苯甲酸钠（0.5%）和水。

这种清洗剂碱性更弱，适用于精加工或抛光后的钢铁件和铝合金件。

（三）化学水清洗液

化学水清洗液是一种人工配制的清洗液，含有表面活性剂，具有良好的清洗油脂和水溶性污垢的作用。特点是：

配制方便，稳定耐用，无毒性，不易燃，使用安全，成本低，是一种具有发展前途的清洗液。

化学水清洗液清洗金属机件表面是由于清洗液中表面活性剂分子对油脂、污垢的润滑作用、乳化作用、分散作用和增溶作用。清洗过程是一个复杂的物理化学现象。这类清洗剂的四种作用，既有区别，又有联系。一种清洗剂往往是某一种作用比较显著，所以联合使用会取得更显著的清洗效果。这类清洗液的清洗效果与温度、浓度、外力、清洗时间、清洗次数有关。化学水清洗液一般都加热使用，经加热提高了分子的热运动，降低了油水界面张力，增加了溶解度，提高了清洗能力，缩短了清洗时间。当然，按一定配方也可在常温下使用。但有些化学水清洗液还具有缓蚀作用，清洗后的金属机件有一定的防锈能力，这一特性尤其适合于装配过程中的中间工序清洗。

常用化学水清洗液的特性和适用情况如下：

1.6501清洗液（十二烷二乙醇酰胺）

它是琥珀色粘稠水溶性液体。具有良好的乳化、增溶作用和扩散能力。不燃、无毒、耐硬水性好，对黑色金属具有一定的防锈作用。适用于清洗钢、铁和铝机件，常用它清洗轴承、柴油机零件、手表零件等；对铜有腐蚀作用，不适用。它对油污有很强的清洗能力，对于矿物油和脂肪油、油基防锈油、乳化液均能清洗，并具有缓蚀作用，在二三天内经清洗后的机件可不致锈蚀。

2.6503清洗液（十二烷基醇酰胺磷酸酯）

它是琥珀色十分粘稠的液体。本身亲水能力不佳，若加入二乙醇胺则可具有极佳的亲水亲油能力，无毒、不燃，水溶液的粘度小，有利于超声波空化。具有良好的缓蚀能力。可清洗钢铁机件，特别适用于热处理后的除盐清洗。它对油污有很强的清洗能力，在硬水及盐电解质的水溶液仍具有优异的去污乳化、发泡、泡沫稳定性能，具有缓蚀作用，二三天内，经清洗后的机件不生锈。

3. 平平加清洗液

黄色半固体物质，熔点为35～40℃，能溶于有机溶液中，并可以任意比例溶于水。水溶液呈中性。在水中不起电离作用，不受硬水、酸碱的影响。可清洗铜、铝及其合金机件，无腐蚀作用；也可用于钢铁和镀锌钝化机件。它具有优异的乳化、浸透、扩散、润滑等作用，一般油污均能去除。

4. TX-10清洗液（氧乙烯辛烷基酚醚-10）

TX-10清洗液又称OP-10清洗液，它是深黄色粘稠液体，不燃、无毒。适用于有色金属机件，钢铁机件亦可用。它具有很强的乳化、分散和增溶作用。对抛光膏、研磨膏等混杂固体油污有一定的清洗效果。

5. 105清洗液（由聚氯乙烯脂肪醇醚、聚氯乙烯辛烷基酚醚和烷基二乙醇酰胺三种配制而成）

105清洗液又称R-5清洗液。它是琥珀色粘稠液体，由几种非离子型表面活性物质配制而成。具有微碱性，不燃、无毒。用水稀释成3～4%水溶液，使用时要加热，清洗时间较长。主要适用于钢铁机件，不适于有色金属机件的清洗。清洗能力强，清洗效果好。多用于钢铁机件的研磨、抛光后的清洗。因泡沫多，不宜用于喷洗，要用时宜加消泡剂。

6. 664清洗液（由105清洗液再加油酸三乙醇胺）

具有水溶性，可稀释成3～4%水溶液使用。不燃、无毒，使用时宜加消泡剂。适用于黑色金属机件，对铜有腐蚀性，对植物油具有很强的乳化能力，但泡沫多，不宜喷洗。对黑色金属机件具有防锈能力，适用于精研、抛光后的清洗。

7. 7102清洗液

是极粘稠的黄色液体，是多种非离子型活性剂的复合体。主要用于色金属机件。对机油、石蜡、凡士林金刚砂的清洗效果较好，并具有一定的防锈作用，对混杂固体油污有一定的清洗能力。

8. SP-1清洗液（由聚醚型非离子表面活性剂配制而成）

它是深绿粘状液体，略带香味，使用时稀释为4%的水溶液，属于低泡性金属清洗液，适用于连续压力喷洗。主要用于黑色金属机件经精加工后的清洗和热处理后的清洗。其突出的优点是泡沫少。

使用化学清洗液时，可根据机件表面的油脂和污垢类型以及清洗要求分别选用，还可适当添加缓蚀剂、消泡剂、稳定剂和助溶剂等。

常用的缓蚀剂有：三乙醇胺，三乙醇胺油酸皂，磷酸三钠，聚乙二醇，亚硝酸钠，石油磺酸钡，油酸等。

常用的消泡剂有：二甲基硅油，烷基醇酰胺等。

常用的稳定剂有：乙醇，正丁醇，三乙醇胺。

常用的助溶剂有：邻苯二甲酸，二丁酯，三聚磷酸钠，羧甲基纤维素钠等。

化学清洗液的清洗方法主要是浸洗和喷洗。喷洗时间短，生产率高，但须加适当的消泡剂以控制泡沫。

（四）清洗漆膜溶剂

1. 松香水（又名白醇）

是无色透明液体，石油产品。其主要成分是脂肪烃和部分芳香族化合物，是二级易燃液体。它可稀释调和漆、磁漆、醇酸漆、油基清漆和沥青漆，因此常用它来清洗上述漆膜，它的最大优点是毒性小，其溶解力不及松节油。

2. 松节油

它是由松脂中提练出来的一种精油，是二级易燃液体。是无色或微黄色的透明油状物，具有特殊气味。可稀释一般油基漆、醇酸树脂漆、天然树脂漆，其溶解力大于松香水，但小于苯。对酚醛树脂漆溶解力较差。

3. 苯

是一种重要的芳香族烃，无色易挥发易燃液体（一级易燃液体），有芳香气味，有毒。贮存时必须注意密封。溶解力较好，是干性漆和树脂漆的强溶剂，但不能溶解虫胶（防锈透明漆）。

4. 甲苯

无色透明易挥发易燃（一级易燃液体）液体。有芳香气味，有毒。溶解力与苯相似。苯和甲苯的气体在空气中达到一定浓度后有爆炸危险。

5. 二甲苯

无色透明易挥发易燃液体（一级易燃液体），有芳香气味，有毒，溶解力极强。

6. 丙酮

是一种最简单饱和酮，无色易挥发易燃液体（一级易燃液体），有微香气味。能溶解油、脂肪、树脂和橡胶，因此是一种良好的漆膜清洗剂。丙酮气与空气能形成爆炸性混合物，故使用时要加强通风，以策安全。

7. 香蕉水（硝基漆稀释剂）

是有机脂、酮、醇、烃类的混合物，无色透明，微溶于水，属于二级易燃液体。易挥发，有香蕉气味。专为硝基漆用，溶解力极强，它不能用来稀释过氯乙烯漆。

8. 过氯乙烯漆稀释剂

是乙酸脂类、酮类、苯类等有机溶剂配制而成的无色透明液体，专为过氯乙烯漆用。当用作稀释剂时，切勿混入其他溶剂，特别是丁醇和汽油。

9. 氨基漆稀释剂

是由二甲苯、丁醇混合而成，具有良好的溶解性，专供氨基漆之用。

10. 脱漆剂

T-1脱漆剂是由酮类、醇类、酯类等溶剂，加入适量石蜡配制而成的乳白色糊状物，主要用于清除油基漆的漆膜。T-2脱漆剂是不加石蜡的无色透明溶液，溶解力较T-1强，主要用于清除油基、醇、酸、硝基漆的漆膜。脱漆剂不能和其他溶剂混合使用，否则会降低脱漆效率。

11. 酒精

即乙醇。是无色透明易挥发易燃液体（一级易燃液体）。有酒的气味，能溶解许多有机化合物和若干无机化合物，是一种重要溶剂。一般设备加工面所涂的防锈透明漆，用酒精清洗效果最好。其蒸气与空气混合有爆炸危险。

12.四氯化碳

无色液体，有愉快的气味，不燃烧，有毒。能溶解各种油类，主要用作去油剂。对禁油设备是必不可少的清洗剂。适用于金属和非金属零件。

四、油孔的清洗

油孔是设备上润滑油的通道，在清洗中应特别注意。

油孔在清洗前，首先应根据图纸加以核对，油孔的直径、位置是否正确，油孔应畅通无阻，如不合要求，应及时处理。

对于通道不长的油孔，清洗时可用铁丝带着沾有汽油的布条在油孔中来回通几次，清除其中的铁屑、油污等，再用干净的油布通一次。然后注入清净的洗油冲一遍，最后用压缩空气吹净。

对通道较长的油孔，首先用带布的铁丝尽量来回通，然后用压缩空气吹除，待出口端吹出的空气干净后，再用干净的洗油冲洗。

清洗后的油孔，用沾有干油的木塞堵住，以免杂物灰尘等侵入。避免由于润滑系统的故障而导致设备的损坏。

清洗油孔时应注意：

（1）对油孔进行检查：油孔的数量、尺寸和位置与图纸要相符，加工质量要符合要求。

（2）清洗带有螺纹的油孔，应使用棉布、丝绸布等，禁止使用棉纱。

（3）应防止铁丝断在油孔中或布条遗留在油孔中。油孔一旦被堵塞，应及时处理，掉入的物体应设法取出。取不出的金属物体或坚硬物可用钻头钻出，可燃烧物体可用烧红的铁丝烧掉。经处理过的油孔要彻底清洗干净。

五、滚动轴承的清洗

滚动轴承是精密的配合零件，多用于转速高、负荷大的支承位置上，故其内部必须十分清洁，润滑要良好，否则会引起轴承运转不良，发热、磨损加快，甚至发生烧毁咬死等事故，因此使用前必须彻底清洗。

设备中的滚动轴承，在设备组装时一般都加有润滑脂。有时由于滚动轴承存放时间较长，原有的润滑脂已经变质失效，有的因密封不严而沾有灰尘，这样的滚动轴承必须清洗干净。

清洗滚动轴承时，可先用软质刮具将原有的润滑脂刮除，然后进行浸洗，不能进行浸洗的可用热油冲洗，使旧油被热油冲去。用压缩空气吹除一次，最后用煤油或汽油进行冲洗直至清洁为止。

对滚动轴承进行擦洗时，可使用棉布、丝绸布或泡沫塑料，禁止使用棉纱。清洗后的滚动轴承，用手转动检查是否正常，合格的应立即涂上润滑油或润滑脂，并应妥善保管，勿使尘灰重新侵入。暂时不进行安装的，应用油纸包起并保存好。

设备上的各种管路一般应拆下进行清洗并保证畅通。按管路不同的要求，可采用酸洗或适当压力的干燥压缩空气、氮气进行吹扫，并用木锤敲击管子表面。弯管或弯头用喷砂吹扫，对孔角部位应分别从二端用0.4~0.6MPa的压缩空气进行吹扫，同时也要用木锤敲击管子，将管内余砂清除。短管道可放在酸槽内浸泡，进行酸洗，对长管道或批量较大的管道可将管子连接起来用耐酸泵进行循环冲洗，酸洗液采用15～20%的盐酸或硫酸溶液，酸洗的延续时间根据管壁的锈蚀程度以及酸溶液的浓度和温度而定。酸洗后应用5～8%的碱溶液中和，然后用清水冲洗，并用0.4～0.6MPa压缩空气吹干，同时充氢气或喷油保护，管二端用木塞封堵，碳钢管道还要进行钝化处理。酸洗后用脱脂白布擦拭管壁，不出现铁锈色或用灯光照射管内，如管壁未发现黑点即认为合格。或用精密 pH试纸测定也可。

第三节 脱 脂

将设备或零件上的油脂彻底去除的工序叫做脱脂。设备上需要在忌油条件下工作的部分，必须经过脱脂。所谓忌油，就是遇到油会有危险，如纯氧、浓硝酸等，遇到油就要爆炸。故脱脂工作在安装某些设备时，就显得十分重要。脱脂后应将残留的脱脂剂消除干净。

一、脱脂剂

1.二氯乙烷

无色或淡黄色透明中性液体，易挥发，有剧毒。微溶于水，溶于各种有机溶剂。闪点21℃，为一级易燃液体，与空气接触能形成爆炸性混合物，与氧化剂接触易引起燃烧。对黑色金属略有腐蚀性，适用于金属构件脱脂。

2.二氯乙烯

无色透明液体，易流动，易挥发，有毒。溶脂能力比汽油大，在15℃时大4倍；在50℃时大7倍。无燃烧性，刺激粘膜，对人三叉神经、肝脏、呼吸器官等有损害，并有麻醉作用。对金属无腐蚀性，适用于金属机件。在工厂中大量去油时，在清洗机内将它加热汽化，进行所谓气相脱脂；但在安装现场只能将它作为液体清洗剂。

3.四氯化碳

特性如第二节所述。对有色金属略有腐蚀性。适用于金属和非金属机件的脱脂。

4.95%乙醇（酒精）

特性如前。其脱脂能力差。适用于脱脂要求不高的设备和管路。

5.98%浓硝酸

无色透明或略带淡黄色的发烟液体，是一种强氧化剂。接触有机物以及松节油、木、织物与浓硝酸时即自燃。燃烧时产生氧化氮等有毒性气体，是二级能助燃的氧化剂，对金属有腐蚀性，用于浓硝酸装置的部分管件和瓷环等脱脂，因为这些装置不能用其他溶剂脱脂。

6.碱性清洗液

碱性清洗液也可用于脱脂要求不高的机件和管路，如接触低压氧气的机件，其成本较低。

二、脱脂应注意的事项

（1）制造厂已脱脂并封闭良好的设备、管路和附件，安装时可不脱脂。但已被油脂污染的件，则应根据具体情况再脱脂。

（2）有明显油迹和污垢的脱脂件，可先用汽油或其他方法清洗，然后再用脱脂剂脱脂。

（3）脱脂和装配用的工具、量具等，必须按脱脂件的要求先进行脱脂。工作服、鞋、手套等劳保用品均应干净无油。

（4）部件应拆成零件后再进行脱脂。小零件脱脂时，可浸没在脱脂剂中 5～15min（此时脱脂容器应盖严，以减少蒸发）。紫铜垫片退火脱脂。

（5）大容器内面脱脂，用喷头喷淋脱脂剂冲洗，喷淋时需采取安全措施。大件的金属表面可用洁净棉纱蘸脱脂剂擦洗。

（6）一般容器或管子脱脂时，可用灌洗法。灌入的脱脂剂的数量不得少于其容积的15%，，并加以旋转或反复倾斜，使所有表面能均匀地与脱脂剂相接触，每处接触时间不得少于15min。

（7）非金属衬垫脱脂时，应用对密封无腐蚀性的溶剂浸泡20min以上。石棉衬垫脱脂可在300℃左右温度下灼烧2～3min（不得用有烟的火焰）。

（8）脱脂时，应保持脱脂场所的干净，并应注意不使脱脂剂流洒在地面。使用有毒脱脂剂时，应在露天或有通风装置的室内进行。并穿戴必要的劳动保护用具。使用易燃脱脂剂时，应有防火措施，并不得吸烟，不得有火花及灼热物等。使用浓硝酸应遵守有关的专门规程。

（9）脱脂剂应装在密封的容器里，放置在阴凉、干燥的室内，不同的脱脂剂不要随便混合。

（10）四氯化碳和二氯乙烷遇水和空气时，能腐蚀有色和黑色金属，故脱脂件应预先干燥。

（11）脱脂后应将脱脂件干燥，并不得再与油脂接触。

（12）经过脱脂的设备、管路及附件应按设计或技术文件的规定进行检验；无规定时，可选择下列方法进行：

1)用过后的脱脂剂取样，以油脂含量少于0.05%为合格。

2)用蒸汽吹洗脱脂机件，取其冷凝液，放入一些（直径为1mm左右）纯樟脑。如樟脑不停地旋转为合格。根据试验，樟脑在浓度为30%、温度不超过30℃硝酸中，当含油量少于48mg/l时，樟脑旋转良好；当含油量超过66mg/l时，樟脑就不转动。

3)对脱脂要求不高和易擦拭的部位，可用白滤纸（或白布）擦脱脂表面，从滤纸（或白布）上看不出油渍为合格。

（13）经过脱脂并检查合格的设备、管路及附件，应封包良好，保持洁净，不得再染上油污，否则应重新脱脂。

第四节　除　锈

设备虽经过周密地防锈，但由于实际情况很复杂，往往还会出现生锈现象。所以在清洗或装配时，对加工面和接合面必须进行仔细检查，对较精密的机件要使用10～20倍的放大镜观察。发现有锈蚀时，应将锈清除干净。另外，在安装现场非标准静置设备制安后，也要先除锈后再防腐。

当金属在大气中受到氧、水分及其它有害杂质的侵蚀，引起金属的腐蚀或变色，称为金属的腐蚀或生锈。

引起金属腐蚀的因素很多，空气中的氧对金属锈蚀最为经常，随时随地发生作用。但金属在一般情况下锈蚀速度是很慢的，当空气的相对湿度达到一定值时，金属锈蚀速度加快（许多金属的锈蚀临界湿度在50～80%之间，钢铁的临界湿度约为75%）。相对湿度达到临界湿度时，金属表面便出现凝结的水膜或水珠，有害杂质溶解于水膜或水珠中，形成电解液，使金属锈蚀加速。在潮湿环境里，一些锈蚀性气体（如二氧化硫、二氧化碳、硫化氢、氨气、盐酸气等）和有害尘埃（如烟雾、煤灰、氯化物和其他酸、碱、盐颗粒等），均促使金属锈蚀加快。

一、金属锈蚀特征

1.钢和铸铁

钢和铸铁刚开始的锈蚀是表面发暗，失去原有的金属光泽，逐渐由亮变暗；进一步会变成黄色、褐色，严重时呈黑褐色的锈层或锈坑。发蓝（氧化）的钢机件锈蚀为黄色锈层或点状、斑状。涂有油漆的表面，漆皮下也可发生锈蚀，此时漆皮会鼓泡、膨胀或剥落。

2.铝镁及其合金

铝镁及其合金锈蚀呈白色或暗灰色的斑点，有时在锈蚀处出现白色粉末，再继续发展，则出现充满白色或暗灰色锈蚀产物的锈坑。

3.铜及其合金

铜的氧化物为黑色，氧化亚铜为红棕色，铜的硫化物为黑色，铜的氯化物为绿色，铜的锈蚀常呈绿色、黑色、棕红色薄层。铝青铜的锈蚀常呈黑色、白色、暗绿色或淡绿色薄层。

二、锈蚀分类和除锈要求

（一）锈蚀按其程度分以下四类

（1）初锈（微锈）：金属光泽消失，仅呈灰暗迹象。

（2）浮锈（轻锈）：金属已经变色并出现锈迹。

（3）迹锈（中锈）：金属表面已存在粉末状锈蚀物。

（4）层锈（重锈）：金属已经被严重腐蚀。

（二）除锈要求

（1）对微锈和轻锈应将锈迹除尽，使金属呈现原有光泽。

（2）对中锈机件，应将已腐蚀的金属物除掉，将零件表面打磨光滑，允许有斑状或云雾状的痕迹存在。

（3）对严重锈蚀的机件，应根据情况决定是否需要更换。允许继续使用的零件，应将锈层除掉，锈迹打磨干净，保留锈坑或锈斑存在，但要做好记录。

（4）经除锈处理过的机件，应尽量保持结合面的粗糙度和配合精度。

（5）除锈后的机件，应用煤油或汽油清洗干净，并涂以润滑油脂或防锈油脂，以防再锈。

三、除锈方法

除锈的方法可分为机械除锈法和化学除锈法两大类。

（一）机械除锈

机械除锈法是利用某种机械或工具，靠力的作用，将锈层从金属表面除掉的方法。

1.手工除锈

手工除锈使用的工具较简单，操作容易，适用范围较广。其缺点是效率低，劳动强度大；除锈过程中产生的尘埃对人身健康有损害；对锈蚀严重的锈层、锈痕不能去除彻底。尽管如此，在采取一定的劳动保护后，手工除锈仍不失为一种简单可行的除锈方法。如操作正确，也不会损伤机件表面的精度。所以是设备安装中常采用的方法。

手工除锈常用的工具有钢丝刷、金属或非金属刮刀、砂布、锉刀和研磨膏等。

钢丝刷一般用于非加工表面的除锈，它除锈速度快，除锈效果好，多用于中锈程度以上的除锈。

非金属刮刀多用木片、竹片、胶木板等制成，用于去除金属面上的浮锈效果比较好。对金属表面无损伤，因此可用于机件精加工表面的除锈。

金属刮刀分硬金属（钢片）和软金属（如铝、铜片）两种。钢片刮刀因有损于机件金属表面，只能用于粗糙表面去除厚锈层。铜刮刀一般使用在锈较厚的加工面，可作为使用非金属刮刀的初步工序，这种刮刀不宜用于精密的导轨面上，因铜屑易遗留在锈坑内或缝隙内，所以只能用在一般加工表面的除锈。

砂布除锈、锉刀除锈应用比较广泛。这两种工具用在不重要的加工面和非配合的加工面上除锈，效率高，也比较彻底，但不能用在导轨面、滑动面等。

研磨膏（或研磨粉）一般用来去除重要而精密的加工面的局部小锈，如机床主轴、轴承面和导轨面等。操作时，用绒布蘸机械油和研磨膏（或研磨粉）在锈蚀处用力擦拭，擦拭时要用力均衡平缓，即可将锈斑完全清除干净而不影响其粗糙度和尺寸精度，但研磨后会有局部亮斑现象。

对于铜及其合金，可使用擦铜油（由油酸、氨水、硅藻土、磁土粉、氧化铬、煤油等组成）去除铜锈。使用时，将擦铜油摇匀后，用棉布蘸取少许，稍用力擦拭即能去锈除油，恢复原来的金属光泽。擦拭后应用清洁干燥的棉布将金属表面擦干净。

2.机器除锈

机器除锈的效率高，劳动强度低，适用于批量工件的除锈工作。设备安装工程中常使用除锈的机器有电动钢丝刷和喷砂除锈机等。

手持式电动钢丝刷，状如手持式电动砂轮，将装砂轮处改装圆盘状钢丝刷即成。作用和用法同手用钢丝刷。

喷砂除锈多用于面积大和表面形状简单的容器、管道等工作的油漆前除锈工作。喷砂除锈是利用3～5个大气压的压缩空气，将粒径为1～4mm的石英砂通过喷嘴射到除锈件表面，利用砂的冲击力量将锈蚀层、漆层、氧化层等清除干净。金属表面经喷砂变得粗糙而又很均匀，对油漆工序可增加漆层的附着力。喷砂除锈的优点是除锈彻底，操作简便，效率高；缺点是操作过程中产生大量尘埃，污染环境，且作业场地要求大。喷砂除锈工作时要注意安全，工作人员穿工作服戴手套和口罩，戴上面罩。操作者不得任意挥动喷枪，并应经常注意周围，防止打伤人和物。

喷砂设备是由空气压缩机、砂斗、橡胶管和喷枪等组成。

（二）化学除锈

金属的锈一般为金属氧化物。化学除锈就是采用化学药品（酸类）将锈层溶解掉。除锈前应将表面的油脂和污物去除。

安装工程中常用的化学除锈有酸洗除锈和化学除锈剂与除锈膏除锈。

1. 酸洗

酸洗常用来去除金属材料（如管子）未加工表面的较重锈蚀。

钢铁的酸洗常使用硫酸或盐酸。因硫酸价格较低，故使用硫酸较多。有色金属多用硝酸。酸洗的速度决定于锈的性质以及酸的种类、浓度和温度。

适当升高酸的浓度可加快酸洗的速度，但容易产生侵蚀金属的现象。当酸的浓度超过25％时，酸洗速度反而下降，所以实际使用的硫酸和盐酸的浓度不超过20％。

温度升高，酸洗速度大大增加。实际操作中，盐酸液温度不高于40℃；硫酸温度不高于80℃。

酸洗时，将工件浸入酸液中，此时有大量气泡发生，并有特殊气味，因此应不断加强搅拌和翻动。酸洗时间视去锈情况而定，过长过短都不好，应经常观察。酸洗除锈后，必须用清水立即冲洗，再用含苛性钠（4％）和亚硝酸钠（2％），水溶液进行中和。为防止腐蚀，应再用清水冲洗。酸洗的步骤是：去油（一般用碱性清洗液）、去碱（一般用清水冲；若用石油溶剂去油可省去此工序）、酸洗除锈、用清水冲洗、中和、再用清水冲洗、干燥（擦干水迹后吹干或烘干）、涂油（防止再锈）。

酸液有强烈腐蚀性，工作人员应穿戴耐酸手套、围裙和脚盖，同时严防酸液飞溅伤人。在配制酸液时，应将酸缓缓加入水中并不停地搅拌，切不可先加酸后加水，反之易使酸飞溅或因气体急剧挥发而引起爆炸。钢铁酸洗后表面呈钢灰色者为合格，如果呈灰黑色说明酸洗过度。酸液加热温度不宜过高，过高会使金属溶蚀量增加，同时容易引起氢脆。为防止氢脆，可加入缓蚀剂。酸洗时金属与酸反应后有氢气析出，氢气对促使锈层脱落有很大作用。由于氢原子体积非常小，可向钢铁内部扩散，使钢铁产生内应力，使机械性能改变，韧性、塑性降低，脆性和硬度提高。这种由氢的渗入引起钢铁机械性能改变的现象，叫做氢脆。为消除这种不利影响，可在除锈酸液中加入酸洗缓蚀剂。

缓蚀剂在酸液中，能在基体金属表面（不是锈层表面）形成一层薄膜，使基体金属与酸的作用减慢，而得到保护，同时也不影响锈层的溶解。目前已有二千多种缓蚀物质，其中大部分是有机物。常用的缓蚀剂有：

（1）五四牌缓蚀剂：主要用于硫酸除锈，加入量为0.2～0.4％，允许使用的温度为80～85℃。

（2）乌洛托品（六次甲基四胺）：适用硫酸盐酸除锈液中，对降低氢脆很有效。

（3）硫脲及其衍生物：适用于硫酸除锈液，也是一种有效缓蚀剂。

（4）食盐：适用于硫酸除锈液，允许使用温度可达90℃，是一种加速除锈过程又提高除锈机件表面粗糙度的缓蚀剂。

2. 化学除锈剂与除锈膏除锈

用配制的化学除锈剂与除锈膏对精密加工表面除锈，腐蚀性小，除锈效果好，并且对无锈部分不起作用，对机件表面粗糙度和色泽影响较小。

（1）重锈钢铁件除锈剂配方如下：

丙酮　　　　　　　　500mL
磷酸（比重1.71）　　480mL
对苯二酚　　　　　　20g
水　　　　　　　　　2～22.5L

此配方在室温下处理重锈不超过5min，时间过长会使基体金属变色。

（2）轻锈钢铁件除锈剂配方如下：

酪酐（Cr_2O_3）	15%
磷酸（H_3PO_4）	15～17%
硫酸（H_2SO_4）	1～12%
水	余量

加热温度为85～100℃，时间为30～60分钟。此种配方只能去很轻的锈，对基体金属无影响，可用于精密零件。

（3）用于钢铁和铜组合件除锈剂配方如下：

硝酸	5%
磷酸	5%
铬酸	10%
重铬酸钾	3%
水	余量

在室温下处理1～1.5min。

（4）用于铜合金件的除锈剂配方如下：

硫酸（比重1.84）	30mL
铬酐	90g
氯化物	1～2g
水	1L

在室温下处理1～1.5min。此配方对黄铜的除锈效果很好，使表面成金黄色，并有钝化作用。

（5）用于钢铁件的除锈膏配方如下：

盐酸（比重1.91）	5%
磷酸（比重1.71）	20%
硫酸（比重1.84）	40%
六次甲基四胺（纯度98%）	0.8%
三氧化二砷（纯度99%）	0.9%
白土（120#孔筛）	适量
水	35%

在室温下，将膏涂在锈面上（涂1～2mm厚），当锈全部溶解后（约隔20～60min）擦去膏后用清水冲洗表面。

（6）用于钢铜组合件的除锈膏配方如下：

氧化铝（抛光粉）	15%
淀粉	30%
草酸	15%
硫脲	·%

第五节 防锈和防腐

由于周围介质的化学作用或电化学作用而引起的金属破坏，叫做金属腐蚀。

金属在大气中由于氧、水份及其他杂质而引起的腐蚀或变色叫做生锈或锈蚀，其产物称做锈。金属在高温下空气对金属的侵蚀则称为氧化，氧化的产物称氧化皮。在腐蚀性化学介质中引起金属的侵蚀破坏则称为腐蚀。

金属在干燥气体中（表面上没有湿气冷凝）或在非电介质中发生化学作用时，不产生电流，这时产生的腐蚀称为化学腐蚀，如金属在高温下的氧化，在有机液体中的腐蚀。当金属材料与电介质发生化学作用时，有电流产生（即离子定向运动），这时产生的腐蚀称为电化学腐蚀。这主要是由于金属材料与电介质作用，在金属界面上产生电化学的不均匀性，形成了原电池，因此在同一金属表面或内部的原子，就有得到电子的和失去电子的，产生了微电池作用而使金属破坏，例如金属在土壤中、水中、海水及酸、碱、盐的水溶液中的腐蚀，都是电化学腐蚀。

一、钢铁的生锈

钢铁在干燥的大气中，由于与氧发生化学作用，表面渐渐生成一层氧化膜，这种自然生成的氧化膜是较疏松的；而大气中还有水蒸汽，水蒸汽和氧与钢铁接触，便发生电化学作用，电化学作用的速度比化学作用快得多，所生成的产物是氢氧化铁和氢氧化亚铁以及剩余的氧化物的混合物，即我们常见到的铁锈。铁锈的组织疏松、多孔、能吸气吸水，生成层不均匀，不但不能阻止氧和水的侵入，反而成为钢铁继续生锈的良好条件。

（一）影响生锈的因素

1.金属材料的成分和金相组织

（1）有些金属，如铬、镍、铝等，其氧化物具有致密的结构，覆盖在金属表面，阻止继续腐蚀，因此耐蚀性较好，而钢铁就差。钢中含有耐蚀的合金元素，耐蚀性好，如不锈钢（含高铬镍）耐蚀性最好，低合金钢次之，最差的是碳素钢。

（2）微观组织均匀的金属耐蚀性好。如单相的奥氏体和铁素体钢耐蚀性好。

2.大气层的影响

（1）湿度高，金属易生锈。

（2）污染物如SO_2、CO_2、H_2S、NO、Cl_2等都会加速金属生锈。烟雾和工业灰尘落在金属表面，成为水分凝聚中心，灰尘本身具有吸水性和腐蚀性，会加速金属腐蚀。

3.金属中有残余内应力会加速腐蚀

如冷加工硬化会使腐蚀加剧。

（二）防止金属生锈和腐蚀的方法

1.加入合金元素

2.改变金属内部组织

用热处理法：使金属组织均匀并消除内应力或用化学热处理法渗铬、渗硼、渗硅等改变组织成分，均可提高耐蚀性。

3.加表面覆盖层

（1）用搪铅或搪瓷法搪上一层或用电镀或喷镀法镀上一层耐蚀的金属层或非金属层。

(2) 用油漆、涂料等覆盖上一层非金属保护层。

(3) 用氧化、发兰等表面处理法，使金属表面产生一层致密结构物。

(4) 用衬橡胶、衬铅、衬不锈钢、衬塑料、衬玻璃钢等金属和非金属衬里等方法与介质隔离。

4. 阴极防锈法

电化学反应时，阳极被腐蚀，阴极不被腐蚀，如在船壳上加一块锌块或镁块，则锌或镁成为阳极被腐蚀掉，钢铁的船壳成为阴极而被保护。又如地下管道，可用通电方法使其成为阴极而被保护。

5. 临时性封存

用临时性措施使金属表面与环境隔离。如油封防锈、气相防锈，可剥塑料防锈、封套包装等。

(1) 油封防锈是用含添加剂的防锈油或脂涂在机件表面，然后再包上包装纸或套上塑料袋，这是设备出厂时广泛采用的方法，在安装时需要启封清洗，方能使设备投入运转。另外，涂油的机件还有一定的减震和防止擦伤的作用。

(2) 气相防锈法是新发展起来的一种方法。它是一种简便而有效的防锈方法。气相防锈剂又叫气相缓蚀剂（也叫挥发性缓蚀剂），它在常温下能慢慢挥发。在密封条件下，挥发气充满整个包装空间，并和潮气吸附在金属表面，然后发生水解和电离作用，生成一种能防锈的表面层。

常用的气相防锈剂有：亚硝酸二环己胺（又称 VP1-260）、碳酸环己胺（简称 CHC）及亚硝酸钠、磷酸氢二胺、碳酸氢钠、六次甲基四胺、碳酸氨等无机盐和三乙醇胺、苯甲酸钠、苯甲酸胺等有机盐。其优点是：挥发的气体可达到一般防锈材料不易涂覆到的空隙处，因此在密封条件下，防锈期较长；包装简单，启封方便，适用于中小件包装；无油渍，使包装清洁美观。其缺点是：需要密封包装，大机件使用有困难；挥发的气体对人有刺激；有的气相防锈剂对某一种金属有腐蚀性。

(3) 可剥塑料防锈是将金属用塑料密封起来（一般是喷塑），启封时将塑料层剥除。它是以塑料为基体材料，再加入润滑剂、防锈剂、增塑剂、稳定剂和防霉剂等加热或溶解而成，将它涂覆于金属制品表面而形成薄膜。这层薄膜较易剥除。

可剥性塑料保护膜的膜层透明、柔韧性强、耐候性好，在 $-30\sim45{}^{\circ}C$ 范围内，防锈效果不受破坏，防锈时间长。适用于钢铁、铜、铝等金属。

(4) 封套包装防锈是将设备或机件用一个由复合材料组成的外套密封起来，使之与外界隔绝。封套包装内的湿度很低（加干燥剂）或充填保护气体（如充氮），既保护金属不生锈，也保护非金属材料不变质。

二、设备的刷漆防锈与防腐

设备或金属结构的非加工表面一般要刷漆，刷漆前要去锈。去锈的方法在安装现场目前常用的有：钢丝刷和砂布除锈、喷砂除锈和酸洗除锈等。

（一）设备的刷漆防锈

一般与空气接触的非加工面的设备或金属结构外表面均要刷漆，刷漆的目的是防锈、美观，有一些还通过不同颜色鉴别其用途。如氧气瓶涂天蓝色；上水管涂绿色；蒸汽管涂红色和黄色色环；压缩空气管涂浅蓝色；油管路涂橙色；煤气管涂黄色；电站母线；第一相（A 相）涂黄色，第二相（B 相）涂绿色，第三相（C 相）涂红色。一般设备、结构和平台梯子栏杆等涂灰色漆等。

刷漆防锈的除锈一般要求不高，涂漆前用钢丝刷和粗砂布除去铁锈，再用干净布擦净，先涂一遍或二遍红丹漆（红丹：清油＝2:1），然后再涂两遍需要颜色的调和漆。

（二）设备的刷漆防腐

在轻度腐蚀介质中工作的容器类设备，一般用刷漆防腐，如煤气柜水槽内壁、再生塔和脱硫塔内壁等。除锈工作要求较高，目前多用喷砂方法，也有用酸洗的。用喷砂除锈应露出金属灰白色为止，不得有局部黄色存在；酸洗除锈，表面应全部呈铁灰色，切实清洗干净，钢材表面应无残存酸液存在。

这类设备以往常刷大漆（生漆），目前改刷过氯乙烯漆多层（先打底一次，再涂4～8次）。每次涂漆时，在前一层完全干燥后才刷下一层。大漆和过氯乙烯漆均有毒。大漆中毒对每人的危害程度也不一样，多数为接触中毒，要注意防护。过氯乙烯漆中的溶剂有毒，在密闭容器内施工，必须戴防毒面具，要强制通风，容器外应有专人监护。

思 考 题 与 习 题

3-1 设备或部件拆卸前要做哪些准备工作？

3-2 设备或部件拆卸有几种方法？各有什么优缺点？

3-3 设备或部件拆卸应注意哪些事项？

3-4 如何拆卸锈蚀的螺栓？

3-5 什么情况可用击卸？

3-6 设备清洗的目的要求是什么？清洗的方法和步骤有哪些？

3-7 清洗液有哪些种类？各有什么特性？

3-8 如何清洗油孔？应注意哪些问题？

3-9 如何清洗滚动轴承？

3-10 金属为什么会生锈？常见的除锈方法有哪几种？

3-11 什么是脱脂？哪些设备要脱脂？脱脂应注意哪些问题？

3-12 设备刷漆的作用是什么？

第四章 找 正 找 平

第一节 概 述

找正与找平是一切设备从开始安装至试运转过程中的主要工序。找正与找平的质量如何，将直接影响到整个设备安装工程的质量。因此，找正与找平也是设备安装工程中一道最关键的工序。

找正与找平是安装行业中常用的术语。一般说来，设备安装的找正找平工作，是在设备吊装就位后与设备试运转之前进行的。找正与找平的任务，是使设备通过调整达到国家规范规定的质量标准。

把设备调整成水平状态或铅垂状态这种工序称作找平。所谓水平状态，即使设备上的主要工作面与水平面平行。有些设备则要求成铅垂状态，即主要工作面垂直于水平面，如锻锤、水压机等立柱，这种铅垂状态可以看成是水平状态的另一种表现形式。

大多数运转设备除了找平之外，设备及设备的某些机件与相关机件之间，还有位置和形状的要求，例如要求成直线、平行、同轴等等。满足设备的位置和形状要求的过程，统称设备的找正。

在安装施工中，要使设备调整到绝对平正，实际上是做不到的。为了解决这个理想与实际之间的矛盾，国家根据各类设备的不同性质和使用要求，在规范中规定出各自不同的允许偏差（即公差）。在设备安装过程中，调整到允许偏差范围内，即认为设备安装的质量合格。

一、找正与找平的目的

(1) 保持设备的稳定及平衡，从而避免设备的变形和减少运转中的振动；

(2) 保证设备的正常润滑和正常运转，减少设备的磨损，延长设备的使用寿命；

(3) 保证产品的质量和加工精度；

(4) 保证在运转过程中降低设备动力消耗，从而节约能源，降低产品的成本。

(5) 保证设备达到设计规定状态下精度检验标准。

二、找正与找平的工作范围

设备的找正与找平工作，概括起来，主要是进行三找，即找中心、找标高和找水平。

一般说来，设备安装的找正与找平工作，可分两步进行。第一步叫做初平，主要是初步找正找平设备的中心、水平、标高和相对位置。通常情况下，这一步工作与设备的吊装就位同时进行。许多对安装精度要求不高的整体安装的设备和绝大多数静置设备安装，只需进行初平。第二步叫精平。精平是在初平的基础上（对预留孔的地脚螺栓，初平后要浇灌混凝土使地脚螺栓固定），对设备的水平度、铅直度、平面度等作进一步的调整和检测，使其达到完全合格的程度。对安装精度要求较高的设备，如大型精密机床、气体压缩机等，均应在初平的基础上，对设备及各主要机件和相关机件进行精确调整和检测，以保证设备安装全部达到允许偏差的要求。在精平的过程中，一边找平设备，一边扭紧地脚螺栓。精平的工作范围主要包括以下几方面的内容：

(1) 水平度检测；

(2) 铅垂度检测；

(3) 垂直度检测；

(4) 直线度检测；

(5) 平面度检测；

(6) 平行度检测；

(7) 同轴度检测；

(8) 设备跳动检测等。

找正与找平的过程，实际上主要是测量形状公差和位置公差的过程。根据测量结果，进一步调整校正，直至达到要求为止。

第二节　找正与找平的测量

一、测量基准面和测点的选择

设备的找正找平，必须选择适当的测量基准面和一定数量的测点。基准面和测点选择的正确与合适与否，是影响找正与找平工作质量和工作效率的重要因素。

（一）测量基准面的选择

1.选择原则

(1) 满足设备安装基准重合的原则（即设计基准、加工基准和测量基准重合为一）。根据这个原则，一般都选择最能保证设备工作精度的主要工作面为基准，以减少误差及测量工作量，如机床各项精度检查都以导轨面为基准。

(2) 使调整校正工作量减至最少。

2.常见的基准面

(1) 设备的主要工作面，如铣床的工作台、辊道辊子的圆柱表面等；

(2) 支持滑动件的导向面，如车床床身导轨、水压机立柱等；

(3) 支持转动部件的导向面或轴线，如组装的压缩机曲轴主轴颈表面或轴承轴线等；

(4) 部件上加工精度较高的表面，如锻锤砧座上平面等；

(5) 设备上应为水平或铅垂的主要轮廓面，如容器的外壁等。

（二）测点的选择

测点的选择，必须遵守少而精的原则，即选择的测点应有足够的代表性（能代表其所在的测量面或线）。测点数量不宜太多，以保证调整的效率；一般都选在可能产生误差较大的地方，以保证调整精度。通常情况下，对于刚性较大的物体，测点数量可较少，而对易变形的物体，测点则应适当增加；一般情况下，两测点间距不宜大于6m。

测点应在测量和检查前选定，选定后用标记标明其具体位置，以后测量或检查时，均应在这些位置上进行。

二、找正与找平常用的检测工具和检查方法

为了保证找正找平的精度及调整工作效率，必须根据各类设备各种检测项目的不同要求，选用适当的检测工具和检测方法。

设备安装找正找平常用的测量量具量仪有百分表、游标卡尺、内径千分尺、外径千分尺、水平仪、准直仪、读数显微镜、水准仪、经纬仪等。常用的工具还有：钢丝（弹簧钢丝或琴钢丝）、直尺、角尺、塞尺、平尺和平板等。

（一）选择量具和量仪的原则

(1)采用的量具和量仪的精度，必须满足设备安装允许误差的要求；

(2)符合标准的有刻度测量器具，可用于被测对象允许偏差等于或小于器具分度值的测量，必要时可用目测估计分度值的1/10、1/5、1/2；

(3)符合标准的无刻度工具，可用于被测对象允许偏差等于或大于工具本身的误差的检测；

(4)计算测量数据时，应考虑测量引起的误差（由测量器具、测量方法或其他因素引起的），如这类误差小于允许偏差的1/10～1/3时（对高精度用1/10，对低精度用1/3，一般用1/5），可忽略不计。进行比较性检测时，各次测量的条件应相同，使误差可以互相抵消的可忽略不计。

（二）设备安装中常用的检测方法

(1)用水平仪检测水平度和直线度；

(2)拉钢丝测直线度、平行度和同轴度；

(3)用水准仪测标高、水平度；

(4)用液面法（液体连通器）测水平度及标高；

(5)吊线锤、测微光管等测铅垂度；

(6)用光学量仪检测；

(7)电测法（导电接触耳机听音法等）。

以上各种检测方法详见《设备安装测试基础》（建工出版社，张锡璋主编）。

三、设备安装精度的偏差方向

设备安装允许有偏差，若安装偏差在允许范围内，则设备安装认为合格。但是，偏差是有方向性的（正和负，上和下，左和右，前和后等）。允许偏差是否各向一样呢？有些可以，有些则不可以。设备技术文件中规定了偏差方向的，应按文件规定执行。设备技术文件中无规定的，设备安装精度的允许偏差方向应按下述原则处理：

(1)能补偿受力或温度变化后所引起的偏差；

(2)能补偿使用过程中磨损所引起的偏差；

(3)不增加功率损耗；

(4)使运转平稳；

(5)使机件在负荷作用下受力较小；

(6)使有关机件更好地联接、配合；

(7)有利于加工件的精度。

第三节　设备的精平

设备的初平工作一般与设备就位结合进行（详见第二章第四节）。设备的精平调整应在清洗以后的精加工面上进行。设备精平时，预留的地脚螺栓已经灌浆，且混凝土强度已达设计强度的70%以上。精平是一道十分重要的工序，它是最后一次检查调整。精平的好坏，直接决定着设备安装精度的高低、质量的优劣。

设备精平的方法与初平的方法一样。不同的是：精平的要求高且精平后马上固定。现将常用的精平方法综述如下：

（一）水平度检测

1．在加工的平面上放水平仪直接测量；

2．把水平仪放在平尺上，以及平尺两端放等高垫块（块规）或特殊垫铁检测。

3．用光学仪器，如：自动准直仪、激光准直仪、水准仪等检测。适用于测距较远而平尺不够长，如精度要求不高，可用水准仪检测，钢板尺作观测目标；精度要求较高，可用自动准直仪或激光准直仪检测。

4．用液体连通器测量大间距的水平较为方便。液体宜用蓝色或红色。精度要求不高的，可用钢板尺测量距离；精度要求高的设备，可用测微螺旋读数，用闪光法、电流表法或声电法等观测，有关检测方法和检测工具的选择可参阅《设备安装测试基础》一书。

对一般设备，被测平面较小，测点测出的水平度数值即可代表设备的水平度；对于较长的设备，如长度大于3米的机床导轨等，水平度得用作运动曲线方法求得（详见设备安装测试基础一书）；对于钢结构、行车轨道等，多用水准仪测量，以标高的形式表示。

（二）铅垂度检测

1．用水平仪在铅垂面上直接测量；

2．用经纬仪测量；

3．吊线锤测量。

（三）垂直度检测

1．用角尺检测

当检测的两要素（线或面）距离较近，高度不大，可直接用角尺靠测（图4-1a），其垂直度偏差可根据光隙大小判断，或用塞尺检查。若需测出垂直度准确数值，如

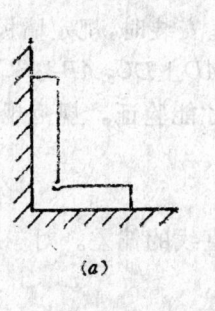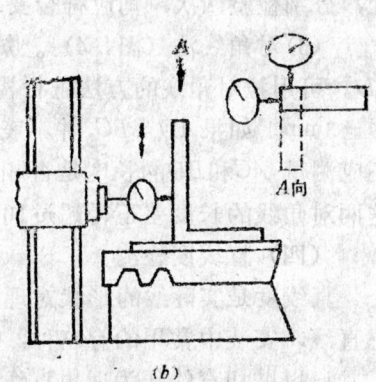

图 4-1　用角尺检测垂直度
(a) 直接靠测；　(b) 移动百分表

检验龙门铣床水平铣头垂直移动对工作台的垂直度，可用百分表进行，如图4-1b所示。

2．用水平仪直接检测

3．回转法

（1）拉线法（图4-2）。要测量轴与拉设基准线的垂直度时，可在轴上固定一卡尺，当其转至靠近基准线，测出卡尺尖与基准钢丝的距离c_1；转180°后，测得c_2，则垂直度误差为 $\left|\dfrac{c_1-c_2}{2R}\right|$ 。

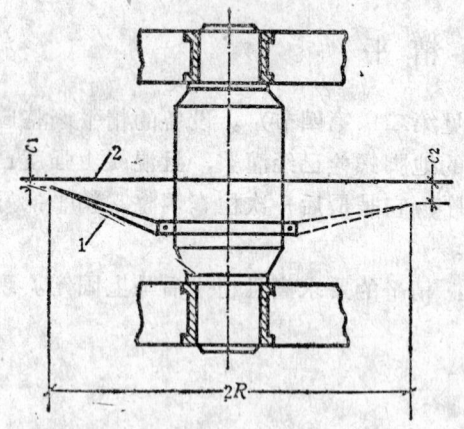

图 4-2 拉线测垂直度误差

1—卡尺；2—基准钢丝线

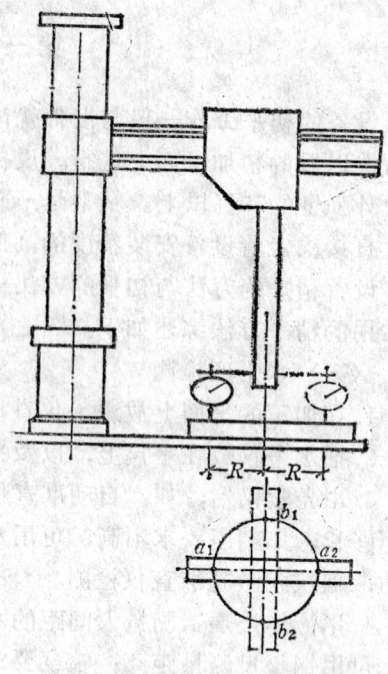

（2）百分表法（图4-3）。要检测摇臂钻床主轴中心线对底座工作面垂直度时，可在底座工作面上按纵横向放置平尺，在主轴上固定一个百分表，其测杆顶在平尺面上，旋转主轴180°，分别在 a_1、a_2 和 b_1、b_2 位置进行检验。其垂直度偏差

图 4-3 百分表测垂直度

用 $\dfrac{\Delta a}{2R}$ 和 $\dfrac{\Delta b}{2R}$ 计算。规范规定、要求摇臂在下端和2/3行程处及主轴箱在靠近立柱处和2/3处，分别检验四次，均应符合要求。

（3）对角线法（图4-4）。炉排安装，要求 $ABCD$ 成一矩形，两块墙板是等长，即 $AB = CD$。可用拉对角线的方法进行检测。安装时，规定墙板间距公差为±3mm，即 $|AD - BC| \leqslant \pm 3mm$。如果 $AD = BC$，并不表示 $AD \perp DC$，$AB \perp BC$，还应测量 AC 和 BD 的长度是否相等才能验证。规范规定这两对角线的长度差不得超过10mm。

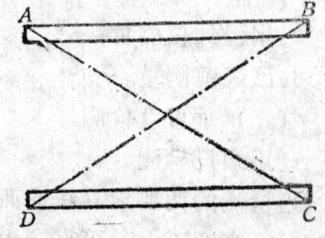

（四）直线度检测

直线度是实际线的形状对理想直线的偏差。对于理想直线，安装中常用的有三种：

1. 以贴切直线作为理想直线

图 4-4 对角线法测垂直度

（1）刀口尺看光隙法。刀口尺又称样板直尺，是直边比较精密的直尺。当把刀口尺靠在机件上，对光观看；若不见漏光，说明二者的边在同一直线上；若可见光隙，可根据光隙大小判断直线度偏差情况，对精度不高的零件，可用普通直尺代替刀口尺。

（2）平尺、塞尺法。用光隙法不能得出具体数字，用塞尺可得较精确数值。所测得的最大数值即为直线度误差。

（3）放样平台。铆工和弯管工都在放样平台上检测管子和型钢的直线度。其精度不高。

2. 以两端点联线作为理想直线

（1）单向弯曲（图4-5）：锅炉立柱的直线度允差为每米1mm，全长为15mm。在安装现场对长度大的构件，一般用拉线测量，即从两个端点拉一条线；对较短的构件，用直尺

测量，将直尺靠在弧线内侧，测构件凸出处与线或尺之间的距离。这种方法测得全长直线度误差与贴切线法是一样的,对精密直线度测量,可用节距法求出运动曲线及直线度误差。

(2)双向弯曲（图4-6）：用端点联线法测双向弯曲构件直线 度 误 差，其值应是端点联线上下数值的和，且是其中大值（图中 $b+c$）。对精密测量，也是用节距法求直线度误差（详细方法见《设备安装测试基础》一书）。

3.以符合最小条件的包容线为理想直线——公差带概念

用这种方法，首先通过测得的数据，作出实际线的轮廓曲线——运动曲线，然后作符合最小条件的包容线，此包容线之间竖向间距即为直线度误差（详见《设备安装测试基础》），由于这种方法符合公差带的概念，是准确的。如几种方法测量结果发生矛盾，应以符合最小条件的包容线为理想直线测得的结果为准。

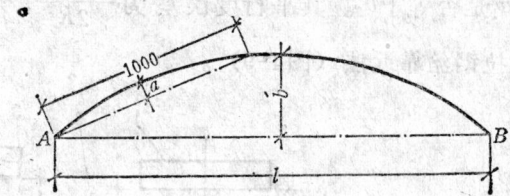

图 4-5 端点联线求直线度误差

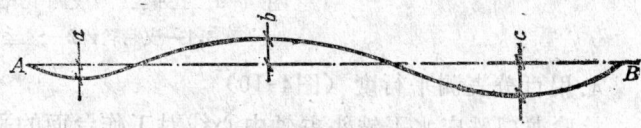

图 4-6 双向弯曲端点联线求直线度误差

如实际线的形状是纯凹或纯凸，则贴切线概念、两端联线概念、公差带概念三者测得结果均为一致，如实际线的形状是波浪形时，则三者就不一致，其中用公差带概念求得直线度误差最小（因为符合最小条件）。其他的均偏大。如偏大为合格，则误差最小的更应为合格。因用公差带概念求直线度误差较麻烦，因而其他二办法虽不很精确，但由于简单仍被广泛采用。当用其他二方法求得直线度误差超差，而超差又不多，可用公差带的概念复核，有可能达到要求，从而避免反复调整。

（五）平面度检测

平面是由直线组成。平面度检测主要是在平面上选定几条直线检测其直线度。安装中常用的平面度检查方法是着色法。将被检平面上涂上颜色，放在平尺或平板上研磨（对曲面，常用相互配合件对研），根据接触斑点判断是否符合要求。

（六）平行度检测

1.内径千分尺量距离（图4-7）

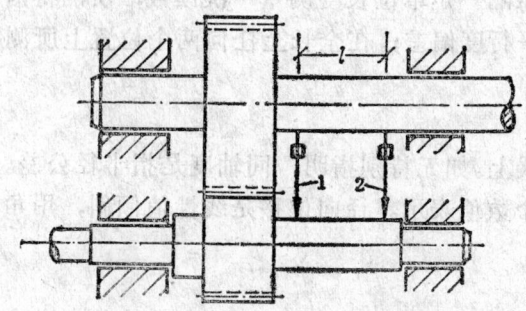

图 4-7 内径千分尺测平行度
1、2—千分尺读数位置

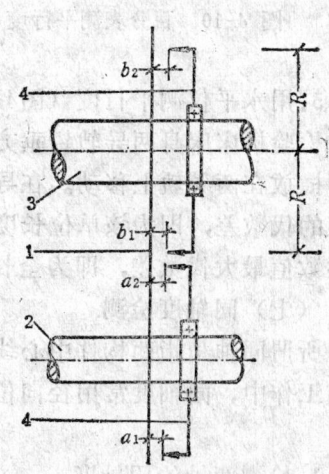

图 4-8 拉钢丝测平行度
1—钢丝；2—轴；3—轴；4—卡尺

59

将千分尺在1、2两位置的读数差，被测量间隔l除，其结果即为平行度误差。

2．拉钢丝（图4-8）卡尺法

先使钢丝1与轴2垂直，即使$a_1 = a_2$。然后检查钢丝1与轴3的指针在180°两位置处的间隙，即b_1是否等于b_2。其平行度误差为$\frac{\Delta b_{12}}{2R}$。

3．拉钢丝靠近法（图4-9）。

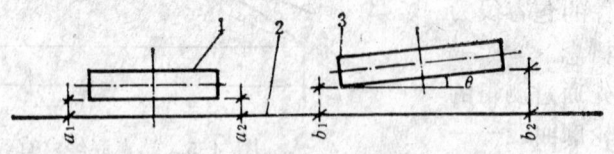

图 4-9　拉钢丝测皮带轮平行度

3,1—皮带轮；2—钢丝

4．用百分表测平行度（图4-10）

检验龙门铣床水平铣头主轴中心线对工作台面的平行度时，先在主轴锥孔中插一根检验棒，后将百分表座放在工作台面上，百分表的测杆顶在检验棒的上母线上，移动百分表进行检验。其平行度允差，每300mm为0.02mm；检验应在靠近主轴端和离开300mm处进行；偏差以检验棒旋转180°两次测得结果的算术和的一半计算。

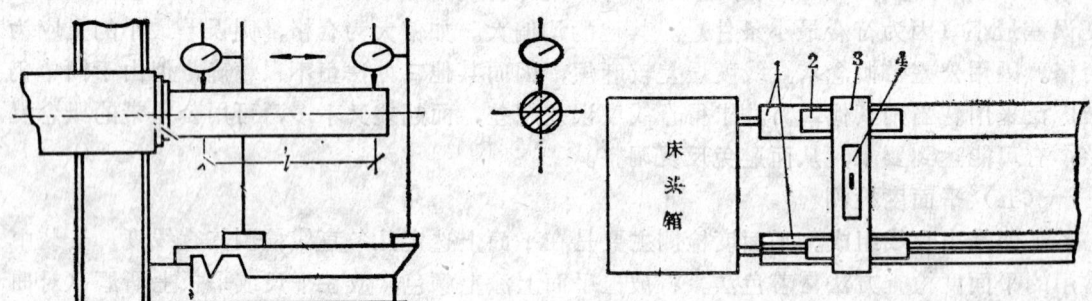

图 4-10　百分表测平行度

图 4-11　用水平仪检测铅垂方向的平行度

1—机床导轨；2—桥尺等高垫块；3—桥尺；4—水平仪

5．用水平仪测平行度（图4-11）

检验机床床身两导轨铅垂方向的平行度，可将水平仪通过检具（等高桥尺垫块和桥尺）横放在两导轨上移动。在导轨全长上，每隔一定单位长度测量一次读数，所测得两读数值的代数差，即为该单位长度上铅垂方向平行度偏差；在全长上任何两个位置上所测得的读数值最大代数差，即为全长上的偏差。

（七）同轴度检测

所谓同轴是指两构件中心线应在同一直线上。如无特别指明，同轴度是指半径公差。在安装工作中，同轴度常用径向位移和倾斜两个数值表示。径向位移是线性值倾斜，用角度值。

1．检测两轴的同轴度

同心轴的连接大多通过联轴节实现的。因此检测两轴的同轴度可用检测联轴节的同轴度作为代表。由于二轴可能同时存在径向位移和倾斜，所以检测联轴节的径向和端面跳动。

(1)直接测量法：同轴度要求不高的联轴节，可直接用直尺、直角尺和塞尺测量两半联轴节外缘的径向偏差和端面的轴向间隙。检测时，应在联轴节的上、下、前、后四个位置分别测量，对照检查。

(2)使用找正架测量法：用找正架和百分表（或塞尺）进行检测，是普遍采用的一种找正方法。实测时，有径向轴向联合测量法和径向反转测量法（也叫一表法或叫克拉克法）。其详细步骤与计算请参阅《设备安装测试基础》一书。

2.检测轴对孔的同轴度

一般用塞尺测间隙的方法。

3.检测两孔的同轴度

一般通过轴孔拉钢丝的方法，用内径千分尺测孔壁与钢丝间的距离。如再用导电接触讯号法（耳机法、闪光法和电流表法），其精确度可达0.02mm。测量时，应在孔壁的两端上、下、前、后四处测量，若除去钢丝挠度因素影响，如四值相等，则表示二孔同轴。

（八）跳动的检测

跳动有圆跳动和全跳动。安装现场多用圆跳动。圆跳动分径向跳动和端面跳动。径向跳动是指同一横剖面上，被测表面上的各点与基准轴线间的最大与最小距离之差（如图4-12a所示）。端面跳动是指在给定直径的圆周上，被测端面上各点与垂直基准轴线的平面之间最大与最小距离之差（如图4-12b所示）。

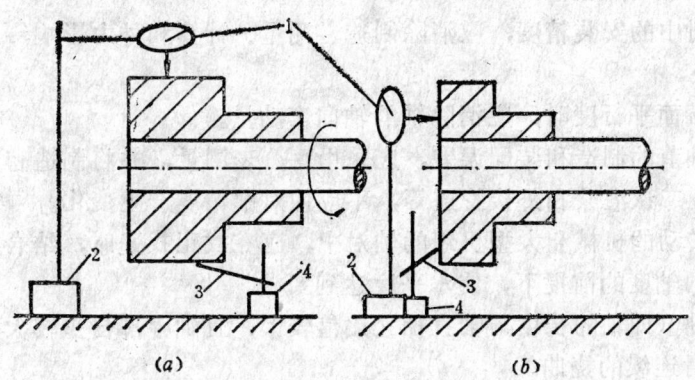

图 4-12 圆跳动检测

(a) 径向跳动；　(b) 端面跳动

1—百分表；2—百分表架；3—划针；4—划针架

跳动的测量方法可用百分表（多数情况），将百分表顶在所测位置处，转动被测对象，测出最大值和最小值，二者之差即为跳动量。也可用划针，用塞尺或平板尺测距离，但精度不高，多用在测量要求不高的设备安装上。

用拉钢丝测量直线度、平行度和同轴度时，应选用直径0.35～0.5mm的整根钢丝（弹簧钢丝或琴钢丝），二端用同一标高的滑轮支撑，两端重锤产生的水平拉力 P 与钢丝直径的选配，可采用下式求出：

$$P = 756.2d^2 \qquad\qquad (4\text{-}1)$$

式中　P——重锤的水平拉力，N；

　　　d——钢丝直径，mm。

钢在自重作用下的挠度可用计算法或查表法求出。

1.计算法

$$y = 40L_1 \cdot L_2 \tag{4-2}$$

式中　　　y——钢丝的挠度，μm；

L_1、L_2——由二支点分别到所求点的距离，m。

2.查表法（详见《测试基础》一书表3-3）

设备的找正找平是一项细致的工作，操作应认真谨慎，要反复核对检测结果，否则不能保证安装质量。

第四节　转轴对中的要求

转动机械，特别转速较高惯性较大的转动机械，一根转轴在轴承的支持下旋转，由于在轴上装有许多不同的圆柱体，因制造加工的误差，其几何中心线或多或少偏离回转中心线，在这种情况下，轴系会产生振动、动不平衡。因此如何使整个轴系的每一轴颈圆柱的几何中心线和总体的回转中心线（光滑连续的挠曲线）重合，即所谓找中心或称轴对中。轴对中的安装精度对设备的运行参数影响较大。如轴对中精度超差，运行时会产生振动，严重时会使设备加剧磨损，甚至损坏。因此安装时，应使同轴度误差达到设备技术文件或有关规范的要求。在安装时应注意：

（1）为达到对中的安装精度，应消除制造、测量、计算和外力影响等方面引起的误差，如：

1)找联轴节端面平行度时，应消除轴的轴向窜动量。

2)为消除联轴节的制造和装配误差，应采用百分表测量，并将制造和装配误差排除。

3)固定垫铁、二次灌浆和外接管道等，不应使对中精度产生变化。

（2）对高速转动的机械和大型机组的轴对中，应在找正找平时，结合水平度等要求反复调整，在保证同轴度的前提下，使水平度达到要求。

（3）对挠性轴（即轴的长度与轴直径之比值较大，且轴中部自重较大的轴）应使轴对中后形成一条光滑连续的挠曲线。

（4）对蒸汽透平机组等的轴对中，应考虑冷却与热态的差异（国外对蒸汽透平机组广泛采用"热态对中"，国内在推广中）。运行状态（热态）时，热机端的轴有向上膨胀的趋势，且进汽端略大于排汽端的膨胀量，因此冷态对中时对联轴节的径向位移偏差和端平行度偏差的方向应考虑这一因素，其偏差具体数值一般由制造单位提供。国外供货的蒸汽透平机组多用一表法（即克拉克法）提供冷热态偏差数值。

（5）轴对中的方法可参照《设备安装测试基础》一书。操作时要认真仔细，复核无误后才计算同轴度偏差。

第五节　二　次　灌　浆

每台设备安装完毕，几乎都需要二次灌浆。所谓二次灌浆，就是用碎石混凝土或砂浆，将设备底座与基础表面间的空隙填满，并将垫铁埋在混凝土里。二次灌浆的作用，一方面可以固定垫铁，另一方面可以承受设备的负荷。

一、二次灌浆前的准备工作——设备的复查

设备二次灌浆后，便不能再移动和调整。因此，二次灌浆前应对设备的安装质量进行一次全面地、严格地复查，一般复查的内容如下：

1. 垫铁和地脚螺栓的复查

(1)对垫铁的复查：主要是检查和记录垫铁的规格、组数和布置情况，每组垫铁是否符合规定，是否排列整齐。然后用手锤轻敲垫铁，用听音法检查垫铁是否接触紧密或有无松动现象。

(2)地脚螺栓的复查。再一次用扳手检查，各地脚螺栓的紧度应一致，每一根地脚螺栓都不得有松动现象。振动大的设备的地脚螺栓，应有螺母防退保险装置。

2. 基础的复查

基础上表面应有麻面，被油污的混凝土应铲除干净，并用水洗干净，凹穴处不得留有积水。

3. 设备安装质量的全面复查

(1)复查中心线：设备上所取中点是否恰当和正确；基础上中心线两端线坠是否对准了中心标板上的中心冲眼；复查中心线上挂的线坠是否对准了设备上的中心点。

(2)复查标高：用平尺、水准仪、钢板尺及测杆等联合检查标高。若几个设备共用一个基准点时，除根据基准点作校对外，还需检查相互间的标高关系。

(3)复查水平度：按照施工图所示基准面位置，放置水平仪和辅助工具测量其水平度。

(4)复查有关的连接和间隙：有些设备在灌浆前，要检查轴承外套与瓦口的间隙；轧钢机在灌浆前应检查与机座的间隙等。

二、二次灌浆

(一)二次灌浆的混凝土

二次灌浆常用碎石混凝土或砂浆，碎石的粒度约为 $1\sim3$ cm。二次灌浆的混凝土标号应比基础混凝土标号高一级。所用砂子、石子不得夹有泥土、木屑等杂物；对含有泥块杂质的砂石应过筛，石子应用水冲洗干净。用来搅拌混凝土的水应清洁。

(二)二次灌浆

1. 容器类静置设备灌浆

这类设备安装精度不高，灌浆可一次完成，要求灌浆层与设备底面接触紧密。

2. 一般机械设备的二次灌浆

要求捣固密实，不能影响设备安装精度。灌浆层的厚度不应小于 25mm；灌浆前应安设外模板，外模板至设备底座底面外缘的距离 $c\geqslant60$ mm；当设备底座下不全部灌浆，且灌浆层需承受设备负荷时，应安装内模板；内模板至设备底座底面外缘的距离 $b\geqslant100$ mm，并不小于底座底面边宽 d（见图 4-13）。内模板的高度应等于底座底面至基础或地坪面的距离。当灌浆层只起固定垫铁或防止油水进入等作用且灌浆无困难时，灌浆层厚度可小于 25mm。

灌浆层的高度，在底座外面应高于底座的底面（$h\geqslant10$ mm）。灌浆层的上面应略有坡度，以防水油流入设备底座。二次灌浆层的混凝土凝固以前，可用水泥砂浆加适量的水玻璃抹面。抹面时，砂浆应压密实，要圆角圆棱，光滑美观。

3.承受负荷的二次灌浆

当二次灌浆层承受部分负荷时，灌浆层与设备底座底面接触要求较高，特别当设备的安装精度要求较高时，应尽量采用膨胀混凝土，以便使灌浆层与垫铁组共同承担负荷。压缩机类设备多采用此类二次灌浆。

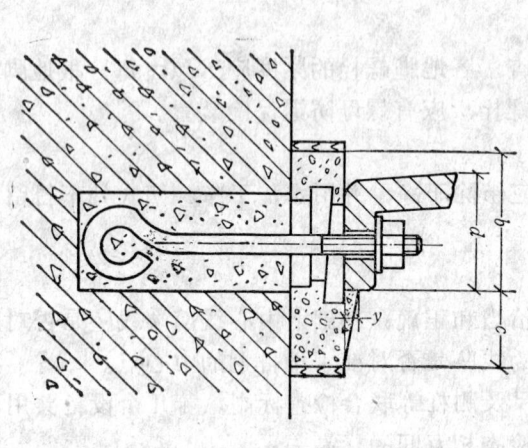

图 4-13　二次灌浆

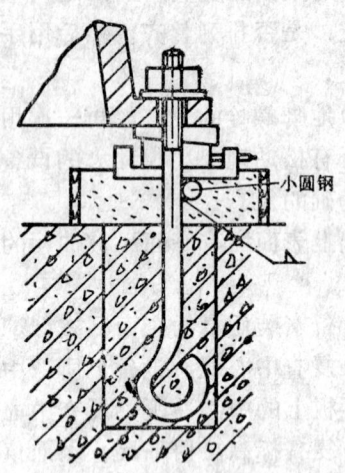

图 4-14　压浆法示意图

4.压浆法

大型金属切屑机床的二次灌浆多采用压浆法。压浆法施工的方法和步骤如下（见图4-14）：

（1）先在地脚螺栓上点焊一根小圆钢，作为支承调整垫铁的托架。小圆钢点焊的位置（距上端）是调整垫铁的升降块在最低极限位置时的厚度、设备底座上的地脚螺栓孔深度、螺母厚度、垫圈厚度、地脚螺栓露出螺母外的长度的总和。焊点应在小圆钢下侧，焊点强度应保证在压浆时不被胀落。

（2）将焊有小圆钢的地脚螺栓穿入设备底座的地脚螺栓孔中。

（3）设备先用临时垫铁组初步找平找正。

（4）将调整垫铁的升降块调至最低位置，并将调整垫铁放到地脚螺栓的小圆钢上，把地脚螺栓的螺母稍稍拧紧，使垫铁与设备底座紧密接触，暂时固定在正确位置。

（5）灌浆时，先把地脚螺栓孔内灌满，待混凝土达到规定强度的75%后，拆除临时垫铁组，进行设备的最后找正和找平工作。

当不能利用地脚螺栓支承调整垫铁时，可采用调整螺钉或斜垫铁支承调整垫铁，待压浆层达到初凝后期时，松开调整螺钉或拆除斜垫铁，调整升降块，将压浆层压紧。

三、二次灌浆时应注意的事项

（1）灌浆时，基础表面的杂物要全部清除干净，特别是油污，必须铲干净，直至露出新的基础表面。

（2）放置模板时，不要碰动了设备。

（3）地脚螺栓孔内一定要干净，并用压缩空气吹净。用水冲洗基础，并且凹穴内不得有水。

(4)灌浆工作不能间断，一定要一次灌完。安装精度要求高的设备的二次灌浆，应在精找后24小时内灌浆，否则应对安装精度重新检查测量。

(5)灌浆后应经常洒水养护，以免裂纹。

(6)灌浆工作应在气温5℃以上进行，否则应采取措施。

(7)二次灌浆层不得有裂缝、蜂窝和麻面等缺陷。

(8)采用锚定式活动地脚螺栓固定设备，二次灌浆时，应将地脚螺栓内全部灌满干砂，并用纱头油毡纸等物堵塞地脚螺栓孔口，以防混凝土浆水流入孔内。

思 考 题 与 习 题

4-1 什么是找正找平？其目的是什么？

4-2 找正找平的工作范围有哪些？

4-3 铅垂度与垂直度有什么异同？

4-4 选择测量基准面的原则是什么？常见的基准面有哪些？

4-5 如何选择测点？

4-6 选择量具和量仪的原则是什么？

4-7 设备安装中常用的检测方法有哪些？

4-8 如何处理设备安装中偏差方向？

4-9 何时对设备精平？哪些设备需要精平？

4-10 检测水平度有哪些方法？

4-11 检测铅垂度有哪些方法？

4-12 检测垂直度的方法有哪些？

4-13 直线度检测的方法有哪些？

4-14 如何检测平面度？

4-15 如何检测平行度？

4-16 如何检测同轴度？

4-17 二次灌浆的作用是什么？

4-18 二次灌浆前设备复查的内容是什么？

4-19 对二次灌浆用的混凝土有什么要求？

4-20 二次灌浆有几种情况？

4-21 怎样进行压浆法施工？

4-22 二次灌浆应注意哪些问题？

第五章　典型零、部件的装配

设备拆卸和清洗后，就可着手设备装配。装配是设备安装工作中一道重要的工序。装配工作质量直接影响设备的性能和使用寿命。

第一节　装配的原则和步骤

机械设备，多数是由几个、几十个甚至上千成万个零件组合而成，要将它们正确地装配在一起，并符合一定的技术条件，满足使用上的要求。所谓装配，就是将众多的机械零件进行组合、连接或固定，一是保证相连接的零件有正确的配合，二是保证零件间保持正确的相对位置。

零件间的相互配合，由于相互配合零件工作情况不同，要求也不同。在某些情况下，要求间隙配合，如轴与滑动轴承；在另一些情况下，要求过盈配合，如气缸与气缸套；还有一些情况下要过渡配合。如零件的配合不符合规定的技术要求，便不能使机械设备正常工作。

零件间、部件间和机构间的正确相对位置，也是保证机械设备正常工作的重要条件之一。零件间的相对位置不正确，会使设备工作不正常或不能工作。

总之，装配工作是机械设备安装过程中一个极为重要而又不可忽视的工序。装配精良的机械设备，可保证设备正常运转、加工质量或产品质量，减少磨损，提高工作效率；反之将降低生产能力，使消耗功率增多，或者使产品质量不合格等。

一、装配的一般原则和要求

(1) 装配前，应熟悉设备技术文件，了解其性能，按图纸查对机件构造和装配数据，并测量有关装配尺寸和精度，考虑装配方法和顺序。

(2) 各零件的配合面或摩擦面不许有损伤。如有轻微损伤，在不影响使用性能的前提下，允许用油石或刮刀修理。

(3) 在装配前，所有零部件表面的毛刺、切屑、油污等必须清除干净。

(4) 在装配时，零件相互配合的表面必须擦洗干净，并涂以清洁的润滑油（忌油设备应涂以无油润滑剂）。

(5) 装配时，应按次序进行并随时检查安装精度，必须在主体或底座安装合格后，方可装配其他部件，严防错装或漏装。必须符合图纸规定的要求。固定连接件的连接处不允许有间隙；活动连接件的连接处，必须保证连接处的规定间隙，并能灵活地按照规定的方向运动。一般固定结合面用0.05mm厚的塞尺进行检查，插入深度应小于20mm；重要固定结合面用0.04mm厚的塞尺进行检查不得插入；特别重要的固定结合面，紧固前后均不得插入。

(6) 工作时有振动的零件连接，应有防止松动的保险装置。

(7) 机体上所有的紧固零件，均需紧固，不准有松动现象。

(8) 各种毡垫、密封件等，安装后不得有漏油现象，毡圈、石棉绳在装配前应先浸透油。

(9) 密封部件严格采用图纸所规定的垫料、填料。垫料必须平整，厚薄均匀；垫片上不应有刻纹，装配后不得有渗漏现象。

(10) 在装配弹簧时，不准拉长或切短。

(11) 螺钉头、螺母与机体接触面，不许倾斜和留有间隙。

(12) 带槽螺母穿入开口销后，开口销的尾部必须分开，其分开角度应大于90°。

(13) 润滑油管应清洗干净。在装配时，应用压缩空气吹净管内的所有脏污物；所有管件不得有凹痕、揉折、压扁和破裂等现象。装配后，必须清洁畅通。润滑油通入管后，流出的油应清洁，才能将润滑油管与润滑点连接。

(14) 设备及各种阀体等零件，其本身不得有裂缝，密封处不得有漏油、漏水和漏气等现象。

(15) 装配时，应注意机件制造时的各种标记，不得错装。

(16) 在装配过程中，不得用铁锤直接敲击加工机件，如必须敲击时应垫上衬垫并用紫铜锤。若用千斤顶装配机件，被顶面应有垫衬(木板或胶板)，以防打滑或损伤加工面。

(17) 设备上较精密的螺纹连接或在温度高于200℃条件下工作的连接件及配合件，装配时应在配合表面涂防咬口剂。常用防咬口剂，根据使用条件采用不同的润滑油（脂）或其他调合剂进行配制（如二硫化铜粉、二硫钨粉、石墨磷片等）。

(18) 在装配和吊装许可条件下，应尽量装成大件进行吊装装配。对安装后不易拆卸检查修理的油箱或水箱，在装配前应作渗漏或压力试验。

(19) 装配后，必须先按技术条件检查各部分连接的正确性与可靠性，然后才可以进行试运转工作。

二、装配的基本步骤

装配工作的主要顺序与拆卸工作的主要顺序相反，即先拆下的零件后装配，后拆下的零件先装配。因此，装配工作的顺序基本上是由小到大、从里向外进行的。一般可按下列步骤进行：

（一）装配前的准备工作

熟悉图纸资料和设备构造，制定装配方法和顺序，还应准备好装配时用的各种工具、测试仪表和材料。

（二）零件的检查

根据图纸或装配工艺表，将所需零件按要求归拢在一起，进行尺寸和配合精度检查，特别对修理过的零件或重新配制的零件，更应进行严格地检查。

（三）组合件的装配

(1) 清洗零件并涂润滑油。

(2) 把两个或几个零件组合在一起，成为一个组合件。每装一个零件时仍应察看它的质量和清洗程度，确保装配质量。

(3) 组合件装配后应进行检查或试验，不合格的应进行调整。对带有内腔的设备和部件在封闭前，更应仔细检查和调整。

（四）部件装配

把零件或组合件组装成设备的一部分。在装配时，检查零件和组合件的质量，对零件和组合件之间的相对位置和相互关系应仔细进行调整。需要定位的零件和组合件，在校正或调整后应及时定位。

（五）总装配

把零件、组合件及部件，组装成整台机械设备。总装成的机械设备必须符合图纸和有关技术条件的规定。

第二节　螺纹、键和销联接的装配

（一）螺纹联接的装配

螺纹联接在机械设备上应用极广。这种联接既简单又可靠，同时既可以随时拆装，又能达到牢固联接或密封的要求。

（1）螺纹联接件装配时，螺栓头、螺母与被连接件均应接触紧密。可用手锤轻击听音法或塞尺法检查连接接触紧密程度。当采用手锤轻击听音法时，声音破裂者为联接不紧密。敲击时应注意不得损伤螺纹。

（2）螺栓孔中心线和光制螺栓孔中心线对端面垂直度允差为 5/1000；对超过规定的螺纹孔或螺栓孔，应使用斜垫圈调整。

（3）一般螺纹联接中，为润滑和防止生锈，装配时，在螺纹部分使用润滑油（脂）；不锈钢螺纹使用固体润滑剂。

（4）在螺纹联接中，螺母必须全部拧入螺栓的螺纹中，螺栓应露出螺母 2～4 个螺距。沉头螺钉紧固后，钉头应埋入机件内不得外露。

（5）在拧紧螺栓时，应根据螺栓头的大小和形状（如外六角、内六角、四角、半圆头和沉头等）选用合适的工具，不得选用过大或形状不符的扳手，以防螺纹破坏、螺栓头折断或将螺栓头的棱角滚圆。

（6）对于双头螺栓的安装，因为拆卸时只能松下螺母而不能拔出双头螺栓，故安装时要求双头螺栓在螺孔中必须联接牢固。

（7）成组的螺栓紧固顺序必须遵循一定的规矩，防止一边紧一边松。如，圆形件上的螺栓组紧固时，不能沿圆周逐次一个接一个地拧紧；方形件上的螺栓组紧固时，不能紧完一边再紧另一边。正确地应是对角交叉地拧紧（见图5-1）。

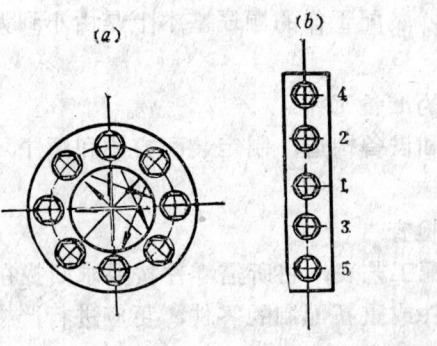
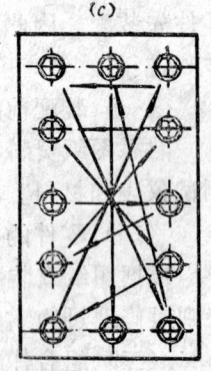

图 5-1　螺栓的紧固顺序
(a) 圆形分布；　(b) 条形分布；　(c) 矩形分布

对螺栓组的紧固，切不可一下子完全拧紧，因为这样往往使先紧的螺栓产生过载现象，或者零件发生弯曲变形。因此，在拧紧时除了要按正确顺序外，还必须对螺栓分成几次达到拧紧程度。

（8）拧紧螺栓时，应先检查装配件的接合面是否平整；紧固时，可用固定扳手，严禁使用打击法或超过螺栓许用应力。用双螺母时，薄螺母装在厚螺母下；每根螺栓不得用同样的垫圈两个；采用弹簧垫圈时，只能用一个。

（9）对有预紧要求的螺栓连接，应用专门工具（扭矩扳手、电动或气动扳手等）并即可测得预紧力数值。

（10）对要求热装配的螺栓螺母，加热温度不宜超过400°C，整个加热段应均匀受热；对加热段附近的其他机件应采取隔热措施。螺栓（或螺柱）加热伸长达到规定尺寸后，方可拧紧螺母。加热装配时，对角的二根螺栓应同时进行；用火焰加热时，加热段与螺纹部分的距离不得小于150mm。

（11）加热较大的螺栓（或螺柱）最好采用蒸汽加热或电加热法。对较小的螺栓一般采用油槽加热的方法进行。对油的品种规格和闪点均应正确选择。大螺栓的被加热长度和加热后伸长的长度应符合设计、设备技术文件的规定。

（12）对紧配的螺母加热时，螺母加热至规定温度范围后，应立即装配并用最快的速度拧紧，不得中断。

（13）高强螺栓及其紧固件应配套使用，在装配前应检查螺孔直径和加工精度；接合面应干燥，不得在雨中装配，分二次拧紧，初扭值不得小于终扭值的30%。

（二）键联接的装配

键是用来连接轴和轴上的零件（如皮带轮、齿轮、联轴节等），以便传递扭矩。特点是结构简单，工作可靠，拆卸方便。

1.平键的装配

平键是靠侧面传递扭矩的，对中性好，但不能传递轴向力。因此平键装配时，它的两侧与轴上键槽的二侧一般有一定的过盈量（导向平键除外），而顶面与轮毂键槽必须留有一定的间隙。平键可分为普通平键，导向平键和半圆键三种。其装配方法如下：

（1）清除键槽的锐边，以防装配时造成过大的过盈；

（2）修配键与键槽的配合精度，平键和键槽的配合，应符合《平键键槽尺寸GB1095～1099—79》的规定；

（3）键装配在轴键槽上时，键必须与键槽底面接触，可用虎钳夹紧或手锤敲击两种方法（要垫以铜皮）。

（4）把轮毂装配在轴和键上时，若过紧可修整，但决不能产生松动现象；

（5）导向键是平键的另一种形式，它不仅能带动轮毂旋转，还能让轮毂沿轴向来回移动，故装配时键与滑动件上的键槽侧面配合必须是间隙配合，而键与非滑动件上的键槽侧面必须配合紧密，没有松动现象。键的长度不得小于轮毂在轴上滑动范围的长度。为防止键因振动而松动，须用埋头螺钉把键固定。

2.花键装配

花键联接多用于滑动配合中，其承载能力大，对中性好，沿轴作轴向移动时导向性好。在装配过程中，首先要清理花键及花键轴孔上的毛刺和飞边，然后在花键上涂一层机油，将花键轴轻轻推入花键轴孔中，并以手转动花键轴，试其啮合情况。滑动配合的花键以轴向移动轻快，回转无冲击为良好。

（三）销联接装配

根据外形，销可分为圆柱销、圆锥销、开口销和销轴等；按其用途可分为紧固销、定位销和安全装置中的零件。

1. 圆柱销装配

圆柱销靠过盈固定在孔中，借以固定零件、传递动力或作为定位件。由于圆柱销靠过盈固定在孔中，一经拆卸就会损坏配合的精度，故不宜多次拆卸。

当圆柱销做定位联接时，首先是在被连接的零件上钻孔，然后用铰刀进行铰削，以提高销孔的加工精度和粗糙度，再将销子压入或敲入（应垫铜皮）。装配时应注意销在孔中的松紧程度，受较大冲击载荷或精密设备上的定位销，销与销孔间的接触面积不应小于65%，销装入孔中的深度应符合规定。

2. 开口销装配

开口销为扁圆材料对合而成。它的两腿长短不同，以便于分开。开口销多作防松止退零件用。开口销装配后两腿必须分开，扳开角度应不小于90°。

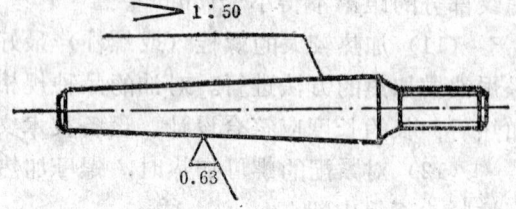

图 5-2 带螺纹的锥销

3. 圆锥销的装配

圆锥销多用作定位销，有1:50的锥度，它的优点是可在一个孔中安装多次而不致损坏联接质量。圆锥销多装于透孔中。当在不透孔中装配时，为防止取出困难，多采用有螺纹尾的锥销（见图5-2）。圆锥销装配时，销的大端应稍露出零件表面或与零件表面取平；小头应与零件表面取平或缩进一些。装配时，如果能以手指将圆锥销压入孔内80～85%，则能得到正常过盈。圆锥销装入后应能顺利取出。对定位精度要求高的销和销孔，装配前要检验其接触面积（一般为50%～75%）。

4. 销轴的装配

销轴为圆柱销的一种特殊形式，常用作活动联接的枢轴。销轴装配时，销轴与销孔的配合应是间隙配合。为防止销轴脱落，销轴两端一般均设垫圈，无挡盘端应装开口销。

第三节 联 轴 器 的 装 配

联轴器主要用于两轴联接，达到同轴并传递扭矩。

联轴器又称联轴节、靠背轮、双轮等。常用的有：凸缘联轴器，十字滑块联轴器、挠性爪型联轴器、蛇形弹簧联轴器、齿轮联轴器、弹性圈柱销联轴器及尼龙柱销联轴器等。

一、联轴器的种类和装配要求

（一）凸缘联轴器（见图 5-3）

凸缘联轴器应用比较广泛，它是由两个带轴孔的圆盘（半联轴器）组成，这两个圆盘分别装在需要联接的两轴的端部，然后用螺栓联接它们。为了可靠地传递扭矩，常用平键联接圆盘和轴。凸缘联轴器装配时，应先将两个半联轴器分别装在各自的轴端，并用百分表测量每个半联轴器与轴的装配精度，其端面边缘处跳动不得超过0.04mm；径向跳动不得超过0.03mm。两半联轴器联接时，其端面间应紧密接触，两轴的径向位移不应超过0.03mm。可用直尺（或钢板尺）紧靠周边找同轴度。

（二）十字滑块联轴器（见图 5-4）

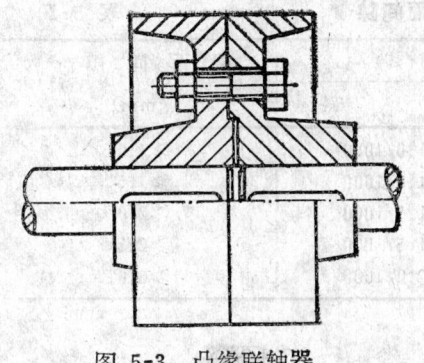

图 5-3 凸缘联轴器

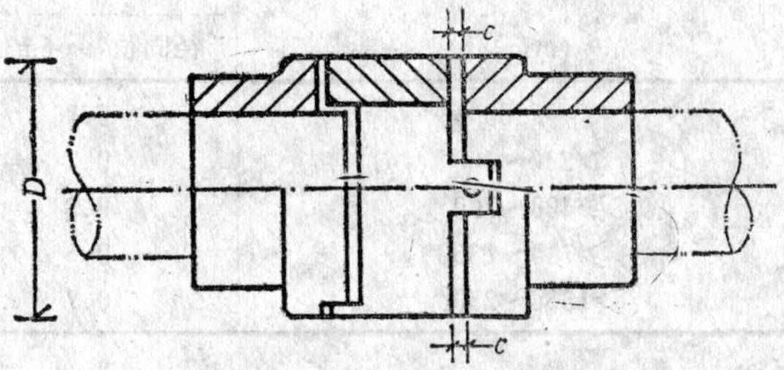

图 5-4 十字滑块联轴器

十字滑块联轴器属于弹性联轴器。它的结构与刚性凸缘联轴器不同，两半联轴器中间装有十字形的金属弹性件，两半联轴器不需要用螺栓进行刚性联接，扭矩从一半联轴器通过十字形的金属弹性件传递到另一半联轴器。采用这种联轴器可以不要求联接的两轴有严格的同轴度，装配时允许的同轴度允差见表 5-1。另外，十字滑块联轴器的端面间隙 c 也应适当控制。规范规定：当外形最大直径不超过190mm时 为0.5～0.8mm；超 过190mm时为1～1.5mm。

十字滑块和挠性爪型联轴器同轴度　　　　　　　　表 5-1

联轴器外形最大直径 D (mm)	两 轴 同 轴 度 允 差	
	径向位移（mm）	倾　斜
≤300	0.1	0.8/1000
300～600	0.2	1.2/1000

（三）挠性爪型联轴器（图 5-5）

挠性爪型联轴器也是弹性联轴器，它的两半联轴器各有两个小于60°的爪，中间放置非金属弹性件。它除具有十字滑块联轴器的优点外，能在传动时减轻振动和冲击。挠性爪型联轴器装配时同轴度要求见表5-1。端面间隙 c 约为2mm。

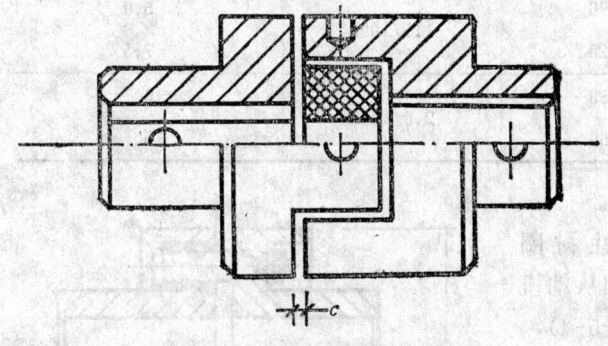

图 5-5 挠性爪型联轴器

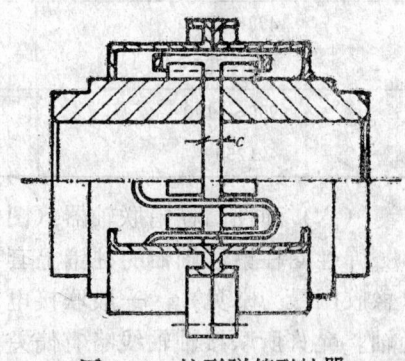

图 5-6 蛇形弹簧联轴器

（四）蛇形弹簧联轴器（图 5-6）

蛇形弹簧联轴器的两半联轴器轮缘上有齿，齿间嵌入6～8段矩形断面的蛇形弹簧，并用外壳把弹簧罩住。工作时扭矩由一根轴上半联轴器经过弹簧传到另一根轴上。因此这种联轴器具有吸收振动和冲击的作用。装配时，两轴的同轴度和端面间隙 c 的要求见表5-2。

蛇形弹簧联轴器的同轴度和端面间隙　　表 5-2

联轴器外形最大直径D (mm)	两 轴 同 轴 度 (≤)		端 面 间 隙 c (mm)
	径向位移 (mm)	倾　　　斜	
≤200	0.1	1.0/1000	≥1.0
>200~400	0.2	1.0/1000	≥1.5
>400~700	0.3	1.5/1000	≥2.0
>700~1350	0.5	1.5/1000	≥2.5
>1350~2500	0.7	2.0/1000	≥3.0

（五）齿轮联轴器（图5-7）

齿轮联轴器允许两轴有轴向、径向位移及轴向偏斜,因而可加快安装进度,节省安装费用。它由两个带外齿的轴套和两半带内齿的外壳组成。外齿轴套用键固定在轴上,外壳的齿与外齿轴套的齿啮合,两半外壳用螺栓联接固定。外壳内注入润滑油,以减少齿间磨损。这种联轴器可以传递大扭矩。对中性要求低,但减振和缓冲能力小。装配时,两轴的同轴度和两外齿轴套间的端面间隙应仔细检查,其允差见表 5-3。如有中间轴时,则应先将两端轴的位置调整好,再安装调整中间轴。测试时多用一表法（即径向反转法）。

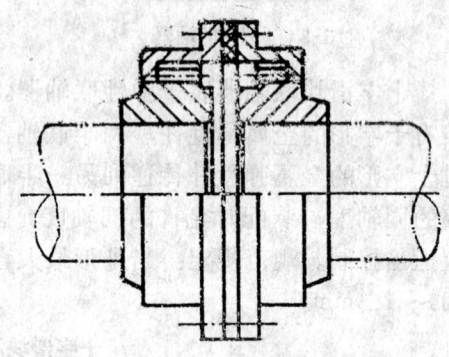

图 5-7　齿轮联轴器

齿轮联轴器的同轴度和外齿轴套端面间隙　　表 5-3

联轴器外形最大直径D (mm)	同轴度允差 (不超过)		端面间隙 c (mm) 不小于
	径向位移 (mm)	倾　　　斜	
170~185	0.30	0.5/1000	2.5
220~250	0.45		
290~430	0.65	1.0/1000	5.0
490~590	0.90	1.5/1000	5.0
680~780	1.20		7.5
900~1100	1.50	2.0/1000	10
1250	1.50		15

（六）弹性圈柱销联轴器（图 5-8）

弹性圈柱销联轴器的柱销上套有弹性衬圈（橡胶圈最为常见）,一般联接电动机和从动机的轴。允许所联接轴轴线略有偏差（见表5-4）,并能在传动时减轻振动和冲击。联轴器的两半分别装紧在轴端,两半联轴器沿圆周用具有锥形尾端的螺栓来联接,螺栓从一半联轴器的圆锥形孔插入,穿过另一半联轴器,再用螺母拧紧。螺栓和圆柱形孔通过橡胶环或皮革环来接触。弹性圈

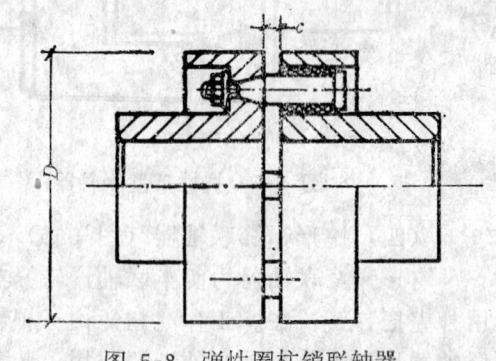

图 5-8　弹性圈柱销联轴器

与柱销间应有过盈，弹性圈与半联轴器上的柱销孔间应有间隙，各弹性圈的内外径大小一致。柱销螺母下应垫以弹簧垫圈。两半联轴器端面间隙c应符合表5-5的规定，并不小于实测轴向窜动量。

弹性圈柱销联轴器的同轴度　　　　　　　　表 5-4

联轴器外形最大直径D (mm)	同　轴　度　不　超　过	
	径 向 位 移 （mm）	倾　　　斜
105～260	0.05	0.2/1000
290～500	0.01	0.2/1000

弹性圈柱销联轴器的端面间隙C（mm）　　　　表 5-5

轴 直 径 d (mm)	标　准　型			轻　型		
	型 号	外形最大直径	c	型 号	外形最大直径	c
25～28	B_1	120	1～5	Q_1	105	1～4
30～38	B_2	140	1～5	Q_2	120	1～4
35～45	B_3	170	2～6	Q_3	145	1～4
40～55	B_4	190	2～6	Q_4	170	1～5
45～65	B_5	220	2～6	Q_5	200	1～5
50～75	B_6	260	2～8	Q_6	240	2～6
70～95	B_7	330	2～10	Q_7	290	2～6
80～120	B_8	410	2～12	Q_8	350	2～8
100～150	B_9	500	2～15	Q_9	440	2～10

（七）尼龙柱销联轴器（图5-9）

尼龙柱销联轴器或木销及其他工程塑料联轴器是一种应用十分广泛的联轴器，可代替弹性柱销联轴器和部分齿轮联轴器。联轴器结构简单，制造容易，使用维护方便，能允许较大的轴向窜动，并能达到一定的减振和缓冲作用。装配时，两轴的同轴度按弹性圈柱销联轴器的规定执行（见表5-4），两半联轴器联接后端面间隙c应符合表5-5的规定，并不应小于实测的轴向窜动量。

二、联轴器的找正对中

两个串列着的转子或轴系找正对中，其中心必然相对，端面必须平行。这是用联轴器找正对中的基础；而且不论轴是否存在挠度，上述事实仍然成立。

通过联轴器找正对中轴系时，联轴器与轴应有足够的同轴度和垂直度。因此在找正对中之前和联轴器装配后，要对联轴器对轴的径向和端面跳动进行检查，若偏差过大则要修复或在测量中加以修正。

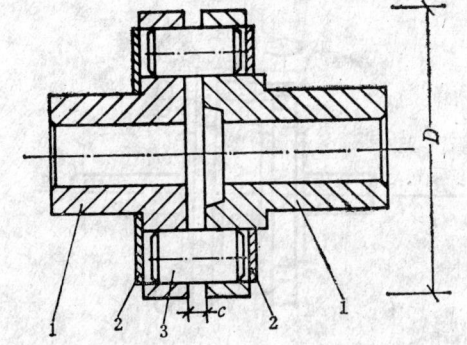

图 5-9 尼龙柱销联轴器
1—半联轴器；2—挡板；3—尼龙柱销

对于要求不高的轴系，可直接用直尺（或平尺）在联轴器外缘四周（上、下、前、后）靠紧测量（必要时用塞尺辅助），调整联轴器对中。工程当中常采用找正架找正对中，测量间隙可用塞尺（见图5-10a），多数用百分表（见图5-10b）。

用百分表找正对中联轴器，又有轴向径向联合测量法和径向反转测量法两大类。

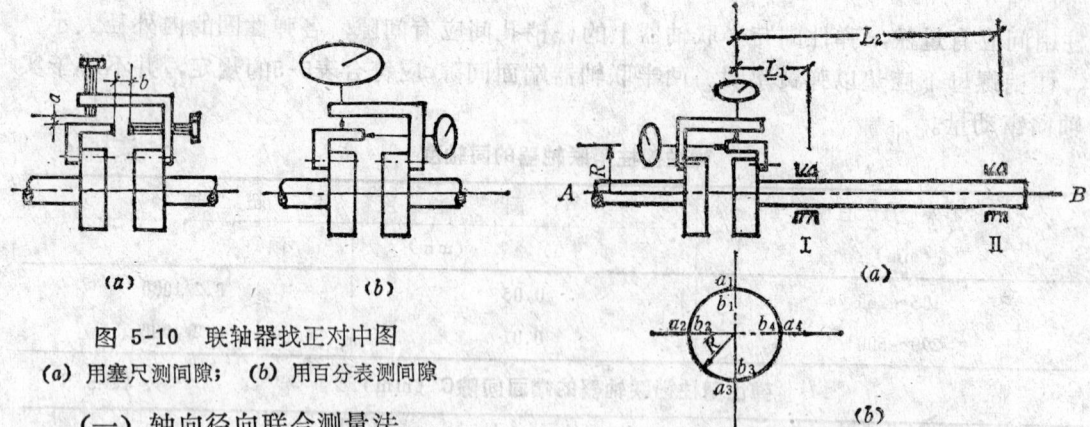

图 5-10　联轴器找正对中图

(a) 用塞尺测间隙；　(b) 用百分表测间隙

图 5-11　二表法测同轴度

(a) 实测图；　(b) 数据记录

A—基准轴；B—被调轴

(一) 轴向径向联合测量法

轴向径向联合测量法可分为一点法，又称两表法(见图5-11)；两点法，又称三表法(见图5-12)。一点法的找正架简单，其缺点是轴向窜动影响测量精度；两点法无轴向窜动引起的系统误差，故多用两点法。

三表法的数据记录如图5-13所示。按下式求出测量数据：

$$\left.\begin{array}{l} b_1 = \dfrac{1}{2}(b_1' + b_1'') \\[2mm] b_2 = \dfrac{1}{2}(b_2' + b_2'') \\[2mm] b_3 = \dfrac{1}{2}(b_3' + b_3'') \\[2mm] b_4 = \dfrac{1}{2}(b_4' + b_4'') \end{array}\right\} \qquad (5\text{-}1)$$

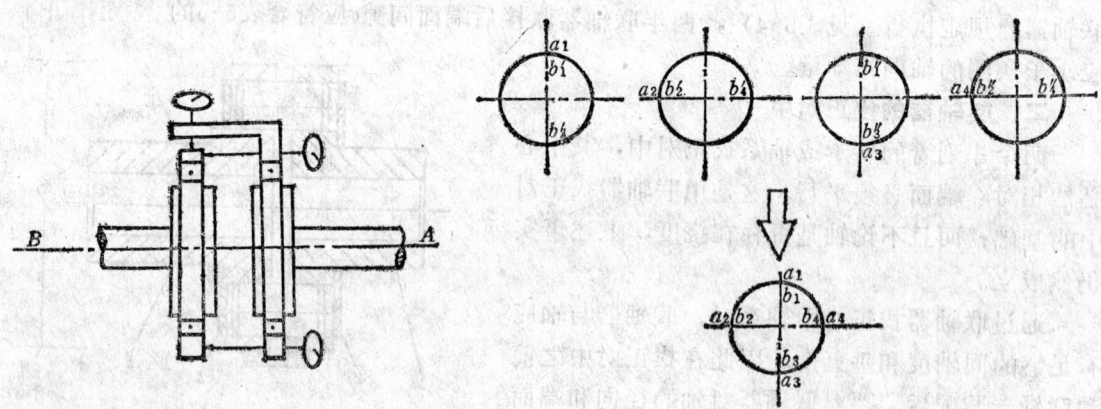

图 5-12　三表法测同轴度

图 5-13　三表法数据记录

两轴在空间位置，可通过所测得的径向跳动和端面跳动量的差值确定。

在水平面内

$$\Delta a_x = a_4 - a_2 \qquad (5\text{-}2)$$

$$\Delta b_x = b_4 - b_2 \qquad (5\text{-}3)$$

在垂直面内

$$\Delta a_y = a_3 - a_1 \tag{5-4}$$
$$\Delta b_y = b_3 - b_1 \tag{5-5}$$

根据 Δa_x、Δb_x、Δa_y、Δb_y 四个量或正、或负、或零判继两轴在水平面和垂直面内的相对位置，也可用下式计算（见图 5-14）：

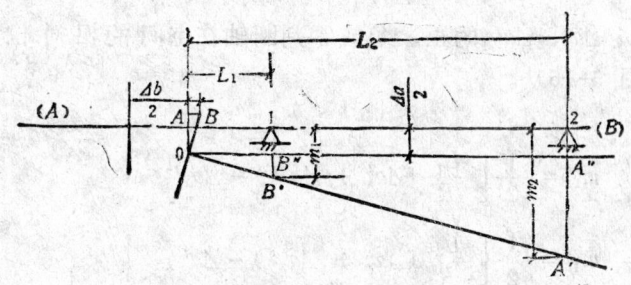

图 5-14　轴向径向联合测量法调整量计算图

在水平面内

轴承1的调整量　　$m_1{}^x = \dfrac{1}{2}\left(\dfrac{L_1}{R}\Delta b_x + \Delta a_x\right)$ 　　　　　(5-6)

轴承2的调整量　　$m_2{}^x = \dfrac{1}{2}\left(\dfrac{L_2}{R}\Delta b_x + \Delta a_x\right)$ 　　　　　(5-7)

在竖直面内

轴承1的调整量　　$m_1{}^y = \dfrac{1}{2}\left(\dfrac{L_1}{R}\Delta b_y + \Delta a_y\right)$ 　　　　　(5-8)

轴承2的调整量　　$m_2{}^y = \dfrac{1}{2}\left(\dfrac{L_2}{R}\Delta b_y + \Delta a_y\right)$ 　　　　　(5-9)

调整方向的确定：在竖直面内，若 $m_1{}^y$ 和 $m_2{}^y$ 为正值时，应增加垫片，使轴抬高；若为负值，应减少垫片，降低轴；若为零，不增不减，两轴又正又对中。在水平面内，若 $m_1{}^x$ 和 $m_2{}^x$ 为正值时，应使被调轴承后移；若为负值，向前移；若为零，不后移也不前移，轴既正又对中。

（二）径向反转测量法（图 5-15）

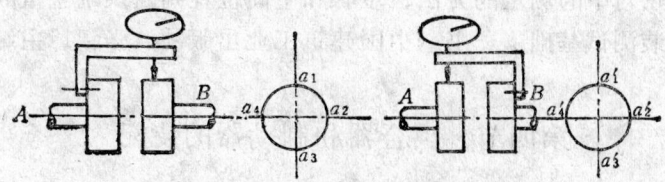

图 5-15　径向反转测量法图
A—基准轴；B—被调轴

径向反转测量法又称一表法或克拉克法。它仅用联轴器（轴也可）外圆柱的径向跳动测量判断轴的空间位置。

在水平面内

$$\Delta a_x = a_4 - a_2 \tag{5-10}$$

$$\Delta a_x' = a'_4 - a_2' \tag{5-11}$$

在竖直面内

$$\Delta a_y = a_3 - a_1 \tag{5-12}$$

$$\Delta a_y' = a_3' - a_1' \tag{5-13}$$

根据 Δa_x、$\Delta a_x'$、Δa_y、$\Delta a'_y$ 的正、负或零判断轴在空间 的 相 对 位置。也可用下式计算轴承调整量（见图 5-16）。

在水平面内

轴承1的调整量　$m_1^x = \dfrac{1}{2} \left[\dfrac{L_1}{R} (\Delta a_x + \Delta a_x') - \Delta a_x' \right] \tag{5-14}$

轴承2的调整量　$m_1^x = \dfrac{1}{2} \left[\dfrac{L_2}{R} (\Delta a_x + \Delta a_x') - \Delta a'_x \right] \tag{5-15}$

在竖直面内

轴承1的调整量　$m_1^y = \dfrac{1}{2} \left[\dfrac{L_1}{R} (\Delta a_y + \Delta a_y') - \Delta a_y' \right] \tag{5-16}$

轴承2的调整量　$m_2^y = \dfrac{1}{2} \left[\dfrac{L_2}{R} (\Delta a_y + \Delta a_y') - \Delta a_y' \right] \tag{5-17}$

调整方向与轴向径向联合测量法相同。

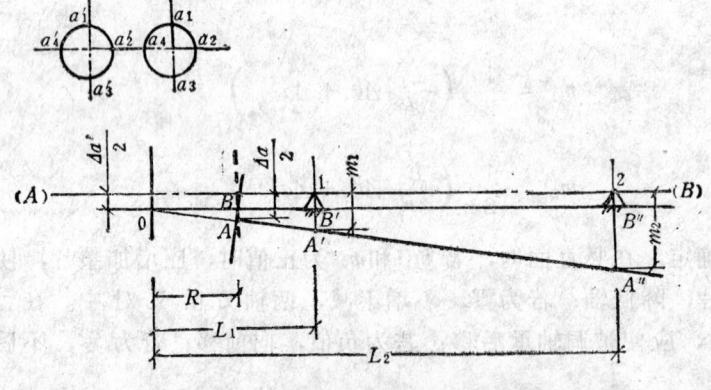

图 5-16　径向反转法调整量计算图

关于联轴器找正对中的测量的方法、步骤和空间位置判断及调整量的方向和大小的确定，详见《设备安装测试基础》一书（中国建筑工业出版社，张锡璋主编）。

第四节　离合器和制动器的装配

一、离合器

联轴器的另一种型式为离合器。离合器也是用来联接两根轴的，但能在运转中使两根轴随时脱开或连接。因此，使用离合器可以在原动机工作的情况下，随时起动从动机或停转从动机。离合器的型式很多，这里重点介绍牙嵌式离合器和圆锥形摩擦离合器。

1. 牙嵌离合器

牙嵌离合器由两个端面上有齿的半离合器组成，一个固定在主动轴上；另一个用导向键或花键与从动轴联接，用操纵机构作轴向移动，实现两半离合器的离合。

牙嵌离合器装配时，对于单方向离合器应该注意主动轴的旋转方向。主动轴的旋转方向不对时不能实现两轴的联接。牙嵌式离合器联接的两轴应有良好的同轴度，其同轴度允差可参照十字滑块联轴器的同轴度允差（表5-3）。

对离合器的装配要求是：在接合或分开时，动作要灵敏。能传递足够的扭矩，工作要平稳。牙嵌离合器在装配时，要修配好固定键和滑键，并把滑键用埋头螺钉固定在从动轴上，使滑动的半离合器，能在从动轴上轻快地移动。然后将固定的半离合器紧装在主动轴上。

2. 圆锥形摩擦离合器（图 5-17）

摩擦式离合器与牙嵌离合器相比，有许多优点，在主动轴转动的情况下，可随时实现两轴的联接和分离，且无振动和冲击现象；同时还有过载保护作用。因此应用广泛。

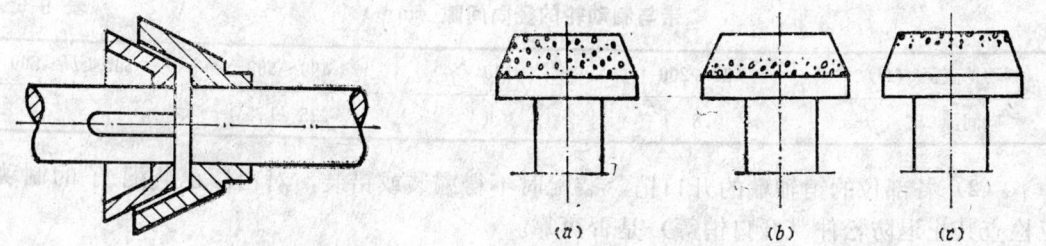

图 5-17　圆锥形摩擦离合器

图 5-18　摩擦锥上接触斑点分布情况
(a) 符合要求；　(b)　(c) 不符合要求

圆锥摩擦离合器装配时，应用涂色法检查锥体的接合情况，接触斑点应均匀分布在整个圆锥表面上（见图5-18a）。如接触斑点分布靠近锥底（见图5-18b）或靠近锥顶（见图5-18c），都表示锥体的锥度不符合要求。应通过刮研（锥度相差不大时）或磨削（锥度相差较大时）等方法来修整。

3. 湿式和干式多片摩擦离合器

湿式多片摩擦离合器装配后，摩擦片能灵活地沿花键轴移动。在接合位置，超过扭矩值时应有打滑现象；在开脱位置，不应有阻滞现象。

干式单片摩擦离合器装配时，各弹簧弹力应均匀一致，各连接销轴部分应灵活、无卡住现象；摩擦片的连接铆钉头低于表面0.5mm。

二、制动器的装配

制动器是利用摩擦阻力来降低机械速度或使机械停止的装置，有时也可用作限速装置。它的类型很多，最常用的是瓦块式制动器和带式制动器。

（一）瓦块式制动器

（1）制动器各销轴在装配前应清洗洁净，油孔应畅通，装配后应转动灵活无阻滞现象。

（2）装闸片时，闸座各销轴线与主轴轴线的铅垂面间的水平距离偏差、与主轴轴线水平面的垂直距离偏差均不应超过±1mm。

（3）制动器装配时，同一制动器二闸瓦中心应在同一平面内，其误差不得超过2mm。

（4）闸瓦铆钉应低于闸皮（瓦块表面）2mm，制动臂与挡板不应相碰，其间隙应小于5mm。

（5）闸瓦松开时，瓦块与制动轮的间隙应均匀，且不大于2mm；制动时，瓦块与制动轮接触应良好平稳，各瓦块接触面（长度和宽度方向）不得小于80％。

（6）油压或气动制动时，达到额定压力后，在10分钟内压力降不应超过0.02MPa。

（二）带式制动器

在制动轮的外圆包一根内衬摩擦带的钢带即组成带式制动器。钢带一端，固定在制动操纵杆上。操纵杆的上或下，即能达到制动或脱开作用。它结构简单，应用广泛；缺点是被制动的轴受附加弯矩。装配时应注意：

（1）各连接销轴应灵活可靠，无卡住现象。摩擦内衬与钢带铆接牢固。铆钉头应低于内衬表面1～2mm。带与制动轮的径向间隙可按表5-6选取。

带与制动轮的径向间隙（mm）　　　　　　　　　　表 5-6

制动轮直径 (D)	100～200	300	400～500	500<D≤800
径向间隙	0.8	1.0	1.25～1.5	

（2）各部位的销轴端的开口销，装配时不得漏装或错装，对出厂已装配好的制动器应检查其止退防松件（开口销等）是否可靠。

第五节　过盈配合件装配

过盈配合在机械零件的联接中应用十分广泛，例如气缸套与气缸的配合，联轴器与轴的配合，蜗轮青铜轮缘与轮芯的配合等。过盈配合的主要特点是配合件间有过盈量。

过盈配合件的装配方法有：压入装配、汽装和热装配。在安装现场多用热装配法，这种方法能用于大直径和过盈量较大的零件，且工艺比较简单。压入法多用于过盈量不大的中小型机件，但需要压力机等设备，故一般多在制造厂使用（其压入力的计算可见《金属结构》中的"厚壁容器"一章，张锡璋主编，建筑工业出版社出版）。装配过盈配合件，必须注意配合的过盈量，特别是铸铁件，应避免发生裂缝。过盈配合件装配时，应先检查配合表面有无毛刺、凹陷、麻点等缺陷，然后进行测量。测量时应在轴或孔配合部分两端和中间三个位置上进行，每处在同一径向平面上互成90°的位置各测一次（见图5-19），用其平均值求过盈量

$$\Delta = \bar{d} - \bar{D} \tag{5-18}$$

式中　Δ——实测平均过盈量；

　　　$\bar{d}$——轴的平均直径，$\bar{d} = \dfrac{1}{6}\sum\limits_{i=1}^{6} di$；

　　　$\bar{D}$——孔的平均直径，$\bar{D} = \dfrac{1}{6}\sum\limits_{i=1}^{6} Di$。

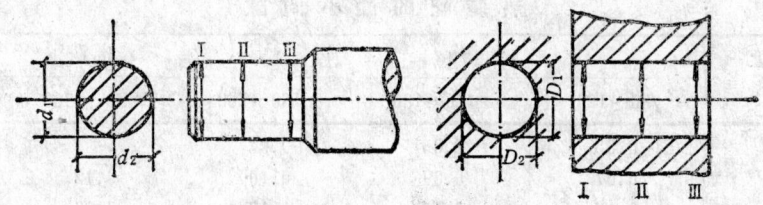

图 5-19 过盈量测量部位

根据式（5-18）计算值及配合种类，可参考表5-7选择装配方法。

有 过 盈 的 配 合 装 配 方 法　　　　　　　　表 5-7

配合种类	基本偏差	$\dfrac{\varDelta}{d}\times 100\%$	配　合　特　性	装　配　方　法
过盈配合	s	0.1	极牢固的配合，能传递较大扭矩和在较大动荷下工作	热装或冷装
	r	0.05	较牢固的配合，需附加固定装置	热装、冷装或机械压入
	p	0.025	传递很小扭矩	机械压入
过渡配合	n	<0.025	很少得到间隙，适用IT4～7级	用锤或压力机装配
	m		具有不大的过盈，适用IT4～7级	一般可用木锤打入
	k		平均没有间隙配合适用IT4～7级	一般用木锤打入
	js		平均稍有间隙	木锤轻轻打入

注：$\varDelta$—平均实测过盈量；
　　d—公称直径。

当采用热装时，包容件（孔）的最低加热温度取决于配合的过盈量、最小装配间隙和所需装配时间。其加热温度

$$T = k_t \frac{\varDelta_{\max} + \delta_0}{\alpha D} + T_0 \tag{5-19}$$

式中　T——加热温度，℃；

　　k_t——由装配时间决定的安全系数，一般取$k_t = 1.5 \sim 2.5$；

　　$\varDelta_{\max}$——实际测量得到的最大过盈量；

　　δ_0——装配时所需的最小间隙，由表5-8选取；

　　α——加热件的线胀系数（见表5-9）；

　　D——加热件（孔）的内直径；

　　T_0——环境温度。

所确定的加热温度应不会造成零件变形或热处理过的零件硬度降低，例如碳素钢加热温度不应超过400～600℃。由于热装配是在高温和紧张状态下进行，故装配前应充分作好准备工作，操作中应按步骤进行，遇到问题要及时采取措施，正确处理。其准备工作包括装配前配合件的检查与测量、加热温度的确定、必要的工具与设备（包括加热炉、燃料、

零件质量 (kg)	加 热 件 直 径 (mm)				
	80～120	>120～180	>180～260	>260～360	>360～500
≤16	0.05	0.06	0.07		
>16～50	0.07	0.09	0.10	0.12	
>50～100	0.12	0.15	0.17	0.20	0.24
>100～500	0.17	0.20	0.24	0.28	0.32
>500～1000		0.23	0.27	0.31	0.36
>1000			0.30	0.36	0.40

金 属 材 料 的 线 胀 系 数   表 5-9

材 料	线胀系数 $(\alpha \times 10^{-6})$		材 料	线胀系数 $(\alpha \times 10^{-6})$	
	加 热 时	冷 却 时		加 热 时	冷 却 时
钢、铸钢	11	−8.5	青 铜	17	−14.2
铸 铁	10	−8.6	黄 铜	18	−16.7
可锻铸铁	10	−8	铝合金	23	−18.6
铜	16	−14.4	镁合金	26	−21

工件夹紧机具、翻转机具、起重机具、测温仪表、量棒和隔热防护用具等）的准备、热装操作步骤和操作方法的练习等。

热装过程中，每个操作人员都必须了解操作步骤，按操作步骤和规定进行操作。人员要分工明确，各负其责。加热好的包容件应迅速及时地对准被包容件的轴线，尽快装配；如在热装时需要撞击配合时，撞击总位置要选好，第一、二下要轻，待进入一段距离后，方可用力猛击。如在撞击过程中，发现轴线歪斜，配合件已经卡住，切忌硬性撞击，这样既达不到正确装配，又会损坏配合件，当发现这种情况后，应迅速拉出，修正处理再重新装配。

第六节 滑 动 轴 承 装 配

轴承是支承轴的部件，是机械设备中的重要组成部分。轴承分滑动轴承和滚动轴承两大类。滑动轴承制造简便，工作中准确度高，检修维护费用低；其缺点是摩擦阻力大，易发热、效率低，并要经常给油和维护。滑动轴承按其结构可分为整体式（轴套）、对开式（轴瓦）和液体静压支承等。

（一）滑动轴承装配基本原则

（1）装配前，应检查零件的接触表面，应光滑无毛刺，并用煤油或汽油清洗。

（2）安装轴承座时，应将轴瓦或轴套装在轴承座上，并按轴瓦或轴套的中心进行校正。同一传动轴上所有轴承的中心应在一条直线上，其同轴度必须在规定的范围内。把轴放入座中，用显示剂检查轴及轴瓦表面的接触情况。

（3）轴承座底面与机体的接触面之间，应接触均匀、紧密；轴承座必须牢固地固定在机体上，当设备运转时，轴承座不得与机体产生相对位移。

（4）轴承的所有零件中，只允许轴颈与轴衬之间有相对滑动，其他零件之间不得有相对运动。

（5）研瓦或调整间隙时，必须保证轴承有良好的接触面和合理的间隙。

（6）必须保证润滑油能畅通无阻地流入轴承中，并保证轴承中有充足的润滑油存在，以形成油膜。要确保密封装置的质量，不得让油漏到轴承外面，让灰尘等进入轴承。

（7）液体静压轴承的油孔、油腔应完好，油管应畅通；节流器、轴承间隙不应堵塞，轴承两端的油封槽不应与其他部位穿通，并保持与主轴的配合。

（二）整体式滑动轴承的装配

整体式滑动轴承在装配前，首先要检查轴套和轴承孔的表面情况及配合过盈量是否符合要求。将配合面的毛刺或锈垢用刮刀或油石打磨光并清洗干净，按照轴颈将轴套刮研好，并要留一定间隙，其间隙值一般为 $0.001\sim0.002d$（d 为轴颈直径）。

整体式滑动轴承的轴套装配时，可用压力机压装或人工压装。为防止轴套损坏，不能用锤直接敲打轴套，应垫硬木或软金属垫片（铝或铜），压入速度不宜过快，以便导正，不致压扁。为减少摩擦阻力，除注意配合面的清洁外，在轴套外面涂一层润滑油。对某些薄壁轴套，宜用加热轴承体或冷却轴套的温差法。轴套装配完毕后，应对其内径再次测量检查，并与装配前测量结果对照。如因装配过紧而使轴套内径减小时，应进行刮修。内径没有减小的轴套也应进行研刮，以使轴套与轴颈之间的接触斑点达到规定标准。

轴套压入后，对荷载较重的滑动轴承要加止动螺钉或定位销固定。

含油轴套装入轴承座时，洗油宜与轴套所含的润滑油相同，轴套端部应均匀受力，并不得直接敲打轴套。轴套与轴颈间的间隙为 $0.001\sim0.002d$。

尼龙、酚醛塑料、聚四氟乙烯、橡胶等非金属轴瓦的装配应符合随机技术文件的规定。轴套与轴颈间的间隙一般为轴颈的 $0.005\sim0.006$。装配时，应涂较多的润滑油脂。

（三）对开式滑动轴承的装配

（1）轴瓦（对开式滑动轴承的俗称）在安装前，应用煤油或汽油进行彻底清洗、擦洗和检查。用小铜锤沿合金衬里表面顺次轻轻敲击进行检查，如发出清脆的叮喁声，表明浇铸质量与瓦底粘合质量优良；如发出低浊或沙哑声，表明巴氏合金内有砂眼、孔洞、裂纹或重皮，或是巴氏合金与瓦底粘合不好。针对缺陷的严重程度，采取补焊合金处理或更换新瓦。

（2）轴瓦刮研：轴瓦是支承轴的，当轴旋转时，如轴和轴瓦接触集中在某几个小点或某一小块面积上，接触不好就会破坏油膜，造成摩擦力集中，发热量增加，轴承的温度也随着急剧增高；如轴与轴瓦接触良好，各处受力均匀，摩擦面油膜完整，运转时虽产生热量，但分布在整个轴承上，热量较易散失，轴承不会产生高热。为保证轴颈与轴瓦接触良好，对轴瓦要进行仔细刮研。具体要求是：

1）轴瓦刮研在设备精平后进行。

2）轴瓦刮研包括瓦背（轴瓦背面）与轴承体接触面以及轴瓦与轴颈接触面两部分。

3）下瓦背与轴承座之间的接触面积不得小于整个面积的 50%；上瓦背与轴承盖间的接触面积不得少于 40%，且要求接触均匀。轴瓦与轴承座之间的接触斑点不应少于 $1\sim2$ 点 $/cm^2$。接触面积过小或接触点过少，均会使轴瓦所承受的单位面积压力增加，从而加速轴瓦磨损，甚至可引起巴氏合金层的破裂或剥落。

接触面积大小和接触斑点多少的检查，可在装配过程中，将轴承放在轴承体内（对号入座，不得更换），用着色法检查。即在瓦背或轴承体接触面上涂一层红铅油，将轴瓦在轴承体内正反各旋转一圈，二者间会出现黑色斑点。如接触面积或接触点数不符合要求，用刮刀刮去黑色斑点，使接触面积逐渐增大，接触点数逐渐增加；反复多次刮研，直至达到规定要求为止。刮研时，每刮一遍要改变一次方向，使刮痕间成60～90°的交错角，目测接触部分与非接触部分不得有明显的界限，用手摸接触面时感到非常光滑。

4）轴瓦与轴颈接触面的刮研有两个方面的要求：一是轴瓦与轴颈的接触角；二是轴瓦与轴颈间的接触斑点。

轴瓦与轴颈间的接触面所对的圆心角称为接触角，如图5-19所示。如此角过大，会影响润滑油膜的形成，润滑不好，加速轴的磨损；角过小，则会增加轴瓦的压强，也会加速轴瓦磨损。一般接触角以60～90°为宜。轻载高速轴承的接触角取小值；重载低速取大值。

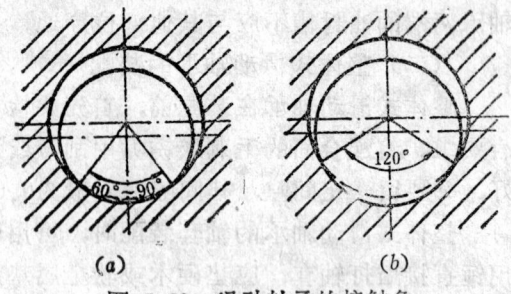

图 5-20 滑动轴承的接触角
(a) 新装配的轴瓦； (b) 磨损的轴瓦

轴瓦与轴颈间接触点的要求。因设备而异。图纸或技术资料有规定的，应按规定进行刮研；无规定时，可按表5-10进行刮研。

刮研轴瓦时，应将轴上零件全部装上。对开式轴瓦一般应先刮下瓦，后刮上瓦。四开式轴瓦应先刮下瓦和侧瓦，再刮上瓦。刮瓦方法与轴瓦和轴承座的刮研方法相同。

（四）轴承座的安装

轴承装在轴承座里，轴承座用螺栓与机体固结在一起；或与机体是一个整体。后一种不存在轴承座的装配。用螺栓固定的轴承座需安装和调整。

轴 瓦 接 触 点 数   表 5-10

轴承转数（r/min）	接触点数（点数/25×25mm）
<100	3～5
100～500	10～15
500～1000	15～20
1000～2000	20～25
>2000	25以上

（1）安装轴承座时，务必将轴瓦在轴承座里装配好，并按轴瓦中心来找正轴承座中心。同一轴上的所有轴承中心应在同一条轴线上。

（2）多支承轴承座安装常用平尺找正它的中心（见图5-21）。用平尺找正时，可将平尺放在轴承座上，与轴瓦口对齐，然后用塞尺检查平尺与各轴承座间是否有间隙，根据间隙即可判断各轴承座的中心是否在一条直线上。如轴颈是相等的，则不论平尺放在瓦口上还是放在轴承内，只要轴承在一条轴心线上，则平尺与轴承间不应有间隙存在。

（3）轴承跨距较大时，用挂线法找正轴承座的中心（图5-22）。

在轴承座上架设一根钢丝（平行于轴承座的基准面），使钢丝与

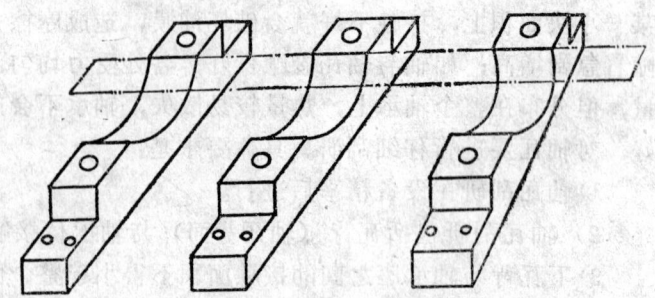

图 5-21 用平尺找正轴承座

两端的两轴承座中心重合，以钢丝为基准找正轴承座，直至调整到一条中心线为止。钢丝直径一般为0.2～0.5mm。实测时，不要忽略钢丝挠度的影响。

（4）在要求传动精度较高的情况下，可用激光准直仪进行找正。这种激光仪找正轴承

座的方法，可使轴承座中心与激光束的同轴度小于0.02mm，角度偏差在±1″以内。

（五）轴瓦安装

对开式轴瓦分薄壁瓦和厚壁瓦，内表面浇铸轴承合金。轴瓦的合金层与瓦壳牢固结合应无分层、脱壳现象，合金层表面和二半轴瓦的中分面应光滑平整，无裂纹、气孔、重皮、夹渣和碰伤等缺陷。

1.薄壁瓦

薄壁瓦由低碳钢制成，其厚度$t \leqslant 0.05d$（d为轴颈），其内表面浇铸巴氏合金或其他耐磨合金，合金层厚度为0.3～1mm。薄壁瓦的厚度及其他尺寸均有较高的精度要求，一般不要求刮研。

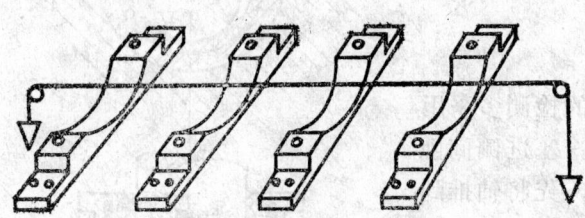

图 5-22 用挂线法找正轴承座

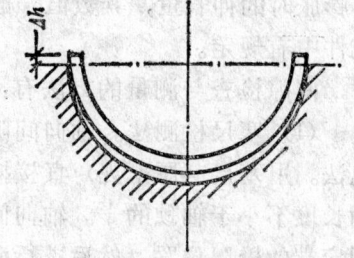

图 5-23 薄壁瓦装配

薄壁瓦安装时，轴瓦的边缘在轴承中分面高出 Δh 值，一般 $\Delta h = 0.03 \sim 0.27$mm（见图5-23）。当拧紧瓦盖螺栓时，两瓦口相挤压（理论上瓦盖与轴承中分面不接触又无垫）产生弹性变形，使薄壁瓦背与轴承座间均匀紧密接触，且有过盈，不使轴瓦在轴承座内发生转动或相对移动，但过盈不可过大。

瓦背与轴承座应紧密地均匀贴合，用着色法检查，内径小于180mm的，其接触面积不少于85%；内径大于或等于180mm的，其接触面积不少于70%。

装配后，在中分面处用 0.02mm 塞尺检查，不得塞入。

2.厚壁瓦

厚壁瓦是用低碳钢、铸铁或青铜等制成，厚度大于4mm；内表面浇铸巴氏合金或其他耐磨合金，其厚度一般为0.7～3mm。

厚壁瓦安装时，其外径与轴承座的配合应恰当，上下瓦的接合面应接触良好，故安装以前应进行一次检查，发现轴瓦直径

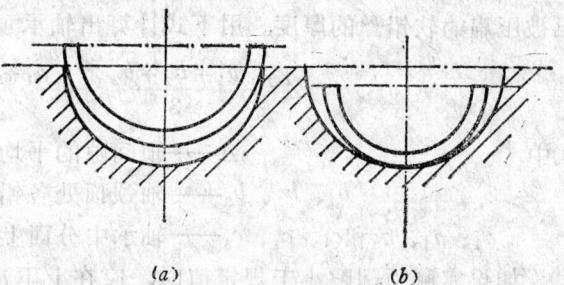

图 5-24 厚壁瓦过大或过小的情况
(a) 轴瓦直径过大； (b) 轴瓦直径过小

过大时应进行修理，过小时一般就要调换新瓦。轴瓦与轴承座之间，一般应有0.02～0.04mm的过盈量。如将直径过大的瓦强行压入，轴瓦和轴承座间就会出现夹帮现象，轴承容易受到破坏；直径过小，则轴瓦在运转中会产生机械运转时所不允许的颤动（见图5-24）。

厚壁轴瓦的翻边或直口与轴承座之间也应配合良好，翻边轴瓦与轴承座之间不应有轴向间隙，以免轴向窜动。配制的瓦口垫片应与瓦口面的形状相同，其宽度小于瓦口面1～2mm，长度应小于瓦口面1mm；垫片应平整无毛刺，垫片厚度必须一致；在任何情况下，都不得与轴颈相触。

有油环润滑的轴承，油环接口应平整牢固，转动灵活，不得有卡涩现象；装配前应除

去钝边和毛刺。

3.轴瓦与轴颈间的间隙

滑动轴承的间隙有顶间隙、侧间隙和轴向间隙。顶间隙的作用是保持油膜完整，其间隙值与轴颈的直径、转数和单位面积上的压力以及润滑油的粘度等因素有关。一般顶间隙 $\Delta = 0.001d \sim 0.002d$（$d$ 为轴颈直径）。侧间隙集聚和冷却润滑油，以便形成油楔，其值是变化的，越向轴的底部间隙越小；在轴瓦的剖分面上，侧间隙约为顶间隙的一半，轴向间隙，在固定端，瓦轴向两边间隙小于0.2mm；在自由端，不得小于轴受热膨胀时的伸长量，其数值一般在设备图纸或随机技术文件中有规定。

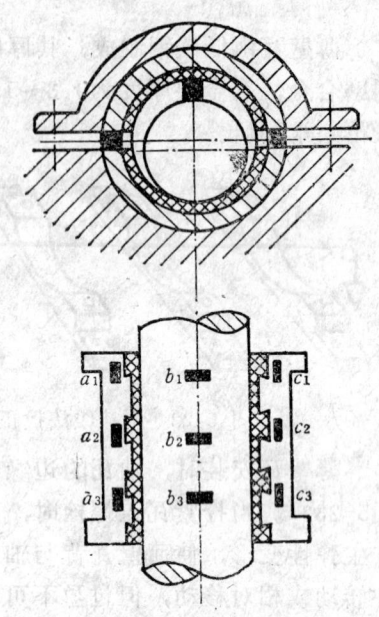

图 5-25 压铅法测顶间隙

间隙检查与测量的方法有：

（1）塞尺检测法。轴向间隙和侧间隙的检测多采用此法。用塞尺（厚薄规）直接插入间隙里。塞进侧间隙的长度不小于轴颈的 $\frac{1}{4}$。轴向间隙检测时，先将轴推到固定端的极限位置，然后进行测量；如不符合要求，应刮研轴瓦端面或调整止推螺钉。

（2）压铅法。压铅法常用来检测轴瓦的顶间隙。测量时，先将轴瓦盖打开，用直径约为顶间隙1.5～2倍、长度为 $10 \sim 40$mm 的软铅丝或软铅条，分别放在轴颈顶和中分面上（见图5-25）。因轴颈表面光滑，铅丝易滑落，可用油脂粘住，然后扣上轴承盖，对称而均匀地拧紧瓦盖螺母，用塞尺检查中分面的间隙应相等。最后将轴承盖打开，用外径千分尺测量出已被压扁的软铅丝的厚度。用下式计算出轴承顶间隙的平均值

$$\Delta = \frac{b_1 + b_2 + b_3}{3} - \frac{a_1 + a_2 + a_3 + c_1 + c_2 + c_3}{6} \qquad (5\text{-}20)$$

式中　　　　　　　　　Δ——顶间隙的平均值，mm；

　　　　　b_1、b_2、b_3——轴颈顶处各铅丝压扁后的厚度，mm；

a_1、a_2、a_3 和 c_1、c_2、c_3——轴承中分面上各铅丝压扁后的厚度，mm。

如果实测顶间隙小于规定值时，应在上下瓦接触面间加垫片（薄壁瓦不宜加垫片）；若实测顶间隙大于规定值时，则应减去垫片或刮削轴承接合面来调整，在调整顶间隙增减垫片时，瓦口两边的总厚度应相等，并且所加垫片不得与轴接触，应留出1mm以上的距离。上下瓦在未拧紧螺栓时，用0.05mm塞尺从外侧检查接合面，塞入深度不得大于接合面宽度的 $\frac{1}{3}$。薄壁瓦若必须加垫片时，所加垫片要伸入轴承盖与轴承座的接合缝处。装配后，在中分面处用0.02mm的塞尺检查应不能塞入。

侧间隙可按顶间隙的一半来计算或用塞尺检测。厚壁轴瓦装配时，单侧间隙应为顶间隙的1/2～2/3。

压铅法测量的径向间隙精确度较高，但比较麻烦。

4.轴向间隙

滑动轴承两端面与轴肩之间的间隙称为轴向间隙。轴向间隙的测量，一般是将轴推向

轴承一端的极限位置，然后用百分表或塞尺测量（见图 5-26），测量数据应符合图纸或技术文件的规定。如达不到标准时，可以修刮轴瓦端面或调整止推螺钉的位置。

5．轴瓦的压紧过盈

轴瓦刮研完毕并调整好间隙后，瓦盖螺栓应按规定拧紧，必要时用测力扳手拧紧。轴瓦的压紧过盈可以用轴瓦压缩后的弹性变形量来表示，其测量方法与压铅法测量轴承顶间隙相似，将软铅丝分别放在瓦背上和轴承中分面上（见图 5-27）。用千分尺测出软铅丝的厚度后，用下式计算压紧过盈

$$\delta = \frac{b_1 + b_2}{2} - a \qquad (5-21)$$

式中　　δ——轴瓦的压紧过盈（弹性变形量），mm；

　　b_1、b_2——轴承中分面上铅丝压扁后的厚度，mm；

　　a——上轴瓦背上的软铅丝压扁后的厚度，mm。

一般情况下，轴瓦的压紧过盈在0.02～0.04mm左右。

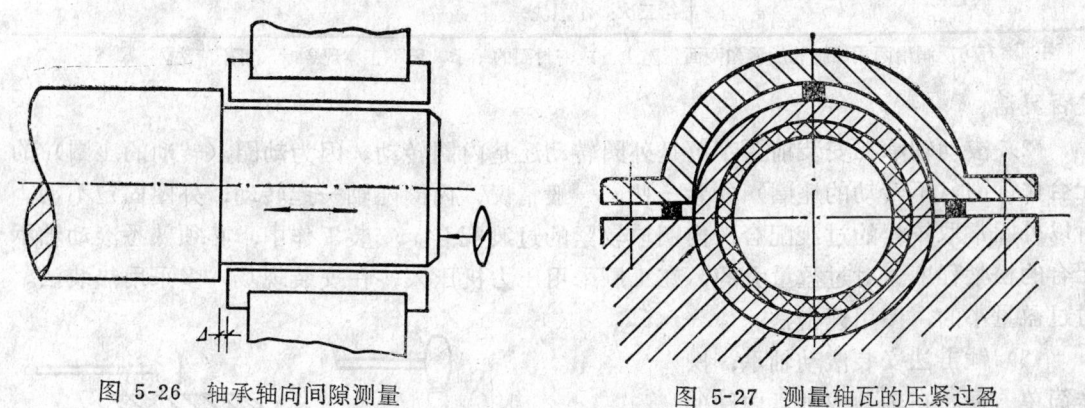

图 5-26　轴承轴向间隙测量　　　　图 5-27　测量轴瓦的压紧过盈

第七节　滚动轴承装配

滚动轴承是由内圈、外圈、滚动体和保持架等四部分组成的。内外圈和滚动体是由高铬碳钢制成，并经精加工（磨光或抛光），保持架常用软钢冲成，也有用黄铜制作的，近代多用塑料制造。

滚动轴承与滑动轴承的根本区别是：滚动轴承用滚动摩擦代替滑动摩擦。滚动轴承与滑动轴承相比其优点是：第一，它的摩擦系数较小，摩擦损失少，效率高；第二，润滑油消耗量比滑动轴承少；第三，轴承的宽度比滑动轴承小，轴承在轴向长度上所占的位置较小。正因如此，它是机械传动或动力设备不可缺少的重要部件。其缺点是：滚动轴承的外径比滑动轴承大；承受冲击和动荷载能力差；制造成本高；寿命短；由于不能剖分开，安装困难多且安装精度要求较高等。所以在高速重荷载的大轴承及某些不太重要的轴承，仍采用滑动轴承。

（一）滚动轴承的安装

（1）滚动轴承在安装前应清洗干净。根据滚动轴承的防锈方式不同，可参照表5-11选择清洗剂和清洗工艺。清洗要检查内、外圈、滚动体和保持架有否碰伤或损坏，轴承转动

防锈方式	清 洗 剂	清 洗 工 艺	附　　注
防锈油封存	汽油或煤油	多次清洗，直到干净为止	
用原油或防锈油脂防锈	轻质矿物油（如10#机械油或变压器油）	将轴承浸入95～100℃轻质矿物油中，摆动5～10分钟，使原有防锈油脂全部溶化，从油中取出，待矿物油流净冷却后，再用汽油或煤油清洗	
用气相防锈和其他水溶液防锈材料防锈的轴承	用油酸钠皂水溶液清洗	第一次：油酸钠皂2～3%，温度80～90℃。时间2～3分钟； 第二次：室温下进行，其他同前； 第三次：水漂洗	也可用油酸钾皂和其他动植物油制备的钾、钠皂和皂角水等水溶液清洗
	用664清洗剂或与其他清洗剂混合清洗	第一次：664为2～3%，温度75～80℃，时间2～3分钟 第二次：同前 第三次：水漂洗	也可用：平平加、105、6503、6501等

注：涂有防锈润滑两用油脂的轴承和两面带防尘盖或密封圈的轴承，无不正常现象时，可不清洗。

是否灵活。

(2) 滚动轴承在安装前要了解是外圈转动还是内圈转动。因为动圈（转动的座圈）的配合比静圈（不转动的座圈）的紧一些。一般情况，内圈随轴一起转动，外圈固定不动，所以外圈常取较松的过渡配合，内圈取较紧的过渡配合。安装工作中，必须熟悉滚动轴承配合的松紧程度。对过盈量大的，在工厂采用压力机压入；在安装现场，多采用热装法。对过盈量小的，多用锤击法。

(3) 锤击法安装滚动轴承，操作简单方便。在轴颈或轴承内圈的内表面涂上一层润滑油后，将轴承套在轴端，用手锤和紫铜棒对称而均匀地将轴承打入，直到内圈与轴肩靠紧为止（见图 5-28a）。采用这种方法，虽仔细和正确地敲击，但实际上轴承的受力既不对称也不均匀。所以，仅在过盈很小或者没有过盈的情况下采用此法。

图 5-28b 为用套管装配滚动轴承另一种方式的锤击法，借用套管

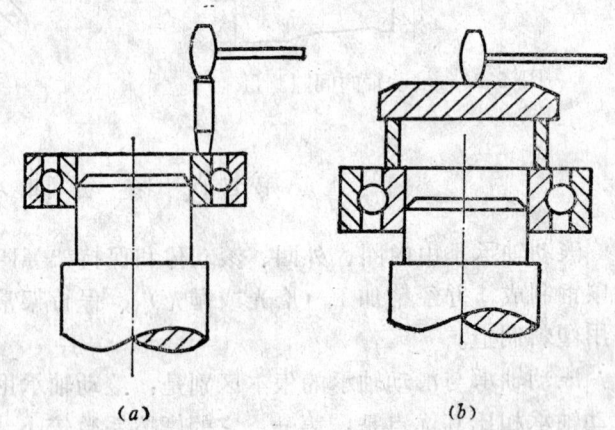

图 5-28　锤击法安装滚动轴承
(a) 用紫铜棒；　(b) 用套管

传递打击力。当轴承装在轴上时，套管应压在轴承内圈上；当轴承装在轴承座里时，套管应压在轴承的外圈上；当轴承的内外圈同时装在轴上和轴承座里时，可采用图5-29所示的垫环，同时压住轴承的内外圈，从而保证滚动体和滚道不受损伤。

(4) 热装滚动轴承时，将轴承放在机油箱内加热，加热时间根据轴承大小而定，一般为10～30分钟左右（温度不超过100℃），然后迅速取出套装在轴上。在热机油箱中加热轴承时，轴承不要和箱底接触，可在箱中加一铁算支撑，或将轴承吊挂在箱中，以免局部

过热，引起退火。严禁用火焰直接加热；对塑料材质的保持架只能在水中加热。热装过程中不得停顿，应快速一次装在正确位置上。

(5) 滚动轴承安装的注意事项：

1) 在安装剖分式滚动轴承座中的滚动轴承时，应先将轴承套装在轴上，然后整体地放在轴承座里，盖上轴承盖拧紧螺栓即可。但是剖分式轴承座不允许有"夹帮"和瓦口两侧间隙过小现象。如有上述缺陷，应用刮刀和锉刀进行修整。轴承外圈与轴承座孔的上下接触面都应该在中间，与底座接触面的接触角为120°，与上盖接触面的接触角应在80°～120°之间（与上下接触面不在中间称夹帮），如图5-30所示。

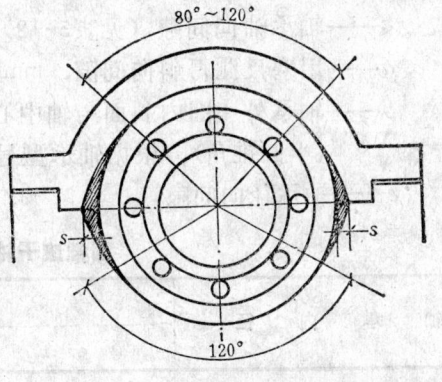

图 5-30 轴承外圈与轴承座孔的接触角

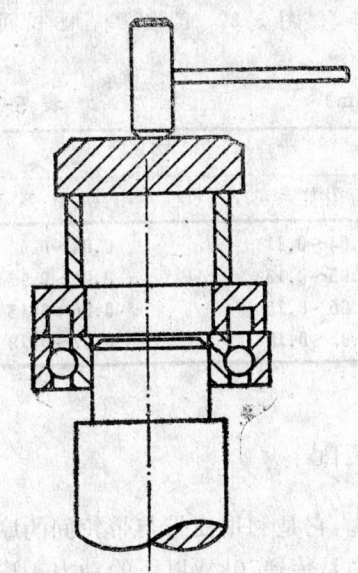

图 5-29 用垫环安装滚动轴承

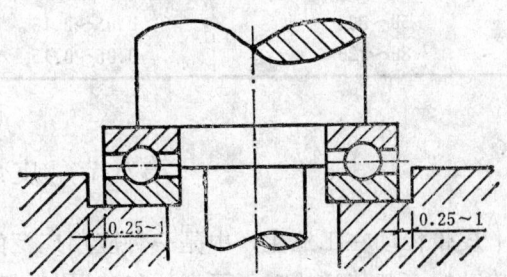

图 5-31 止推轴承的装配

2) 止推轴承的活套与轴承座孔之间应有0.25～1mm的间隙（见图5-31）。它的两个座圈内径不一致，内径小的那个座圈应紧靠轴肩。故装配前应进行检查和测量，否则易装错。

3) 滚动轴承径向有一定游隙，轴承装配后，由于自重关系，其最大间隙的位置应在上面，且向两边逐渐减小。当轴承座上盖压紧后，其间隙不应有变化。在拧紧螺栓前后，用手轻轻转动轴承时，应轻快、平稳，不应有沉重的感觉。

4) 轴承装配好后，应按规定涂上运转时所需用的油或脂，但油脂量不宜过多，以免运转时发热。轴承座两端的油毡、皮胀圈等密封装置必须严密，端盖或压盖应盖正压紧，转动部分与非转动部分之间不得接触。

(二) 滚动轴承的间隙

滚动轴承的间隙可分为径向间隙和轴向间隙。间隙的作用是保证滚动体正常运转、润滑及作为热膨胀的补偿量。滚动轴承间隙正确与否，会直接影响轴的正常运转和使用寿命及整机的运转质量。因此，如何保证滚动轴承的间隙是很重要的。根据滚动轴承的结构，可分为间隙不可调整和间隙可调整两类。

间隙不可调整的滚动轴承，如单列向心球轴承、双列向心球面球轴承，单列向心短圆柱滚动轴承等，其间隙在制造时已按标准确定好，安装时不用再调整间隙。

对间隙可调整的滚动轴承，如向心推力圆锥滚子轴承。其间隙应在安装和使用时调整。向心推力圆锥滚子轴承的轴向间隙和径向间隙可按下式计算（见图5-32）

$$c = \frac{a}{2\sin\beta} \qquad (5\text{-}22)$$

$$e = \frac{a}{\cos\beta} = 2c \cdot \text{tg}\beta \qquad (5\text{-}23)$$

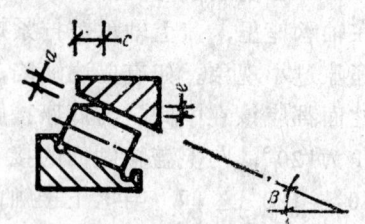

图 5-32　圆锥滚子轴承的间隙

式中　　c——轴承轴向间隙（见表5-12），mm；

　　　　a——用塞尺测得斜向间隙，mm；

　　　　β——轴承外座圈内斜面与轴中心线所成的角
　　　　　　（半圆锥角），根据轴承型号查有关手册；

　　　　e——轴承径向间隙。

圆锥滚子轴承轴向间隙（mm）　　　　表 5-12

轴承内径	宽　度　系　列		
	轻　系　列	轻和中宽系列	中和重系列
＜30	0.03～0.10	0.04～0.11	0.04～0.11
30～50	0.04～0.11	0.05～0.13	0.05～0.13
50～80	0.05～0.13	0.06～0.15	0.06～0.15
80～120	0.06～0.15	0.07～0.18	0.07～0.18

第八节　皮带传动的装配

皮带传动在工业生产中是一种应用广泛的机械传动。它是利用皮带与带轮间的摩擦力来传动的。其传递的功率可高达1500kW，但是最常用的是传递70kW以下的动力。皮带的线速度一般在5～30m/s范围内，传动比不大于5～15。

皮带传动有平皮带、三角皮带、圆形带和同步齿形带等，其中平皮带和三角皮带应用最广泛。

（一）平皮带传动

平皮带根据制成的材料不同有皮革带、橡胶带、棉织带和毛织带等。而常用的是橡胶带，其次是皮革带。

1.皮革带

皮革带是用皮革制成的。由于皮革强度和厚度分布不均匀，所以传动皮带多用强度较均匀的皮革条胶合而成。皮革具有较好的弹性和挠性，能很好地承受变荷载和冲击荷载。由于产量关系，应用不太多。

2.橡胶带

橡胶带是用紧密的纺织品并在每层纺织品间用硫化橡胶胶结而制成。橡胶带的强度比皮革带高且富有弹性，适用于较大的动力传动和变荷载传动。它在工作中拉长量较小，也较耐磨，所以橡胶带的应用较为广泛。

平皮带的长度可根据需要确定。连接皮带的接头，可采用金属接头或采用胶合法来连接。

用金属接头连接平皮带迅速、简便、可靠，并且较经济，是常用的接皮带的方法。其缺点是不均匀，适用于低速。皮革带和橡胶带用胶合法连接时，皮革带两端应削成斜面（见图5-33a）；橡胶带的两端应按相应的织层剖割成阶梯状（见图5-33b）。接头长度 $L=(1～2)B$（B为皮带宽）。胶接的要求如下：

（1）胶合剂材质应与皮带具有相同弹性。

（2）橡胶带胶合剂的硫化温度和硫化时间，应符合所用胶合剂的要求。

（3）接头应牢固，接头处增加的厚度，不应超过1mm。表面应平整光滑，内部完全胶合。

（4）胶合缝的方向应顺着皮带运转方向。

（5）胶口区应锉毛，将削割时留下的刀痕和发亮斑点状橡胶锉掉，呈细毛状为合格。

（二）三角皮带传动

三角皮带传动比平皮带传动应用更为广泛。尤其多在两皮带轮中心距很小或传动比较大时使用。

三角皮带已经标准化、系列化。三角皮带的型号、断面尺寸、长度系列和设计请参阅《机械原理和机械零件》。

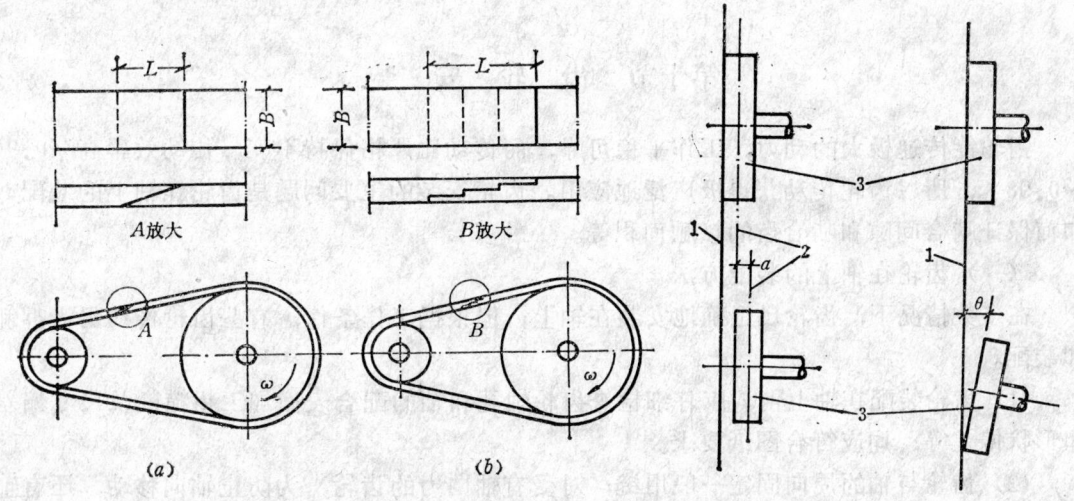

图 5-33 平皮带传动的皮带接头　　　　图 5-34 皮带轮安装检测
（a）皮革带；（b）橡胶带　　　　1—拉线；2—带轮中心平面；3—皮带轮

（三）皮带轮装配

皮带轮在轴上装配，根据配合种类不同，可分别采取热装、压入法或锤击法。为防止轮与轴间的相对运动，一般都加装有键。

安装皮带轮的两轴必须平行（半交叉传动除外），其平行度允差为0.5/1000。两轮中心平面应该在同一平面内，其偏移量 a（见图5-34），对三角皮带轮不应超过1mm；对平皮带轮不应超过1.5mm。两皮带轮安装检查的基准可选在轮缘，多用拉线检测（见图5-34）。

第九节 链传动的装配

链传动是由一个具有特殊齿形的主动链轮通过链条带动另一个具有特殊齿形的从动链轮传递运动和动力的传动装置。适用于中心距较大、传递功率较大、传动比要求准确的二平行轴间的传动。在轻工机械、起重运输机械、农业机械和建筑机械中均有应用。

链传动的传动比是二个链轮转速之比，并与其二轮的齿数成反比。一般传动比不大于6。中心距小于5～6m，传递功率小于100kW。如工业锅炉自动炉排装置就是链传动，传动效率高，一般可达95～97%。

链传动的类型很多，按用途不同可分传动链、起重链和牵引链。传动链主要有套筒滚子链和齿形链二种。最常用的是套筒滚子链。套筒滚子链已经标准化。

链传动装配时，应保证链条和链轮啮合良好，减少磨损，降低噪声，且应注意下述原则：

(1) 二链轮轴应平行，平行度误差不得超过0.5/1000，二轮中心面应重合，其偏差不得大于二轮中心距的2/1000。

(2) 链条装上链轮后，从动边的弛垂度应符合规定。当链条与水平面的夹角小于45°时，弛垂度约为二轮中心距的2%；大于45°时，约为中心距的1～1.5%。如从动边在上面，弛垂度取低值。

第十节 齿轮安装

齿轮能传递极大的动力，工作平稳可靠，而传动比严格保持不变，传动效率高（0.90～0.98），所以齿轮传动获得极广泛地应用。齿轮安装的主要问题是齿轮在轴上的装配、如何保证啮合间隙和啮合齿的接触面积等。

（一）齿轮在轴上的装配方法

在多数情况下，齿轮已正确地安装在轴上；但根据工作条件，有些齿轮传动仍需拆卸和装配。

(1) 齿轮装配在轴上前，应仔细检查齿轮轴孔和轴的配合表面加工粗糙度及尺寸偏差和形状偏差等，均应符合图纸要求。

(2) 齿轮与轴的周向固定一般用键；对受有轴向力的齿轮，为防止轴向移动，还有轴向定位装置。当传动的力矩不太大时，齿轮与轴常采用较松的过渡配合，装配时多用锤击法；传动力矩较大时，常采用过盈量较大的过渡配合或过盈配合，这种情况下的装配用压力装配或热装配。正确地装配应当是：齿轮的节圆中心线应与轴中心线相重合，齿轮端面应与轴中心线垂直并应靠紧轴肩。检测径向跳动和端面跳动，即可判断齿轮在轴上安装是否正确。

（二）啮合间隙

正常啮合的圆柱齿轮顶间隙$c_0 = 0.2m \sim 0.25m$（m为模数）。齿侧间隙在标准中也有规定；在特殊情况下也可由设计者定出齿侧间隙。齿侧间隙不宜小于规定值，但也不宜过大；如果过大，则会产生较大的噪音，尤其是正反转的齿轮，会产生换向冲击。

检查齿轮啮合间隙的方法有：

1.塞尺法

用塞尺直接测量齿顶间隙和齿侧间隙。此法操作简单方便，但不十分精确。

2.压铅法

压铅法是测量顶间隙和侧间隙最常用的方法。测量时，将直径为间隙1.25～1.5倍的软铅丝（最大不超过3倍），用黄油粘在直径较小的齿轮上，铅丝长不应少于5个齿距，然后使齿轮转动啮合滚压。压扁后的铅丝厚度，最后部分为顶间隙c_0；相邻较薄的两部分厚度和为侧间隙，其值用千分尺测量。一般齿轮，沿齿宽的两端各放一根铅丝，齿宽较大者，中间还适当布置铅丝。

压铅法不仅可以检查啮合间隙，而且还可以根据工作面和非工作面的齿侧间隙和齿顶间隙沿齿宽的变化情况，判断轴线平行情况。

用塞尺或压铅法检查啮合间隙，应在啮轮周圈上、下、前、后四处测量。

3.百分表法

将百分表测杆触头沿齿轮的切线方向与齿侧面接触，让另一齿轮固定，使安放百分表触头的齿轮从啮合的一侧旋转到另一侧，百分表上读数的代数差即为齿侧间隙。

（三）接触斑点

啮合接触面的大小和位置是衡量齿轮制造和安装质量的一个重要标志。如果接触面积大，位置正确，则说明齿轮制造和安装质量优良，工作时荷载分布均匀，能延长齿轮的使用寿命，反之则相反。

1.检查方法

安装工地检查齿轮的接触斑点，多采用涂色法（或叫着色法）。涂料是用红丹粉加少量机油调制成粘稠膏状物，薄而均匀地涂在小齿轮的轮齿上，太薄则不明显；太厚会产生虚假接触。在轻微制动下，用小齿轮驱动大齿轮转动3～4周，然后在大齿轮上观察接触痕迹，也可观察小齿轮上的接触痕迹。对于双向齿轮副，应在正反方向都作接触斑点检查。

2.接触斑点的正确位置

圆柱齿轮和蜗轮的接触斑点应趋于齿侧面中部（见图5-35a和图5-37a）；圆锥齿轮的接触斑点应趋于齿侧面的中部并接近小端（见图5-36(a) I ）。

3.接触斑点的百分值

接触斑点百分值应按下列公式计算

$$齿长方向百分值 = \frac{a - c}{B} \times 100\% \tag{5-24}$$

$$齿高方向百分值 = \frac{h_p}{h_g} \times 100\% \tag{5-25}$$

式中　　a——接触痕迹的长度，mm；

　　　　c——超过模数的断开长度，mm；

　　　　B——齿全长，mm；

　　　　h_p——接触痕迹的平均宽度（对圆柱齿轮和蜗轮）或接触痕迹中部的齿度（对圆锥齿轮），mm；

　　　　h_g——齿的工作齿侧宽度（对圆柱齿轮和蜗轮）或相应于h_p处的有效齿侧宽（对圆锥齿轮），mm。

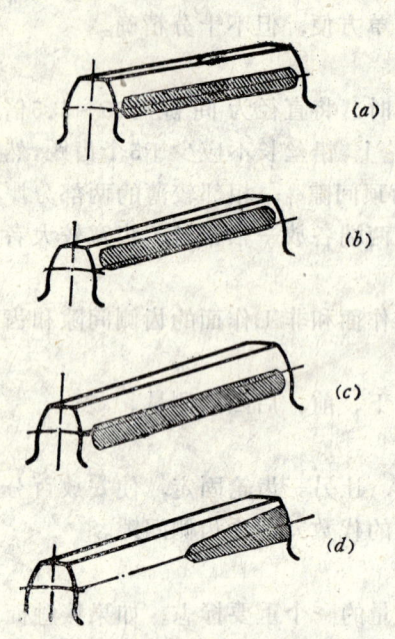
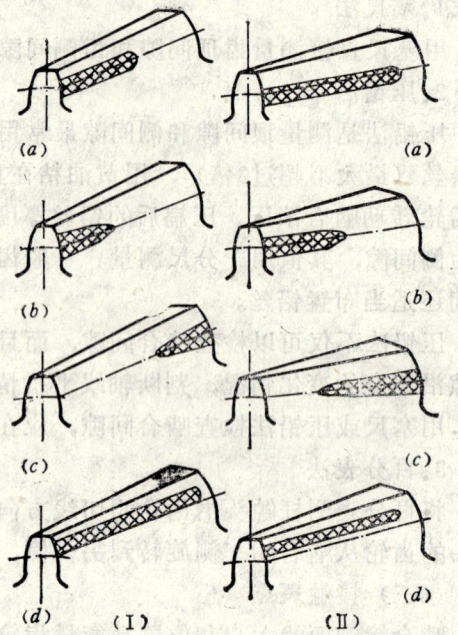

图 5-35　涂色法检查圆柱齿轮啮合
(a) 正确啮合；　(b) 中心距太大；
(c) 中心距太小；　(d) 中心线歪斜

图 5-36　涂色法检查圆锥齿轮啮合
(a) 正确啮合；　(b)、(c) 中心线歪斜；　(d) 偏移
Ⅰ—无荷载；Ⅱ—受荷载

接触斑点百分值应符合表5-13的规定。

接 触 斑 点 百 分 值　　　　　　　表 5-13

齿 轮 类 别		测量部位	精　度　等　级								
			3	4	5	6	7	8	9	10	11
			接触斑点百分值，不应小于								
圆柱齿轮	渐开线齿形	齿高	65	60	55	50	45	40	30	25	20
		齿长	95	90	80	70	60	50	40	30	25
	圆弧齿形	齿高				70	65	60	50		
		齿长				90	85	80	75		
圆锥齿轮		齿高			75	70	60	50	40	30	30
		齿长			75	70	60	50	40	30	30
圆柱蜗杆	运动传动	齿高	60	60	60	50					
		齿长	75	75	75	60					
	动力传动	齿高			60	60	60	50	30		
		齿长			75	70	65	50	35		

注：圆弧齿形的圆柱齿轮：齿长方向的接触痕迹应同时不少于一个轴节（轴向齿距）；齿高方向系指运动时达到额定负荷，用逐级加载跑合，其跑合后的接触斑点不应小于表中规定值。

4. 齿轮啮合不正确情况分析

图5-35中的 b、c、d 表示圆柱齿轮接触斑点位置不正确。图5-35b 表示齿轮中心距过大，

啮合接触面的位置偏向齿顶，此时齿顶和齿侧间隙均过大。图5-35c表示圆柱齿轮中心距过小，啮合接触面位置偏向齿根；齿侧和齿顶间隙均减小；运转时齿轮可能彼此咬住。图5-35d表示圆柱齿轮的中心线不平行（偏斜），啮合接触面的位置偏向齿的端部。

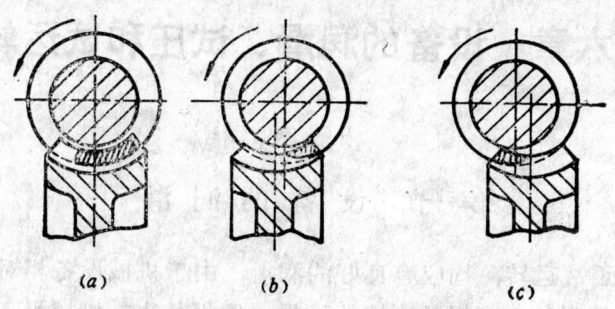

图 5-37　蜗轮齿面接触斑点情况

(a) 正确啮合；　(b)　(c) 蜗杆左右偏移

图5-36中的b、c、d表示圆锥齿轮接触斑点位置不正确情况。图5-37表示蜗轮齿表面接触斑点情况。

若接触斑点达不到规定的标准（包括位置和百分值），会有润滑不良，齿轮磨损不均匀且快，甚至造成齿咬住无法运转或将齿折断等严重情况。在安装中，如出现不合格情况，应加以调整。对于可调式结构，通常是改变齿轮轴的中心线位置或用刮削轴瓦等方法来实现。对于不可调结构，由制造厂的机加工来保证。

必须指出，上述缺陷往往不是单独出现，常是几种情况综合发生。通过具体分析，找出解决方法。如轴线不平行、不垂直，中心距过大或过小，齿轮上有毛刺等，可能是安装中不严格执行操作规程而造成的；也可能是制造厂制作中造成的，如镗孔误差，齿轮轴孔误差，齿增厚或减薄等。有些制造厂造成的误差，可在安装过程中予以调整，有些则不能。

思 考 题 与 习 题

5-1　设备装配的一般原则和要求是什么？装配工作的基本步骤是什么？

5-2　螺纹联接应如何装配？

5-3　键联接应如何装配？

5-4　销联接应如何装配？

5-5　常见的联轴器有几种？在装配中各有什么要求？怎样进行装配？如何找正对中？

5-6　滑动轴承装配的原则是什么？

5-7　如何装配对开式滑动轴承？

5-8　整体式滑动轴承的径向间隙应该多大？

5-9　轴瓦刮研的具体要求是什么？

5-10　如何检测轴瓦间隙？

5-11　怎样装配滚动轴承？

5-12　如何装配皮带轮？

5-13　如何检测齿轮啮合间隙？

5-14　如何检测齿轮啮合接触斑点？

第六章　设备的润滑、试压和试运转

第一节　设 备 的 润 滑

任何机械设备的正常运转，均应有良好的润滑，由于机械设备相对运动接触面间存在着摩擦的缘故。摩擦是现象，磨损是摩擦的结果。磨损是决定机械设备使用寿命长短的重要因素。因此，润滑是降低摩擦、减少磨损、延长使用寿命的重要措施。

一、润滑方法

1.手工定时加油（脂）润滑

利用各种油枪、油壶、油嘴、油杯，靠手工定时加油加脂，是一种间歇润滑方式。这种润滑方式主要用于开式齿轮、链条，钢丝绳以及其他非经常性润滑的粗糙机 械 及 机 构等。这种润滑装置最简单，但由于完全是手工操作，如加油不及时，易造成磨损，以及沾污润滑部位。这种润滑方法有不能调节油量，送油不均匀，润滑剂利用率较低等缺点。所以，一般只用于轻负荷或低速的部位。

2.飞溅润滑

飞溅润滑又叫溅油润滑。常用在闭式齿轮传动及曲轴的轴承处。其原理是利用高速转动的机件或附加在轴上的甩油盘、甩油片、油环、油链等，将油池中的油（由此也有称为油池润滑）溅散或带到相互接触的各个摩擦表面上而起润滑作用。而箱体内壁的 集 油 槽（沟）还能将部分溅散的润滑油流到轴承内而润滑轴承。因为是封闭机构，故能保止油液污染和节约油液，其润滑作用不但连续而且均匀，但油的流量不能调整，只能改变油面高低或运转零件甩油轮才能改变油量。飞溅润滑时，浸在油池中的机件圆周速度 不 应 超 过12.5m/s，否则将产生大量泡沫及油雾，使油液很快氧化变质；同时，还应装设通风孔以加强箱内外空气对流（呼吸孔）使油温不致过高，还应装油面指示器，可随时检查油位情况。

3.油绳、油垫润滑

这种润滑方法是利用油绳、油垫的毛细管虹吸原理供油。因油绳、油垫（毡垫、泡沫塑料）等有过滤作用，可使油液保持清洁，但若杂质过多会降低供油效果，应定期清洗。油绳、油垫供油是连续而均匀，但油量不便调整。这种润滑方式，润滑油的粘度不宜过大，主要用于低速、轻载的轴承及一般机械的润滑。必须注意，油绳最好不与运动表面相接触，并离开一定距离，以免卷入摩擦面的间隙中。

4.油雾润滑

油雾润滑是利用压缩空气把润滑油从喷嘴喷出，将其雾化后送入摩擦表面而起润滑作用。油雾可带走摩擦热和冲洗掉磨屑。这种润滑方式主要用于高速滚动轴承及封 闭 的 齿轮、链条、滑板、导轨等部件上。采用这种润滑，应将压缩空气去除水分和杂质，经净化后使用。在排出的空气中，含有悬浮的油雾，对操作者及环境卫生不利，需附加必要的通风排气、净化和润滑油回收装置。

5.机械强制送油润滑

强制给油润滑主要用于金属切削机床、锻压设备和一些内燃机、蒸汽机的主轴承上。它是利用装在油池内的由机械或电机带动的小型柱塞泵将油液压向润滑点。这种润滑装置较复杂，但润滑清洁可靠。润滑油的给量可由柱塞行程来调整，供油量均匀但不连续（慢的几分钟送一滴，快的一秒钟内可送几滴）。发送油压范围为1～34MPa，并随设备的启闭而自动供油、停油。为了保持滑润油的清洁，油池应有一定深度，以防吸入油池中的沉淀物。活塞式压缩机的活塞常用这种润滑方式。

6.压力循环润滑

压力循环润滑，主要用于金属切削机床、内燃机、汽轮机及一些减速器上。这种润滑方法是利用重力或油泵，使循环系统的油达到一定工作压力。压力油可同时供给几个部件的润滑。由于所用的油是循环的，油的消耗量很低，且还能起到冲洗和冷却作用。一般压力循环装置能调整油量，能均匀连续供油。对于负荷高、速度大、产生热量多的各种摩擦表面，用这种润滑方法最有效。如活塞式压缩机的曲轴、连杆大小头、十字头滑道多采用这种润滑方式。

7.集中润滑

集中润滑主要用于机械设备中有大量润滑点（例如轧钢机等）或整个车间或全厂的润滑系统，这样可以减少维护工作量，提高可靠性。这种润滑系统采用润滑油或脂均可，它是通过位于中心区的油箱或油泵、分送管道和分送阀，将油定量地分送到各个润滑点上。其特点是润滑可靠、耐久、安全和对杂质隔离能力强，供油量均匀和周期性好。可调整油量和供油周期，既可手动，又可自动配送。

8.内在润滑

内在润滑主要是指含油的滑动轴承、密封的滚动轴承及自动润滑的轴瓦材料等处的润滑。内在润滑的材料或零件，一般不需要任何润滑装置来供给或补充油脂。例如，用油饱和的松孔金属、石墨材料、聚四氟乙烯、尼龙及其他塑料等制成的运动零件，在适当条件下，不需要润滑油脂。有些零件在制造或装配时就预先加油脂，在使用时无需再加，这也属内在润滑。

二、润滑剂

凡能起降低摩擦阻力作用的介质都可作为润滑剂。在各种机器和设备中所使用的润滑剂有液体的、半液体的、固体的和气体的。

常用的润滑剂有润滑油、润滑脂和固体润滑剂。具体情况分述如下：

1.动植物油脂

动植物油是从动物身上和从植物果实中取得的。上个世纪，动植物油脂在机械工程中采用较广，由于科学技术的进步，目前已广泛被矿物油脂取代，但有些仪器设备仍采用植物油，如蓖麻油、菜子油和芥子油，在高温时有较高的润滑性和极小的变质性，对于重负荷和高速运动的摩擦部分极为重要。此外，这些润滑油在空气中不会干燥挥发，不会变质，也不会在摩擦表面上结一层膜，可用来润滑某些精密仪器，有时也可作改善某些矿物油性质的添加剂。

名　称	代号	50℃粘度		100℃粘度		闪点(开口)≥(℃)	凝固点(℃)≤	主　要　用　途
		运动(cSt)	恩氏(°E)	运动(cSt)	恩氏(°E)			
高速机械油 (GB486—65) 别称:轻质锭子油	HJ4-5	4~5.1	1.29~1.4			闭口110	-10	8000 r.p.m 及以上 高速低负荷机械
	HJ4-7	6~8	1.48~1.67			闭口125	-10	5000~8000 r.p.m
机　械　油 (GB443—65) 别称:机油、机器油	HJ-10	7~13	1.57~2.15			165	-15	各种机床及其他各种机械上
	HJ-20	17~23	2.6~3.31			170	-15	
	HJ-30	27~33	3.81~4.59			180	-10	
	HJ-40	37~43	5.11~5.89			190	-10	
	HJ-50	47~53	6.42~7.2			200	-10	
	HJ-70	67~73	9.66~9.88			210	0	
	HJ-90	87~93	11.75~12.56			220	0	
汽轮机油 (SYB1201—60) 别称:透平油	HU-22	20~23	2.95~3.3			180	-15	供蒸汽蜗轮机、水利蜗轮机及发电机的轴承润滑及冷却
	HU-30	28~32	3.95~4.46			180	-10	
	HU-46	44~48	6.02~6.55			195	-10	
	HU-57	55~59	7.09~8.00			195	0	
齿　轮　油 (SYB1103—625)	HL-20			17.9~22.1	2.7~3.2	170	-20	中等负荷,齿轮传动
	HL-30			28.4~32.3	4~4.5	180	-5	
饱和汽缸油 (GB448—64)	HG-11			9~13	1.76~2.15	215	5	饱和蒸汽机轴承及重负荷齿轮传动
	HG-24			20~28	2.95~3.95	240	15	
过热汽缸油 (GB447—64)	HG-38			32~44	4.46~6.02	290	10	适用于300~400℃及以上过热蒸汽的活塞式蒸汽机
	HG-52			46~55	6.68~7.47	300	10	
	HG-62			58~66	7.6~8.93	315	5	
压缩机油 (SYB 1216—66)	HS-13			11~14	1.95~2.26	215		各种压缩机
	HS-19			17~21	2.59~3.07	240		
汽油机润滑油 (GB485—72) 别名:车用机油	HQ-6			6~8	1.48~1.67	185	-20	汽油发动机
	HQ-10			10~12	1.86~2.05	200	-15	
	HQ-5			14~16	2.26~2.48	210	-5	
柴油机润滑油 (SYB1152—71)	HC-8			8~9	1.67~1.76	195	-20	高速柴油发动机
	HC-11			10.5~11.5	1.90~2.00	205	-15	
	HC-14			13.5~14.5	2.21~2.32	210	0	
低速柴油机润滑油 (SYB1154—59)		62~63	8.2~9.0			205	0	低速柴油机
1# 真空泵油 (SYB1634—70)	KK-1	47~57	6.42~7.33			206	-15	大、中型真空泵
13# 冷冻机油 (SYB1213—59)	HD-13	47~57	2~2.31			160	-40	氨或CO_2冷冻机
18# 冷冻机油 (SYB1220—65)	HD-18	11.5~14.5	2.72			160	-23	氟里昂冷冻机
仪　表　油 (GB487—65)	HY-8	6.3~8.5	1.51~1.72			120	-60	各种仪表
精密机床用油	HM-4	3.5~4.5	1.24~1.34				-15	精密机床主轴用和导轨用润滑油
	HM-6	5~7	1.39~1.5			130	-15	
	HM-10	8~13	1.67~2.15			130	-15	
	HM-40	37~43	5.11~5.89			190	-10	
	HM-70	67~73	9.06~9.88					

2.矿物润滑油

矿物润滑油是从矿物原油中提炼出来的，按其馏分可以分为：馏出润滑油、残留润滑油和调和润滑油。馏出润滑油是从原油中蒸馏出来的，含沥青质和胶质少，馏分轻，粘度小，含极性分子较少，故起吸附作用的油性较差，如高速机械油、合成锭子油和变压器油等。残留润滑油是重油减压蒸馏后的残留物，含沥青胶质较多，故极性化合物较多，油性较好，粘性较大，如合成气缸油和齿轮油等。调和润滑油是由馏出润滑油和残留润滑油调和而成的，目前工业上广泛采用这种生产方法，将两种油按不同比例调和就可制出各种粘度的润滑油。

国产常用矿物油的名称、代号、主要性能和用途列于表6-1，供参阅。

3.矿物润滑脂

润滑脂习惯上称黄油或干油，是一种凝胶状润滑材料。润滑脂是由润滑油、稠化剂和添加剂（也有不含添加剂）在高温下混合而成，实际上就是一种稠化了的润滑油。稠化剂的作用是减少润滑油的流动性，使其变为凝胶状态。稠化剂有脂肪酸皂、固体烃类等。工业上所用的脂肪酸皂稠化剂有钠皂、钙皂、锂皂、铝皂、钡皂、铅皂等。烃类稠化剂有石蜡和其他固体烃等。此外还有用石墨、滑石和云母作稠化剂的。润滑脂一般以稠化剂的组成分类，例如，以钠皂为稠化剂的称为钠基润滑脂，以钙皂为稠化剂的称为钙基润滑脂。

润滑脂主要用在：不允许润滑油滴落或漏出处；加油、换油不便处（润滑脂的使用周期一般较润滑油长）、与空气隔离处（润滑脂本身就是较好的密封介质）、单独润滑或不易密封的滚动轴承；承受冲击或间歇运动的轴承及分度机构等。

国产常用润滑脂的名称、代号、主要性质和用途列于表6-2，供参考。

4.固体润滑剂

固体润滑剂是用固体粉末，薄膜或组合材料代替润滑油脂。固体润滑剂有下列优点：

(1) 可在极高负荷下工作；

(2) 在低速下工作，可降低"粘滑"现象和"冷焊"；

(3) 使用温度范围较宽；

(4) 可在无封闭的、有尘土的环境中使用；

(5) 可简化润滑系统，避免油循环系统的不可靠性；

(6) 长时间放置不会形成不均匀的润滑膜；

(7) 不会燃烧。

缺点是：摩擦系数较高且不能带走摩擦热；在防锈、排除磨屑和润滑剂的补充等方面较润滑油脂差。

固体润滑剂的使用方法有下列几种：

(1) 用固体润滑剂粉末以喷、压、涂等方法构成薄膜；

(2) 用粘结剂或其他物理化学方法将固体润滑剂结成强固的薄膜；

(3) 将固体润滑剂粉末压制成材料作为摩擦面；

(4) 将固体润滑剂粉末混在摩擦面的材料里；

(5) 将固体润滑剂粉末混在润滑油脂中。

固体润滑剂的种类很多，在设备安装中常用到的是石墨（黑色、片状、有脂肪质感）和二硫化钼（黑灰色、无光泽、有油脂质感）。二硫化钼粉剂容易受潮，使用后用塑料袋

名　　称	代　号	颜色	滴点 (℃) ≥	针入度 (0.1mm) (25℃, 150g)	主　要　用　途
钙基润滑脂 (GB491—65)	ZG-1	淡黄色	75	310～340	工作温度低于55～60℃的轴承，有耐水性能
	ZG-2		80	265～295	
	ZG-3	到	85	220～250	
	ZG-4		90	175～205	
	ZG-5	暗褐色	95	130～160	
钠基润滑脂 (GB482—65)	ZN-2	深黄色	140	265～295	工作温度低于110～120℃的轴承，不耐水而耐热
	ZN-3	到	140	220～250	
	ZN-4	暗褐色	150	175～205	
钙钠基润滑脂 (SYB1043—59)	ZGN-1	黄色到	120	250～290	工作温度低于80～100℃的轴承，耐水、耐热但不宜在低温下工作
	ZGN-2	深棕色	135	200～240	
复合钙基润滑脂 (SYB1047—59) 别称：高温润滑脂	ZFG-1	浅黄色	180	310～350	高温150～200℃及潮湿条件下的轴承
	ZFG-2	到	200	260～300	
	ZFG-3	暗褐色	220	210～250	
	ZFG-4		240	160～200	
铝基润滑脂 (SYB1048—59)	ZU-2	浅黄色 到 暗褐色	75	238～280	高度耐水性，能耐海水，用于海轮，也可用于金属表面防腐
压延机用润滑脂 (GB493—65)	ZGN40-1	黄色到	80	310～355	工作温度低于60～65℃的重型设备轴承，属于钙钠基类
	ZGN40-2	棕色	85	250～295	
石墨钙基润滑脂 (SY1405—65)	ZG-S	黑色	80		高负荷、低速粗糙机械、开式齿轮
滚动轴承润滑脂 (SY1514—65)	ZGN69-2	黄色到 深褐色	120	250～290	机车、汽车、电动机滚动轴承
2# 航空润滑脂 (SY1508—65)	ZL45-2	浅褐色	170	285～315	宽广范围内工作的滚动轴承，耐水，化学安定性好
二硫化钼润滑脂	1#		230	260～300	适用于线速度15m/s，温度140℃以下的高温、高速滚动轴承
	2#		240	180～220	有耐湿、耐温性能，用于工作温度小于180℃滚动轴承，但不适用工作温度低于80℃的设备润滑
	3#		220	240～280	适用于40～140℃、15000rpm以下；负荷40kN/cm²以下各类重型机电设备的滚动轴承
	4#		210	290～330	适用于20～80℃、3000rpm，常见的中小型机电设备的滚动轴承及油杯加油的滑动轴承
	5#		180	290～330	适用于局部或集中润滑的轧钢机、压延机等重负荷轴承，流动性好
二硫化钼复合钙基润滑脂	ZFG-1E		180	310～350	有耐高温、耐潮湿、抗挤压性能，适用于高温、高负荷机械设备润滑
	ZFG-2E		200	260～300	
	ZFG-3E		220	210～250	

包扎，使用前应烘干。一般是加在润滑油中经充分搅拌均匀后使用（加入量为0.5～1.5%），可提高润滑油的抗压性，延长使用周期，减少机件磨损，降低温度等效果（二硫化钼比石墨更好）。缺点是粉末悬浮在液体内的时间不能持久，易堵塞机件上的油孔。如将固体润滑剂混入润滑脂中，在现场较难搅拌均匀。一般市场上有产品供应。常用者也

列于表6-2中。

5.合成液体润滑油

合成液体润滑油是一种有机合成的中性液体,具有类似矿物润滑油的性能。它是在特殊的温度、压力领域中,矿物润滑油无法满足要求的情况下逐步发展起来的。其生产成本高,所以仅在特殊情况下使用;必要时,可当作添加剂用以改进矿物润滑油的某些性能。合成液体润滑油中常见的有二元酸酯、磷酸酯、硅酸酯、聚乙二醇醚化合物、氟烃油等。

6.润滑油脂添加剂

添加剂本身不能作为润滑剂用,为改善润滑剂性能在其中加入少量添加剂(约0.01～5%)。添加剂按其作用可分为:

(1)油性添加剂　增加润滑油的吸附和楔入能力,增加边界油膜的强度;

(2)抗压和抗磨添加剂　能适应高温高压情况,保证边界油膜不受破坏,减少磨损,防止咬住;

(3)粘度指数添加剂　减少润滑油粘度随温度变化的比率,以保证润滑效果。

(4)降凝添加剂　使润滑油在低温下不易稠化和凝固;

(5)抗泡沫添加剂　消除润滑油受到搅动而生成的泡沫,防止供油中断和降低润滑效果;

(6)抗氧化和抗腐蚀添加剂　与金属表面形成保护膜,防止金属锈蚀,阻止金属与润滑油接触的触媒作用,降低润滑油本身的氧化速度;

(7)分散、去垢添加剂　防止润滑油因高温氧化生成物沉积在机件表面;

(8)粘度添加剂　加大润滑油的粘性,减少漏油。

添加剂的添加量应根据实践或试验决定。

第二节　试压与渗漏试验

凡承压设备(如受压容器和真空设备等),在设备制造完毕后,必须按规定进行压力试验或渗漏试验。在现场制造或组装的设备,在制造或组装完毕后,也必须进行试压或渗漏试验;以检查制安或组装质量。制造厂制成并经过试验合格后运抵现场的设备,有时为了检验在运输或装卸过程中有无损坏,在安装前也需要进行试压。试压的目的是检查设备的强度(称强度试验),并检查各部分特别是接头、焊缝等处是否有渗漏(称密封性或严密性试验),以保证设备安全生产和正常运行。

一、密封性检验

(一)煤油渗漏试验

煤油渗漏试验是密封性试验的一种,常用于工作介质有压力的设备,也用于动力设备的曲轴箱、减速器和机体等。主要是检查容器的焊缝的密封性和铸铁箱体的渗漏。

试验时,将焊缝较易检查的一面(最好是正面)清理干净,并涂上白粉浆(粉笔水溶液,即白垩粉水溶液),待凉干后在焊缝另一面喷或涂上煤油2～3次,使表面得到足够浸润。由于煤油粘度和表面张力小,渗透性能强,能透过细微缝隙,因而检查出金属的微形裂纹。白粉因浸湿而变色,根据白粉受湿变色的面积和变色处的形状与数量,便可判断出焊缝的缺陷和特征(孔、裂纹等)。这种方法简便灵敏。

用煤油试验时，应在涂油后立即进行观察，便于及时发现缺陷的存在情况，并作标记。否则造成煤油增多或不断挥发而使缺陷形状、大小和位置模糊。涂上煤油后，经过表6-3所列时间，如未发现任何缺陷，即认为合格。

煤油渗漏试验的时间（GBJ2—63） 表 6-3

钢板厚度 (mm)	试 验 时 间 (min)	
	煤油由上往下渗透的水平方面的焊缝	煤油由下向上渗透的水平方向焊缝或铅垂面内的焊缝
<4	20	30
4~10	25	35
>10	30	40

对于搭接的焊缝，可用加压煤油（0.1MPa）注入搭接焊缝内。这种方法的缺点在于发现缺陷后，较难去除在搭接缝内的煤油，影响修补的焊接质量和焊接时的安全。

对于除了工作介质本身重量以外无外加压力的容器，如油罐、水槽等，一般多用这个方法检验。

在修补所发现的缺陷时，要注意防止煤油起火。

（二）氨渗透试验

氨渗透试验也是密封性试验的一种。对于无法涂煤油或白粉浆的设备某一面，如气柜底板、大型贮槽的底板等，即用氨渗透试验进行检查。

试验的方法是在焊缝上粘贴用酚酞酒精水溶液（酚酞:酒精:水＝1:10:100）或5%硝酸亚汞水溶液浸渍过的纸条（比焊缝宽20mm），在底板上钻一小孔，且在四周用湿泥堵严，将氨气或含氨的压缩空气（氨占1%左右）经钻孔通入底板下并保持试验压力5分钟。如有渗漏，纸条上会出现红色（用酚酞时）或黑色（用硝酸亚汞时）斑点。用酚酞酒精水溶液时，应将焊缝上的熔渣除净，因酚酞遇到碱性物就会变红，以免造成假象。

氨渗透试验，除检验现场制安的大型设备底板外，尚可检验设备衬里（衬铅、衬不锈钢等）和工作介质为氨气的设备及管道系统。

（三）充压缩空气涂肥皂水检漏试验

用一定压力的空气通过压力表调节阀通入容器中，然后用肥皂水涂抹在检验焊缝上或其他部分，如发现肥皂泡时，说明该处有泄漏。对小型容器可将容器放入水池中，根据水泡的出现确定其渗漏处的缺陷。

用气体作密封性试验时，常用每小时内气体泄漏量或泄漏率评定是否合格。设备容积可视为不变，所以气体的泄漏量或泄漏率可用压力表量度，如温度变化应加以修正。

当气温无变化时

$$\Delta P = P_1 - P_2 \tag{6-1}$$

$$\Delta = \frac{\Delta P}{P_1} \times 100\% = \left(1 - \frac{P_2}{P_1}\right) \times 100\% \tag{6-2}$$

式中　ΔP——泄漏压力降；

　　　Δ——泄漏率；

　　　P_1——试验时记录起点时的压力，MPa；

P_2——试验时记录终点时的压力，MPa。

当气温发生变化时，根据气态方程可得：

$$\varDelta P = P_1 - \frac{T_1}{T_2} P_2 \qquad (6\text{-}3)$$

$$\varDelta = \left(1 - \frac{P_2 T_1}{P_1 T_2}\right) \times 100\% \qquad (6\text{-}4)$$

式中　T_1——记录起点试验介质的绝对温度，K；

　　　T_2——记录终点试验介质的绝对温度，K。

气压密封性试验是否正确，关键在于温度测量是否正确。为此要注意：

（1）通入设备内的气体，往往与设备内原有气温相差较大，如用压缩机通入的气体是热的；用高压储气瓶通入的气体是冷的。因此，开始一个阶段不宜作为记录的依据，待温度稳定后再作记录。

（2）温度计宜在设备的不同部位多放几支，观察各部分温度是否稳定，计算时应取平均值。

当泄漏超出规定要求时，用涂肥皂水的方法查出泄漏处后，应进行修复。

（四）抽真空检漏试验

抽真空检漏试验时，先在被检处涂上肥皂水，然后罩上透明的有机玻璃罩，四周用玻璃泥密封，后用抽气机将玻璃罩内空气抽走，如有泄漏，肥皂水便起泡；如肥皂水不起泡，说明不漏。

用抽真空法试漏，尤其要注意

（1）玻璃罩四周的密封不好，会导致试漏失败。

（2）肥皂水的起泡能力及涂刷的质量是试验关键。

（五）充水静置检漏试验

将容器充满水，不加压，静置几小时后，检验无渗漏为合格。

（六）其他检漏试验

1.搪铅层的试漏

铅对酸有很大的稳定性，尤其是对硫酸，但强度和刚度低。将铅板衬在强度、刚度大但不耐酸的金属或非金属（如混凝土）容器内，达到耐酸防腐，这种工艺称衬铅。将铅熔化，搪附在钢铁容器内表面的工艺称搪铅。如搪层不致密，不能达到抗腐蚀的目的。因此搪铅后也要进行密封性试验。

对搪铅层用稀硫酸涂刷试漏；也可作盛水试验即在水中加入少量硫酸，放置4～6天后，水放掉后，观察搪铅层上有无出现铁锈斑点，根据情况确定搪铅层的密封与否。

2.用电火花检验器和兆欧表检漏

非金属衬里（衬橡胶）或喷涂（喷涂塑料）防腐层的设备一般用电火花检验器或兆欧表检验。

3.利用特殊气体检漏

在容器中通入卤素气体（如氟里昂、四氯化碳、氯仿、碘仿等）或氦气，用检漏仪检出其泄漏处。

二、强度试验方法

（一）水压试验

水压试验是设备试压最普遍、最重要的方法，在设备内先灌满水并堵塞好容器上的一切孔和眼，再用水泵继续向容器内注水使水造成一定的压力，从而检查容器的强度和泄漏。

水压试验的装置如图6-1所示。

被试验的设备13上设有进水口7和出气孔8（必须放在设备最高处，好放气），以及压力表9（这些管尽量采用设备上的工艺管）。试验开始，先打开阀门5、6、7和出气阀8，由上水管11通过5和6灌满水槽和设备，一直到水从出气孔8溢出为止。此时关阀门5、6和8，开启阀门4，开动试压泵1，对设备进行打压。水泵出口压力可由压力表2读出，设备里面的压力可由压力表9读出。在加压的过程中，如压力表9上的读数平稳地升高，说明情况正常。如压力表的指针有跳动，表示设备里有空气，应继续排净。如压力表的指针不转动，甚至反转，表明阀门泄露，必须停止加压，应修好后重新加压。

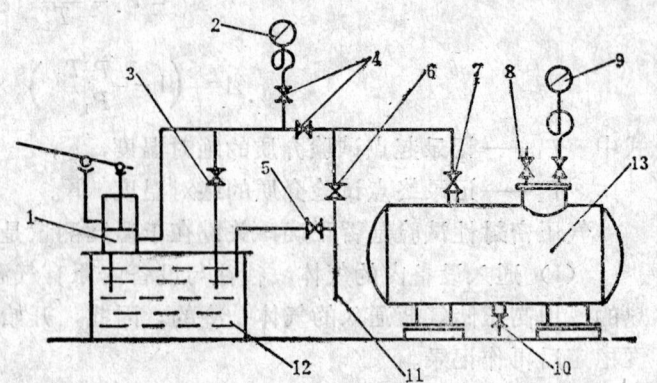

图 6-1 水压试验装置示意图

1—试压泵；2，9—压力表；3，4，5，6—阀门；7—进水阀门；8—出气阀门；10—排水阀门；11—进水管；12—水槽；13—被试设备

加压时，压力应缓慢均匀上升，一般每分钟不应超过0.15MPa，特别是快到试验压力时更应注意。当压力升至0.3～0.4MPa时，应进行一次检查，必要时可拧紧设备上人孔、手孔、法兰和盲板等螺栓（要先泄压后拧紧螺栓）。如发现设备有大量漏水，应立即泄压并进行修理；如漏水不多，为能更彻底暴露出全部缺陷，可继续缓慢加压（同时注意漏水是否增大）。当加压达到试验压力时，试压泵便可停止，关闭阀门4。

强度试验是一种超压试验，试验压力要为工作压力的1.5倍左右。一般规定，设备不得长时间经受超压，以5分钟为度（此时不作详细检查），然后应稍开阀门4和3，使压力降至工作压力再进行检查。

检查时，一般用0.5～1.5kg的圆头手锤，沿设备上各种焊缝两侧（离接缝处约150mm的地方）轻轻敲打。如无泄漏，无变形，同时压力表9上的压力值也维持不降，表示水压试验合格。

当水压试验用水温度低于环境气温露点温度时，设备外壁上可能出现水珠，是空气中的水汽凝结，不是泄漏。区别水汽凝结和渗漏的方法，一是把水珠擦掉，看它是否又很快冒出；二是观察压力表是否下降；三是测量设备壁温是否高于露点（"是"即为泄漏）。

试压完毕，应打开排水阀门10（必须放在设备最低处），把水放净。放水时，同时开启出气阀门8，以免造成负压。

设备和管道在承受压力，特别是超压情况下是有危险性的，如有某一处经受不住试验压力，就会被射穿，击伤人和物，因此必须严格注意安全。

寒冷天做水压试验时（水压试验环境温度不低于5℃），应考虑防冻问题，试压完毕后必须将水排净，以防损坏设备。

（二）气压试验

气压试验是用气体（多为压缩空气）作为试压介质进行试验。气压试验比水压试验灵敏、迅速，但危险性大。因气体是可压缩的，急剧泄压后膨胀甚至爆炸。因此气压试验必须在具有安全可靠措施的情况下进行。

什么时候才可用气压代替水压作强度试验呢？一般可在下述情况下使用：

(1) 设备内不便于充满液体时；

(2) 设备及支承不能承受充满液体后的负荷时；

(3) 放水后设备内部不易干燥，而生产使用中又不允许剩有水分；

(4) 设备基础的强度未考虑水压试验时装水的重量。

有时也可在设备内先加部分液体，在液体上再加气压。

气压试验时，除了必须具备可靠的安全措施外，试压前必须认真检查设备质量，例如焊缝必须经过100%的无损探伤检查等。

气压试验时，压力应缓慢上升，当达到规定的试验压力的50%以后，压力应以每级10%左右的试验压力逐级增至试验压力；然后降至工作压力，保持足够时间，以便进行检查。检查有无泄漏时，严禁用小锤敲击焊缝，只能用肥皂水涂在焊缝检查。小型容器可浸入水中进行查漏。

试验项目要经制造主管部门批准并经安全部门同意方可进行。

水压试验和气压试验既可试验强度，又可试验密封性。

三、试验温度和试验压力

（一）试验温度

试验温度是指作试验时的温度。强度试验一般在常温下进行。即使是在高温下运行的设备强度试验也是在常温下进行，但试压时，必须注意金属低温脆胜问题。

当温度降低到某一临界值时，金属材料的塑性显著降低，这个温度称金属脆性转变温度。脆性转变温度与材料的成分，制造、热处理方法和应力状态有关。当温度低于脆性转变温度时，塑性材料会在微小变形甚至无变形的情况下发生脆性断裂。脆性断裂的传播速度极快，微小脆性断裂极易扩大而造成设备的整体破坏，且事前无征兆，故危害性极大。因此，在转变温度以上运行的设备，作试验时的温度应在转变温度以上。一般作水压试验较转变温度高5℃，气压试验高15℃。在现场制安的低合金钢容器应注意这一情况，焊后又未经热处理，更应考虑遵守。当用高压储气瓶供应试验气体时，气体从高压降至低压，膨胀时要吸收热量，造成温度降低，应保证试验温度不降到15℃以下。

（二）试验压力

1.强度试验压力

(1) 一般设备强度试验压力

对一般设备强度试验压力较设备工作压力高。具体规定可参阅表6-4。

一般设备强度试验压力（MPa）　　　　　　　　　　　　表 6-4

工　作　压　力　P_I	试　验　压　力　P_S
$\leqslant 0.07$	$P_S = P_I + 0.1$
$0.07 < P_I < 0.6$	$P_S = 1.5 P_I$，且 $P_S \geqslant 0.2$
$P_I = 0.6 \sim 1.2$	$P_S = P_I + 0.3$
$P_I > 1.2$	$P_S = 1.25 P_I$

（2）高压化工容器

对于高压化工容器（$P_1 = 10 \sim 100 \text{MPa}$），其水压强度试验压力规定为

$$P_S = 1.3 \left(P \frac{[\sigma]_S}{[\sigma]} \frac{t}{t-c} \right) \tag{6-5}$$

式中　P_S——容器试验压力，MPa；

　　　P——设计压力（设计计算时所用的压力，一般为设备全部工作过程中可能出现的最大工作压力，又称最大许可工作压力；工作压力是指满负荷情况下正常工作压力。二者关系是：当使用安全阀时，$P = 1.05 \sim 1.10 P_1$；当工作压力是由化学反应原因，可能引起压力突然上升时，除应具备泄压装置外，$P = 1.15 \sim 1.30 P_1$，详见"金属结构"），MPa；

　　　$[\sigma]_S$——在试验温度下，材料的许用应力，MPa；

　　　$[\sigma]$——在设计温度下，材料的许用应力，MPa；

　　　t——容器实际厚度，cm；

　　　c——腐蚀裕度，cm。

（3）对真空设备

$$P_S = 0.2 \text{MPa}$$

设备的强度试验压力，如在图纸或有关技术文件中有规定时，应按规定执行。

2. 密封性试验压力

密封性试验压力一般都采用设备的工作压力。对密封性要求较高的设备（如工作介质为有害气体），规定按1.05倍工作压力为试验压力。

经过脱脂的设备、管路及其附近进行试验时，试验介质应清洁、无油、干燥。检查过滤后的空气是否有油，可将气体吹在白色滤纸（或白布）上，10分钟后观察，无油渍为合格。试验介质为水时，不能采用循环水；如要接触铝制件时，水中不得含有游离碱。试验拆散的脱脂部件（如阀门等）时，应脱脂并装配后再进行试验检查。

第三节　设备的试运转

每台运转设备安装完毕后，都应进行试运转（又叫试车）。整台设备试运转前是使某些部件按规定要求进行，而试运转则是要使设备全面、全速地开动，使其达到应有的性能，如设备有故障，安装调整有错误或操作不正确，均使设备受到损坏。因此试运转又是设备安装中细致和复杂的一项工作。

一、试运转的目的

（1）对所安装的机械设备综合检验以前各工序的质量，发现设计、制造和安装等方面的缺陷，并作最后的修理和调整，使设备的运行特性符合生产的需要。总之，试运转的目的是对设备在设计、制造和安装等方面的质量作一次全面地检查和考验，并使之符合生产工艺的要求。

（2）更好地了解设备的使用性能和操作顺序，确保设备运行安全投入生产。

二、试运转前的准备工作

（1）参加试转的人员，都必须熟悉设备说明书和有关技术文件，了解设备的构造和

性能，掌握其操作程序。操作方法和安全守则。

(2) 科学地编制试运转方案。其内容有：

1) 试运转机构和人员组成；

2) 现场管理制度；

3) 试运转的程序、进度和所要达到的技术要求；

4) 试运转中检查的项目和记录要求；

5) 操作规程、安全措施和注意事项；

6) 指挥和联系信号；

7) 必要的备品备件和工具、润滑剂；

8) 其他规定事项。

(3) 试运转前的各道安装工序（包括找平找正、精平、清洗、装配、试压等）均已完成，并经检验合格。二次灌浆部分已达到设计强度。

(4) 准备好试车所需要的各种工具、材料、安全保护用品；水、电、照明、气、蒸汽等应确保能可靠供应。

(5) 设备各部分的装配零件，应完好无损；各联接件应紧固；各种仪表和安全装置等均应检验合格；各种安全设施，如安全罩、栏杆、围绳等均应安设妥当，润滑系统能良好循环。

(6) 按有关规定，对设备进行全面检查，确定没有任何隐患和缺陷后才能进行试车。

(7) 清除设备上无关的构件，清扫试车现场。

三、试运转步骤

试运转步骤应符合先低速后高速、先单机后联机、先无负荷后带负荷、先附属系统后主机、能手动的部件先手动再机动等原则。前一步的试运转合格才能进行后一步的运转，如：动力机械的试车步骤是：

(1) 机组电动机单独启动判断电力拖动部分是否良好，旋转方向是否符合从动机的转动方向；

(2) 机组的润滑系统的试车；

(3) 机组的冷却系统的试车；

(4) 机组无负荷试车；

(5) 机组负荷试车。

无负荷试运转的目的是检查设备各部分的动作和相互间作用的正确性，同时也使某些摩擦表面初步磨合，一般称之谓"开空车"。负荷试运转的目的是检验设备能否达到正式生产的要求。

设备试运转到什么程度（如无负荷还是有负荷、负荷多少、试运时间等），各种设备都有不同的要求，分别由专门规程规定。如切削机床要求到无负荷试运转为止。往复泵要求在无负荷下运转5分钟；在公称压力的 $\frac{1}{2}$ 下运转40分钟；在公称压力的 $\frac{2}{3}$ 和 $\frac{3}{4}$ 下各运转1小时；最后在公称压力下运转不少于8小时。而起重机还要求超负荷运转。

四、试运转中的具体操作

（一）润滑系统调试

试运转时，在主机未开动前，应先进行润滑系统调试。所用润滑剂规格均应符合设备技术文件规定。润滑油加入油箱时应过滤，滤网规格一般为每10mm²40～48孔。润滑脂加入贮油罐时，应防止混入空气。油脂应加至油标指示位置。整个试运转过程中，应随时注意油位的变化，并及时补充。每个润滑部位应先注润滑油脂。

润滑系统的调试以及油泵启动时，应做到以下几点：

(1) 先起动油泵，调整溢流阀，逐渐升压到规定数值，油泵运转应无噪音、压力稳定。气温低于10℃时，高粘度润滑油宜作预热。

(2) 油泵由主机带动时，不得起动主机，应先起动辅助油泵，或用手动等其他方法带动油泵先行供油。

(3) 油泵开动后，应进行整个系统的放气和排污，使每个润滑点都有洁净和充分的油流出。

(4) 油压继电器等安全连锁装置的动作应灵敏可靠。

(5) 滤油器应保持畅通，必要时应拆开清洗。

(6) 在润滑系统调试和设备整个试运转期间，润滑系统应畅通，油压、油量和油温应保持在规定范围内，并无不正常现象。

(7) 干油集中润滑系统的油泵的工作压力，应满足最远润滑点能流出润滑油，并能使终端压力控制阀动作，应能顶动电气行程开关。

(8) 轴承润滑油进口处的油压，应符合设备技术文件的规定，无规定时，一般进油压力为0.07～0.15MPa，高速轻载轴承油压低于0.07MPa时应报警，低于0.05MPa时应停车；低速运转的设备轴承油压低于0.05MPa时应报警，低于0.03MPa时应停车，当油压报警时，事故油泵应自动启动，以保证正常供油压力，如油压不足，应查明原因并设法消除，事故油泵的油源开关和进出阀门必须处于备投状态。

(9) 高位油箱（即事故油箱）的安装高度、以轴承中分面为基准面，距此面向上不应低于5m。

(10) 润滑油冷却系统中的冷却水的供应压力，必须低于油压。

(11) 循环供油系统的连锁装置、防飞动装置、轴位移报警装置、密封系统的连锁装置、水路系统调节装置等均应灵敏可靠，并符合设备技术文件规定的参数。

(二) 液压系统的调试

试运转时，主机未开动前，应先进行液压系统的调试。所用液压油的规格均应符合设备技术文件的规定。液压油要过滤。调压应符合下列要求：

(1) 油泵初次起动前，应将溢流阀调至最低压力；油泵运转正常后，再调节溢流阀使压力逐步升高至正常压力。

(2) 液压系统内的空气应充分排除，排除时开动油泵，多次开闭放气阀，并使工作缸以最大行程多次往复运动。

(3) 液压系统的全面调试，应随着设备的试运转一起进行。在设备各种负荷阶段运转时，对液压系统应作下列检查：

1) 安全连锁装置及调压、调速、换向等各种操纵装置，应灵活可靠；执行机构的推动力、行程和速度应符合设计要求。

2) 起动、换向、变速、停止时，运动应平稳，不得有爬行跳动和冲击现象。

3) 接通自动循环时，动作应协调，顺序应正确。

4) 管路系统应畅通，不得有剧烈振动和刺耳噪音。

5) 在工作部件的全部行程内，压力表读数应稳定。

6) 电磁阀的磁铁应接触良好，不得发出剧烈的声响；换向应迅速可靠，温升不得超过允许范围。

7) 油泵、阀件、管路及其附件的所有连接处，不得有泄漏；部件移动时，软管不得卡住或松脱。

8) 运转一段时间后,应检查油液的温升,不得超过相应各负荷阶段的规定，最高油温一般不得超过60℃。油位应保持在规定范围内，油面不得聚有过多的泡沫。滤油器应保持畅通，必要时要进行清洗。

（三）设备的起动

（1）设备上的运动部分应先用人力缓慢盘动数周，确信没有阻碍和运动方向错误等反常现象后，方得正常起动。某些大型设备，人力无法盘动时，可使用适当的机械盘动，但应缓慢和谨慎地进行。

（2）首先起动时，应先用随开随停的办法（也称点动）作数次试验，观察各部分动作，认为正确良好后,方可正式起动，由低速逐级增加至高速。要注意电动机起动电流的大小，如电流起动次数频繁，易产生过热，因此停机后要间歇一下再开，防止发生电气故障。

（3）运转中，传动皮带不得打滑发热，平皮带不得跑边；齿轮副、链条和链轮啮合应平稳，无卡住现象和不正常的噪音、摩损；离合器的动作应灵敏可靠，不得过分发热，对于摩擦片离合器必须防止油和水进入。

（4）设置有高压顶轴油泵的设备，当高压油泵起动后，高压油将轴颈浮起。油压的调整能以一人盘车较轻松为宜，当机组起动达到额定负荷，应立即停止高压油泵运转。

（5）机组试运转中，对轴位移采用油压式的机组，油压出口压力不得低于0.3MPa。

（6）机组运转中,每隔30分钟至1小时应检查各部压力、温度、振动、转速、轴位移、膨胀间隙、保安装置、电动机的电流、电压、功率因素等，并作好记录。

五、试运转中的故障判断及排除方法

（一）试运转中故障的判断

（1）听：设备在试运转中，首先应注意运转的声音。运转正常的声音应该是均匀、平稳。如有毛病，就会发生各种杂音，如齿轮的轻微敲击声、嘶哑的摩擦声、金属碰击的铿锵声等。如杂音不太明显，可继续仔细观察。查明部位后，停车检查，并消除发音的原因。如发生金属铿锵声，说明问题比较严重，应立即停车，查明原因，消除故障。

听音一般常用听音棒，最简单的听音棒可以用改锥代替，将其尖端放在所要听的部位（主要是有相对运动的摩擦部位），耳朵贴在后部。由于金属的传音速度较空气快许多倍，因此容易听清设备内部的声音。

（2）看：看压力表、温度计等各种监测仪表读数是否符合规定；看冷却水是否畅通，水量是否充足；看各供油点供油情况是否良好；看地脚螺栓及其他连接处是否有松动等；观察设备运行情况，发现事故苗头，特别是出现烟雾应及时停车，妥善进行处理。

（3）摸：用手摸设备外表可触及部分（如轴承、电动机等）的温度和设备振动情况等。

（4）嗅：嗅不正常气味，如电动机绝缘烧毁的"焦"味，油温过高的烟味等。

在试运转过程中，坚持贯彻"听"、"看"、"摸"、"嗅"四字方针，注意声音和温度。

（二）试运转中常见故障分析

1. 振动超过规定值

振动超过规定数值是一种十分危险情况，必须予以重视，尽快排除。引起振动的主要原因有：

（1）设备处于超负荷运转，引起了过大的附加应力、惯性力、温度应力和摩擦力。

（2）设备处于不稳定状态下工作，如驱动装置超速运行等。

（3）工艺系统不稳定，整个生产流程中某一环节发生故障。

（4）某些重要部位安装精度不合格。

（5）连接件松动或活动件间间隙过大。

（6）润滑不良。

（7）垫铁布置不合理或基础振动超过规定值。

排除振动过大的措施有：

（1）必须确保设备在规定的负荷条件下运行、避免引起附加应力、惯性力、温度应力和摩擦力。

（2）保持设备的稳定工作状态和工艺系统的稳定性。

（3）严格控制重要部件的安装精度，严格执行试运转中检查项目。尤其是连接件、制动件、轴承的连接件有无松动，必要时复测或检查轴承的间隙。

（4）对基础严格验收。

（5）对有临界转速的机组，升速时不得在临界转速停留，应及时平稳通过临界转速，以免产生共振。

2. 温升过大

试运转中应经常注意温度。需要测量的温度一般是摩擦部位以及油温和冷却水温等。设备说明书中对各部位温度要求都有规定。设备上的重要部位都装有温度计供经常观察用。对未装温度计处，就需在试运转中另备温度计测量或用手摸测。测温时应注意以下几点：

（1）测量油和水的温度时，宜放置固定温度计；

（2）用手摸测温度时，应由有经验者进行，所测温度可作参考；

（3）用玻璃管液体温度计测量机件（如轴承）的温度时，应将感温端插入专门的测温孔内；如无可利用的孔而在外表面测量时，应用保温材料包在感温端与机件的接触处周围。用此法测得的温度，较机件内部的实际温度低，计算时应予以考虑。

（4）有些机件在运转中无法测量温度，因而在第一次运转时，先运转数分钟，停车检查这些部位，确认温升无问题后，方可逐步分别进行较长时间运转。

（5）在未达到最大负荷和最大转速运转时，各部位温度应低于其最高上限；但在摩擦部分未磨合之前，运转初期的温度可能超过规定，如超过不多，可继续运转，以其磨合后的稳定温度为准。

（6）设备的运动部位中，轴承是负荷最大也是最容易发热的部位，所以试运转中应经常检查。轴承部位的温度，国家规范规定为：滑动轴承不得超过60℃；滚动轴承不得超过70℃。

设备温升过大，要从安装间隙和接触情况、润滑油、冷却水三个方面找原因。以轴承为例，其过热原因有：

(1) 用润滑脂的滚动轴承，润滑脂过多或过少，均会产生发热量增减的现象。过多散热不良，过少润滑不良。一般润滑脂加注量应为轴承空隙的 $\frac{1}{3}\sim\frac{1}{2}$（高速者为 $\frac{1}{3}$）。

(2) 润滑油的油压太低，润滑不良或者润滑油不洁净，如有机械杂质或胶凝物质，产生硬粒磨损，增大摩擦阻力；或造成油路堵塞，使润滑油供应不足，均会增加发热。

(3) 轴承装配不当，轴与轴瓦接触不好，会使局部产生干摩擦；轴瓦与轴承座接触不好，散热不良，也会增加发热。

(4) 轴承间隙过大或过小。过小引起干摩擦；过大将使油膜厚度减小，均会增加发热。

(5) 密封装置太紧，引起轴过热，影响到轴承发热。

(6) 用冷却水冷却的轴承，由于冷却水不足也会发热。

3.附属系统泄漏

油系统、冷却水系统、气路系统等设备的附属系统在试运转时往往发生漏油、漏水、漏气等现象，主要是系统中某些部件有裂纹或有些部件装配松弛。排除这些故障的方法是全面复查系统的零部件和设备，按规定对受压容器及设备再作水压、气压试验，拆除并重新安装有裂纹的零部件。

4.有异常响声

由于连接件松动，安装间隙太大，安装过程中将微小杂质掉入安装部位等均会造成运动部件在试运转时有异常响声。如活塞式压缩机气缸内如有异物、杂质时，将会造成气缸拉毛、发热和杂音；十字头和滑道安装间隙太大将会产生巨大的敲击声。因此，应注意连接件的装配间隙，仔细检测，检查运动部位的清洁情况。

六、试运转结束后的工作

(1) 停止运转后，辅助油泵应继续供油。如主机停止转动，而机组温度仍较高，应将盘车装置投入，使机组慢速旋转，待机组温度降到40℃时，才可停止供油、供水和盘车，如人工盘车每隔5~15min应将转动件旋转180°，以防止轴产生弯曲变形。

(2) 切断电源和其他动力来源；

(3) 消除压力和负荷（包括放水和放气）；

(4) 对几何精度进行复查，复紧各紧固部分；

(5) 装好试运转前预留未装的，以及试运转中拆下的部件和附属装置；

(6) 清理现场；

(7) 整理试运转的各项记录；

(8) 办理工程交工验收手续。

七、关于进口设备安装调试问题

(一) 安装调试方式

安装调试按合同规定一般有以下三种方式：

(1) 由外商派专门技术人员来现场负责安装调试。

（2）由我方指派国内某安装单位负责安装，由外商负责调试。

（3）我方负责安装调试。

为了节省外汇，除了特别大型、精密、稀有、复杂的引进设备外，一般均由我方负责。

（二）安装调试前准备工作

（1）译制好全部有关安装调试的技术资料。

（2）组织有关安装调试人员（包括操作者，要定人定机）熟悉有关资料，制定出安装调试计划（即施工方案或试车方案），编制工艺规程和其他技术文件。

（3）准备好安装调试所需材料、工件、工装、夹具和量具等。

（4）对安装设备的基础已验收合格。

（5）对于有外国技术人员来参加安装调试的工程，要组织较强技术力量，积极配合，充分做好准备，认真学习其先进的安装工艺和调试技术。

（三）安装调试应注意的事项

（1）引进设备的安装调试工作，除按照合同规定的技术要求执行外，尚应参照我国有关验收规范进行。

（2）进行引进设备调试时，安装部门、管理部门和生产部门的有关人员均应参加。调试合格后，调试组负责人和操作者应在调试记录上签证（外商负责调试的由双方签证），对调试不合格的设备，要及时办理索赔。

（3）安装调试合格后，应及时办理交工验收手续，使设备投入使用。力争在合同规定的保证期内充分考核设备的性能，出现问题，凡是属于外商责任的，均可办理索赔。

值得注意的是：引进设备的接运、商检、保管维修、安装调试相互关系密切，政策性和时间性均很强，应按合同规定的两个保证期内做好有关工作。商检工作必须根据合同规定在索赔期内完成，否则外商不承担任何数量和质量上赔偿责任。安装调试必须在保证期内完成。使运行中更多暴露设备性能上存在的问题，以便向外商提出索赔。

第四节 工 程 验 收

设备安装竣工后，应分部分项或接单位工程项目进行工程验收。设备安装工程验收，一般是由设备使用单位向施工单位验收。工程验收完毕后，即施工单位向使用单位交工完毕，设备即可投入生产和使用。

工程验收时，应具备下列资料（一般由施工单位提交给使用单位）：

一、竣工图

施工图是设计单位提出，施工单位据以施工的技术文件，它在施工前已绘好。在实际施工中根据实际情况施工单位提出加以修改。个别情况，修改面很大。这就需要按实际情况重新绘制一份图，即"竣工图"。竣工图是一份极为重要的资料，以后的维修管理工作均根据它进行。如修改量不大，可在原有的施工图上注明修改部分作为竣工图。

二、修改设计的有关文件

设备安装工程施工及验收规范规定："设备安装工程必须按设计施工。在施工中，施工人员如发现设计有不合理和不符合实际之处，应及时提出意见或修改建议，经有关部门研究决定后，才能按修改后的设计施工。"这一规定说明既要按照设计施工，在施工中又可部分修改设计。有关设计修改的文件（包括设计修改通知单、施工技术核定单、会议纪要等）通称"设计变更"，平时应妥为保存，交工时提交给使用单位。

三、主要材料和用于重要部位材料的出厂合格证和检验记录或试验记录

四、重要焊接工作的焊接试验记录

五、隐蔽工程记录

所谓隐蔽工程记录，是指工程结束后，已埋入地下或建筑物结构内，外面看不到的工程。对隐蔽工程，应在工程隐蔽前，由有关部门会同检查，确认合格，并记录其方位、方向、规格和数量后，方可予以隐蔽。隐蔽工程记录表应及时填写，检查人员检查合格后，应在记录表上签字，工程验收时一并交给使用单位。

六、各工序的检验记录

整个安装工程分若干施工过程，每个施工过程又分若干道工序。对每道工序所应达到的要求，凡属必要的，分别由设计和设备技术文件、规范或规程予以规定。施工中均应按每道工序的要求作出详细检测记录（包括自检、互检和专业检查），作为工程验收时的依据。

设备安装中记录表格有：设备开箱检查记录、设备受损（或锈蚀）及修复记录，各施工工序的"自检记录"、"互检记录"和"专业检查"记录等。

设备安装结束后，应根据检验情况和"质量检验评定标准"，对所安装的设备进行质量评定。质量标准分为："合格"和"优良"两个等级。

七、重要灌浆所用混凝土配合比和强度试验记录

八、试运转记录

九、其他有关资料（如吹扫试压等）

（1）仪表校验记录；

（2）重大返工工作记录；

（3）重大问题及处理文件；

（4）施工单位向使用单位提供的建议和意见。

思 考 题 与 习 题

5-1 设备运转时为什么要润滑？

5-2 设备润滑有哪几种方式？

5-3 润滑剂可以分几大类？

5-4 简述机械油的代号、主要性质指标和主要用途。

5-5 说明钙基润滑脂、钠基润滑脂、钙钠基润滑脂和复合钙基润滑脂的代号及用途。

5-6 密封性检验有哪些方法？各要注意什么问题？

5-7 水压试验的目的是什么？试画出水压试验装置示意图。

5-8 容器进行水压试验时，应如何装置？如何操作？试验压力有什么规定？

5-9 气密性试验有什么要求？

5-10 设备试运转的目的意义是什么？

5-11 试运转以前应做好哪些准备工作？

5-12 试运转方案应包括哪些内容？

5-13 试运转的方法和步骤是什么？

5-14 试运转过程中应注意哪些问题？

5-15 什么是工程验收？工程验收时应具备哪些资料？

第二篇　典型设备安装工艺

在设备安装工程中，设备种类繁多，工作原理各异，各具特点。归纳起来有如下几类：

(1) 活塞式压缩机；

(2) 离心式压缩机；

(3) 泵、风机和汽轮机；

(4) 金属切削机床；

(5) 铸造机械及冶炼和煅烧机械；

(6) 锻造机械及轧制机械；

(7) 破碎粉磨机械；

(8) 起重运输机械；

(9) 锅炉及煤气发生设备和乙炔发生设备；

(10) 容器及塔类等静止设备；

(11) 管路及其附件等。

尽管各类设备其安装、检测和调试各有差异，但从安装角度看，又都具有共性（如第一篇所述）。抓住事物的共性和个性是人们认识事物的一般方法。本篇就是要通过典型的、常见的设备安装工艺的实践和理论分析，可以对一般设备的安装工艺有系统的了解，从而掌握解决设备安装工艺中出现的各种技术问题的方法。

第七章　活塞式压缩机的安装

现代工业生产中，压缩机用得越来越多。各种型式的压缩机，按工作原理分为两大类：容积型和速度型。速度型压缩机靠气体在高速旋转叶轮的作用下，得到巨大动能，随后在扩压器中急剧降速，使气体的动能转变为势能（压力能）。容积型压缩机靠在气缸内作往复或回转运动的活塞，使容积缩小而提高气体压力。

压缩机按原理不同，分类如下：

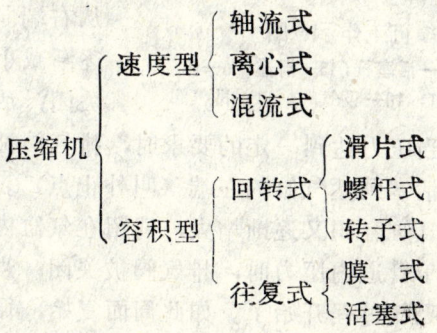

本章仅介绍活塞式压缩机安装。下一章介绍离心式压缩机，其他压缩机大同小异，不再赘述。

第一节　概　述

活塞式压缩机是一种常见的通用机械。它与其他类型压缩机相比，其优点是：

1. 压力范围广

活塞式压缩机从低压到超高压都适用，目前工业上使用的最高工作压力可达350MPa，实验室中使用的压力则更高。

2. 效率高

由于原理不同，活塞式压缩机比离心式压缩机的效率高。

3. 适应性强

活塞式压缩机的排气量可在较广范围内进行选择；特别是在较小排气量的情况下，更为显著。

活塞式压缩机的主要缺点是：外形尺寸和重量较大，需要较大的基础，气流有脉动性，以及易损零件较多等。

一、活塞式压缩机的工作原理

活塞式压缩机是靠气缸内作往复运动的活塞缩小气体容积而提高气体压力的。

活塞式压缩机的曲轴、连杆组成了曲柄连杆机构。该机构在电动机驱动下，带动活塞在气缸内作往复直线运动，从而压缩气缸里的气体。气体达到一定压力后，克服了排气阀的阻力，便打开排气阀使气体进入下一级气缸（多级压缩）或储气罐（单级压缩）。当曲轴旋转一周时，曲柄连杆机构带动活塞在气缸内往复运动一次，完成了一个吸气、压缩、排气过程，这个过程称压缩机的一个循环。

图7-1为活塞式压缩机工作过程示意图。电动机带动曲轴旋转，曲柄连杆机构将电动机的旋转运动，转变为活塞的往复直线运动。当活塞7自左向右运动时，气缸9的容积逐渐增大，气缸内的压力则逐渐降低；当低于进气口的压力时，进气口的气体便顶开吸气阀10进入气缸，并充满气缸的整个空间，直至活塞运动至右端为至（叫内止点）。然后，活塞在曲柄1、连杆2机构作用下，又从右端向左端运动，这时气缸容积逐渐减小，压力逐渐升高，吸气阀关闭；活塞继续向左运动，气体不断被压缩，压力不断升高；当压力达到一定的要求时，排气阀被气缸内的压缩气体顶开，进入排气管道，一直持续到活塞到达气缸的左端（叫外止点）。当活塞又在曲柄连杆机构的作用下自左向右运动时，气缸容积又逐渐增大，残留在气缸内的高压气体膨胀，气缸内压力降低。当气缸内压力低于管道内压力时，排气阀被关闭；当压力继续下降到一定值时，吸气阀被打开，又一次吸气过程开始了。如此周而复始，循环往复，活塞式压缩机就

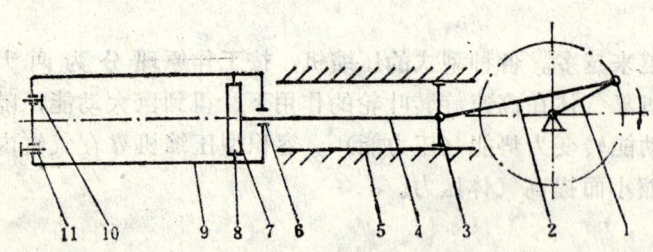

图 7-1　活塞式压缩机工作示意图

1—曲柄；2—连杆；3—十字头；4—活塞杆；5—滑道；6—密封；
7—活塞；8—活塞环；9—气缸；10—吸气阀；11—排气阀

将气体压缩到一定的压力。活塞每往或复一次所经过的路程称为冲程。

（一）示功图

气体在气缸内的体积和压力变化情况，可以用专门的仪器（示功仪或者测功器）描绘在图纸上，这种图称为压缩机的示功图，如图7-2所示。从示功图上可以看出气体在气缸内的变化情况，同时也可以在示功图上发现压缩机的不正常现象。

当活塞按箭头 a 的方向向右移动时，气缸内空间增大，吸气阀门打开，吸入过程开始。设吸入气体压力为 P_1，则活塞由左止点运行至右止点时所进行的吸入过程，在示动图上用一段平行于V轴并和它相距 P_1 的直线 AB 表示。此直线表明，在吸气过程中，气缸内的气体，压力保持不变，气体的体积逐渐增大。

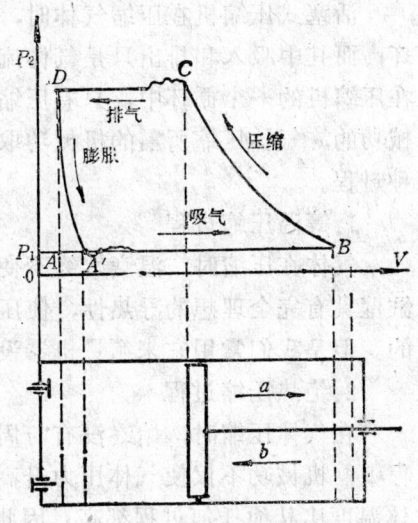

图 7-2 压缩机示功图

当活塞返程按箭头 b 的方向自右端向左运行时，气缸内容积逐渐缩小，吸气阀关闭，排气阀尚未打开时，气体被压缩；随着活塞继续向左运行，空间愈来愈小，气体压力也就逐渐升高。这一压缩过程，在示功图上以曲线 BC 表示，此曲线称压缩曲线。曲线 BC 表明，在压缩过程中，随着压力增加，气体体积逐渐缩小。

当气缸内气体压力升高到稍大于出口管中的气体压力 P_2 时，排气阀被打开，压缩过程结束，排气过程开始。这一过程，在示功图上，以一段平行于 V 轴并与它相距 P_2 的线段 CD 表示。此直线表明，在排气过程中，气缸内气体压力一直保持不变。

当活塞到达左止点时，排气过程结束，活塞转向右运行，排气阀关闭；并且，由于有余隙容积的关系，残留在气缸内的高压气体开始膨胀；随着容积的增大，气体压力急剧下降，当压力降低到略低于吸气管中的压力时，吸气过程又开始了。在示功图上，DA' 曲线代表了压缩机的膨胀曲线。膨胀曲线 DA' 表明，随着气缸容积的增大，气体压力很快由 P_2 降低至 P_1；同时，我们也可看出，活塞自左止点向右运行了 AA' 距离，气缸并没有吸气。这样气缸的容积就没有得到充分利用。

在图7-2所示的示功图上，以 $A'B$、BC、CD 和 DA' 为界线的 $A'BCDA'$ 所围图形的面积，表示压缩机压缩气体时所消耗的功，也就是推动压缩机所需的功。因此，示功图的面积愈小，则将气体压缩到所需压力所消耗的功愈少。

所谓余隙容积包括：活塞在行程终了时与气缸盖之间的间隙、阀座下面的间隙和其他因机械加工造成的死角等。毫无疑问，气缸余隙降低了压缩机的生产能力。所以余隙容积应尽量减小。在一般情况下，所留压缩机的气缸余隙容积约为气缸工作部分容积的3～8％；在压力较高、直径较小的压缩机气缸中，余隙容积为5～12％。但是余隙容积的存在也给压缩机的装配、操作和安全使用带来很多好处，例如：

（1）压缩气体时，气缸中可能有部分水蒸汽凝结下来，水几乎是不可压缩的；由于有余隙容积的存在，避免了压缩机的损坏。

（2）由于有余隙容积以及残留在余隙容积中气体的膨胀作用，使吸入阀门开闭时比较平稳、缓和了气体对进口阀门的冲击作用，延长了吸收阀门的使用寿命。

（3）在气缸盖与处于止点位置的活塞之间留有一定的余隙，可以便于装配和调节；同时也不会使活塞与缸盖之间发生撞击而导致严重损坏。

事情都是一分为二的，有利便必有弊；由于有余隙的存在，降低了压缩机的生产能力；当压缩比较大时更为突出。

（二）气体压缩的三种过程

活塞式压缩机在压缩气体时，包括吸入、压缩、排气和膨胀四个过程而完成一个循环；而其中吸入和排出只是气体流动，不存在热能与机械能的相互转换；换句话说，就是在压缩机的一个循环中，只有压缩和膨胀两个过程是热力过程。因为气体膨胀是不消耗机械功的，气体压缩所需的机械功取决于气体状态的改变过程。下面研究一下气体压缩的三种过程。

1.等温压缩过程

气体在压缩时，温度始终不变的过程叫做等温压缩过程。要实现这种压缩，必须使气缸壁具有完全理想的导热性，使压缩气体产生的热量能及时导出。显然这是很难实现得了的。但是我们常用它来衡量机器设计的完善程度。因为这时消耗的机械能最少。

2.绝热压缩过程

在气体压缩时，始终没有与周围环境进行热交换的过程叫做绝热压缩过程。在绝热过程中，机械功不仅使气体压力升高，而且使气体的温度升高，此种过程耗功最大，排出气体温度比其他任何过程都高。因此，绝热压缩过程是技术人员估算动力大小和确定排气温度的依据。

3.多变压缩过程

在气体压缩的过程中，既不完全等温，也不完全绝热的过程称为多变过程。这种过程介于等温与绝热之间，实际生产中的气体压缩，均属此种过程。

图7-3所示为气体在上述过程中的压缩曲线。其中最外边一条曲线 BC 表示绝热过程，称为绝热曲线，位于中间的曲线 BC_1 表示在实际情况下的气体压缩过程，

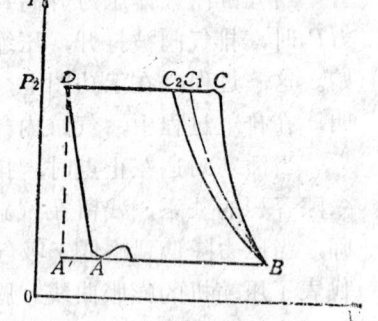

图 7-3 气体压缩曲线

称为多变曲线；位于里边的曲线 BC_2 表示气体在等温情况下的压缩过程，称做等温曲线。

由图7-3可以看出，气体在等温压缩时，图形 ABC_2D 的面积最小，故等温压缩时所消耗的功最少；而多变压缩介于等温压缩和绝热压缩之间；绝热压缩最大。所以，在实际工作中，为了省功即节省压缩气体时消耗的动力，必须使多变过程尽量接近于等温过程。

要使多变过程接近于等温过程，就必须将压缩气体时所产生的热量尽快地转换出去。为此，绝大多数都用冷却水来冷却压缩机的气缸和压缩后的气体（多级压缩）。冷却的效果愈好，移去的热量愈多，多变曲线也就愈接近于等温曲线，则节省的功（动力）也愈多，也就愈经济。

（三）多级压缩

使用单级压缩机将气体压缩到很高的压力，压缩比（在一个气缸中，出口气体压力与进口气体压力之比）必然很大，压缩以后气体的温度也会开的很高。压缩比和气体温度升高很大，会使压缩机和压缩过程产生以下一些问题：

（1）气体温度升得过高，会使冷却变得十分困难，使多变曲线接近于绝热曲线，这

就会增加动力消耗。

（2）气体温度升得过高，会使润滑油失去原有的性质或碳化，使气缸内润滑困难，导致运动件磨损加剧，零部件易损坏，缩短压缩机的寿命。

（3）压缩机过高，也就是压缩后的气体压力很高，残留在余隙中的高压气体膨胀时，所占气体容积就会增大，结果使压缩机的生产能力显著降低。

（4）压缩比过高，温度会升高到压缩机件所不容许的程度，引起机件寿命降低；同时，压缩比过高，也就是排气压力很高，必然使压缩机件的长度、厚度或直径都相应增大，使较高的终压作用在较大的活塞面积上，于是传递给运动构件的力也很大，这对压缩机零部件的受力是不利的，增加了制造上的困难，提高了造价。

所以，当要把气体压缩到较高压力时，都采用多级压缩。所谓多级压缩，就是根据所需要的压力，使气体在压缩机的几个气缸内连续地依次进行压缩，并在气体进入下一级之前，导入中间冷却器，进行等压冷却至吸气温度；再经过油水分离器，除去气体中夹带的液体；然后进入下一级压缩，这样依次经过各级压缩，达到所需的压力。图7-4为多级压缩示意图。

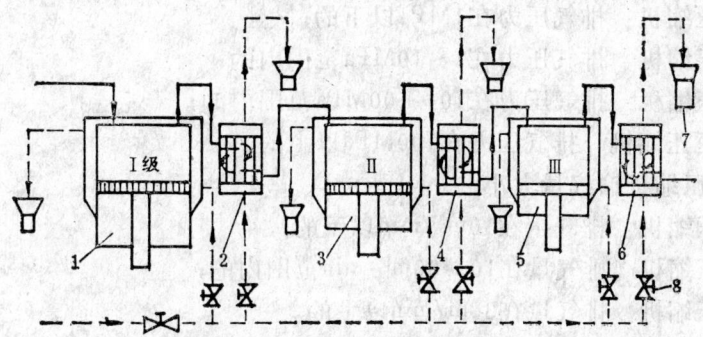

图 7-4 三级压缩示意图

1、3、5——Ⅰ、Ⅱ、Ⅲ级气缸；2、4、6——中间冷却器；7——溢水槽；8——进水阀

————气路；————水路

图7-5为多级压缩示功图。其中，BK为等温压缩曲线，BC为绝热压缩曲线。气体在P_1压力下进入第一级气缸进行压缩，排气压力为P_2。假如为绝热压缩，气体自BC曲线上B点开始压缩到a点；如果压缩过程中经过气缸水套的冷却水冷却，则压缩过程变为多变过程，压缩曲线变为Bb。由图可见，多变压缩比绝热压缩节省了$BabB$的功。当气体自一级压缩出来后

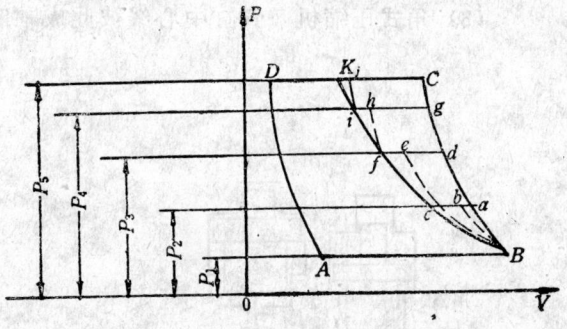

图 7-5 四级压缩示功图

进入一级冷却器，对气体进行等压降温，气体体积由b点降为c点，再进入二级气缸进行多变压缩，这就比自a点进行绝热压缩时节省了$cadec$的功。同理，第3级压缩节省的功为$fdghf$。如果分的级数愈多，则b、e、h、i各点就会愈加靠近等温曲线，节省的功就愈多。

虽然多级压缩解决了高压压缩的问题，但多级压缩比单级压缩结构复杂，零部件及辅助设备的数量几乎与级数成正比例增加，从而增加了制造成本，也增加了安装、维护修理的困

难。而且当级数增加时，消耗在阀门、管路系统的阻力功也增加，抵消了一部分多级压缩的经济性。所以，过多的级数也是不合理的，一般以不超过7级为限。

二、活塞式压缩机的基本结构

1.基体部分

包括机身、中体、曲轴、连杆、十字头等部件。其作用是传递动力、连接基础与气缸部分，把电机的旋转运动转化为十字头往复运动，从而推动活塞在气缸中往复移动。

2.气缸部分

包括气缸、气阀、活塞、填料及安置在气缸上的排气量调节装置等部件，其作用是压缩气体和防止气体泄漏。

3.辅助部分

包括冷却器、缓冲器、液气分离器、滤清器、安全阀、油泵、注油器及各种管路系统。这些部件用于保证压缩机正常运转。

三、活塞式压缩机的分类

（一）根据压缩机排气压力高低分

（1）低压压缩机　排气压力在1MPa以下的；

（2）中压压缩机　排气压力在1～10MPa范围内的；

（3）高压压缩机　排气压力在10～100MPa范围内的；

（4）超高压压缩机　排气压力在100MPa以上的。

（二）根据压缩机输气量大小分

（1）小型压缩机　排气量在10m³/min以下的；

（2）中型压缩机　排气量在10～30m³/min范围内的；

（3）大型压缩机　排气量在30m/min以上的。

（三）根据压缩机气缸中心线相对位置分

（1）立式压缩机　气缸中心线与地面垂直，如图7-6所示。

（2）卧式压缩机　气缸中心线与地面平行，如图7-7所示。

（3）角式压缩机　气缸中心线彼此成一定角度，如图7-8所示。

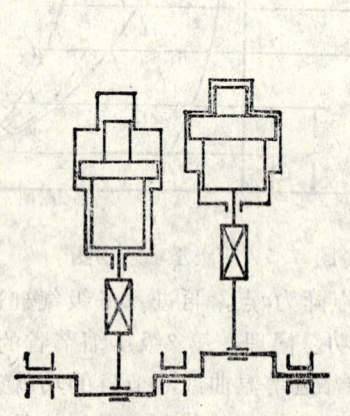

图 7-6　立式压缩机示意图

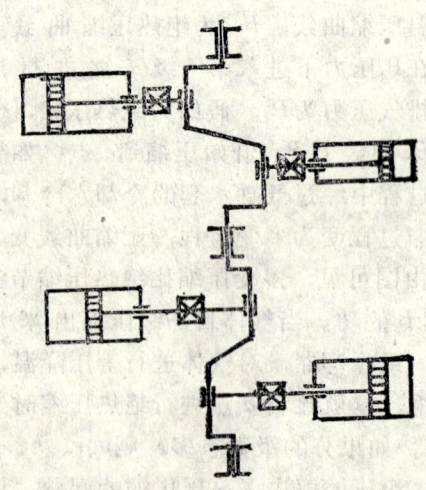

图 7-7　卧式压缩机示意图

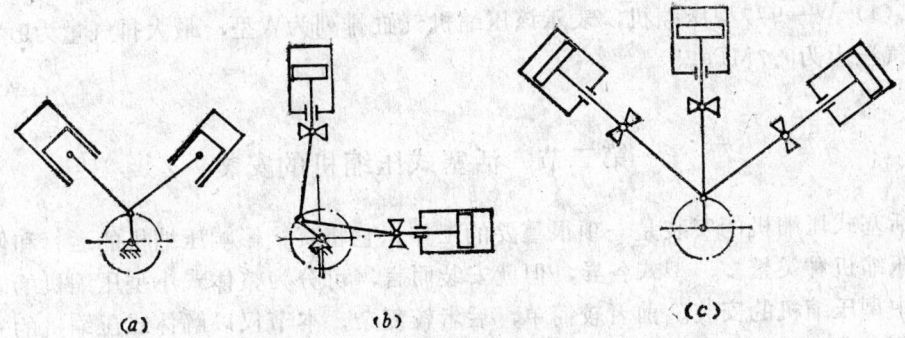

图 7-8 角式压缩机示意图

(a) V型； (b) L型； (c) W型

角式压缩机由于气缸中心线相对位置不同，又可分为V型压缩机（图7-8a）、L型压缩机（图7-8b）、和W型压缩机（图7-8c）。

（四）根据活塞在气缸中的作用情况分

（1）单作用压缩机　活塞只有一个端面进行工作，吸气阀和排气阀都装置在气缸的一端；

（2）双作用压缩机　活塞的两个端面都进行工作，气缸两端都设有吸气阀和排气阀，如图7-9所示。

（3）级差式压缩机　压缩机的活塞由两个或两个以上不同直径的活塞组合而成，如图7-6所示。

此外，压缩机还可以根据压缩的级数分为单级压缩和多级压缩；根据有无十字头分为有十字头压缩机和无十字头压缩机（见图7-8a）；根据压缩机所压缩的介质不同，分为空气压缩机、二氧化碳气体压缩机、氮或氢气压缩机和氨压缩机等；还可以根据润滑形式不同，分为油润滑压缩机和无油润滑压缩机等等。

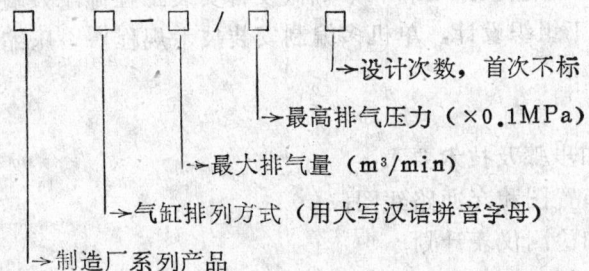

图 7-9　双作用气缸示意图

1—气缸；2—活塞；3—吸气阀；4—排气阀

四、活塞式压缩机的型号

我国机械工业部对活塞式压缩机的型号作如下的统一规定：

$$\square\ \square - \square\ /\ \square\ \square$$

设计次数，首次不标

最高排气压力（×0.1MPa）

最大排气量（m³/min）

气缸排列方式（用大写汉语拼音字母）

制造厂系列产品

例如：

（1）4L—20/8　活塞式压缩机表示该压缩机气缸排列为L型（见图7-8b），4L中的4为L系列中第四种产品，最大排气量为20m³/min，最高排气压力为0.8MPa。

（2）H—165/320型压缩机，表示该活塞式压缩机气缸排列型式为H型（见图7-7），最大排量为165m³/min，最高排气压力为32MPa。

（3）V—6/8型压缩机，表示该压缩机气缸排列为V型，最大排气量为6m³/min，最高排气压力为0.8MPa。

（4）W—9/7型压缩机，表示该压缩机气缸排列为W型，最大排气量为9m³/min，最高排气压力为0.7MPa。

第二节 活塞式压缩机的安装

活塞式压缩机的安装是一项很重要的工作。它将直接影响压缩机的运行和使用寿命。

压缩机种类繁多，型式各异，但就安装而言，可分为整体式小型压缩机的安装和解体式大中型压缩机的安装。前者较简单，后者较复杂。本节仅以解体式压缩机的安装工艺步骤为例，讲述一些主要安装方法和技术要求。

一、安装前的准备工作

当接受了压缩机的安装任务后，要积极做好安装前的准备工作。准备工作充分与否，决定着施工进度的快慢、质量的好坏。

安装前准备的目的是：为有计划、按步骤、全面地开展施工打下良好的基础，做到心中有数；为提高效率、保证质量、加快施工进度创造必要的条件。

施工前的准备其主要内容有：

（一）技术准备

1.技术资料的准备

压缩机安装前应具备下列技术资料和图纸：

（1）产品使用维护说明书和产品交货技术条件（包括设备成套明细表、装箱单、备件清单、随机工具清单、随机图样资料清单、预装配检验记录等）；

（2）设备本体图纸；

（3）基础图、安装图及有关工艺图。

对这些资料和图纸应进行认真详细地学习和审查，领会设计意图，掌握其结构和安装技术要求，必要时应进行图纸会审并提出质疑。

2.编制施工方案

压缩机安装前，应根据技术资料和《机械设备安装工程施工及验收规范》编制施工方案（范围大的编制施工组织设计，单机多编制安装技术规程）。压缩机安装的施工方案的主要内容有：

（1）工程概述；

（2）安装方法和步骤及技术要求；

（3）施工平面布置图和交通路线图；

（4）施工机具和检测仪表计划；

（5）施工用料计划；

（6）劳力配备及劳动组织；

（7）形象进度图表；

（8）安全技术措施；

（9）现场记录表格。

3.人和物的准备

根据施工方案，开工之前要组织好劳动力，将施工机具、检测仪表和各种材料准备齐全。

4.现场的准备

(1) 压缩机安装前，接通水、电，运输及消防道路要畅通无阻；

(2) 压缩机厂房内要能遮蔽风、沙、雨、雪，照明充足，车间内行车应先安装好（若无行车，应另准备吊装机具）；压缩机基础强度应达到设计要求（最低不得低于混凝土设计强度的60％）；

(3) 安装地点应具备符合要求的消防安全措施；

(4) 采取必要的防寒防冻措施。

二、压缩机的开箱验收和保管

(1) 压缩机各零部件应按照安装的先后顺序运抵施工现场，特别是大型压缩机，零部件很多，不能一下子都堆放在安装现场，以免保管不当或妨碍安装施工。

(2) 运抵现场的零部件应在有关人员共同参加下进行开箱检查和验收，并做好验收记录。但是，为了保护各零部件免受侵蚀和损坏，也为了便于现场管理，有利于文明施工，设备的防护包装，应在需要时拆除，不得过早将所有设备一次全部拆除。

(3) 验收记录应详细记载开箱人、开箱日期、箱号、箱数、包装情况、运输损伤情况、全部零部件和附件及工卡具数量、型号、规格等以及随设备一起装箱的图纸、资料等是否齐全。

(4) 对全部零部件进行验收。先进行表面检查。对于从国外引进的重要零部件如曲轴、活塞杆、连杆螺栓等应进行超声波探伤。发现问题，应当场做出记录、拍照，并由供货部门及时处理。

(5) 在防锈油没有清除以前，不得转动。压缩机各滑动运动部件，检查后应重新涂上防锈油或喷洒防锈剂。

(6) 机组开箱以后，施工单位应妥善保管，防止机件丢失、损坏和锈蚀，爱护设备表面漆层。稀有贵重材料、精密加工的零部件、易损易丢的零部件以及一些仪表等，宜设专门仓库备架存放。经切削加工的表面不得随意敲击，不得直接放在地面上。为检查而拆卸部件时，应事先在非工作表面做好标记。

(7) 安装现场应保持清洁和干燥，禁止在零部件存放处或施工现场作混凝土搅拌，焊接木工等作业，还要采取防火及防止落物击伤设备的措施。

三、基础验收及垫铁和地脚螺栓

1.基础验收

基础的检查和验收工作是设备就位前的重要工序，对检查中发现的问题进行必要而及时地处理，是保证压缩机顺利安装并交付使用的可靠前提。

基础移交给安装时，应提供基础座标、标高和几何尺寸的实际测量图表、基础沉陷观测记录和基础合格证。

基础检查验收主要有两个任务，一是进行基础外观检查：移交安装的基础不得有裂纹、蜂窝、孔洞、露筋等缺陷，预埋件要齐全合格；二是复测压缩机基础的轴线、标高、各部分几何尺寸是否符合设计要求。

基础检查验收中发现的问题应及时解决。基础检查验收合格后，即可办理基础移交手续。

机组安装就位前，基础上平面要铲麻面，以便使二次灌浆层能牢固地与基础结合在一起。具体作法是：用风镐或手工工具在每100cm²范围内铲出3～5个深10～20mm的小坑，铲后将基础表面冲洗干净。在铲麻面过程中，要注意防尘和碎石伤眼等安全问题。

2.垫铁

活塞压缩机的垫铁，在安装过程中起着调整设备和找正找平的作用，垫铁留出的空间为二次灌浆提供了方便；在使用过程中，垫铁承担机组的全部重量，并通过地脚螺栓将机组产生的不平衡力传递给基础。

活塞式压缩机使用的垫铁规格，形式和组数，有些压缩机厂已有规定，垫铁也随机带来，但多数生产厂没有规定。压缩机安装中常用的垫铁为钢垫铁，它可以利用各种不同厚度钢板的边角余料加工制造，而且调整完毕后便于点焊，使同一垫铁组中的几块垫铁成为一体，防止长期使用过程中产生相对位移。也有使用铸铁垫铁的，它可以铸成任意厚度，加工制造方便，成本低。

压缩机安装中使用的垫铁，一般为平垫铁和成对斜垫铁联合使用，即每组中有一块平垫铁和一对斜垫铁，垫铁的总面积可根据设备的重量、基础的抗压强度和地脚螺栓的预紧力，由式（1-3）计算得出。此外，还要根据垫铁的布置方案和设备底平面的形状等因素加以综合考虑。常用的平垫铁规格为70×110、85×125、100×150、150×200、200×300（mm）等。垫铁的组数视具体情况而定，一般主轴承下面应放一组垫铁；若因机身底面的筋条影响不宜放垫铁时，可在主轴承下面、筋条两侧各放一组垫铁；地脚螺栓两侧应各放一组垫铁；其他部位垫铁组间距一般为300～400mm。根据这些原则，垫铁总面积往往大于由式（1-3）计算出的数值。因此，一般先按垫铁布置原则进行垫铁的布置，然后用式（1-3）进行验算。若差别较大时，可调整每组垫铁尺寸大小。

斜垫铁要成对使用。下面一块是厚度大的一端在里面，厚度小的一端在外面；上面一块反之。错开部分应小于该垫铁面积的25%。垫铁应平整、无毛刺和卷边等现象。总高度为50～80mm。设备安装好并用地脚螺栓紧固后，用0.3～0.5kg的手锤敲打检查各层垫铁应无松动现象，音响清脆，各组受力均匀；垫铁应露出机身底面边缘，平垫铁为10～30mm，斜垫铁为10～50mm；垫铁伸入机身底面的长度应超过地脚螺栓孔中心。

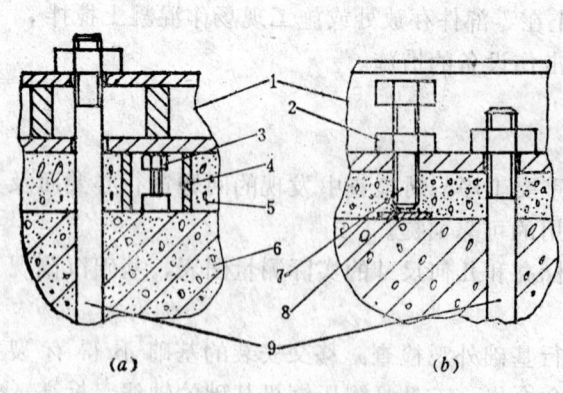

图 7-10　无垫铁安装

(a) 小千斤顶； (b) 调整螺栓

1—设备底座；2—固定螺母；3—千斤顶；4—模板；5—二次灌浆层；6—基础；7—顶丝；8—垫板；9—地脚螺栓

压缩机的平稳度很大程度上取决于垫铁的平稳度。为使垫铁能平稳地放置在基础上，必须做好研垫铁基础。研出的基础与垫铁应接触均匀，并不得有翘角现象，其水平度允差为0.3mm/m，同一水平上各垫铁组摆好后应用水平仪抄平，其允差为1～2mm；否则应调换平垫铁的厚度。当然也可用座浆法安装垫铁。

值得指出的是，70年代从国外引进的压缩机多用无垫铁安装方法。其优点是调整方便，安装精度较高，速度快，节省钢材，操作简便。这种方法采用调整螺栓、专用千斤顶或定螺母来调整安装压缩机

（见图7-10）。用无垫铁安装压缩机应严格控制灌浆材料的配合比。我国目前所用砂浆为微胀混凝土或无收缩水泥砂浆（见表7-1）。为了加快施工进度，有时还加入混凝土早强剂。早强剂的配方详见表7-2。

微胀混凝土和无收缩水泥砂浆参考配比　　　　　　表 7-1

名　称	配　合　比（重　量　比）					试　块　性　能	
	水	水　泥	砂子	碎石子	其　他	尺寸变化率	强度(MPa)
无收缩水泥砂浆	0.4	1 (425#硅酸盐)	2		铝粉0.0004	缩 $\frac{0.7}{10000}$	40
微胀混凝土	0.4	1 (325#矾土)	0.71	2.03	石膏0.02 白矾0.02	膨胀 $\frac{2.4}{10000}$	30

注：1.砂子粒度0.4～0.45mm；石子粒度5～15mm。
　　2.搅拌后停放时间应不大于半小时。
　　3.此配方可用于无垫铁安装也可用于有垫铁安装。

混 凝 土 早 强 剂 配 方　　　　　　表 7-2

类别	早 强 剂 名 称	加入量	适用范围	效　　果
1	三乙醇胺N(C$_2$H$_4$OH)$_3$	0.05%	常温硬化	3～5天可达设计强度的70%
2	三异丙醇胺N(C$_3$H$_6$OH)$_3$	0.03%	常温硬化	5～7天可达设计强度的70%
	硫酸亚铁FeSO$_4$·7H$_2$O	0.5%		
3	硫酸钠 (Na$_2$SO$_4$)	3%	低温硬化	在－5℃时28天可达设计强度的70%
	亚硝酸钠 (NaNO$_2$)	4%		
4	三乙醇胺	0.03%	低温硬化	在－10℃时1～2月可达设计强度70%
	硫酸钠	3%		
	亚硝酸钠	6%		

注：1.常温是指15～17℃。
　　2.加入量为占水泥重量的百分比。
　　3.以上配方在有钢筋时也可用。

3.地脚螺栓

中型以下的活塞式压缩机常用死地脚螺栓，大型压缩机常用活地脚螺栓。因为大型压缩机振动性大，长期使用后便于更换。活地脚螺栓在安装前应根据图纸检查其质量和几何尺寸；丝扣应完好无损并涂上防锈油；螺杆部分应刷两遍红丹漆以防锈蚀。

活地脚螺栓孔内不能浇灌混凝土，而在基础内的一段活地脚螺栓杆身上，套以薄铁皮制作的（δ＝0.5mm左右）套管，直径为螺栓的1.2～1.3倍，两端以油毡或棉纱封闭，螺栓套管在基础孔内四周的间隙应不少于15mm，应填充砂子。

四、机体的安装

大型压缩机的机体一般由中体和曲轴箱两部分组成。中小型压缩机多为两者为一体。机体的作用是：

（1）连接气缸和安装运动机构。

（2）作为传动机构的定位、导向部分。如：曲轴在主轴承中旋转，十字头在中体滑道中往复运动等。

（3）承受压缩机往复运动产生的气体力和惯性力。

（4）承受压缩机的重量并传至基础。

中型以上压缩机机体的安装应在垫铁安放完毕和机组轴线核准无误后进行。其安装步骤如下：

（一）机体试漏

机体安装就位前应进行机体试漏。

先将机体用枕木垫高500mm以上，清洗机体上的污垢、铁屑、垃圾等，并擦拭干净；然后在油箱以下的外表面及底面上涂以白垩粉，以便检查机体的渗漏情况；再将煤油装盛在机体内，其深度为润滑油的最高油面位置。经过8小时不应有渗漏现象。

如发现机体有渗漏，可用下列方法修补：

（1）钻孔攻丝，用丝堵堵死。这种方法适用于在非重要部位发现有裂纹的场合。其方法是先在裂纹端部钻上φ5mm的孔，攻M6丝孔，并旋入紫铜丝堵，并使丝堵彼此重迭 $\frac{1}{4}$ 直径。全部堵上丝堵后用小锤轻轻敲击一遍，外表面用锉刀锉平整。

（2）加盲板堵漏。其方法是在裂纹两侧按情况钻孔并攻丝数个，用厚度为3～4mm的紫铜板按该部形状切制并钻孔，紫铜板与机体之间涂铅油，再用螺栓拧紧即可。

（3）焊补堵漏。焊前要预热，用气焊或电焊施焊，焊后保温。用黄铜硬钎焊或镍基焊条电焊效果更佳。

（4）用粘结剂粘接。沿渗漏处铲出V型槽，涂以适当粘结剂，待粘结剂干燥后即可使用。

修补后的机体应按上述方法重新试漏。试漏合格后，将机体外表面的白垩粉揩掉，以保证机体能与二次灌浆相粘合。

机体滑道的进出油孔应清洗干净，保证润滑油路畅通无阻。进油孔要用油或压缩空气试验，试验压力应为600kPa。

（二）机体就位

在各级垫铁抄平后，根据基础上事先放好的主轴中心线、机体和气缸中心线，将机体吊装就位。此时应注意机体上事先划好的主轴中心线、气缸中心线与基础上的墨线相重合。其中心线和标高允差为±5mm。

吊装就位时，应注意轻吊轻放，不得碰坏地脚螺栓的丝扣，不得将垫铁组撞散。

（三）机体的找平

机体正确就位后，可用精度为0.02mm/m的方水平找平。其纵向和横向水平度允差为0.05mm/m。卧式和对称平衡型压缩机纵向水平度测量应在机体滑道上进行。测量时宜在滑道上放一平尺；若无平尺，可在滑道前、中、后三处测量，每处测量两次（测量一次后，将方水平调转180°后再测一次，以消耗水平仪本身的误差）。以前后两处测量的数据为准，只允许接缸端稍高，中间部位测量数据仅供参考。横向水平应在曲轴轴承座上测量。立式压缩机的水平度应在曲轴箱接合面上测量。L型压缩机则应在机体法兰面上测量。机体水平度安装合格后，应拧紧地脚螺栓，并复查其水平度。

双机体压缩机的第二个机体的安装，应以安装好的第一个机体为准进行找平找正工作。原则上不允许移动第一个机体。两机体的跨距，以轴瓦座内侧端面为测量点，用带有特制加长杆内径千分尺测量，使之符合预先测得的主轴实际跨距尺寸，并留出主轴窜量，跨距允差

124

为0.1mm,两机体标高的相对误差一般规定为±0.05mm,前后中心相对误差为±0.05mm。

两列机体主轴孔应严格保持同心,可用拉钢丝(用内径千分尺测距离)或激光准直仪进行精确调整。第二个机体找平找正后,即可固定,并复测水平度应不变。

列与列之间中心线平行度测量也可用拉钢丝的方法。其平行度允差为 0.1mm/m 。测量时,每列以滑道中心为准各挂一根钢丝,长度要比长列还要长。用特制的测杆(桥规尺)分别在主轴承处、中间点处和列的最外端处测量。

五、主轴承和曲轴的安装

压缩机的曲轴是压缩机中最重要的零件。其作用是把电动机轴的旋转运动变成活塞组件的往复直线运动,它从原动机接受动扭矩,通过活塞对气体作功,因此它周期性承受气体压力和惯性力,并在其内产生弯曲和扭转的变应力。

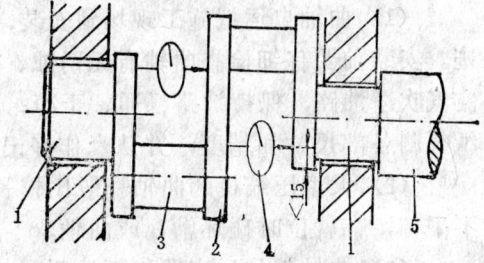

图 7-11 曲拐轴
1—主轴颈;2—曲柄;3—曲柄销;4—百分表;
5—轴身

(一)曲轴的基本结构

大多数活塞式压缩机采用曲拐轴,如图7-11所示。曲拐轴由下列几部分组成:

1.主轴颈

主轴颈装在主轴承中,它是曲轴支承在机体轴承座上的支点。每个曲轴至少有两个主轴颈。为了减少曲轴变形,大而长的曲轴常在中间再加上一个或多个主轴颈。

2.曲柄销

曲柄销装在连杆大头轴承中,由它带动连杆作平面运动。

3.曲柄

也叫做曲臂,它是连接曲柄销与主轴颈或连接两个相邻曲柄销部分。

4.轴身

曲轴除上述三部外,其余部分称轴身,它主要用来装配曲轴上其他零件,如齿轮油泵等。

此外,曲轴上还有油孔,为了输送压力润滑油;为了抵消曲轴不平衡质量所引起的回转惯性力,曲柄下端常配有平衡重。

(二)主轴承及其安装

压缩机常用的主轴承有滚动轴承和滑动轴承。中小型压缩机大多采用滚动轴承。这里主要介绍滑动轴承的安装。

(1)主轴承安装前,首先要进行外观的检查。主轴承的合金层(轴瓦)、瓦背、轴承座不得有裂纹、孔洞、斑痕、夹砂和重皮等现象;如发现有上述缺陷应进行修理和更换。

(2)对于薄壁瓦(瓦壁厚t与轴瓦内径d之比$\dfrac{t}{d} \leq 0.05$,轴瓦上合金层厚度$t = 0.3 \sim$ 1mm)还应检查合金层与瓦胎的贴合程度。检查的方法是将主轴瓦浸入煤油内,放置半小时后取出擦净,在合金层与瓦胎接合处涂上白粉,经半小时后,检查是否有渗油现象。有渗油现象为贴合不紧。

(3)对于厚壁瓦$\left(\dfrac{t}{d} > 0.5, \ t = 0.01d + (1 \sim 2)\text{mm}\right)$应进行刮研。轴颈与对开轴

瓦承受负荷部分有90°～120°的弧面接触,接触点的总面积不得少于该接触弧面面积的60～80%;对四开轴瓦,轴颈与下瓦和侧瓦接触点的总面积不得小于该面积的70%。接触点要均匀分布。对于薄壁瓦原则上不允许刮研。

(4) 主轴承放入轴承座内以后,应用着色法检查瓦背与轴承座的接触情况,接触面积要均匀;或以0.02mm的塞尺塞不进为合格。

(5) 轴承的安装应与曲轴的安装要同时进行并密切配合。主轴承测量检查合格后,应很好保持清洁,并用压缩空气吹净油孔。

（三）曲轴的安装

(1) 曲轴自运抵施工现场到安装,都要很好保护,防止生锈、碰伤和加工面划出痕迹。安装前要仔细检查曲轴有无锈蚀、裂痕、砂眼,然后用柴油或煤油清洗干净,用压缩空气吹净油路,保持油路畅通、干净;检查曲轴上装配件连接是否牢固可靠;按照曲轴图纸复测各部尺寸和精度,并认真作好记录。

(2) 大型压缩机的曲轴一般比较长,吊装时要特别注意曲轴的平稳性,防止由于吊装不平衡,在就位时碰坏轴瓦或曲轴。

(3) 曲轴就位后应做如下检测:

1)曲轴水平度检测。曲轴水平度是否符合要求是压缩机安装质量好坏的标志之一。若水平度不符合要求,运行时将使曲轴过早疲劳破坏;会使轴瓦温度迅速升高,发生烧瓦、窜轴和撞击轴瓦端面等事故。测量曲轴水平度的方法。一般是用方水平放置在曲轴的各主轴颈上及中间位置上,每转动90°位置测量一次;还要反转再每隔90°测一次。曲轴水平度允差为0.1mm/m（取四次读数的平均值）。

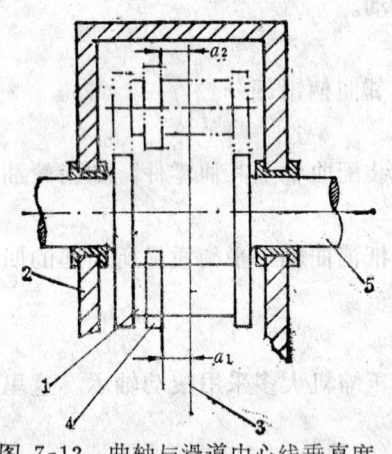

图 7-12 曲轴与滑道中心线垂直度测量

1—曲轴;2—机体;3—钢丝;4—测量架;5—轴身

2)主轴颈与曲轴稍平行度测量。该项测量可与曲轴水平度检测同时进行,即在曲柄销上也放水平仪。每当曲轴旋转90°时,对照一下曲轴销与主轴颈上水平仪的读数,即可得出平行度误差。平行度允差为0.2mm/m。

3)曲轴开挡偏差测量。曲柄销两边的两曲柄之间的距离叫做曲柄开挡（或叫曲柄开度）。多拐曲轴的曲柄开挡在曲柄朝上或朝下时,一般都有变化,其变动值应符合技术文件规定。若无规定时,应不大于万分之一行程。若曲柄开挡偏差过大时,容易引起轴承温升过高或烧坏轴瓦。施工现场测曲柄开挡的方法多用百分表（见图7-12）放在距曲柄边缘15～20mm处,在曲柄上、下、左、右四个位置各测一次,比较其差值。

4)曲轴中心线与滑道中心线的垂直度测量。曲轴中心线与十字头滑道中心线应互相垂直,否则会使十字头、小头瓦和大头瓦发生偏磨损,严重时会造成事故。其垂直度允差为0.1mm/m。具体测量方法如图7-12所示。

制作一个测量架（图7-12中的4）,固定在曲轴销上,沿滑道中心架设一条钢丝线。用内径千分尺测得a_1值,转动曲轴180°后,再测得a_2值,则其垂直度偏差为$\Delta_\perp$,则

$$\Delta_\perp = \frac{|a_1 - a_2|}{l} \quad (mm/m) \tag{7-1}$$

式中　l—两测点间距（m）。

施工现场，也可不做测量架，可直接在曲柄侧壁上取点测量。

5) 检查主轴承的径向顶间隙和侧间隙应符合规范或技术文件规定。如无规定时，顶间隙可按表7-3选取，侧间隙为顶间隙的一半。顶间隙可用压铅法测得。侧间隙可按顶间隙的一半计算或塞尺测量检查。

滑动轴承的顶间隙（d为轴颈）　　　表 7-3

轴　瓦　材　料	铅锡基合金	铅铜合金	铅合金
顶间隙（mm）	$\dfrac{5\sim7.5}{10000}d$	$\dfrac{7.5\sim10}{10000}d$	$\dfrac{10\sim12.5}{10000}d$

6) 检测轴向间隙。定位轴承的轴向间隙也应符合规范或技术文件的规定。如无规定时，可在0.2～0.5mm范围内选取，其他轴承的轴向间隙应为1～3mm。

六、大型电机的安装

所谓大型电机一般是指电枢直径（直流电机）或定子铁芯外径（交流电机）超过一米的电动机。它是大型压缩机的动力来源。大型活塞式压缩机常用大型同步电动机拖动，如TDK260/60-18。

大型同步电机是由定子、转子和底座三部分组成。根据运输条件和安装使用条件，定子和转子可分为整体式或对开式。安装时，要根据不同的结构形式制定不同的施工方案。其安装步骤简述如下：

（一）底座的安装

（1）按要求布置垫铁。除按垫铁布置原则外，还要在荷载集中处增设垫铁组，如轴承座、定子在底座上的固定部位要增设垫铁，并尽可能将垫铁布置在底座带有筋板的部位。

（2）底座吊装就位并初步找正找平。其水平度允差为0.10mm/m；中心线允许偏差为±5mm；标高允许偏差为±0.5mm。其精确调整常在轴承、转子、定子等部件安装后，结合其找中心一并进行。

（二）电机轴承座的安装

（1）轴承的检查、清洗和渗漏与主轴承相同。

（2）轴承座与底座之间的接触面（称台板）应平整无毛刺，接触应严密，其间允许放置垫片，以调整轴承座的高度。为了防止"轴电流"的产生（轴电流能使轴颈与瓦之间产生小电弧、电解润滑油，侵蚀轴颈和轴瓦，引起轴承过热、甚至烧坏轴瓦），要在轴承座与台板之间加绝缘垫片，紧固螺栓也应采取绝缘措施。

（3）轴承座安装找正。使轴承座的中心与机组主轴线重合。找正的方法与机组主轴承的找正方向相同。如果制造厂已装配过并且打过定位销钉，安装时只要将轴承座与台板的定位销孔对准并将轴承座紧固即可。但要检查位置是否正确。

（4）对开式大型电动机的安装顺序是：安装定子下半部、转子下半部、转子轴、转子上半部、定子上半部。吊装定子下半部时，为了防止其开口处变形，常在定子开口间放置木撑。为了便于以后定子与转子周围的空气间隙调整，在定子的两个底座下加上 3～4mm的垫片组，然后将定子下半部吊装底座上，初步找正中心后，即可拧紧地脚螺栓。将下半部分定子内表面清理干净以后，铺上5～7mm厚的橡胶板或石棉板，以防损坏电机的绝缘。

然后吊起下半部分转子轻轻放在下半部分定子上，再将转子轴放在下半部分转子上。此时要注意：一是轴上键槽与转子上的键槽要对准；二是转子端面与轴上的定位台阶要靠紧。再吊装转子上半部，用转子联结螺栓将两半转子固定在轴上，并用塞尺检查转子与轴接合面应无间隙。

转子与轴之间的切向键要用涂色法检查，其两侧面接触面积应达60％以上。两条楔形键组对好以后，用半径千分尺测量，两端宽度允许偏差为0.05mm。然后用游锤打入。而键槽上部应有0.5～1mm的间隙。最后吊装定子上半部。在吊装前先在两半定子对口处按电气要求加上薄的绝缘片，使上下两半定子的硅钢片不到因互相接触而损坏。上部定子应与下部定子牢固联接，联接处应无缝隙。

(5)如果定子是整体部件，则应将转子及轴套装进去。其方法有不垫高定子套装法和垫高定子套装法两种。

不垫高定子套装法，首先将定子吊至底座上并使靠向一个轴承座，以便于穿套。其次是将转子在中心处吊起使部分穿入定子中，使伸出部分便于支撑和设立吊点为止，然后用道木托住转子。再采用横吊梁吊起转轴两端，撤去道木，稳妥穿入定子中，使轴颈落入轴承中。最后将定子移回到安装位置（见图7-13）。这种套装法比较简便，但事先必须经过核算，使在两个轴承座之间能同时容纳转子和定子的空间。同时吊装过程中要注意不能有碰撞。

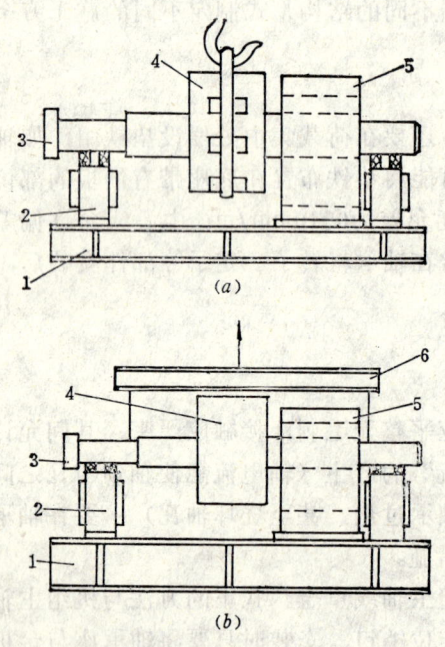

图 7-13 不垫高定子套装法

(a) 吊点在转子中心；　(b) 吊点在转子两端
1—底座；2—轴承座；3—转子轴；4—转子；5—定子；
6—吊梁

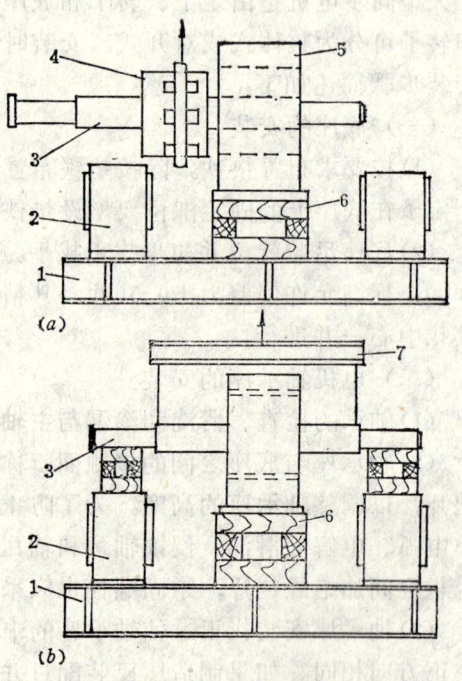

图 7-14 垫高定子套装法

(a) 吊点在转子中心；　(b) 用横吊梁吊转子
1—底座；2—轴承座；3—转子轴；4—转子；5—定子；
6—道木；7—吊梁

垫高定子套装法（见图7-14）不受两轴承空间狭小的限制，先将定子吊在垫高的道木垛上，然后吊起转子，使轴端穿入定子中，垫好转子轴，改用横吊梁吊起转轴两端，将转子穿入定子中。最后同时吊起定子和转子，抽去道木，慢慢放下定子和转子，使定子落到底座上，轴颈落入两端轴承座中。此种方法比不垫高套装法麻烦些，但可靠。尤其对空气隙小的异步电机多用此法。

（6）检查定子内圆和转子外圆的圆弧程度及定子与转子间空气间隙的均匀情况。检查方法如下：

1）以定子为基准，检查转子外圆的圆弧程度。在定子内圆上任取一点"A"作为测量基准点（见图 7-15），将转子的每个磁极顺次编号，并打上永久性标志。盘车转动转子，沿着径向测量"A"至转子每个磁极间的距离。令其间距最小的一个点为"B"（在转子上）。

2）以转子为基准，检查定子内圆的圆弧程度。把定子内圆周均分若干等分（不少于8点），以转子上的"B"点为基准点，盘车检查 B 点距定子内圆上各点间的距离。

对交流电机，各点的空气间隙差值（即间隙不均匀度）不应超过基准值（即空气隙的平均值）的10%，其偏差方向应使上部气隙较下部气隙小

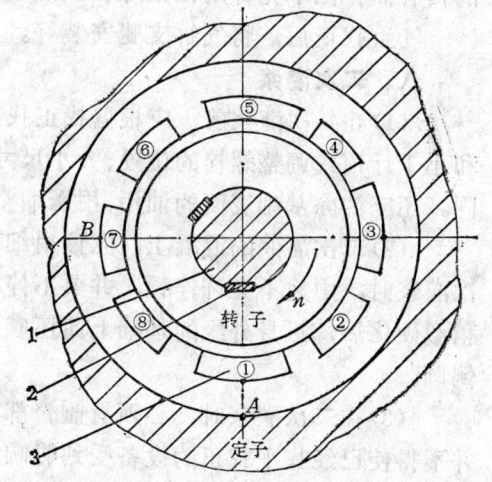

图 7-15　检查电动机定子和转子气隙
1—转子轴；2—切向键；3—磁极

3～5%。因为长期运转，轴承磨损会使上部气隙增大的缘故。

空气隙的调整，可借助于增减定子底座与支架间垫片厚度以及移动定子前后左右位置来达到。使之各项数值均符合电机说明书的规定。

（7）各项调整工作结束后，将定子支架与底座的联接螺栓拧紧；安装定位销，并以电焊点焊牢固；检查各螺栓并拧紧。

（8）安装其附属装置等。

七、气缸的安装

（1）安装前的检查。清洗和检查气缸，应无机械损伤及其他缺陷；气缸内镜面不允许存在裂纹、斑痕和孔洞等现象。用内径千分尺检查气缸的圆度和圆柱度。水套要进行水压试验，一般用工作压力的1.5倍（若有规定按规定进行）试验压力打压，保持1～2小时，无渗漏及无明显压力下降为合格。

（2）吊装气缸，并均匀拧紧联结螺栓。

（3）使气缸中心与滑道中心同轴。目前找同轴度方法常用者有二：其一是拉钢丝、内径千分尺测距离，结合声电法（闪光法、电流表法和听声法），掌握得好，其精度可达0.005mm（要考虑钢丝的挠度）；其二是利用激光准直仪找同轴度。

气缸中心线与滑道中心线同轴度允许偏差见表7-4。

气缸与滑道中心线同轴度允差　　　　　　　　　　　　表 7-4

气缸直径（mm）	≤100	>100～300	>300～500	>500～1000	>1000
同轴度偏差（mm）	0.05	0.07	0.10	0.15	0.20
气缸水平度偏差（mm/m）		0.02	0.04	0.06	0.08

若同轴度超过规定时，应松开气缸与中体的联接螺栓，调整气缸的位置，然后拧紧联

接螺栓重新测量，直到符合规定为止。气缸中心线只允许外端高，因为运转时，气缸外端有向下移动的趋势。气缸水平度检测要与同轴度检测同时进行。若有矛盾，应以水平度合格为准。若气缸同轴度和水平度偏差过大时，允许用锉刀、刮刀类机加工修整气缸与中体的接合面；但不允许用松紧螺栓或加垫片来调整。

气缸找正后，将气缸支腿安装好。

八、二次灌浆

(1)在二次灌浆前，应根据找正找平记录对机体各部分进行一次全面复查。并将垫铁和小千斤顶或调整螺栓的位置、大小尺寸、数量作出隐蔽工程记录，必要的可用电焊点焊牢固。还应清除基础表面的油污，用压缩空气吹除基础表面的杂物，此后即可进行二次灌浆。

(2)二次灌浆的混凝土，应该用细碎石混凝土，其标号应该比基础混凝土高一号。二次灌浆时，中途不允许停顿，并要不停的捣固，以充满机体底部的所有空间。二次灌浆层稍微硬化后，机身外缘的基础上面还应以抹面砂浆将其顶部抹向外倾斜的平面，并将棱角倒圆。

(3)在二次灌浆时，必须有监督部门及安装部门的人员在场，保证二次灌浆的质量，并不得使已经找平找正的设备受到影响。二次灌浆层经过一段时间养护后，方允许安装压缩机组的其他部分。

九、十字头和连杆的安装

(一) 十字头安装

(1)安装前应拆下十字头的上下滑板，用着色法检查并刮研上下滑板背面与十字头体的接触面，使其均匀接触，其面积不少于60%。最后一次组装十字头和滑板之前，应根据滑道内直径、十字头外直径以及它们之间的径向间隙，决定垫片的多少和总厚度，并将垫片加在十字头体和滑板之间。

(2)将十字头放入机体的十字头滑道中，用着色法检查并刮研十字头滑板，使其与机体十字头滑道接触点的总面积不少于滑板面积的60%，接触点应均匀分布。在刮研过程中，要一面刮研，一面用塞尺测量滑板与滑道之间的间隙（每侧不少于三处测量点），边刮边测，以免刮偏。

(3)十字头滑板与机体十字头滑道的径向间隙，在行程的各位置上均符合图纸和有关技术文件规定。为了保证在运转过程中活塞杆中心与机体十字头滑道中心的同轴度，对卧式压缩机气缸列，十字头滑板与机体十字头滑道的径向间隙应置于滑道不受侧向力的一侧。例

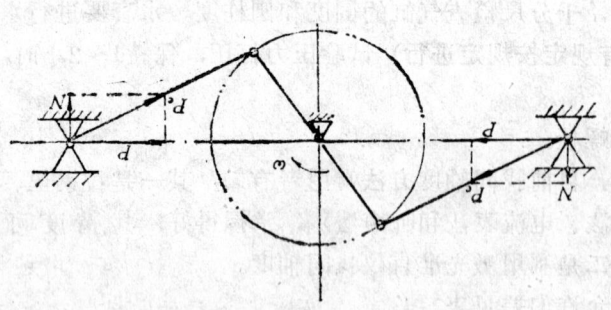

图 7-16　十字头的侧向力

如对称平衡型压缩机（见图7-16），机身两侧的十字头滑板受力方向不同，一侧十字头的侧向力在下方，对称的另一侧的十字头侧向力在上方；侧向力在下方的十字头，径向间隙在上；侧向力在上方的十字头，径向间隙在下。确定十字头位置的这道工序叫做"十字头定心"。定心时，要在十字头与活塞杆连接的端面处安装一个专用胎具，用内径千分尺测量十字头在滑道内前、后两端中心位置。间隙在上时，内径千分尺测量的上部数值应该等于

下部数值加上间隙值；间隙在下时（指运动状态），测量的下部数值加上间隙值应该等于测量的上部数值减去间隙值。这是因为测量在静止状态进行的缘故。

对于立式压缩机的气缸列十字头定心，其间隙应保证两侧均匀分布。

（4）十字头装入滑道后，还应检查十字头和活塞杆连接处端面和滑道的垂直度，其垂直度允差为100mm长度上不应大于0.02mm。

（5）十字头的刮研、测量定心，调整工作可在机体滑道未安装前进行，也可在气缸未安装前进行。

（二）连杆安装

十字头放入滑道及曲轴就位后，可以安装连杆。安装前要仔细检查：大小头轴瓦的粗糙度是否符合要求，有无明显的裂纹、拉伤现象，杆体有无刀痕和毛刺。如发现上述现象应进行修理和更换，避免引起应力集中，造成连杆断裂等严重事故。

（1）将连杆清洗干净，并用压缩空气吹通油路，保证油路清洁畅通。

（2）刮研连杆大头轴瓦和小头衬套瓦（当大头轴瓦为薄壁瓦时不能刮研），使其与曲柄销和十字头销接触面积为70%以上，接触点应均匀分布。

（3）连杆大小头轴瓦的配合间隙必须严加控制。连杆大小头瓦的配合间隙过大时，运转过程中就会产生敲击冲撞声，严重时能振裂瓦衬，破坏润滑；间隙过小时，会发生过热烧瓦、抱住十字头销轴或与十字头体胀死。因此安装时，必须按照制造厂提供的技术数据进行检查调整。连杆小头瓦的径向间隙可用塞尺检查，也可凭经验判定：对于大型卧式压缩机，当十字头销轴装好后，用一个人力能使其自由转动而又不太松动为宜；对于小型立式压缩机，一只手能扳动十字头销轴即可。轴向间隙可用塞尺检查，或直接测量计算得出。连杆大头轴瓦的径向间隙也不能过大或过小。间隙过大，则会引起敲击、振动、烧瓦；间隙过小，则会引起润滑困难，轴瓦发热、烧瓦、抱轴，甚至损坏轴颈表面。大头瓦的径向间隙可以用塞尺或压铅法来检测。连杆大头瓦的轴向间隙如果过大时，连杆横向窜动量增大，会产生敲击冲动；过小时，将会因曲轴的热伸长而发生歪偏，产生轴瓦偏磨，严重时也会烧瓦抱轴。检查大小头瓦轴向间隙的方法可以用塞尺塞，也可以将百分表挂在曲柄上，其测杆触头靠在大头瓦一侧端面上，拨动连杆，读出百分表读数值即为轴向间隙。

（4）连杆的定位，一般以小头瓦的轴向间隙为准，因为小头瓦的轴向间隙较小，容易实现连杆定位；而曲柄销较长，大头瓦轴向间隙较大，不宜定位。如果以连杆大头瓦定位，则连杆小头瓦就应该有较大的轴向间隙，供补偿窜移之用。定位端两侧的轴向间隙应均匀相等。

（5）连杆螺栓的受力情况复杂，故安装时必须给以充分的注意。对连杆螺栓、螺母、螺栓孔应进行仔细检查和清洗；连杆螺栓头及螺母端面对连杆支承面靠紧状况，一般用着色法检查，不允许有歪斜现象。

（6）连杆螺栓预紧度要严格控制，使其符合规定值。预紧力太大，会使螺栓应力增大而损坏；预紧力太小，易使螺母松动而断裂。所以，拧紧连杆螺母一定要保证规定的预紧力。预紧力在设备安装说明书中一般都有规定，如无规定时，可按下式计算预紧力T：

$$
\left.
\begin{aligned}
\text{对厚壁瓦} \qquad & T = (2.1 \sim 2.5)\,\frac{P}{Z}\ (\text{N}) \\[2mm]
\text{对薄壁瓦} \qquad & T = [P_1 + (2.1 \sim 2.5)P]\,\frac{1}{Z}\ (\text{N})
\end{aligned}
\right\}
\tag{7-2}
$$

式中　　P——最大活塞力，N；

　　　　Z——连杆螺栓个数，当用四个螺栓时，Z取3；

　　　　P_1——薄壁瓦过盈所需的力，N。

保证预紧力的方法有二：

1. 用测力扳手拧紧螺母，此时的扭矩可按下式计算：

$$M = KTd_0 \quad (\text{N·cm}) \tag{7-3}$$

式中　　T——预紧力，N；

　　　　d_0——连杆螺栓杆直径，cm；

　　　　K——系数，一般取$K = 0.15\sim0.18$。

2. 测量连杆螺栓的伸长量。伸长量在设备说明书中一般都有规定。若无规定，伸长量Δl可按下式计算

$$\Delta l = \frac{Tl}{EF} = \frac{4Tl}{\pi d_0^2 E} \tag{7-4}$$

式中　　T——预紧力，N；

　　　　l——螺栓总长，mm；

　　　　E——螺栓材料的弹性模量，钢和合金钢取$2.1\times10^5\text{Mpa}$；

　　　　F——螺栓横截面积，mm^2；

　　　　d_0——螺栓直径，mm。

松开螺母后，螺栓应恢复到原来的长度，不应有残余伸长（永久变形）。

连杆螺栓伸长量Δl的测量：安装前用外径千分尺测量自由状态下的连杆螺栓长度，记下数据；安装并拧紧连杆螺母后，在装配位置上再用外径千分尺测量其长度。用拧紧后的测量长度值减去自由状态测量长度值，即为连杆螺栓的实际伸长量。实际伸长量应符合设备技术文件的规定，或者符合计算出来的数据。

连杆螺母拧紧后，应用开口销或其他防松装置固定，以防松动。

安装过程中，要注意防止连杆体碰伤曲柄销或机体滑道。

十、填料及刮油器的安装

填料是密封气缸与活塞杆之间的间隙用的密封件。对它的主要要求是密封良好而又经久耐用。其密封原理和活塞环一样，即以阻塞为主并兼有节流作用，借助气体压力差来获得自紧密封的。

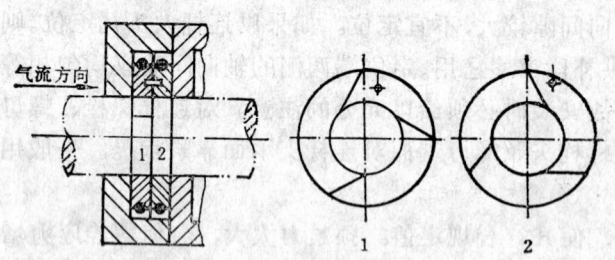

图 7-17　低压三瓣密封圈

（一）填料的种类和结构

填料通常由填料盒、密封圈、锁紧弹簧、定位销、填料盒盖及螺栓螺母等组成。按其密封圈的结构型式不同，填料有平面的和锥形的两类，前者多用于低、中压，后者多用于高压。

1. 低压三瓣密封圈（图7-17）

低压三瓣密封圈为单向斜切口，由于它对活塞杆的压力是不均匀的，因此磨损也不均匀。锐角一端比压较大，磨损自然也较严重。其结果必然使相邻两瓣接口处不可避免地留

132

有缝隙,增大了泄漏。因此这种三瓣结构的密封圈只适用于压差在1MPa以下的低压密封。

2.三六瓣密封圈 (图7-18)

压力在10MPa以下的中压密封,国内多采用三六瓣密封圈。每盒密封圈依靠两个镯形弹簧把开口环箍紧在活塞杆上。三瓣环安装在缸侧,六瓣环安装在近曲轴侧,切口要互相错开。三瓣环的作用是在轴向将六瓣环的切口挡住,六瓣环起主要密封作用,其里面的三瓣箍紧在活塞杆上,外面三瓣挡住内三瓣的径向开口,各环的径向间隙可用以补偿密封圈的磨损。

平面密封圈的缺点是各盒之间的负荷相差很大,近缸侧的第一盒负荷最大。在高压情况下,填料会急剧磨损,造成大量泄漏,这是压缩工艺不允许的,尤其是压缩易燃、易爆、有毒、腐蚀性强等气体时,更是不允许的。

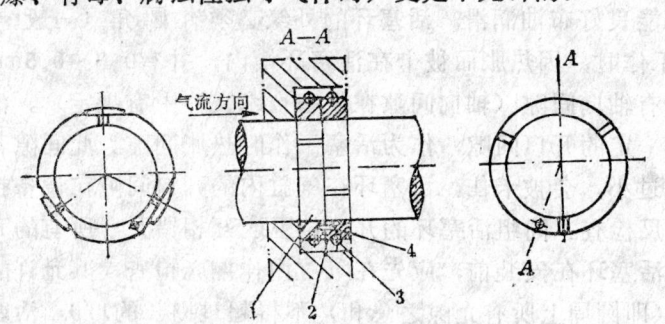

图 7-18 三六瓣密封圈

1—三瓣式;2—六瓣式;3—弹簧;4—圆柱销

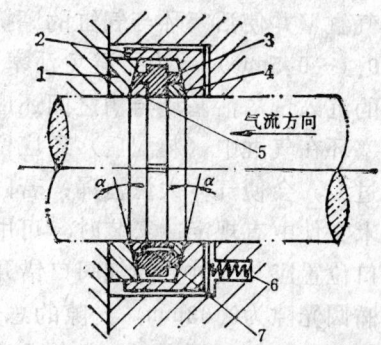

图 7-19 高压锥形密封圈

1—支承环;2—压紧环;3—T形环;4—前锥环;5—后锥环;6—轴向弹簧;7—圆柱销

3.锥形密封圈 (图7-19)

高压密封宜采用锥形密封圈,其密封元件是由一个T形环、两个锥形环(前锥环和后锥环)组成,三者都是单切口,各切口互相错开120°,由圆柱销定位,装在由支承环和压紧环所组成的盒中。为了获得良好的密封性,T形环、锥形环和整体的支承环与压紧环的锥面应研磨配合,使其接触面积不少于75%。轴向弹簧的作用是在有气体压力之前压紧密封圈的锥面,并对活塞杆产生预紧压力。

当气体压力从轴向作用在压紧环端面时,由于α角产生了一个径向分力,使密封圈压紧活塞杆,α角越大,径向分力也越大。在若干盒组成的填料组合件中,各盒密封圈承受的压差是不相同的,气缸侧压差大,磨损快。为了使各盒密封圈的径向压力基本一致,前面几盒的α角应小些,后面逐渐取大些。为了保证润滑油楔入摩擦面,改善摩擦状况,提高密封性能,将锥形环的内圆端面加工成15°的油楔角。油楔角有方向性,安装时要注意油楔角在每盒填料的低压侧,千万不能弄错。

低压三瓣密封圈、中压三六瓣密封圈和高压锥形密封圈都已标准化了,它们均属易损零件,不管哪种填料,均由数盒组成,具体盒数可查有关技术文件。

(二)填料的安装

不论何种形式的填料与刮油器,安装前都要拆卸、清洗,并对各密封元件的加工质量进行检查。密封元件的各内圆表面,不得有轴向划痕或其他机械损伤。在拆卸过程中,注意顺序,要事先做好标记。因为有的作用不同,有的压力角不一样,若装错了会造成密封失效、气路或油路不通，导致气体泄漏或填料发热，甚至烧坏。

填料和刮油器应与活塞杆配研，也可用与活塞杆材料、尺寸、精度都一样的假轴来代替活塞杆，配研填料密封圈和刮油环。其接触点的总面积应不少于接触面的70%，且要均匀分布。密封圈与填料盒的端面间隙应符合规定要求。其弹簧力要均匀，不能装歪斜。各盒填料内都必须清洁无杂物，否则会引起发热。组装好后应试验填料的油路、气路、水路，保证畅通。整组填料装入气缸前，应先将填料座孔内的软质垫片放入并摆正。整组填料推入后，要均匀拧紧其螺母。装好后，应进行磨合运行，以保证接触均匀。

十一、活塞、活塞杆及活塞环的安装

安装前，应清洗和检查各个零部件，如发现缺陷，应立即进行修理或更换。

活塞环不得有气孔、沟槽、裂纹等现象。毛刺必须除去，为了避免活塞环的边缘损坏气缸壁并使活塞环与气缸的摩擦面能良好布油润滑，活塞环的外缘必须有圆角（一般 $r = 0.1 \sim 0.5mm$）。为了避免活塞环工作时，因热胀而被卡在活塞环槽内，并有 $0.3 \sim 0.5mm$ 的沉入量，活塞环与槽之间还应留有轴向间隙（轴向间隙在设备技术文件中有规定）。活塞环在气缸中（装配后）还应留有一定的开口间隙，作为活塞工作时热胀间隙。此间隙若过大，会使气体大量泄漏；若间隙过小，会被卡住。活塞环在气缸内的开口间隙在设备技术文件中有规定；安装时，可用塞尺检查。同组活塞环的开口位置应互相错开，所有的开口位置应与气缸上的气阀口错开。活塞环在安装前，应先在气缸内作漏光检查，其允许的椭圆光隙为 $0.03mm$，光隙的总长（即圆周上所有光隙之总和）不得超过周长的1/6。活塞环装入活塞环槽内后，应能自由转动而无卡住现象。

活塞和活塞杆必须经过仔细检查，不得有裂纹、划痕、碰伤等缺陷。

安装活塞的关键在于：活塞、活塞杆和气缸在同一中心线上，否则将会造成活塞在气缸内偏摩擦，使气缸温度过高，缩短零部件的寿命。检查的方法：常用测量活塞与气缸的四周径向间隙值来判断，即如果活塞与气缸是同心的，则其四周径向间隙应相等。

在安装活塞杆时，将活塞杆穿入填料密封装置和刮油器时，应使用导向套或采取其他措施，防止划伤活塞杆。在与十字头连接好以后，应在活塞杆上用框式水平仪测量活塞杆的水平度，活塞杆应呈水平状态，但允许前端高 $0.05mm/m$。活塞杆摆动值的测量方法是：将百分表挂在气缸与机体的连接座上，百分表触头垂直地触及活塞杆，慢慢盘车，查看指针的摆动值。当气缸压力小于 $1.5MPa$ 时，允许摆动值应不大于 $0.30mm$；当气缸压力为 $1.5 \sim 20MPa$ 时，不应大于 $0.20mm$；当气缸压力大于 $20MPa$ 时，为 $0.05mm$。

活塞装入气缸后，立即装好缸盖及阀门盖。考虑到活塞在气缸中往复运动，而连杆、活塞杆、活塞等机件受热后的膨胀，活塞有撞击气缸端面的危险。为此，在气缸两端都留有必要的止隙（或叫余隙）。对于卧式压缩机，考虑到热膨胀是向外伸长的，故外止隙应比内止隙稍大；对立式压缩机，考虑到各运动件的磨损，下止隙比上止隙稍大。气缸的具体止隙值，设备技术文件中均有规定。气缸止隙值的测量方法，一般都是用压铅法。测量时应注意，软铅条要从气缸的不同方向伸入，压测两次以上；尤其是大活塞，更应如此，以免活塞偏斜，检测不准确。另外，软铅条的压扁度不应超过铅条直径的1/3。气缸止隙值不符合要求时，调整的方法有三：一是增减活塞杆头部与十字头凹孔内调整垫片的厚度，这种方法适用于用联轴节连接的十字头；二是利用十字头和活塞杆连接的双螺母来改变活塞杆的位置，借以改变气缸止隙，这种方法适用于螺纹连接的十字头；三是改变气缸端盖下垫片厚度来调整气缸止隙.

十二、气阀的安装

气阀是压缩机中控制气体吸入和排出的重要部件之一。现在活塞式压缩机所用的气阀，都是随着气缸内气体压力的变化而自行开闭的自动阀。气阀质量优劣和运行情况的好坏，直接影响着压缩机的生产能力、功率消耗和运行安全。

（一）气阀种类

按气阀的用途，气阀可以分为吸（进）气阀和排气阀两种。其结构大体相同，都是由阀座、运动密封元件（阀片或阀芯）、弹簧、升程限制器等零件组成。

1.吸（进）气阀（见图7-20）

在吸气过程中，活塞运动使气缸内的压力低于吸入管道中的压力，当压力差能够克服弹簧力、阀片2和弹簧3运动质量惯性力时，阀片2便开启，气体被吸入气缸；气阀继续开启并贴到升程限制器4上，气体大量进入气缸。当活塞运动至止点时，速度急剧降低，因此气流速度也随之降低，作用在阀片上的动压力也在减少。当此力小于全启状态的弹簧力时，阀片开始关闭，最终落在阀座1上，完成1个进气过程。

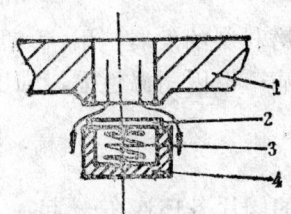
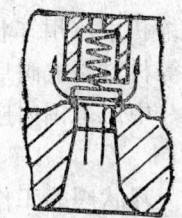

图 7-20　进气阀示意图　　　　　　　　　图 7-21　排气阀示意图
1—阀座；2—阀片；3—弹簧；4—升程限制器

2.排气阀（图7-21）

排气阀的启闭与吸（进）气阀类似，这里不再赘述。

按气阀的结构，气阀又分为环状阀、网状阀、球形蝶阀、杯形阀、蝶阀及条状阀等。常用的为环状阀，其次为网状阀。

（二）气阀的结构

1.环状阀

环状阀是由阀座、阀片、弹簧、升程限制器、连接螺栓螺母等零件组成。

低压和中压使用的环状阀阀座是由一组直径不同的同心圆（1环至8环）环组成，各环之间用筋条连成一体，这种阀座的气阀又称做开式气阀（图7-22）。在高压情况下，为了保证阀座有足够的强度和刚度，也为了加工方便，将通道制成圆孔形状，这种气阀又称做闭式气阀（图7-23）。

环状气阀的阀片是圆环状薄片，一般都制成单环阀片，也有把两环连在一起的，由于寿命较短，故应用不广泛。

环状阀制造简单，工作可靠，可改变环数来适应各种气量的要求，因此得到广泛应用。其缺点是阀片各环彼此分开，在开闭运动中很难达到同步，因而降低了气体流量，增加了能量消耗；并且阀片等运动元件质量较大，阀片与导向块之间有摩擦，以及有弹簧作用，使阀片在启、闭运动中不易做到及时、迅速；由于阀片缓冲作用较差，磨损严重，在

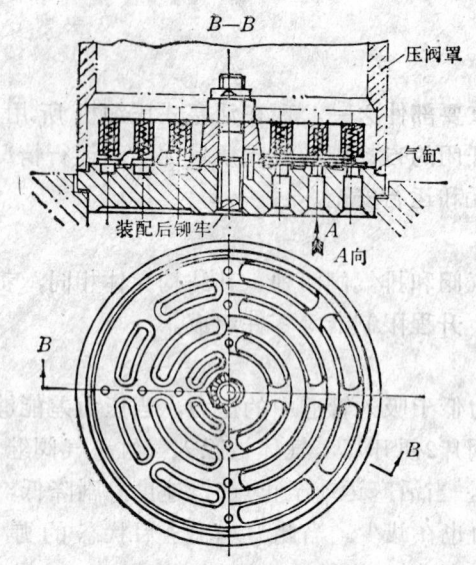

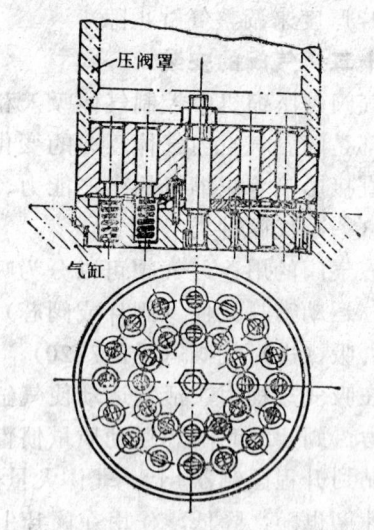

图 7-22 开式结构环状阀 图 7-23 闭式结构环状阀

无油润滑压缩机中应用环状阀受到了限制。随着非金属耐磨材料的发展,用氟塑料、尼龙、玻璃钢等材料制成阀片,在一定程度上克服了这种弊病;但因耐温性差,强度偏低,一般只在低、中压范围内应用。

2. 网状阀

网状阀与环状阀的工作原理一样。其区别在于网状阀的阀片各环连在一起,呈网状(见图7-24)。由于网状阀没有导向块,因此特别适用于无油润滑压缩机的气缸中,如氧压机和空分压缩机中普遍采用网状阀。

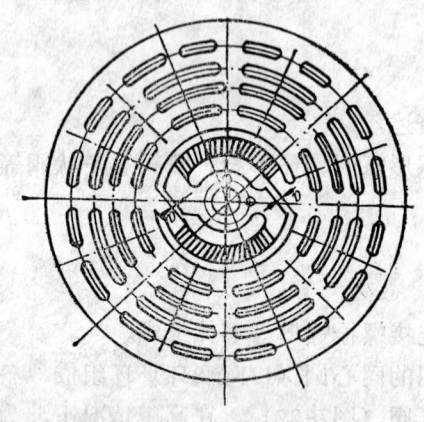

图 7-24 网状阀结构

网状阀的主要缺点是阀片结构复杂,气阀零件多,加工制造难度大,成本高;阀片任何一处损坏都导致阀片报废。因此其应用受到限制。

(三)气阀的材料

1. 阀片的材料

阀片由于受到反复冲击和反复交变弯曲荷载,因此必须具有足够强度和较长时间的使用寿命,这就要求阀片材料强度高,韧性好,耐磨,耐腐蚀等。对于空气、氮氢气、石油气等没有腐蚀介质的压缩机,多用30CrMoSiA;对用于有腐蚀介质的压缩机(如CO_2)和氧气压缩机,常采用1Cr13、2Cr13、3Cr13、1Cr18Ni9Ti等。

2. 阀座和升程限制器的材料

一般介质的压缩机其阀座和升程限制器的材料,可根据阀片两侧压差决定(见表7-5)。对CO_2压缩机,低压可采用灰口铸铁;中、高压采用1Cr13、1Cr18Ni9Ti等。氧压机的阀座和升程限制器一般采用黄铜(HPb59—1)和不锈钢(1Cr18Ni9Ti、1Cr13),黄铜和不锈钢不仅防锈而且不会产生火花。对无油润滑压缩机的阀座和升程限制器常采用合金铸铁或不锈钢制造。

阀座和升程限制器材料 表 7-5

压 差 (MPa)	材 料
≤0.6	HT20—40
>0.6～1.6	HT30—54，合金铸铁、球墨铸铁
>1.6～4.0	球墨铸铁，锻钢
>4.0	锻钢35、40、40Cr、35CrMo等

3.弹簧的材料

气阀中的弹簧,当排气温度较低时(120°C以下),采用碳素弹簧钢丝;当排气温度较高时(不超过400℃时),采用合金弹簧钢丝,常用的有50CrVA,60SiMn,60Si,65Mn等;对有腐蚀性气体介质,常采用不锈钢或有色金属弹簧材料,如 4r13, 1Cr18Ni9Ti, Cr18Ni12Mo2Ti, Cr18Ni12Mo3Ti 及硅锰青铜、锡锌青铜和铍青铜等。

气阀安装是压缩机安装的最后工序之一。常在无负荷试车之后,随着压缩机系统的吹洗逐级安装。

气阀安装之前,要认真清洗检查,仔细安装:

(1)检查各零件是否有变形、裂纹和撞伤现象。

(2)检查阀片的翘曲度、粗糙度、平行度。

(3)阀片与阀座的接触面要严密,用涂色法检查,要求沿密封圆周达到不间断地均匀贴合。

(4)气阀装配后,先检查阀片起落是否灵活,不得有卡住现象;然后用煤油渗漏试验,对于新装气阀,要求在5分钟内允许有不连续滴状渗漏,但滴数不得超过表7-6的规定。

气阀气密性试验允许渗漏滴数 表 7-6

阀片圈数	1	2	3	4	5	6
允许渗漏滴数	≤10	≤28	≤40	≤64	≤94	≤130

(5)气阀安装要逐级进行,要特别注意进气阀和排气阀不能装反;否则,不但造成气体分配混乱,降低压缩机的生产效率,而且会造成机件损坏事故。此外,在拧紧阀盖螺栓时,要对称反复进行,并注意垫片的压正情况,否则将引起泄漏。

十三、润滑系统的安装

在压缩机中,相互滑动的部件,如活塞环与气缸、填料与活塞杆、主轴承、连杆大头瓦、连杆小头轴衬以及十字头与机身滑道等处,都要注入润滑油（或润滑脂）进行润滑。润滑的作用是:

(1)减小摩擦力,降低压缩机功率消耗;

(2)减少滑动部位的磨损,延长零件寿命;

(3)润滑剂有冷却作用,导走摩擦热,降低零件的温升,保证滑动部位必要的运转间隙,防止滑动部位咬死或烧伤;

(4)用油作润滑剂时,尚有冲走机械杂质的作用;

(5)防锈。

在大中型带十字头的压缩机中,均采用压力润滑。压力润滑往往又分为两个独立系统,即气缸填料部分的压力润滑和运动部件的压力润滑。

气缸填料压力润滑系统，主要润滑活塞环与气缸、活塞杆与填料，压力较高。多数压缩机使用压缩机油（如 HS-13或HS-19）。它由注油器（多数为柱塞泵）、输油管路和逆止阀等组成。对于少油或无油润滑的气缸（如氧压机）采用固体润滑材料；对超高压压缩机中的润滑一般使用白油。

运动部件的润滑系统又称循环润滑系统，主要润滑主轴承、连杆大小头、十字头与机身滑道。循环润滑系统是由油泵、油箱、油过滤器、油冷却器、输油管和回油管等组成。循环润滑系统常用机械油，如HJ-20、HJ-30、HJ-40或HJ-50。顾名思义，循环润滑系统的润滑油可循环使用，润滑油在压缩机中循环流动。

对润滑系统的安装要求是：

（1）油管要用酸溶液或碱溶液清洗，然后用清水冲洗干净。

（2）油管路不允许有急弯、折扭和压扁现象，并排列整齐，力求美观。

（3）润滑系统的油路、阀门、过滤器、油冷却器等，应分别进行气密性试验和强度试验。对于循环系统以0.6MPa压力试验；对气缸填料润滑系统应以工作压力的1.5倍进行试验。

（4）安装位置准确，运转正常，供油情况良好。

十四、附属设备的安装要求

压缩机的附属设备包括：水封槽、冷却器、缓冲器、油（水）气分离器、集油槽等。

（1）安装就位前，根据图纸要求检查结构和尺寸、管口方位及地脚螺栓的位置等，然后进行强度及气密性试验。

（2）立式附属设备安装就位后，其铅垂度允差每米不大于1mm；卧式附属设备水平度允差每米不大于1mm。

（3）所有的附属设备均应按容器的不同要求彻底清洗干净，不得有污垢、铁屑和杂物等存留。

第三节　压缩机的试运转

压缩机组及其附属设备、管路系统、电气仪表、控制系统安装完毕后，必须进行试运转。所谓压缩机试运转，就是新安装的或经过大修后的压缩机的开车，因此也称做试车。试运转是对压缩机的设计、制造、安装等方面质量的总检查，也是压缩机从设计、制造、安装到投入生产这一过程中必不可少的重要环节。通过试运转能使所有间隙配合的表面得到更好地磨合，还能发现那些静止状态下发现不了的隐患，以保证压缩机正常运转时的安全可靠，避免发生事故。

压缩机的试运转，根据不同的型号、规格，按照制造厂随机带来的产品使用维护说明书中所规定的程序和要求进行。大中型压缩机的试运转，一般都包括循环润滑油系统的试车，气缸填料注油系统的试车，冷却水系统的通水试验，通风系统的试车，原动机单独试车，压缩机组试车。压缩机的试车步骤如下：

一、压缩机试运转前的准备工作

（一）循环润滑油系统的试运转

为了消除润滑油系统中可能存在的隐患，保证压缩机重机试运转时润滑油系统的正常工作，必须事先进行循环润滑油系统的试运转。

(1) 试运前，在油箱内装入润滑油，其规格数量应符合设备技术文件的规定。

(2) 本系统试运要求是：

1)整个系统各连接处严密无泄漏现象；

2)油冷却器、油过滤器效果良好；

3)油泵机组工作正常，无噪音和发热现象；

4)油泵安全阀在规定压力范围工作；

5)循环润滑油的温度和压力指示正确；

6)油压自动联销灵敏；

7)整个系统清洁。

(二) 气缸填料注油系统的试运转

要求达到该系统各连接处严密无泄漏现象；阀门工作正确灵敏；注油器工作正常，无噪音和发热现象；各注油口处滴出的油清洁无垢。

(三) 冷却水系统通水试验

水系统应通水，保持工作水压4小时以上，检查气缸、冷却器各连接处应严密无泄漏现象，水系统畅通无阻塞现象，水量充足，阀门动作灵敏。

(四) 通风系统的试运转

要求运行平稳，风量充足，风压正常，风管连接处严密无泄漏现象。

(五) 原动机的单机试运转

压缩机组在开车之前，应首先对原动机进行单独试运转。这种单独试运转对大型电动机更为必要。其具体步骤是：

1.开车前的检查

(1) 调整电动机的旋转方向，使其必须符合压缩机的要求，不允许反转。

(2) 对耐压试验和干燥等项工作进行严格检查，并用干燥无油水的压缩空气吹净电机内部空间。

(3) 用塞尺复测转子与定子沿圆周的空气间隙。

(4) 仔细检查电动机各处紧固、定位、防松情况。

(5) 接通电动机的控制测量仪表。

2.起动电动机

(1) 盘动电动机转动三周以上，检查有无碰撞和摩擦声响。一切正常后，开动电动机。

(2) 点动电动机，检查转动方向和各部分有无障碍。

(3) 起动后运转5分钟，然后停车检查。

(4) 起动运转30分钟，如果正常，则可连续试运1小时。停车后，检查主轴承温度不得超过60℃，电动机的温度不得超过70℃，电压、电流应合乎铭牌上的规定值。

(六) 压缩机各部位检查和准备

(1) 全面检查压缩机的紧固情况。

(2) 检查二次灌浆的强度是否达到要求。

(3) 检查各部分的测试仪表是否安装妥当、联锁装置是否灵敏可靠。

（4）复查各部分的间隙及气缸止隙是否符合要求，并盘车检查转动是否灵活。

（5）检查安全防护装置是否良好及放置是否恰当。

（6）将要试运的压缩机擦拭干净，搬开附近一切与试运无关的物品，并向地面洒水，打扫干净，以防地面灰尘吸入气缸内。

（7）拆去气阀和管道，并装上筛网。

二、压缩机无负荷试运转

压缩机无负荷试运转的目的：

（1）使运动件得到良好地磨合；

（2）考验润滑系统、冷却水系统及各辅助系统的工作可靠性；最高排水温度不得超过40℃。

（3）发现并处理试车中的问题，为压缩机进入负荷试运转创造条件。

各项准备工作完成之后，即可进行无负荷试运转，其步骤是：

（1）开动循环油泵，调整油压到设计压力。

（2）开动注油器，检查气缸及填料各点的供油情况。

（3）开启循环水系统至设计压力。

（4）开车

1）点动并检查。检查各运动部件有无不正常的声响或阻滞现象。

2）正式起动压缩机，空载运行5分钟，这时要注意：

听　压缩机运转声音应该正常，不应有碰撞及其他不正常情况。此时可借助"探针"探听主轴承、十字头滑道、气缸及电机各重要部位的运转声响，应无杂音和不正常现象。

看　各级冷却水是否畅通，各出水口水温应符合要求，水量充足；循环油压力是否达到规定要求，注油器运转是否正常，各供油点供油情况是否良好；地脚螺栓及其他各连接处有无松动现象；机体是否有振动等等。

摸　用手摸拭气缸外壁、填料与活塞杆、十字头滑道外壁、机体、电动机等可用手触及的地方的温度和振动情况。

嗅　嗅不正常的气味，如绝缘烧毁的"焦"味，油温过高的烟味等。

3）开车运转30分钟，若无不正常的响声、发热、振动，则可连续运转8小时，然后停车检查。填料温度应不超过60℃，十字头滑道温度应不超过60℃，主轴承温度应不超过55℃，电机温升应不超过70℃，压缩机机组的振动幅度在规定范围之内。

试运过程中，随时对运转情况全面检视，并对异常情况及时处理，要每隔半小时填写一次试运记录。

三、压缩机系统的吹除

压缩机无负荷试运转后，应开动压缩机对气体管路及附属设备进行吹洗。吹洗是利用压缩机各级气缸压出的空气，吹除本身排气系统的灰尘及污物的过程。

吹洗工作一般采用分段吹洗法，即先从Ⅰ级开始，逐段连通吹洗，直至末级。具体方法是：先将Ⅰ级气缸的吸气管道用人工清扫干净，也可以利用吸气装上排气阀反吹。然后分别吹除Ⅰ级气缸的排气口到Ⅱ级气缸的吸气口之间的管路和设备。这时，要正确地安装好Ⅰ级气缸的吸气阀和排气阀，同时松开Ⅱ级气缸吸气管法兰螺栓，使其Ⅱ级气缸错开一定的位置。开车后，利用Ⅰ级气缸压出的气体依次吹洗Ⅰ级排气管路、中间冷却器、Ⅱ级吸气管路，直到排出的空气完全干净为止。下一步吹洗Ⅱ级气缸的排气管路、中间冷却器、Ⅲ级吸气管路。依此类推。最后装上末级的吸、排气阀门，吹洗末级的排气管路，后冷却器和其他设备，直到排出的空气完全干净为止。

各级吹洗的压力应遵守设备技术文件规定；若无规定时，应按150～200Kpa进行。

吹洗时，应在各段吹除口处放置白布，以检查脏物；吹洗时间不限，直到吹净为止。经常用木锤轻敲吹洗的管路和设备，以便将脏物振落吹除。

吹洗段的仪表、安全阀、逆止阀等要拆除，其他阀门必须全开，以免损坏密封面或遗留脏物。吹除的污染空气和脏物，不准带入下一级的设备、管道和气缸内。不进行吹洗的气缸，设备和管道必须加盲板挡住。

吹洗时，为避免排气时噪音过高，管径在 $D100mm$ 以下的，可以用比原管径大2倍左右的临时管道将吹出的气体通向室外。

四、压缩机负荷试运转

压缩机负荷试运转也叫升压连续试车，负荷试运转一般用压缩空气进行。最终压力不宜超过25MPa。超过此压力的试车应考虑用氮气为介质。在进行负荷试车的同时，也进行气密性试验。负荷试运转的目的是：

(1) 检验压缩机的负荷性能；

(2) 检验压缩机正常工作压力下的气密性；

(3) 检验压缩机的生产能力（排气量）以及各项技术性能指标等是否符合设备技术文件规定的要求。因此，压缩机的升压连续试车是决定压缩机能否投入正式生产的关键。

压缩机的负荷试运转是在压缩机吹洗之后进行。其具体步骤是：

(1) 开车前，先把吹洗时用的临时管路、筛网、盲板等全部拆除干净，装上正式试运需用的管路、仪表及安全阀，然后进行正式试车。

(2) 开车后，要分次逐渐加负荷（加压），每次加负荷之前，保持稳定一段时间，以便使操作条件稳定下来，每次升压的幅度也不宜过大。

(3) 在升压过程中，应对机组运转情况进行全面检查，每半小时填写一次试运转记录，各种数据应在规定范围之内。

(4) 在最后压力下运转时间不得少于4小时，停车后进行检查。

(5) 上述试车合格后，应进行不少于24小时额定压力下的连续运转，并每隔半小时作一次记录，各数据应在规定范围内，并运转平稳。

五、拆卸检查再运转

负荷试运转后，应拆开压缩机检查：

(1) 各运动部分的磨合情况是否正常；

(2) 各紧固部分是否有松动；

(3) 拆下各进排气阀进行清洗；

(4) 检查气缸镜面磨损情况；

(5) 全面检查电动机各部分；

(6) 复测气缸和曲轴的水平度；

(7) 消除试运转中发现的缺陷。

拆卸检查后，重新装配好再次试运转，试运转的过程同压缩机的负荷试运转，以检验再装配的正确性。

压缩机经过上述步骤的试运转，若平稳可靠，则证明一切正常，即可进行交接工作，投入生产使用。

试运转是一项重要的多工种联合作业。因此，压缩机试运转之前首先要编制试车方案（或试车指导书），并向全体参加试运转的人员交底；其次，试运转过程中，要自始至终地贯彻"听"、"摸"、"看"、"嗅"四字方针。一旦发现问题，既要沉着冷静，又要迅速及时地妥善处理。

六、压缩机试车或运转中可能产生的问题及其原因和对策

压缩机在试运转过程中，常会发现一些问题，产生这些问题或故障的原因和解决方法归纳如下：

（一）排气量达不到设计要求

其原因有：

（1）气阀泄漏，特别是低级气阀泄漏；

（2）填料漏气；

（3）第一级气缸余隙容积过大；

（4）气缸和活塞环有故障。

排除方法有：

（1）气阀泄漏，可能是阀座与阀片间有金属颗粒，因关闭不严引起泄漏，此时要拆洗；也可能是气阀弹簧刚度不符合要求，此时要检查气阀弹簧并更换合适的气阀弹簧；也可能是阀座与阀片磨损不均匀而引起密封不严漏气，此时可用研磨法修理或者更换新的。

（2）填料漏气，可能是填料磨损而引起漏气，此时可修理或更换密封圈；也可能是润滑油供应不足，降低气密性而漏气，此时可增加润滑油量；也可能是装配不良或回气管不通，此时要重新装配填料和疏通回气管。

（3）气缸余隙容积过大，可用调整气缸余隙方法排除。

（4）气缸和活塞环的故障，可能是磨损。若为气缸磨损，可采用镗削或研磨法修理，严重时更换新的缸套；若为活塞环磨损，要更换新的活塞环。也可能是润滑油量不足或质量不高，此时要更换质量好的且量足的润滑油。

（二）级间压力超过正常压力

其原因和排除方法是：

（1）后一级的吸、排气阀不好，要检查气阀，更换损坏件。

（2）前一级冷却器的冷却能力不足，要检查冷却器的供水情况。

（3）活塞环泄漏引起排出量不足，要更换活塞环。

（4）到后一级间的管路阻抗增大，要检查管路并使之畅通。

（5）本级吸、排气阀不好或装反，要检查气阀。

（三）级间压力低于正常压力

其原因和排除方法是：

（1）前一级吸、排气阀不良引起排气不足或活塞环泄漏过大，此时要检查气阀和活塞环，必要时更换损坏件。

（2）吸入管道阻抗太大，要检查管道，使之畅通。

（3）级间有外泄漏；要检查泄漏处，并消除之。

（四）排气温度超过正常温度

其原因和排除方法是：

1.气缸或冷却器冷却效果不良，要增加冷却水量。

2.吸入温度超过规定值，检查工艺流程，排除升温源，

（五）运动部件发生异常声音

其原因和排除方法是：

（1）连杆螺栓、轴承盖螺栓、十字头螺母松动或断裂，紧固或更换损坏件。

（2）主轴承、连杆大小头瓦、十字头滑道等间隙过大，要检查或调整间隙。

（3）各轴瓦与轴承座接触不良且有间隙，要刮研轴瓦瓦背。

（4）曲轴与联轴器配合松动，检查并采取相应措施。

（六）气缸内发生异常声音

其原因和排除方法是：

（1）润滑油太多或气体含水太多，产生水击现象；要减少润滑油量、提高油水分离器效果，定期打开油水阀。

（2）气缸余隙容积太小，要适当加大余隙容积。

（3）活塞杆螺母或活塞螺母松动，应紧固。

（4）异物掉入气缸内，检查并清除之。

（5）填料破损，更换填料。

（6）气阀有故障，检查气阀并消除故障。

（7）气缸套松动或断裂，检查并采取相应措施。

（七）气缸发热

其原因和排除方法是：

（1）冷却水不足，检查冷却水供应情况。

（2）气缸润滑油太少，检查气缸润滑系统，保证正常的油压和油量。

（八）轴承或十字头滑道发热

其原因和排除方法是：

（1）配合间隙过小，调整间隙。

（2）轴颈和轴承接触不均匀，重新刮研轴瓦。

（3）润滑油不足，检查其润滑系统，保证正常的油压和油量。

（4）润滑油太脏，更换润滑油。

（九）油泵油压不足

其原因和排除方法是：

（1）吸油管内有空气，排除空气。

（2）泵壳漏油，检查并消除之。

（3）吸油阀或吸油管有故障，检查并消除之。

（4）油箱内油不足，添加润滑油。

（5）滤油器太脏，清洗滤油器。

（十）气缸部分发生不正常振动

其原因和排除方法：

(1) 支撑不正确或垫片松动，调整支撑间隙或垫片厚度。

(2) 配管振动引起的，消除配管振动。

(3) 气缸内有异物，清除异物。

(十一) 机体部分发生不正常振动

其原因和排除方法：

(1) 各轴承和十字头间隙太大，调整间隙。

(2) 各部件接合不好，检查并调整之。

(3) 气缸振动引起，应消除气缸振动。

(十二) 管道发生不正常振动

其原因和排除方法：

(1) 管卡太松或断裂；紧固或更换新的管卡，应考虑管子的热胀冷缩。

(2) 支撑刚性不足；加固支撑。

(3) 气流脉动引起共振；用预流孔改变其共振。

　　压缩机出现的故障原因常常是很复杂的，因此必须细心地观察，认真研究，甚至要经过多方面的试验和依靠丰富的实践经验，才能判断出产生故障的真正原因。

思 考 题 与 习 题

7-1　活塞式压缩机的基本工作原理是什么？为什么要进行多级压缩？

7-2　怎样安装活塞式压缩机的机体？

7-3　怎样安装压缩机的气缸？

7-4　怎样安装压缩机的曲轴？

7-5　拧紧连杆螺栓时，预紧力如何计算？连杆螺栓伸长量如何计算？安装中怎样进行测量？

7-6　十字头在安装中有什么要求？怎样进行十字头定心？

7-7　活塞、活塞杆和活塞环应怎样进行安装？有什么技术要求？如何确定和测量气缸止隙？

7-8　填料安装有什么要求？

7-9　怎样安装气阀？

7-10　怎样进行机身渗漏试验？若有渗漏如何处理？

7-11　如何测量压缩机机身的水平度？一台压缩机若有两个机身，第二个机身应如何找平找正？

7-12　如何测量主轴颈与曲轴销的平行度误差？

7-13　如何测量卧式压缩机曲轴的水平度？

7-14　如何测量曲柄开挡偏差？

7-15　如何吊装大型电机？

7-16　如何检查大型电机定子内圆弧程度和转子外圆弧程度？

7-17　大型压缩机是怎样进行润滑的？润滑系统的安装有些什么要求？

7-18　压缩机试运转之前应做好哪些准备工作？

7-19　压缩机无负荷试运转的方法和步骤是什么？

7-20　压缩机的吹除应怎样进行？吹除时怎样进行检查？吹除中应注意哪些事项？

7-21　压缩机负荷试运转怎样进行？

7-22　压缩机试运转中常发生哪些故障？什么原因？怎样排除？

第八章 离心式压缩机的安装

活塞式压缩机属于容积型的,它是靠容积缩小而提高气体压力的。而离心式压缩机属于速度型的,它是靠高速旋转的叶轮作用,使气体得到很大的动能,随后在扩压器中急剧降速,使气体的动能转变为势能(压力能)而增压的。因此,离心式压缩机也叫蜗轮压缩机。

由于离心式压缩机的单机总压比远远超过容积式压缩机(单机总压比可达192),特别是60年代后,高压离心式压缩机的制成(压缩机出口压力可达42MPa),使离心式压缩机成为大中型压缩机的主要型式(排气量可达 20000m³/min)。其特点是排气具有连续性,广泛应用在钢铁厂、化工厂、大型机器制造厂和轻工业部门的医药、食品与塑料厂等。近年来,我国从国外引进了一些为数不少的大型离心式压缩机,主要用于30万吨合成氨和30万吨乙烯工程的工艺流程中。

第一节 离心式压缩机工作原理及组成

一、工作原理

在离心式压缩机中,气体在工作轮里的离心力增压,在工作轮中渐扩通道流动时的增压,以及在工作轮以后的扩压器和蜗壳等渐扩通道流动时的增压,从而使气体压力得到提高(见图8-1)。

离心式压缩机是一种叶片旋转式机械,当离心式压缩机在原动机(电动机或蒸汽轮机)拖动下旋转,具有叶片的工作轮随着旋转,气体经吸气室流入工作轮,被叶片带着一起旋转,增加了动能(速度)和静压头(压力),然后经叶片之间通道沿半径方向甩出来,再经扩压器和蜗壳,进一步将气体的速度转变为压力流出机外。经过压缩的气体,再经弯道和回流器进入下一级工作轮,进一步压缩直至所需的压力。因为气体是在离心力作用下被送到外面去的,所以称这种压缩机为离心式压缩机。

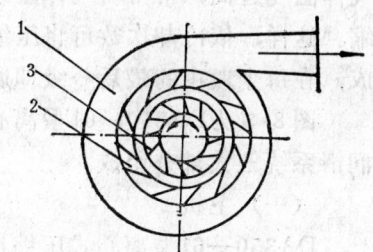

图 8-1 离心式压缩机简图
1—蜗壳;2—扩压器;3—工作轮

在离心式压缩机中,一个工作轮及与其相配合的固定元件称为"压缩机的级",简称为"级"。由于一个级中提高气体的压力是有限的(一般压力比仅为1.3~2),因此,为了得到某个压力,压缩机往往由许多级组成。级的固定元件除了吸气室、扩压器、蜗壳外,还有弯道和回流器(见图8-2)。

(一)吸气室

它是用来把所需要压缩的气体,由进气管或中间冷却器的出口均匀地吸入工作轮去增压。因此在每段压缩机的第一级进口都设置了吸气室。

(二)工作轮

工作轮也叫叶轮。它是压缩机中最重要的一个部件。气体在工作轮叶片的作用下，跟着工作轮旋转，气体由于高速旋转受离心力作用，以及在工作轮里扩压流动，使气体通过工作轮后压力得到提高，并且气体速度也得到提高。所以，工作轮是使气体能量提高的部件。

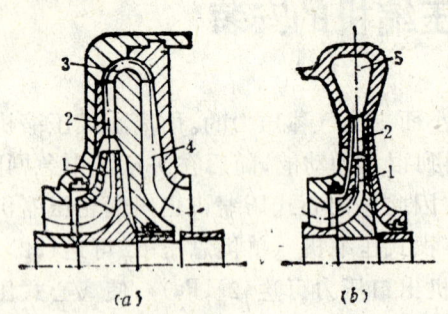

图 8-2　离心式压缩机"级"的图示
(a) 中间级；　(b) 末级
1—工作轮；2—扩压器；3—弯道；4—回流器；
5—蜗壳

（三）扩压器

气体从工作轮流出时，具有较高的流动速度。为了充分利用这部分速度能，常常在工作轮后设置截面逐渐扩大的扩压器，用它把速度能转化为压力能，以提高气体压力。

（四）弯道和回流器

为了把扩压后的气体引导到下一级工作轮中去继续提高压力，在扩压器后设置使气体拐弯的弯道，以及把气体均匀地吸入下一级工作轮进口的回流器。

（五）蜗壳

其主要作用是把扩压器后面或工作轮后面的气体汇集起来，引到压缩机外面去。并且在汇集的过程中，由于蜗壳外径逐渐扩大和截面的逐渐扩大，也使气体降速扩压。

二、离心式压缩机的组成

任何复杂结构的离心式压缩机，都是由级组成的。由于与工作轮相配合的固定元件不同，级又可分为中间级和末级两种（见图8-2）。

要使压缩机获得较高压力时（如压力比超过4），为了降低功率消耗，避免压缩终了气体温度过高，常常将气体压缩到某一压力后，送到冷却器中冷却，降低气温后再继续压缩。这样，依冷却次数可将压缩机分成几段。一个段可有几个级（也可仅有一个级）组成，在每个段中的最后一级即属于末级型。

图 8-3 为DA350—61型离心式空气压缩机流程图。它由主机部分和气体冷却系统及油润滑系统三大部分组成。

（一）主机

DA350—61型离心式压缩机，是由电动机（2500kW）通过增速箱驱动的，电动机与增速箱、增速箱与压缩机之间均用齿轮联轴节连接。增速箱为双轴式一级齿轮增速箱。增速箱的主动轴和从动轴均由箱体上的对开式滑动轴承支持，中心距不可调整（见图8-5）。压缩机主机布置在车间二层操作平台上。其设计流量为370m³/min，出口压力为735kPa，转速为8600r/min，整个压缩机分6级，二个中间冷却器，故压缩机分3段，每段由两个级组成。

整个压缩机通过轴承座支承在两块底座上（或叫台板），底座与基础间用地脚螺栓固定。压缩机转子（即旋转部分，是由主轴、工作轮、平衡盘、止推盘等元件组成，统称转子）由两个对开式轴承支承。其中一个为径向轴承，另一个为径向和止推联合的滑动轴承。为了防止机组运转中由于温升引起膨胀而影响机组轴心偏移和变形，在进气侧机身与底座间相对固定，而排气侧设置纵向滑动键，机身可沿纵向滑键向增速箱方向自由膨胀，以保证机组之间在运行情况下的同轴度。

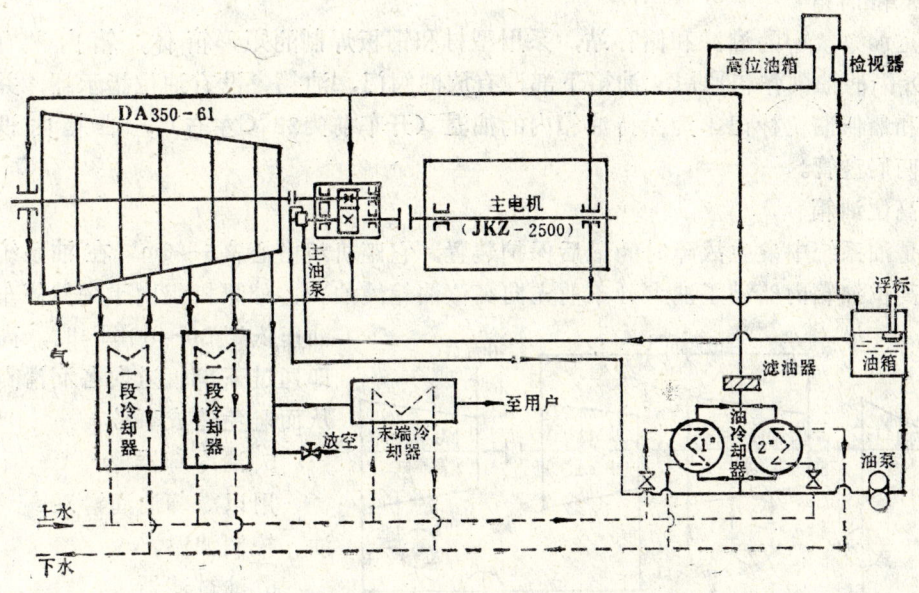

图 8-3 DA350-61型离心式压缩机流程图

为了减少压缩机外部和内部漏气，减少各级间由于压力不等的漏气以及减少润滑油漏失，均装有迷宫式密封。

（二）气体冷却系统（见图8-3）

DA350-61型离心式压缩机在一、二段中间和二、三段中间设置中间气体冷却器，在末端设置末端气体冷却器，它们与压缩机之间用管道连接，中间冷却器布置在压缩机本体下面，且与机身直接刚性相连，中间无膨胀接管，运行时的热膨胀靠中间冷却器下部的弹簧支座补偿。末级冷却器位于增速箱侧，排气管的热膨胀可由管道弯头适当补偿。

中间冷却器采用间壁列管换热器。气体和冷却水在冷却器中进行热交换，温度高的气体通过管壁把热量传给冷却介质，温度降低后，进入下一级压缩。两个中间冷却器共用一个方形焊接外壳。末端冷却器具有一个圆筒形的焊接外壳,内有三个冷却器管组,冷却水依次流经三个管组，将压缩终了的气体冷却到设计规定的温度。

气体冷却系统除了冷却器、管道和阀门外，还设有冷凝液分离器，以去除气体冷却后冷凝下来的水分。

（三）油润滑系统（见图8-3）

油润滑系统包括油泵、起动油泵、备用油泵、带过滤器的高位油箱和低位油箱、油冷却器、油过滤器、减压阀、安全阀及油管组成。

1.主油泵

它安装在增速机的外壳上，由增速箱的主动齿轮轴直接带动。此油泵是在压缩机正常运转时向各润滑点供油。

2.辅助油泵

它包括起动齿轮油泵和备用齿轮油泵，安装在油站，由电动机单独拖动。它是用来在压缩机起动前和起动初期供油，当润滑系统的油压降低时，辅助油泵自动起动向系统供油。起动和辅助油泵可由一个泵充当。

3.低位油箱

它是油系统中的过滤和储存站，系用型材和钢板焊制的矩形箱体，箱内装有120目/（英寸）^{2}铜滤油网作初滤用，油箱下部设有放油阀门，油箱旁设有油位指示器，并标有最高油位和最低油位标记。为保持油箱内的油温（开车前为25°C左右），油箱内设有加热和冷却两周盘管。

4.高位油箱

它是油系统中发生故障时的最后保护装置。它距机组中心高5～6m。在油系统正常循环时，高位油箱内储满了油（开车前先向高位油箱灌油），如果机组由于突然停车停电，油压低于50～60KPa时，高位油箱即通过下部管道向各润滑点供油，从而避免造成事故。

5.油冷却器

用以冷却油润滑系统的循环油，控制油温。

6.油过滤器

过滤循环油中的杂质，防止杂质进入润滑点。

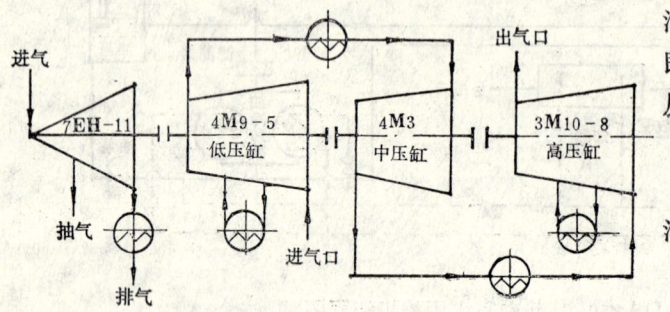

图 8-4 裂解气压缩机组布置图

近年来，从国外引进的离心式压缩机多用汽轮机直接带动（中间无增速机）。图8-4所示为由日本引进的30万吨乙烯装置所采用的裂解气压缩机，它是把压力为142KPa、温度为40°C的裂解气经三缸五段十六级压缩后并冷却变成压力为3.8MPa、温度为15°C状态的气体，再送往分离系统。它是由抽汽冷凝式蒸汽轮机（也称蒸汽透平机，简称透平机）驱动，其高压蒸汽参数为：压力为11.5MPa、温度为525°C；型号是7EH—11型；功率为19376kW；转速为5404r/min。

第二节　离心式压缩机的安装

离心式压缩机是一种高速旋转机械，装配精度要求较高。安装质量的好坏将直接影响机组效能的发挥和使用寿命。对离心式压缩机安装总的要求是：

(1) 安装位置符合设计要求；

(2) 压缩机转子中心线与机壳和轴承座中心线重合；

(3) 机组各转子中心线能够形成一条连续平滑的公共中心线；

(4) 预留机组热状态下运行的变形量，使转子中心线在热态下也连续平滑；

(5) 压缩机组基础垫铁承载均匀，接触严密。

如果能很好满足上述技术条件，则离心式压缩机组便能安全可靠地运行，否则将会造成运行中的缺陷或严重事故。

离心式压缩机的安装，由于驱动设备（电动机或汽轮机）不同、级数和容量不一、压缩介质不同，安装方法和技术要求也各不相同。因此，各类压缩机组的安装施工，必须遵照各机组有关的技术文件规定进行。但其安装工艺大体相同。现以DA350-61型离心式空气压缩机为例介绍如下：

一、机组安装前的施工准备

为了多快好省地完成机组安装，应做好必要的准备工作。其中主要有以下几方面：

（一）施工技术资料的准备

（1）熟悉必要的资料：设备图、安装图、工艺图及有关技术文件。

（2）编制施工方案。

（二）施工现场的准备

（1）对施工现场进行统一安排和布置，准备好设备放置地点。

（2）安装用的电源、水源和气源。

（3）准备好常用的工具、仪表和材料。

（4）大件吊装方案。最好将车间内的桥式起重机提前安装并调整好以备使用。

（三）设备的开箱检查验收及清洗

（1）设备按安装顺序依次运到现场指定地点。

（2）按装箱单开箱核对机件的数量、规格，如有缺陷或缺件，须当场记录并及时处理。

（3）拆卸设备和部件时，应特别注意上面的标志，如无标志时，应在非工作面上打出标志，以免在安装组对中发生错误。

（4）各机件及附属设备均应解体清洗干净，检查各加工面防锈情况，必要时应换新的防锈油脂加以保护。清洗时要注意：压缩机中分面不得拆卸；隔板和轴承箱等清洗时不拆卸；筒型压缩机，一般由制造厂全部装配好，经试运转合格后充惰性气体防腐，整体运到安装现场，安装时无须解体清洗。为此，解体前必须弄清楚哪些要拆洗哪些不要拆洗；这一点产品使用维护说明书中会有明确的规定。

（四）基础验收及划线

离心式压缩机基础是大型动力钢筋混凝土基础，对设备基础验收的内容包括：

（1）混凝土外观检查：指基础有无裂纹、空洞、露筋等缺陷，有不符合设计要求者须进行处理。

（2）基础外形尺寸检查：包括设备基础的中心标高、纵横中心线是否正确；地脚螺栓的位置（或预留孔的位置和形状）是否符合要求；附属设备的相对位置及标高是否正确等。

基础外形尺寸的检查实际上是和基础的划线工作同时进行的。

划线时，会同土建人员或土建单位交付的技术文件及在基础上留下的中心线，按施工图并依据有关建筑物的轴线、边缘线等进行复查后放上墨线。基础标高，可根据土建单位留在基础上的红三角标志或标准水准点进行实测。但须注意基础承重面的实际标高比设计标高（即设备底面高度）低40～60mm，供安装时放垫铁和二次灌浆用的。检查地脚螺栓孔的相互位置，要按图纸及实物尺寸进行复核。划线时，应先定出压缩机中心线和电动机中心线，然后复核二中心线间的距离和预留孔的位置。

（五）垫铁的准备与敷设

离心式压缩机是高速精密机器，对垫铁的施工质量要求较严。敷设垫铁时要求做到机器底座与垫铁之间、垫铁与垫铁之间、垫铁与基础之间接触严密，保证作用力可靠地传到基础上，减少机组运行时可产生的位移和振动，从而保证机组长期安全运行。

1.垫铁的准备

离心式压缩机采用经过机加工的钢制平垫铁和斜垫铁。同一块平垫铁厚度差不大于0.04mm，以保证接触面严密；斜垫铁两块为一对，斜度应该相等，成对研配后应检查其平行度，平行度偏差不超过0.02mm、常用垫铁尺寸为(280～150)×（150×120）×（40～20）mm。

2.垫铁敷设

根据垫铁敷设原则，离心压缩机一般采用辅助垫法：即不但在地脚螺栓两侧放上垫铁，还应根据地脚螺栓的远近，在中间加一组或几组辅助垫铁。放垫铁的基础表面应铲麻。为使平垫铁与基础承压面贴实，可将平垫铁与基础用着色法对研，使接触面积达65%以上；自身纵横水平控制在0.04～0.06mm/m。

当然，离心式压缩机也可采用无垫铁安装法，此时设备的全部重量由灌浆层来承受，其优越性是显而易见的。具体作法详见第二章，这里不再赘述。

二、机组安装

机组就位前，基础混凝土的强度必须达到80%以上。其安装就位的顺序是：中间冷却器、增速机、电动机和压缩机。一般来说，有增速机的机组，为了减少积累误差，通常都先安装增速机，然后以增速机为基准，通过联轴节对电动机、压缩机进行整个机组的调整定心。因此，增速机的安装，原则上不应该有误差出现。而且，增速机安装好后，在其他安装调整过程中，应尽可能不变动增速机的位置。

（一）主机就位前的准备

1.增速机就位前的准备

（1）将增速机解体，认真检查，并清洗干净，保证油路畅通。

（2）对增速机下壳体进行煤油渗漏试验，不得有任何渗漏。

（3）对有底座的机组，应检查增速机底与支承部分贴合的接触情况，接触面必须光滑平整，未拧紧螺栓前用塞尺检查，其局部间隙不应大于0.04mm。

（4）检查下瓦背与壳镗体孔的配合情况，要求接触面均匀，要达到轴衬支承面的75%以上。轴瓦装入镗孔时，其侧面接触要有预紧力，公盈量为0.03～0.07mm。检查巴氏合金轴瓦浇铸质量和与轴衬的贴合情况，并根据齿轮啮合情况及两轴平行度刮修轴瓦，使轴瓦的径向间隙和轴向间隙符合规定要求。

（5）检查增速机上、下箱体法兰接合面的严密性，在不紧固螺栓的情况下，接合面的间隙允许在0.06mm以下；超差时需要修整。接合面间如有密封填料或涂料，应按规定填上或涂上。

（6）轴封间隙不能过大过小，一般为0.12～0.16mm。回流油孔应畅通。

2.压缩机就位前的准备

（1）对压缩机轴承箱进行煤油渗漏，不应有任何渗漏现象。

（2）放平机体，将上下机壳连接螺栓拆除。测量气缸中分面处的间隙，工作压力小于1MPa者，允许局部间隙不大于0.12mm；工作压力大于1MPa者，局部间隙不大于0.08mm。

（3）吊开机壳上盖及轴承盖，并使上机壳法兰结合面向上，对上下壳体、各部轴封、隔板、轴承、转子、叶轮等进行外观检查，不应有裂纹等机械损伤，所有连接处不应有松动现象。全部进行清洗，油孔相对吻合并畅通。

在离心式压缩机中，为了减少转子与固定元件之间的间隙漏气，在气缸两端设有前后轴封，在气缸内部设有轴封、平衡盘密封和工作轮的轮盖密封。密封形式可以分为迷宫密封、充气密封和浮环密封多种。离心式压缩机多采用梳齿状密封结构（见图8-5）。

梳齿状密封的密封原理是由于两梳齿间的空间比间隙大得多，当气流由低压向高压泄漏时（见图 8-6），在每个梳齿下进行的是绝热流动，由于节流作用，压力和温度随着降低，而速度增加。气体进入一个较大空间，气流形成一个很强烈的旋涡，气流增加的速度消失。对每一梳齿而言，梳齿前后压力逐渐下降；但两侧压差小，因而泄漏量减少。密封齿数一般为4～35片。齿数少则泄漏多，齿数过多使所占空间增加，但泄漏量减少不多。梳齿径向间隙S应尽可能小，但要考虑运行安全。一般用下式确定

$$S = 0.2 + (0.3 \sim 0.6)\frac{D}{1000} \quad (\text{mm}) \tag{7-1}$$

式中　　D——密封直径。

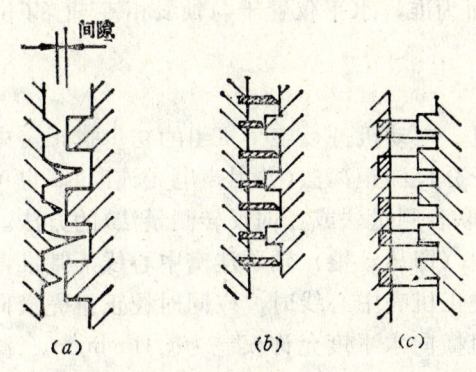

图 8-5 梳齿状密封结构
(a) 整体式梳齿密封； (b) 和 (c) 镶嵌式梳齿密封

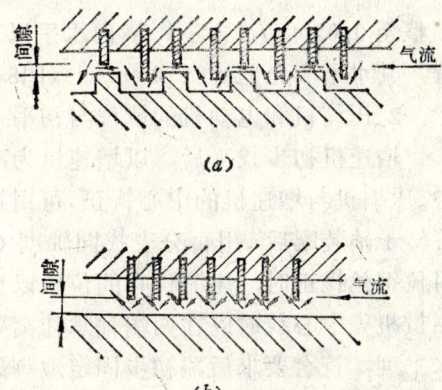

图 8-6 梳齿密封示意图
(a) 阶梯形轴封； (b) 光滑形轴封

整体式梳齿一般采用铝铸件车制。镶嵌式密封体用钢或铸铁制作，而镶片多采用薄黄铜板或铝板加工而成。

（4）检查滑动轴承的巴氏合金表面，不得有裂纹、孔洞、重皮、夹渣、斑痕等现象，并用煤油渗漏法检查巴氏合金与瓦胎的贴合情况。

（5）清洗并检查转子及轴颈各处有无机械损伤，拆除其推力瓦块、轴封和轴瓦，以免吊出吊入转子时损伤其加工面。在吊转子时，必须使用专用工具，并应保持转子轴尽量水平状态。将转子吊放在轴瓦上，测量轴瓦的径向间隙和轴向间隙及推力轴瓦间隙和止推平面的轴向摆差；测量转子轴颈的锥度和圆度；测量各级叶轮、轴套及联轴节等处的径向跳动和轴向跳动，并使之满足要求。

各部件清洗检查完毕后，要做详细记录。

3.电动机就位前的准备

电动机在制造厂一般都已经过试运转，故安装时只需要做必要的复查工作。复查工作可在设备就位前进行，也可在就位后进行。

检查时，放平电机，打开端盖，测量转子轴颈锥度和圆度；测量轴承座的绝缘值；检查轴瓦间隙和轴瓦接触情况；测量转子与定子气隙数据；套装联轴节并检查其径向跳动和轴向跳动量。

（二）机组就位和找平

1.增速机的就位与初平

将增速机下箱体、压缩机下机体、电动机（包括支承底座）分别吊装在各自所在的位置上。由于整个机组的中心位置是以增速机为基准的，所以机组就位时，应首先调整增速机的位置。对增速机进行初步找平工作，增速机中心线与基础中心线应重合，其误差不应超过 3～5mm。利用垫铁调整下箱体的水平及标高，标高以从动轴中心为准，允许误差在 2～4mm 范围内。初平时，纵向水平以下箱体轴瓦洼窝处为准，使纵向水平

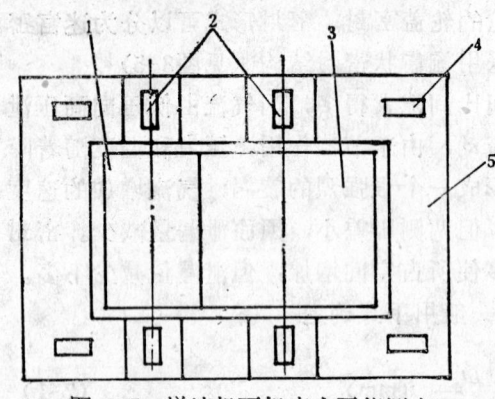

图 8-7 增速机下机壳水平仪测点
1—从动齿轮；2—纵向水平仪；3—主动齿轮；
4—横向水平仪；5—接合面

调整至 0.02mm/m 左右；横向水平以下箱体中分面为准，水平仪置于与轴线相垂直的位置，其水平度允差为0.10mm/m（图8-7）。

2.压缩机和电动机的就位与初平

增速机初步找平后，以增速机为准，对压缩机、电动机进行整个机组的初步找正定中心。压缩机与增速机的中心找正，可用拉钢丝内径千分尺测距离法（并用声电光辅助），也可待转子轴装配后，用百分表找同轴度（用径向轴向联合测量法或径向反转测量法）的方法。用拉钢丝找正时，压缩机壳的位置以增速机高速轴（即从动轴）轴承洼窝中心线为基准，测量机壳中心线时应在两端轴承洼窝处进行。在校正机壳中心线时，应同时校正机壳横向水平度，符合要求后，初步固定地脚螺栓。压缩机横向水平度允许误差为0.10mm/m。测量时，压缩机的横向水平以中分面为准。两侧的横向水平方向要一致，不能使机壳前后水平方向相反，造成机壳扭曲现象。电动机的横向水平以轴承盖的中心面为准，纵向水平以轴颈处为准。不论纵向或横向水平的找平，均分别调整底座下的垫铁，使之符合要求。

3.整个机组就位初平时应注意的问题

（1）增速机如有底座，增速机就位前应先安装增速机底座，底座初步校正后，轻轻扭紧地脚螺栓；然后将增速机放在底座上，在底座上调整增速机于水平位置，并固定在底座上。在未固定前，箱体与底座间的间隙不应大于0.04mm。

（2）应按图纸要求调整机组各部分的轴向间隙，以保证轴向膨胀间隙及运行时的轴向窜动量。

（3）在固定基准机的位置时，要同时注意到其他部分的找正。

（三）增速机的精平及调整

增速机的精平和调整内容包括：增速机的精平、齿轮副的啮合调整及轴瓦研磨。

1.增速机精平

在增速机地脚螺栓灌浆保养期满后即可进行增速机的精平工作。精平时，首先复查增速机下箱体的水平状态，纵向水平允差为 0.02mm/m，横向水平允差为 0.10mm/m。水平找好后，拧紧地脚螺栓，固定箱体。此时应检查垫铁与箱体的接触情况，同时将轴承装入

洼窝内，安装好大小齿轮轴。因为离心式压缩机对机组轴线的找正精度极为敏感，必须复测高速轴的轴向水平，而且增速机调整时，必须首先满足高速轴的要求，以免造成积累误差；必须保证机组的同轴度。

2.齿轮副啮合调整及轴瓦研磨

齿轮副啮合情况检查与轴瓦研磨是同时进行的。因为增速机安装时，各尺寸均已相对固定，安装中如发现齿轮副啮合情况不理想，只能借助刮研轴瓦作一定量的调整，同时还必须满足轴瓦本身的接触面积、接触点数和间隙要求。具体的方法是：将轴瓦放入增速机后，用压铅法检查大小齿轮轴的平行度及齿轮副的啮合间隙，同时用着色法检查大小齿轮工作面的啮合情况，根据检测数据作为刮瓦的依据。与此同时，还要用着色法检查轴颈与轴瓦巴氏合金的接触情况，用压铅法测量轴瓦间隙，根据测量结果，分析误差情况，进行调整刮研。注意在刮瓦过程中，应反复地进行上述两方面的检查和测量，使误差逐步缩小，否则要重新研究刮瓦方案，最后要既满足齿轮副的啮合情况，又要满足轴瓦的接触与间隙要求。

齿轮副安装精度要求为：齿轮轴在水平平面上的平行度允差为0.03mm/m，在铅垂面上为0.05mm/m；齿轮工作面啮合情况，对渐开线齿轮，一般要求两齿轮工作面贴合均匀，齿的接触部分在齿宽中部不少于70%，沿齿高不少于40%，允许有不连贯分布的着色痕迹，但不允许斑点集中在齿顶、齿根处，各端部不允许有严重的色痕；而对圆弧齿轮，要求齿面接触斑痕沿齿宽不少于90%，沿齿高不少于70%。其他按设备说明书规定执行。

3.推力面间隙调整

用百分表或塞尺测量止推轴承轴向间隙f（见图8-8），f值应符合制造厂的规定，

一般f为轴承间距的$\frac{3}{10000} \sim \frac{6}{10000}$，但

不少于0.20mm。间隙过大应焊巴氏合金，小于规定值应刮研。轴封间隙s值应符合制造厂规定，一般取轴封间隙$s = 0.12 \sim 0.16$mm。

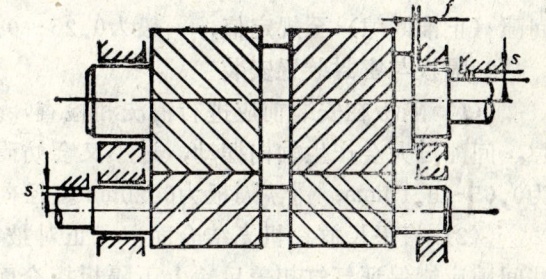

图 8-8 增速箱推力间隙、轴封间隙

4.增速机的封闭

当箱体水平、齿轮啮合情况、齿轮轴的平行度均已找好并刮研好轴瓦后，增速机的安装调整工作即告结束，在将全部数据记录整理好并经有关单位审查同意后，就可以进行增速机封闭（即扣大盖）工作。但为了使压缩机与电动机找正工作方便起见，可暂不扣大盖，待压缩机和电动机找正找平工作完全结束，再将齿轮吊出，进行全面检查，把齿轮啮合面、轴瓦和轴颈浇上透平油，按步骤装配好，在接合面上涂密封膏，将上盖扣好，装入定位销，均匀拧紧螺栓。所涂密封膏的厚度为0.20~0.30mm，宽为10~15mm。

（四）压缩机的调整定心

这部分的安装内容有：轴瓦研磨、隔板及密封调整、机组定心等。

1.轴承安装

轴承安装应保证转子位置的固定；在高速运转情况下润滑良好；不产生过大的振动等。因此要求轴承部件间接触严密，受力均匀，转子与轴瓦有良好地接触及适当的间隙。

离心式压缩机的轴承有径向和止推轴承两种。

（1）径向轴承。压缩机就位后即可进行压缩机的研磨工作，用涂色法检查轴颈与轴瓦的接触情况，其接触角一般为60°～90°，接触斑点要均匀分布在轴承全长的承力面上，但两端应留有10～20mm长0.20mm间隙的疏油部位。上瓦与下瓦的瓦口接触处应均匀紧密，0.05mm塞尺检查不得塞入。轴瓦盖与上瓦背间应有预紧力，要求公盈为0.03～0.07mm。

轴瓦间隙应符合制造厂的规定，通常顶间隙取直径的 $\frac{1.5}{1000}$～$\frac{2.0}{1000}$；圆形孔轴侧间隙应为顶间隙的二分之一；椭圆瓦侧间隙应等于顶间隙。在起吊转子时，必须保持水平，以免碰坏轴向推力面；为了避免碰坏止推瓦块及气封片（如梳齿），可暂将它们取出。

（2）止推轴承 由于在连接风管时会使压缩机下机体产生一定挠度，故止推轴承的研磨工作最好在风管接通后再进行（目前很多离心式压缩机安装，尤其是进口的离心式压缩机，要求无应力配管，即要求管道安装不允许对压缩机产生大的应力，配管时不得用强拉、强推和强扭的办法来补偿预制安装的偏差。配管法兰焊接后与压缩机进出口法兰面相平行，其偏差<0.03mm；机身错位量<0.03mm。并用千分表监测。这对安装精度非常敏感的高速离心式压缩机来说是很必要的）。止推轴承表面应平滑无擦伤痕迹，其翘曲允差为0.02mm以内；用百分表检查止推盘工作表面的跳动量，其大小不允超过0.01～0.02mm，推力块的厚度应均匀一致，误差不得超过0.02mm。用着色法检查工作瓦块与止推盘表面接触情况，使其接触面积达70%以上，且每平方厘米内要有2～3个接触点，并调整轴瓦间隙（止推间隙）至规定值，一般为0.25～0.35mm。

2.隔板与密封装置安装

（1）隔板在安装前应进行清洗和检查，然后吊入机体。检查隔板与机壳间的膨胀间隙，间隙过大会产生轴向摆动，过小又会妨碍隔板的自由膨胀。一般轴向间隙：钢制隔板为0.05～0.10mm；铸铁隔板为0.20mm。径向间隙一般为1～2mm或稍大。

（2）将平尺放在机壳结合面上，正对被检查的隔板，用塞尺测出上下隔板间隙。这些间隙应能保证气缸扣盖后，上下隔板接合面间能形成0.10～0.25mm的间隙；这个间隙也可用压铅法进行测量，在下机壳隔板接合面上，选择四处放铅丝，盖上机壳盖，对称扭紧三分之一左右的连接螺栓。机壳内用安全灯照明，观察隔板连接情况，然后吊起机壳，取出铅丝并测量其压扁厚度，即为隔板接合面的间隙。

（3）测量密封间隙前，应将转子安装在下机壳内，再在机壳内组装各级隔板密封、前后轴封和各级轮盖密封。用涂色法检查密封环嵌入部分的接触情况，接触不良者应进行修正。用塞尺或涂色测量密封间隙，间隙小于允许值时，应进行修刮。

（4）各级工作轮的最小径向间隙，至少应大于同级工作轮的径向跳动量的二倍以上，并符合装配图的要求；各级工作轮的轴向间隙，至少应大于同级工作轮轴向跳动量与最大轴向窜动量之和的二倍以上，也应符合装配图的要求。测量时，应在转子上作好标记，当第一个位置在机壳左右侧分别测完各级工作轮的轴向和径向间隙后，将转子按运行方向转动90°，再次进行上述测量，这样既能检验第一个位置测量的正确性，又能判断工作轮是否歪斜、变形及装配是否正确。

3.压缩机的定心

正确地定心，是旋转机械的可靠运行的保证，特别是高速旋转的离心式压缩机更显得重要。压缩机的定心就是用找正工具通过联轴节校正压缩机转子和增速机从动齿轮轴的同轴度，使压缩机转子中心线与增速机从动齿轮轴中心线在运行状态下能形成一条连续光滑曲线。找正的基准是已经固定的增速机从动轴，压缩机作为被调轴，借助于机体底座下面的斜垫铁调整压缩机的位置来达到要求。应当说明，转子找正实际是对下机壳安装正确程度的复核，如果下机壳用拉钢丝和水平仪找正的位置不能满足转子找正要求时，最后以转子找正为准，实践证明，往往由于机组联轴节找正质量不高或设计要求不合理而导致机组在运行中发生振动，这不仅影响机组使用寿命，还会造成机器零部件的严重磨损和损坏。因此，压缩机组联轴节的正确找正在整个安装过程中占有重要的地位，特别对于大功率、高转速的机组，找正工作更应严格进行。

（1）找正前应考虑的因素：1）联轴节本身偏差的影响。在找正前，对联轴节各部进行外观检查，应光滑无毛刺、裂纹等缺陷。按制造厂规定对联轴节进行圆跳动、和端面跳动量的检查测量，其允差均不应超过0.01～0.02mm；2）压缩机组在运行过程中，由于工作温度的改变，将使机组部件产生热胀冷缩现象；3）由于机组各处的结构、材料和尺寸不同，使各处热胀冷缩的情况也各不相同。因此，在运行情况下（即热态）与安装情况下（即冷态），各转子轴中心将产生相对位置变化。为了使机组在运行状态下各轴的轴中心线能处于理想位置，在安装时必须考虑以上影响因素，使其在运行时，有补偿的余地以保证相邻轴可自行对中，使机组能正常可靠地运行。

机组联轴节的找正要求是根据转子在冷态到热态时所引起不同同轴度的偏差进行的。在机组安装时，要充分考虑到此偏差值。在冷态安装时，把上述偏差预先在其相反方向留出来，以使机组在运行状态时处于或接近规定的同轴度要求。

（2）联轴节的找正方法。1）径向轴向联合测量法；2）径向反转测量法（又称一表法，即克拉克法）。

上述两种方法的具体操作方法和步骤，详见《设备安装测试基础》一书。

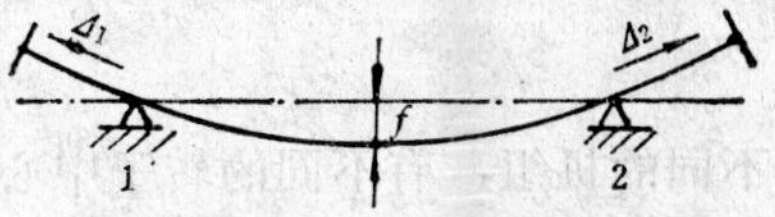

图 8-9 转子中心线和扬度

（3）机组安装曲线

离心式压缩机是由转子部分和定子部分组成，转子两端通过轴承支持在机壳上。转子在其自身重力作用下，必然产生一个挠度。这样，转子的实际中心线就不是一条直线，而是一条光滑连续的曲线（见图 8-9）、此时，尽管轴承和转子轴水平放置，转子轴颈处的水平仪也不再呈水平状态，而是分别向两端扬起（斜度），扬起的程度称扬度（图8—9中的Δ_1和Δ_2），其单位为mm/m，即1米长度上的上升量。

若有两个或两个以上转子轴，通过联轴节连接，所有轴承都在同一水平线上，则两转子实际中心线位置如图 8-10（a）所示；此时，联轴节的端面不是平行的，而是呈上开口状态，即不光滑不连续。显然，压缩机若在这种状态下运行，联轴节的工作条件十分恶劣而不允许。若作成图 8-10（b）所示的形式，使转子中心线能够形成一条光滑连续的公共中心线，使轴在联轴节处既同心又端面平行，实践证明这样做是必要的而且可行。常见的离心式压缩机转子中心线的安装方式如图8-11所示。

在图 8-11中，（a）为单缸压缩机组，上边的原动机为汽轮机，下边的为电动机；（b）为双缸压缩机组，上边的原动机为汽轮机，下边的原动机为电动机。由图 8-11可知，

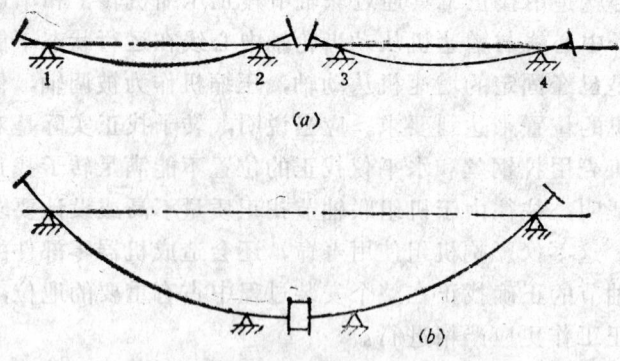

图 8-10 二转子轴串联中心线

(a) 各轴承在同一水平线上； (b) 中间两轴承同高两端扬起

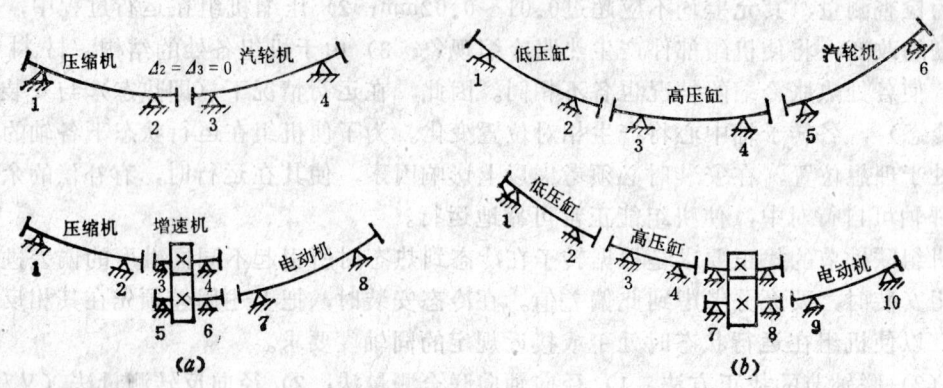

图 8-11 离心压缩机转子中心线

(a) 单缸压缩机组； (b) 双缸压缩机组

不同的机组，有不同的转子中心线，而安装基准就不同。这一点在安装之前务必要弄清楚。

对于国产离心式压缩机联轴节找同轴度时，常用径向轴向联合测量法。同轴度的要求在制造厂设备说明书中一般有规定（用理论推导和实验确定）。用这种方法只能测出两半联轴节的相对位置（只要端面平行且对心则中心线就光滑连续），而轴的空间位置往往借助于水平仪测扬度来判断。

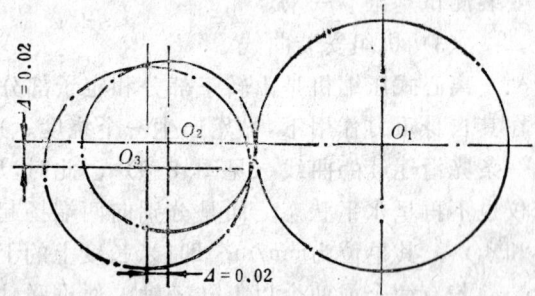

图 8-12 压缩机冷态找正位置

o_1—增速箱大齿轮中心； o_2—小齿轮中心； o_3—压缩机中心

DA350—61型离心式空气压缩机，联轴节的径向和轴向允许偏差均为0.02mm。考虑到运转时，增速箱从动齿轮受到径向分力后将向外偏，同时压缩机的运行温度较增速箱高，所以压缩机体径向热膨胀量相对增速箱而言则较大，故在找正时，其径向偏差应按图8-12所示要求进行。

对于进口离心式压缩机多要求用径向反转测量法（即克拉克法）。因为厂方提供的冷热态数据和曲线要求用克拉克法兑现。图8-13为某三十万吨乙烯装置中裂解气压缩机

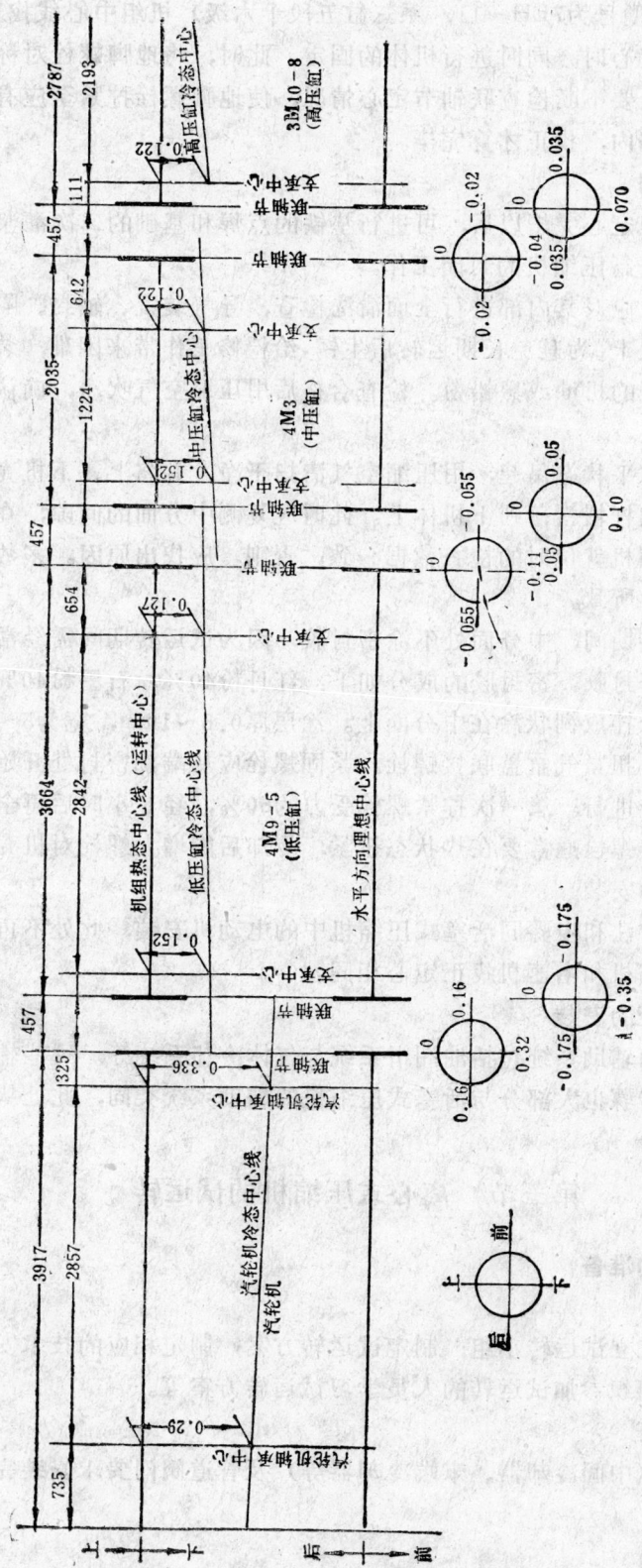

图 8-13　7EH—11离心式压缩机中心线找正图

157

（见图8-4所示，其型号为7EH—11，系三缸五段十六级）机组中心线找正图。

压缩机在最后定心时，同时进行机体的固定。此时，将地脚螺栓对称均匀逐次拧紧。在紧固地脚螺栓时，要不断检查联轴节定心情况，使地脚螺栓拧紧至应有程度，联轴节定心完全符合要求范围内，找正才算完毕。

4.压缩机的封闭

压缩机与增速机定心完毕以后，可进行垫铁的点焊和基础的二次灌浆。至此压缩机安装已基本结束，可进行压缩机的封闭工作。

压缩机封闭前，应对其内部进行全面清洗检查，导气装置、轴封、隔板、密封等必须在机壳内各自的位置上。为避免长期运转后生锈，给检修工作带来困难，装配时应在隔板及槽道上涂以石墨拌好的机油或黑铅粉。检查合格后用压缩空气吹净，确认内部无任何异物时盖上大盖。

将机壳上盖呈水平状态吊起，用压缩空气清扫干净，并将上、下机壳接合面擦拭干净后，沿着涂油的导向杆慢慢落到下机体上。此时应复测中分面的间隙，在不紧固螺栓的自由状态下，应与压缩机就位时的检查数据一致；否则，应找出原因。多数情况下，是风管连接不良而产生应力所致。

在压缩机试运转期间，中分面处不涂密封胶，因为试运转期间需经常开缸检查。待试运转结束后，再涂密封胶。密封胶的成分如下：红丹粉40%，石墨粉40%，白铅油20%，与热的亚麻籽油混合拌成糊状涂在中分面上。涂层厚0.5～1mm，宽为5～10mm，涂层经12小时略为硬化后，扭紧气缸盖联接螺栓。紧固螺栓应从端部密封处开始，要对称均匀地用力，并要分次逐步进行。第一次拧紧螺栓受力的60%，经8小时后再全部拧紧。高压离心式压缩机气缸联接螺栓通常要在热状态扭紧，冷却后能增大螺栓对机壳法兰的预紧力。

（五）电动机的安装

电动机的安装方法和步骤同活塞式压缩机中的电动机安装，此处不再重复。电动机的找正定心方法与压缩机和增速机找正定心相同。

（六）辅助系统的安装

离心式压缩机的辅助系统包括油润滑系统与气体冷却系统等。这些辅助设备和管路的安装要求、方法、步骤也大部分与活塞式压缩机的辅助系统类同，此处从略。

第三节　离心式压缩机的试运转

一、试运转前的准备

1.技术准备

试运转阶段应成立试运转小组；制定试运转方案；制定相应的技术安全措施；检查核准各项安装记录；组织参加试运转的人员学习试运转方案等。

2.气系统的准备

气系统的设备（中间冷却器、末端冷却器等）及管道阀门要求安装完毕，系统内要干净、畅通。

3.水系统的准备

上、下水及消防用水要畅通，并具备使用条件。试运转时，冷却水压要符合规定要求。检查各段冷却器的上水阀和回水阀，并由溢流管检查各段冷却器的水量应充足。

4.电气系统的准备

电气部分全部安装竣工并具备使用条件。

5.自动控制及仪表系统的准备

所有仪表、自动控制、联锁装置等均已安装完毕并调整准确。

二、试运转的步骤、方法及要求

试运转前的准备工作结束后，将机组周围环境打扫干净，准备开车。试运转的次序应先单机后联动，先无负荷后有负荷。

（一）试运步骤

（1）油润滑系统试运转；

（2）电动机单体试运转；

（3）电动机与增速机的联动试运转；

（4）压缩机的无负荷试运转；

（5）压缩机的负荷试运转。

（二）油润滑系统的试运转

油润滑系统是保证转动设备正常运转的首要条件，尤其是高速旋转的离心式压缩机，保证油润滑系统的清洁和畅通更为重要。因此开机前，必须首先进行油润滑系统的试运转。其方法步骤及要求如下：

（1）向油箱内注入规定标号的润滑油，油量应在液面的2/3～3/4处。考虑到油泵开动和油润滑系统充油后，油箱油位会下降很多，所以，除了油箱油位要高于正常运转油位外，还应在机房存放一定数量的润滑油。

（2）为了防止循环油中脏物进入轴瓦，应在各轴瓦油入口处加装过滤网，或者在油润滑系统试运转过程中，先将连接轴瓦油管的接头、齿轮喷油油管接头拆开，套上塑料软管，插入回油管内，不经各润滑点，冲洗润滑系统。冲洗干净后，再接通各润滑点油管，正式进行油润滑系统的试运转。

（3）将起动油泵或备用油泵的电动机，按电气规程单独试运转2小时，核对其旋转方向，检查有无振动和杂音，轴承是否发热，电机温升是否超过规定等。合格后，与油泵连接好并找正联轴节。

（4）开动起动油泵或备用油泵，检查油泵的工作情况，油量是否充足。试运转2小时，如油泵工作正常，则可正式向油润滑系统送油。为了冲洗干净，油量应充足，油温应保持在30～40℃以上。冲洗时，要用小锤轻轻敲击弯头、管接头、法兰、焊缝等易结存杂物处；同时，应由各回油窥视镜检查各处是否畅通。油系统各连接部件接头应严密无泄漏现象。

油润滑系统试运转的时间应不少于8小时，至油清洁为止。用80目滤网套在出油端检查时，应清洁无杂质。

（5）经上述冲洗后，将脏油全部排出，清洗油箱及滤网，并重新换新的合格润滑油。与此同时，应清洗各轴承轴瓦，然后再继续进行油循环。此时，起动油泵或备用油泵的出油口油压应符合规定；调整好的油泵自动控制联锁装置应灵敏；减压阀及安全阀应按规定调整好。连续运转2小时，情况正常，油润滑系统试运转即告结束。

（三）电动机单体试运转

电动机试运转与活塞式压缩机的电动机单体试运转同，不再重复。

（四）电动机与增速机的联动试运转

电动机的单位试运转合格后，将电动机与增速机的联轴节连接好，此时应复核两半联轴节的同轴度是否符合要求；盘动电动机与增速机联轴节数圈，确认无卡阻、碰撞等现象后，开动起动油泵，使油润滑系统首先投入工作。油温保持在20～30℃，进入轴承前的油压应符合规定；检查各轴承及齿轮副啮合处的供油情况。检查无问题后，可进行电动机与增速机的联动试运转。其过程如下：

（1）点动。检查齿轮副的啮合有无冲击及杂音；观察主油泵是否上油。

（2）运转30分钟。主油泵供油应良好，主油泵供油后起动油泵应自动停止运转。电动机与增速机的工作应平稳，无噪音，密封和各轴承处的振动应符合要求；检查各轴承供油情况和轴承温度上升情况，轴承温度不得超过65℃。润滑油温应控制在30～40℃范围内。

（3）连续试运转4小时，在运转中全面检查。停车时必须注意，当电动机停止运转后，起动油泵还必须保持15分钟以上的供油，直至轴承流出的油温降至45℃以下。

（五）压缩机空负荷试运转

压缩机空负荷试运转一般以空气为工作介质。

1. 开车前的准备工作

压缩机空负荷试运转之前应仔细检查空气过滤室及空气吸入管道，彻底将其清扫干净；为了使压缩机处于空载状态，又不使压缩机前管路造成真空，允许少量空气通过压缩机以带走因损耗而产生的热量，要将压缩机的放空阀打开，进口管上的蝶形阀只开15°～20°的位置；检查防喘振装置，并打开防喘振阀；复核增速机高速轴和压缩机转子轴的同轴度；同轴度符合要求后，将联轴节接好，冷却水压和水量应符合规定要求，油润滑的油压和油温应符合规定要求；电气、仪表、控制及联锁装置可靠；各连接螺栓牢固无松动现象；盘车检查机组内无卡阻和摩擦现象。

2. 压缩机无负荷试运转

无负荷试运转可分为冲动、运转30分钟和连续运转8小时三个阶段。

（1）冲动 压缩机起动后立即停止，在机组瞬时转动过程中，检查增速机、压缩机内部声响是否正常，压缩机工作轮是否有摩擦声；检查压缩机振动情况；转子轴向窜动情况；以及各润滑点的供油是否充足和清洁。

（2）运转30分钟 在机组运转起来以后，要仔细检听机组各部分运转的声音，应无杂音和异常声响；在运转中，应测定压缩机的振动情况，每隔10分钟测定一次，观察有无变化；全面检查供油情况及油温、油压；轴承温度不得超过65℃；电机定子温度不得超过75℃等。如遇有重大问题，应紧急停车。

（3）连续运转8小时 压缩机在运转中，应经常监听机组有无冲击、杂音及摩擦声；经常检查油压、油温和轴承温度、电机定子温度，使之符合规定值；从溢流管中观察冷却水，水量应充足，水压应符合规定值；各自动控制系统、信号指示等应指示正确，动作应灵敏可靠，机组振动不得超过规定值。

3. 压缩机无负荷试运转后的检查

压缩机无负荷试运转后应拆开联轴节，复测压缩机与增速机高速轴的同轴度，其值应符合规定；拆开各轴承箱，检查巴氏合金和轴颈、止推面的摩擦情况，应光滑无损伤痕迹；打开压缩机机壳大盖，测定转子叶轮的径向和轴向跳动量，以及气封圈径向跳动量，并与安装时所测数据作比较；压缩机内各铆接、焊接处应无松动和开裂现象。增速机在试运转后如认为有必要，也可拆开检查。

（六）压缩机的负荷试运转

离心式压缩机负荷试运转时，首先在空负荷下起动，即第一步冲动，检查各部有无异音及振动；第二步起动后无负荷运转一小时，待轴承温度稳定后，方可进入负荷试运转。

负荷试运转一般仍以空气为工作介质，当压缩机的设计工作介质的比重小于空气时，则应核算以空气为工作介质进行试运转时所需的轴功率，并考虑以空气试运转时，压缩后的温升是否影响正常运转，否则不得以空气为压缩介质进行负荷试运转，只作空负荷运转。

加负荷时，应该用恒压调压装置，缓缓打开入口蝶形阀，使空气吸入量增加，负荷增加；同时逐渐关闭手动放空阀门，使压力逐渐上升。加负荷时要缓慢均匀，要根据设备出厂所规定的曲线进行，不允许压力超过设计压力。压缩机起动后，不得在喘振区及临界转速附近停留（临界转速一般由技术文件中注明）；在整个试运转期间，用阀门调节压缩机的出口压力，使压力波动不超过 10～30kPa；在加压过程中要时刻注意压力表，当达到额定工作压力时，应立即停止关闭放空阀，不允许压力超过设计压力。

离心式压缩机在全负荷下运行应在8小时以上，每30分钟作一次试运转记录，将运行中发生的问题、处理情况，以及一些可疑现象详细加以记录，以便停车后进行检查处理。机组运行稳定后，如有条件可做特性曲线测试，测出各种流量下，各级进排气压力、温度和喘振界限。

负荷试运转结束时压缩机的停车步骤是：

（1）打开放空阀门，使压力降低；同时关闭吸入管路上的蝶形阀，使流量减少，此时必须注意电流，使减压、减量相对应地进行，勿使吸入空气量超过规定。

（2）降压结束后停止主电机运行。

（3）当主油泵停止运转后，油压降至80kPa时，辅助油泵应通过联锁装置动作，立即运转供油，或用高位油槽回油润滑，直至所有轴承流出的润滑油温度降至35℃以下为至。

（4）冷却水在主电机停止转动后要继续供水20分钟以上，然后关闭进水主阀。

（5）切断机组总电源。

（6）为了防止压缩机气封由于热弯曲过大而损坏，所有离心式压缩机在转子静止后，都必须周期地或连续地按照正常旋转方向盘车。

（7）压缩机负荷试运转结束后，应做一次开缸全面检查。所有固定部分应牢固无松动，无裂纹；所有间隙应符合规定；轴瓦、轴颈接触良好，无损伤现象。对试运转中发现的异常现象要特别仔细地拆卸检查，查明原因，排除隐患。另外，增速机也应开盖检查，主要检查齿轮副啮合和轴承接触情况；必要时，停车后应立即进行一次机组热状态下联轴节对中校核；试车中若管道有振动，停车后应对管线进行加固等。

全部检查合格或处理完毕后，机组进行最后的封闭，安装工作即告结束。经有关人员检查鉴定，确认合格后，即可办理移交手续，交付生产。

第四节　离心式压缩机的故障及其处理

离心式压缩机在试运转中可能出现一些故障。这些故障，可能是设计欠妥，材料或制造加工的缺陷，安装不良或试运转中操作不当等原因引起的。由于离心式压缩机构造形式和用途多样性，故障的种类也各式各样，不可一概而论。下面就一些典型故障及其处理方法加以叙述。

一、压缩机的压力、流量低于铭牌规定

影响离心式压缩机生产能力的原因很多，现分述如下：

（1）过滤网阻塞造成吸入负压增大，使压缩机生产能力降低。这时应及时停车，清扫过滤室、更换新油和检查过滤网运转情况。

（2）密封间隙过大。安装时由于修刮密封片不良和试运转磨损，使密封间隙过大，造成级间窜气或因轴向移动而损坏密封。

（3）各段冷却器效率降低。由于供水不足、供水温度过高或冷却器内水垢堵塞影响换热效率。此时应检查冷却器，增加水量和降低水温。

（4）在夏季生产时，由于气温高，很大程度影响生产能力。

二、滑动轴承的故障分析

径向和止推轴承的正常工作，决定于它们的制造和安装质量；决定于机组工作情况的变化和供油是否充足、清洁；轴承的振动是否过大和有无异常响声等。

径向轴承常见故障有：

（1）润滑油量不足或中断。这将会引起轴承温度升高，严重时造成烧瓦。其主要原因是主油泵损坏（内部间隙变化，严重磨损）；进油管路及联接处漏油或破裂；油管路堵塞；油箱中油位过低，使主油泵吸油量不足。

（2）润滑油不清洁。油内有砂子、杂质，带入轴瓦后，使油膜破坏，致使轴瓦和油的温度升高，甚至可能烧瓦。

（3）轴承振动过大，引起巴氏合金脱落或破裂，破坏油膜。

（4）油冷却器冷却水供应不足或中断，进入轴承的油温过高，油的粘度显著下降，在轴瓦内不能形成液体摩擦，致使温升增大。

止推轴承的故障主要是止推瓦块上巴氏合金局部或全部熔化（烧瓦），其原因有：

（1）轴向推力增加，使止推轴承起负荷运行而烧瓦。

（2）油润滑系统缺陷，如油中有杂质，油质不良（油中有水，破坏油膜）、油路堵塞而使轴承供油中断，油冷却器工作失常而使进油温度过高。

（3）安装质量不良。

在试运转中，预防径向轴承和止推轴承故障的措施：

（1）运转中不断监视供应设备（主油泵、辅助油泵、油冷却器、减压阀、油箱等）的工作情况是否正常。这些设备的工作情况，主要是根据进油口压力和温度来判断，如发现异常应立即采取相应的措施。

（2）不断监视轴承温度，如发现轴承温度变化，必须查明原因并予以清除。

（3）定时测量轴承的振动值和转子轴向位移，并注意监视压缩机各段压力变化情况，

如发现异常，应立即进行分析，查明原因，迅速处理。

三、振动

离心式压缩机是高速运转设备，对于振动问题必须给予极大的注意。离心式压缩机的振动是多方面的，而且这些原因又是互相联系着的，如压缩机转子本身不平衡；在接近临界转速处运转；轴承油膜振动；机组安装不良，装配调整不好；电动机电磁性原因等，都可能引起机组振动。

强烈而持久的振动会促使设备材料疲劳，导致机件过早地损坏，或使各连接件的接头松脱，基础松动，严重时使压缩机不能继续运行，甚至造成重大的设备和人身事故。离心式压缩机的振动是一个很复杂的问题，下面就其产生振动的主要可能性分析如下：

(1)转子不平衡。对于离心式压缩机的转子，在制造厂都进行过静平衡和动平衡校验，一般情况下不应该出现转子本身的不平衡。但若运输或保管不当，引起轴上零件松动、叶轮变形或损坏等，也会引起转子的不平衡。如果转子偏心距大于规定数字（规定值见表8-1），转子转动时产生的离心力就会引起过大的振动。

转子不平衡引起的振动，其频率等于转速，而振幅与转速的平方成正比。

动平衡时允许的偏心距值 表 8-1

n (r.p.m)	≤1500	≤3000	≤5500	≤8000	≤10000	>10000
偏心距（μm）	8.0	5.0	3.0	2.0	1.5	1.0

(2)安装不良。由设备安装不良、装配调整不好而引起振动因素很多，如压缩机基础与易振动构件相连；基础地脚螺栓松动；轴承间隙过大；机组找正对中不准；热膨胀等都可能引起机组振动。

(3)共振。当转子旋转产生的离心力频率与转子固有频率一致，则转子发生共振。共振是一种十分强烈的振动，会使转子以至整个机组毁坏。转子此时的转速称为临界转速。所以，压缩机起动后，不得在临界转速附近停留，要求转子尽快地越过临界转速，以免发生事故。

(4)油膜振荡　圆形轴承在高速低负荷运转时，容易产生油膜振荡，此时转轴极不稳定，当轴承中稳定油膜被破坏，轴颈与轴瓦产生干摩擦，压缩机发出吼叫声，待重新建立稳定油膜时，吼叫声立即停止，振动也趋于平衡。当再一次破坏油膜时，振动又再次发生，如此周而复始。如果这种运转时间较长，将使轴瓦严重磨损，轴承温度升高，压缩机剧烈振动。

油膜振荡与设计有关。目前控制油膜振荡的方法是控制转子转速，使刚性轴工作转速约等于或小于0.7倍的一阶临界转速；使挠性轴的工作转速大于1.3倍的一阶临界转速而小于0.7倍二阶临界转速。采用抗振性较好的多油楔轴承。对圆形轴承控制轴承相对偏心率等方法。

(5)喘振。当转速一定时，压缩的流量减少到一定值时，会造成叶道里气流速度很不均匀和出现倒流，这样就很容易在叶片非工作面上出现严重脱离现象。这时，压缩机会突然出现不稳定工作状态。这种现象称为喘振，或称为飞动。

喘振出现时的外部现象为：

1)气流出现脉动，产生强烈噪音；

163

故障特征	产　生　原　因	处　理　方　法
轴承温度过高或损伤	1.润滑油量不足，冷却不好 2.润滑油质量不好或变质 3.油中含水 4.轴承进油温度过高 5.轴瓦合金质量不好或浇铸有缺陷 6.轴瓦与轴颈间隙不足 7.轴颈损伤	1.检查油管和适当增大节流阀孔径 2.更换新油 3.更换新油并检修油冷却器，消除漏水 4.调节冷却水量，加强油冷却 5.重新浇铸轴瓦合金 6.检查和修正过盈或间隙 7.磨削轴颈，重新浇注轴瓦
止推轴承过热或损伤	1.气封漏气 2.止推块制造和刮配不好，油楔被破坏	1.修正气封 2.修正或更换止推块
轴承振动超过规定值	1.机器与传动轴线不一致 2.转子或增速箱齿轮动平衡精度被破坏 3.轴承盖与轴瓦间压合不紧密 4.轴承进油温度过低 5.转子与气封发生碰触 6.负荷急剧变化或在喘振压工作 7.轴瓦间隙过大 8.地脚螺钉栓松动 9.机壳内有积水或固体物质 10.主轴弯曲 11.齿轮啮合不良 12.轴承沿机座中键热膨胀方向不正确 13.转子零件间垫间隙不够 14.风管固定不正确	1.检查并重新找正对中 2.重新校正动平衡 3.刮研轴承调整垫片，保证有0.03～0.07mm过盈 4.调整进油温度，使油温保持在25～40℃ 5.修正气封间隙达到规定值 6.迅速调整负荷或调整节流阀和放空阀 7.减少轴瓦间隙 8.扭紧地脚螺栓 9.设法排除 10.校正主轴 11.齿轮啮合不良 12.检查键连接的间隙，相对轴线位置，消除偏斜 13.检查并修正之 14.检查风管固定，消除偏差
油压急剧下降	1.齿轮油泵间隙过大 2.油管破裂或连接处漏油 3.滤油器堵塞 4.油箱内油量不足 5.油泵吸入管漏气 6.压力表失灵或压力表管堵塞	1.调整间隙 2.更换油管 3.清洗滤油器 4.加添润滑油 5.检查排除 6.检查排除
压缩机出口流量降低	1.密封间隙过大 2.压缩机任意一段吸入口气体温度过高 3.进口空气过滤器堵塞	1.调整间隙 2.调整水量 3.清理过滤器
油冷却器或气体冷却器出口油温或气温过高	1.油或气冷却器内存积垢 2.油冷却器外壳内或气体冷却器的水室内积有空气 3.润滑油变质 4.冷却水管道堵塞 5.冷却水量不足	1.清除油或气冷却器 2.排除积气 3.更换润滑油 4.检查消除 5.检查冷却水系统，排除故障
油泵振动发热或产生噪音	1.油泵与传动轴线不一致 2.油泵齿轮装配不良 3.连接螺栓松动	1.重新找正 2.检查排除 3.拧紧螺栓

2)压缩机压力突然下降，且变动幅度大，很不稳定，气体流动规律被破坏；

3)压缩机级后和压缩机后的高压气体出现倒流到工作轮里来的现象；

4)压缩机出现剧烈振动，严重的会引起整个机组的振动。

由于喘振出现后，不仅使压缩机的工作稳定性不好，而且有可能使压缩机和整个装置被破坏，所以，应当绝对防止压缩机在喘振区域工作。一般压缩机都具有防喘振装置，对压缩机起保护作用。

离心式压缩机的故障特征、产生原因及处理方法详见表8-2。

思 考 题 与 习 题

8-1 离心式压缩机的基本工作原理是什么？

8-2 离心式压缩机组由几大部分组成？各起什么作用？

8-3 什么是压缩机的临界转速？临界转速对压缩机有什么危害？

8-4 简述离心式压缩机安装步骤？

8-5 机组中心线找正时，应考虑哪些问题？找正机组同轴度的方法有哪些？ 都在何时要复核同轴度？

8-6 增速机就位前应做哪些准备工作？

8-7 机壳就位前应做哪些准备工作？

8-8 简述机组就位及初平的步骤和方法？

8-9 增速机安装包括哪些内容？

8-10 压缩机的定心基准是什么？

8-11 离心式压缩机的轴承安装有什么要求？

8-12 离心式压缩机试运转的步骤有哪些？

8-13 离心式压缩机试运转前要做哪些准备工作？

8-14 离心式压缩机试运转常会出现哪些问题？

第九章 塔类设备的安装

塔类设备一般指直立圆柱形容器，属于静置设备。塔类设备在石油工业、化学工业和冶金工业等部门应用极广。主要用来进行蒸馏、吸收、萃取、吸附、离子交换或合成等。例如使气体自塔底部进入并沿塔体上升，液体自塔顶进入喷洒而下，在气液上下对流过程中，实现物料的吸收、洗涤、萃取、分离或冷却等目的；或者在塔体内分层装催化剂，使物料经过催化层后，加快反应速度；或者在塔内加温加压（或降温降压），使之得到不同产品等。

塔类设备根据不同用途，构造各异。有的构造简单，有的构造较复杂；有的耐高温，有的耐高压，有的耐腐蚀。不管用于何种目的的塔类设备，其结构主要由筒体和内部装置两部分组成。筒体大多数为不同厚度钢板制成的圆柱体，有的是整体式（由于运输原因，分段运头，现场组焊），有的是分节装配式（法兰联结）。内部装置则由于用途不同而形式较多，有的为隔板、挡板、筛板或溢流板；有的为喷头、泡沫罩或木格栅；还有的为金属螺栓填充物、对流管、填料或内套等；另外还有固定或支承这些内部装置的支梁、支脚和支承环等。它与一般罐槽类设备不同的是高度要超过直径几倍或几十倍。

从设备安装角度看，塔类设备与其他设备相比，其突出的特点是：外形简单，直立高大（几米、十几米、上百米均有）、设备重量也大（几吨、几十吨、几百吨均有）。因此塔类设备安装的首要问题是起重吊装，其次是根据设计要求将塔体及其内部装置找平找正并最后固定。

第一节 塔类设备的吊装

一、塔类设备的吊装方法

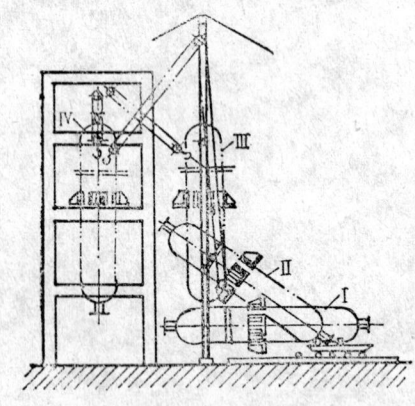

图 9-1 利用构筑物和桅杆联合吊装

（一）根据使用的吊装机具分

（1）用运行式起重机吊装；

（2）用桅杆吊装；

（3）利用构筑物和桅杆联合吊装。

使用运行式起重机吊装，其施工工艺较采用桅杆吊装简单。但是由于施工机具的限制，目前只限于一些专业化的大公司才有条件采用运行式起重机吊装。现今塔类设备安装采用桅杆吊装还是很普遍的，特别是那些超高超重的塔类设备，不仅我国采用桅杆吊装，世界大多数国家也采用桅杆吊装，用双桅杆整体滑移吊装法进行安装就位尤为普遍。

利用构筑物和桅杆联合吊装，见图9-1。吊装过程中，先用桅杆上的起升滑车组将塔体吊到一定高度，然后将系结在构架上的滑车组与塔体连接起来；收紧构架上的滑车组，放松桅杆上的滑车组，就可将塔转移到构架的支座上。

（二）根据设备就位前的情况分

可分为散装、整体吊装和综合整体吊装。

散装又可有顺装（又称正装法或顶接法）和倒装法（又称反装法或底接法）。其主要步骤是：

(1) 分段吊装；

(2) 组合装配或焊接；

(3) 校准铅垂度；

(4) 内部装置安装；

(5) 试验。

整体吊装主要有下列步骤：

(1) 地面组对焊接；

(2) 整体吊装；

(3) 校准铅垂度；

(4) 试验。

综合整体吊装，即所谓"穿衣戴帽、塔起灯亮管道通"。它是在地面上把设备组焊成整体，并把平台梯子栏杆制作安装好，并把管线也敷设好。若有保温层，此时也要做好，最后吊装。这种吊装法免去了许多高空作业，但给吊装增加了难度。

整体吊装法与散装法相比，有下列优点：

(1) 吊装速度快，施工时间短，提高了经济效益；

(2) 减少了脚手架工作量；

(3) 减少高空作业，提高了工作效率，改善了劳动条件；

(4) 在吊装前，塔设备在地面组对焊接，焊接条件好，提高了焊接质量。

因此，目前多用整体吊装法。而综合整体吊装，由于吊装难度大，目前应用仍不多。

（三）根据设备就位的形态分

(1) 滑移法：特点是桅杆固定，塔底部靠托排和滚杠在地面移动，随着起升动滑车不断上升，塔体逐渐被升高，直至塔体被吊起全部离开地面而成垂直位置，然后落钩就位。

(2) 旋转法：特点是桅杆固定，塔底部与基础铰接，由于起重滑车组钢丝绳的收缩，桅杆顶部的定滑车与塔体上吊点处的动滑车间的钢丝绳也随着收缩，塔体即以铰为支点而回转竖立，直至成垂直位置。

(3) 扳倒法：特点是桅杆和塔底部均为铰接，可以自由回转。由于桅杆顶部滑车和塔体上吊点间的距离在吊装过程中保持不变，所以在桅杆扳倒的同时，塔体也随着铰点竖立而最后成垂直位置。

(4) 吊推法：是在扳倒法的基础上发展起来的方法，起重桅杆制成门架式（也有人字式），门架高度约为塔高的2/3～1/2。门架先平卧在地，门架顶部与设备吊点间用滑车连结。穿绕滑车的钢丝绳要通过导向滑车从设备根部的铰座引出，起吊时，先收紧滑车上的钢索，门架即绕其支撑铰回转上升，塔也绕回转铰回转上升，逐渐达到直立状态。吊推法可分为桅杆铰在吊装过程中移动（工艺复杂，但杆可低，即为设备高1/2左右）和不移动（工艺简单，但杆要高）。吊推这种方法的优点是可以在狭小的施工场地进行作业，并不需要缆绳、地锚等一般起重桅杆不可缺少的稳定系统。

（5）递夺法：对于中小型塔群吊装，可用二根桅杆竖立在设备基础二侧。当设备被吊至高于基础后，可将一根桅杆的滑车上的钢丝绳放松，另一根桅杆的钢丝绳收紧，这样一放一收，将设备吊移到安装位置。吊装时一定要协调好二滑车的动作。

关于塔类设备的吊装方法，详见《设备起重与搬运》一书（建工出版社张锡璋主编）。

二、塔类设备吊装前的准备工作

塔类设备的吊装工作是一项技术性强、组织严密、互相配合和协调的工作。为了科学地、高速度地进行塔类设备的吊装工作，必须在吊装前做好充分的准备工作。这个工作包括技术准备（编制吊装方案）、施工现场的准备和塔类设备准备三项内容。

（一）塔类设备的吊装方案编制

对于重量、高度都大的塔类设备，为了有计划、有步骤地进行吊装工作，应在施工前，根据施工现场总平面图、塔设备的技术规格（外形、尺寸、重量）、起重机具和设备情况以及本单位的技术力量和设计部门提出的要求，编制安装施工方案或者安装施工组织设计。它是指导施工的主要技术文件。

吊装施工方案的主要内容有：

1.确定吊装方法，安排施工程序

在确定吊装方法时其主要依据是现场具体情况、设备的特点、机索具的情况及技术力量。从而确定是散装还是整体吊装，是滑移还是旋转，用桅杆还是用起重机等。然后根据吊装方法安排合理的施工程序。例如，采用整体吊装法，就可以采用平行流水立体交叉作业法来施工，即塔体的拼装、试压、搬运和吊装等施行流水作业；而内部装置、平台、扶梯、接管敷线和保温等辅助工序可施行立体交叉作业。

2.总平面图设计

塔类设备比较高大，这就涉及设备如何运进，在什么地方组装和试压，放置在什么地方，若用桅杆吊装，则桅杆怎么运进，在何处拼装，立在什么位置，锚点多少及布置，卷扬机的安放等；若用运行式起重机吊装，起重机如何进出、站位等；施工范围内有无障碍。这些问题都必须考虑，才能有计划按步骤安全地完成吊装任务。因此要做总平面图的设计。

总平面设计图的内容：

（1）设备基础位置及其他构筑物；

（2）设备运进施工现场的道路，组焊和试压的位置，吊装前的初始位置；

（3）若用桅杆吊装，桅杆运进路线、拼装位置、竖立位置及缆风绳的布置和锚点的设置，同时还要考虑桅杆移动路线和桅杆放倒的方法及卷扬机的布置。桅杆应设立在起吊方便、设备就位容易、土质坚实和移动或放倒顺利的地方。缆风绳要避开障碍物，不得直接搭在建筑物或其他设备上，更不能接近高压线，如必须跨过高压输电线路时，则必须搭设护线架，护线架在图中应明确标出。若用构筑物代替地锚时，必须经过验算并经有关单位同意方可使用。卷扬机应放在便于指挥，能看清吊装全过程的位置。卷扬机应尽量集中布置。并搭设临时棚，以避风雨和曝晒，既有利于设备维护，也便于操作。其他辅助机械的位置也应明确标出，如铰磨、辅助卷扬机、导向滑车及锚点，均应在总平面图中标注清楚。

若用运行式起重机吊装，起重机进出路线和站位及臂杆回转范围均应标出。

3.吊装时受力分析及机索吊具的选择计算

详见《设备起重与搬运》一书，建工出版社，张锡璋主编。

4.起重工作的劳动组织及劳动力平衡

起重工作的劳动组织包括起重劳动力的配备和起重吊装工作的组织形式。起重劳动力配备可分为吊装前的准备工作和吊装时的劳动力两部分。吊装准备工作所需人员多少应视准备阶段的时间长短而定，也与每个工人的技术水平有关；吊装过程中所需劳动力视吊装机具而定。除必须设置的机具操作人员、监视人员、指挥人员外，还应留有少量的机动应急人员。准备工作细致踏实，指挥人员经验丰富，指挥调度有方，则可节约劳动力。

起重工作不同于个人的独立操作劳动，参加吊装的所有人员，不仅要熟练地操作自己岗位上的工作，还必须服从命令，听从指挥，任何一项吊装工作胜利地完成都是集体智慧的结晶。任何一个岗位上的差错都会影响全局，甚至使吊装工作无法进行。因此必须严密地组织起来，分工明确，严明纪律，齐心协力，各负其责。所有参加吊装的工作人员（包括起重工、钳工、焊工、电工、辅助工人等）均应明确岗位责任，服从指挥人员的命令，发现问题及时向指挥人员汇报。指挥人员与各岗位之间必须有明确的联络信号。

5.劳动力的平衡及编制施工进度计划

所谓劳动力的平衡，是根据塔类设备吊装及安装特点，考虑吊装方法和施工方法而科学地、合理地分配劳动力，使劳动力最大限度地发挥技能。各工种如何配合，每工种配备多少，既不要浪费，又不要造成短缺。这取决于吊装方法和施工顺序的安排。最好根据施工网络图，确定最佳方案。从而编制出施工进度计划。

6.编制预算和机具计划

根据安装定额编制预算（包括施工图预算和施工预算），根据吊装方法编制机具计划。

7.经济核算。

大型塔类设备的吊装应进行经济核算，从而确定吊装方案的先进性和可行性。

经济核算的实质是消耗费用与应收费用进行比较来确定盈亏，从而计算出降低成本率（%）。

8.安全措施

为了保证吊装工作顺利进行，必须制定严格的安全措施，对施工人员进行安全教育。安全措施主要包括高空作业的安全措施，起重工作的安全措施及防火安全措施等。

9.其他

（二）现场准备工作

塔类设备吊装前，施工现场应做许多准备工作。这些准备工作主要有以下内容：

（1）清理现场，平整场地，修平道路。

（2）基础准备。设备基础的准备工作包括基础验收、基础清理、放线、铲麻面和放垫铁等。

（3）现场用水用电准备。

（4）起重与搬运的机索吊具的设立和安装。

根据已经批准的吊装方案准备起重与搬运的机索吊具，并设立和安装在预定的位置上。这是工作量最大的一项准备工作，尤其是使用桅杆吊装时更为突出。

（三）设备的准备

1. 检查塔类设备存放地点及零部件存放情况

2. 塔设备的现场搬运。

塔类设备的现场搬运多用滚排拖运。

3. 整体式塔类设备的外观检查

整体式塔类设备在吊装前，应进行全面的外观检查。根据塔类设备图和技术要求检查塔的外形尺寸、管口数量、直径和相对位置，地脚螺栓孔的数量、尺寸和布置，塔体的圆柱度、直线度和焊接质量等。如发现有差错或不合要求者，应在起吊前处理完毕。

4. 分体式塔类设备组对和焊接

分体式塔类设备若用整体吊装法，在吊装前要进行组对和焊接。在焊接时尤其要注意焊接顺序和施焊方法，以防变形。组焊完毕后，应清除组对时的找正板及其他临时性的焊接物，并用砂轮打平。并按外观检查要求进行外观检查，合格后除锈涂漆。

5. 水压试验

用整体法吊装设备时，在吊装前应进行试压，以检查设备的制造质量。特别是现场组焊的塔类设备，必须进行试压。由制造厂整体制造好，并且经过试压合格后运抵现场的塔类设备，为排除在运输过程中有损伤的，也需要进行试压。试压的目的是检验设备的强度（强度试验），并检查各部分特别是接头处有否泄漏（密封性试验），以保证塔安装后能正常生产。在施工现场，塔的试压方法多数以水压试验为主。水压试验后，应放净水。

6. 塔设备接管的接口校准对正

塔体与其他设备之间，一般是用管子联结起来的，因此都具有一定的方位。一旦塔吊装就位后，就很难再进行方位调整，因此需要在吊装前进行管口校准和找正。

如果管口位置相差不大，可使用千斤顶来顶塔体的一侧，使其绕自身轴线转动一个角度，也可以用钢丝绳绕在塔体圆周方向，然后沿圆周切线方向拉起，使塔体旋转。

如果塔体管口与接管管口方位偏差过大，可采用吊索将塔捆绑起来，然后将起升滑车组上吊钩位置偏斜一个角度，塔吊起之后便自动旋转到所需要位置上。

7. 设备的捆扎

设备吊点应位于设备重心以上，其捆绑位置（即吊点）约在塔高的三分之二处。但不允许捆绑在设备上进出口接管等薄弱处。捆绑时，应在千斤绳与设备之间垫以方木（50×50×500），以免擦伤设备壳体，增加摩擦阻力而防止吊装时滑脱，并防止千斤绳在起吊时因抽紧力使塔体变形而失稳。薄壁塔的吊点处强度与稳定性，要进行验算（详见《设备起重与搬运》一书，中国建筑工业出版社，张锡璋主编）。不合格者要采取措施。常遇到的是壁薄而失稳。常采用的预防措施是在塔内加道木支撑。

若不用捆绑而用焊接吊耳，对薄壁塔多用板式焊接吊耳。此时除验算吊耳本身强度和稳定性外，尤其要重视焊接基体的强度和稳定性问题。另外，在设备上焊接吊耳，必须经有关部门同意。

若用滑移法吊装时，设备底部还要加牵、溜绳，以保证滑移顺利。为了防止左右摇摆晃动，耳绳是不可缺少的。

大型塔类设备吊装过程中，在吊点处的局部稳定问题，不仅影响吊装安全，也是确定塔体加固与否的关键因素。吊点处失稳有两种可能性，一是塔体吊点处的环向部分，另一种是由于塔体受到轴向压力的作用，造成塔体轴向某一局部的失稳，通过核算，如稳定条件不能满足，应对塔壁采取加强措施。一般塔体局部稳定的加强方法，一是塔壁外部加强，二是塔壁内部加强，采用何种加强方式，应权衡加工、焊接工艺等综合因素决定。

裙座是竖立塔类设备的支承。当采用滑移法吊装时，在设备被提升竖立过程中，塔的重量由它传递给尾排，二者的接触面随着设备起升而减小。最后在设备脱排腾空瞬间，塔的重量大部分都集中在裙座的极小面积上，因而裙座也要进行核算，如稳定条件不够，也要进行必要的加固。若用旋转法、扳倒法或吊推法吊装塔类设备就位时，这种力就更大，核算裙座处的强度和稳定性更是必不可缺少的。

8. 安装附属设施

由于塔类设备比较高大，安装就位后再组装塔体上的附属设施，就会增加许多麻烦，不仅进度慢质量差，而且高空作业危险性大。故在设备吊装前，应将有条件组对安装的平台、梯子、栏杆、避雷装置、电气设备、高空管道、小型设备进行除锈防腐和保温等，尽量争取综合整体吊装。

9. 地脚螺栓的准备

在设备准备中，地脚螺栓的准备也是一项重要内容。如系预埋的地脚螺栓，在设备吊装就位前，应检查螺杆是否有弯曲，螺纹是否有损坏等，发现问题应及时处理。如系预留的地脚螺栓，则事先将地脚螺栓准备好并按图纸检查验收。

三、塔类设备吊装步骤

尽管起重吊装方法很多，但对高、重、大的塔类设备多采用双桅杆整体式滑移吊装法。下面以双桅杆整体式滑移法为例简述塔类设备吊装步骤。

（一）吊装前的检查

塔设备吊装前应再次复查前面所做的各项准备工作，内容如下：

（1）起重机索吊具如桅杆、缆索、滑车组、吊钩、吊索、地锚和卷扬机等必须完好，联接正确。为了起升速度协调一致，卷扬机规格应一致，其电动机功率、转速相同；其上的跑绳的层数和残留圈数也应一样。

（2）吊装人员的配备及任务分工。

（3）安全措施。尤其是电的供应要绝对保证，不得中途停电。

（二）预起吊

预起吊也叫试吊。当一切检查工作完毕，各项工作准备就绪即可进行预起吊。预起吊的目的是通过实际起吊，检查前面各项工作是否安全可靠。如果发现有不当之处，应及时予以纠正或处理。

预起吊时，首先开动卷扬机，直到拉紧钢丝绳为止。检查吊索联接是否有脱落现象以及其他各处的联接情况是否良好。若一切均正常，再开动卷扬机，将塔顶部吊起0.5m左右，停下卷扬机，再一次检查塔体有无变形或其他问题。

（三）正式起吊

预起吊正常之后，开始正式起吊。在起吊时，必须注意两套滑车组（用两台或四台卷扬机牵引）动作协调同步，保持速度一致。

塔体底部的前牵后溜滑车组也应与起升滑车组协调。在脱排前保证不超前滞后。

起升时，塔体应平稳徐徐上升，不得有跳动摇摆；不准有滑车卡住、钢丝绳扭转等现象。为了防止塔体在起吊过程中左右摇摆，可预先在塔顶加设耳绳控制。

起吊时，应时刻观察桅杆、缆风绳、地锚等工作情况，特别要注意地锚的受力情况，严防松动。还应注意桅杆底部的导向滑车，不要因为跑绳的水平拉力而使桅杆底部移动。当塔体接近垂直位置时，可能会碰到缆风绳的障碍，此时可放松该缆风绳，移到另外的位置上；控制塔体底部的溜绳，防止脱排时碰坏基础和地脚螺栓。当塔体底部升到稍高于地脚螺栓时，即停止吊升，准备塔体就位。

（四）设备就位

将塔设备裙座上的地脚螺栓孔对准基础上的地脚螺栓，将塔安放在基础的垫铁上，若发现螺栓与孔不吻合时，可用：

（1）用导链牵拉使塔体稍微移动或撬杠撬动；

（2）用气割法使螺栓孔扩大。

塔设备就位后，其中心线位置偏差不得大于±10mm；方位允许偏差，沿底座环圆周测量不得超过15mm。

第二节 塔体的安装找正

塔设备就位后，应先不要拆除桅杆，立即进行塔体安装找正工作。

塔体在安装位置上找平找正工作包括两个内容：标高和垂直度的检查与调整。

一、标高的检查和调整

经过检查验收的塔设备，其顶端及各管口至底座之间的距离为已知。所以检查标高时，只需测量底座的标高即可。检查时，可用水准仪和测量标杆来进行测量。底座标高允许偏差为±10mm。若标高不符合要求，则可用千斤顶把塔底顶起来或用桅杆上的起升滑车组将塔吊起来，然后用加减垫铁进行调整。

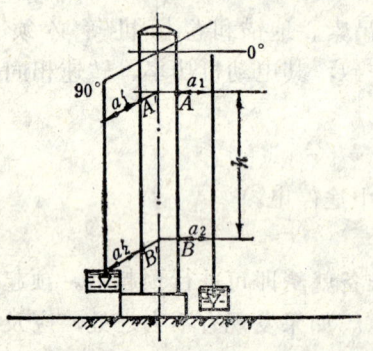

图 9-2 用铅垂线检查塔体垂直度

二、垂直度的检查与调整

塔常用的垂直度检查方法有下两种：

（一）铅垂线法（见图9-2）

用铅垂线法检查垂直度时，是由塔顶互成90°的两个方向上各挂设一根铅垂线至塔的底部，为防止风的干扰，线锤可放在油槽中。然后在塔体上下部的 $A(A')$ 和 $B(B')$ 两测点上。用钢板尺测量垂线至塔体外表面的距离。

设塔体上部在0°（A点）和90°（A'点）两个方向上塔壁与铅垂线之间距为 a_1 和 a_1'，下部的距离为 a_2（B点）和 a_2'（B'点），上下两测点之间的距离为 h，则塔体在0°和90°两个方向上垂直偏差分别为

$$\Delta = |a_1 - a_2|$$

$$\Delta = |a_1' - a_2'|$$

故塔体在0°和90°两个方向上垂直度误差分别为

$$\Delta/h = \frac{|a_1 - a_2|}{h} \quad \text{(mm/m)}$$

$$\Delta'/h = \frac{|a_1' - a_2'|}{h} \quad \text{(mm/m)}$$

垂直度误差Δ/h和Δ'/h均应在允许范围内。一般塔类设备的垂直度允差为$\frac{1}{1000}$，但塔顶外倾最大偏差量不得超过20mm。

(二) 经纬仪法

用经纬仪法检查塔体垂直度时，必须在未吊装前，先在塔体上下部作好测点标记A（A'）和B（B'）。待塔体吊装就位后，用经纬仪测量塔体上下部的A、B两测点，当将经纬仪中的十字坐标原点对准A点以后，将镜管向下转动一个角度，在目镜中观察B点的位置，如果B点也正好在十字坐标原点，说明塔体在正对着经纬仪的平面内是垂直的；如果B点和A点在十字坐标上不重合，有一个偏差Δ，则塔体垂直度误差为Δ/h如图（9-3所示），其中h为AB间的距离。

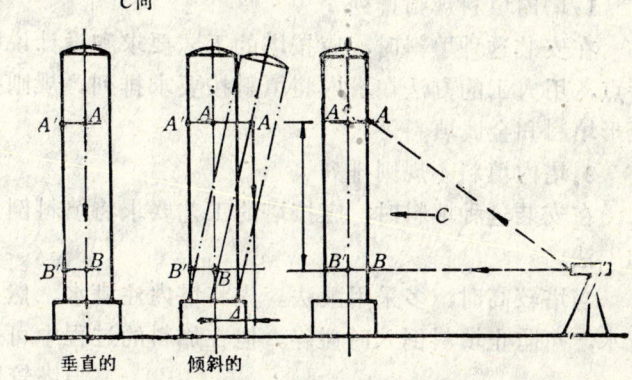

图 9-3 用经纬仪检查塔体的垂直度

用同样的方法检查塔体另外一个方向上的垂直度。

当塔体对垂直度要求不严格时，也可用经纬仪测量塔体侧母线的垂直度来确定塔体垂直度。此时经纬仪的视线（轴线）与塔壁相切。这种方法比作标记检查和测量的方法简便（因为不需要预先在塔体上作测点），但精确度较差（因为塔体的变形会影响测量精确度）。有时也可用手提吊线坠的方法检查垂直度要求不严格的塔类设备。

以上介绍的两种方法，均是将塔的轮廓面为测量面的。

如果检查不合格，则用垫铁来调整。

塔设备检查合格后，拧紧地脚螺栓，才可拆除或移走桅杆，进行二次灌浆。

容器安装的允许偏差，必须符合有关技术文件规定。如无规定时，可按下述要求：

(1) 卧式容器的水平度不大于1/1000，全长不宜超过5mm，倾斜方向应偏向排污管口。

(2) 立式容器的垂直度不大于1/1000，全高在20m以下不应超过10mm；全高在20m以上者，不应超过25mm。

(3) 凡属压力容器安装，除按技术设计文件规定外，尚须遵守劳动监察部门颁发的《压力容器监察规程》的有关规定。

(4) 强度试验的压力，若无规定时，对工作压力不超过0.5MPa和工作温度不超过200℃容器的试验压力可按表6-4规定进行。

容器用水作介质进行强度或密封性试验时，应符合下述要求：

1) 容器灌水时，应将容器内空气排除干净。

2）水温不得低于5℃。

3）工作压力超过0.5MPa或工作温度超过200℃容器的强度，必须按设计或设备技术文件的规定。

容器作超压试验时，不得长时间处于超压状态，一般超压3～5min应降至工作压力，经全面检查无变形和渗漏为合格。

容器与塔类设备为多台排列安装时，设备标高允许偏差为±10mm。

第三节 塔类设备内部构件的安装

塔类设备的用途不同，其内部结构也不同。常见的有填料塔和板式塔。

一、填料塔的填料安装

1. 塔内填料规则排列

在安装这种填料时，应按塔的工艺要求和设计说明书的有关规定，了解塔填料的排列特点，用人工的方法在塔内将填料按要求排列。规则排列的填料有陶瓷环形填料，木制栅板形填料和金属填料等。

2. 塔内填料不规则排列

在安装这种填料时，应按塔的工艺要求将填料倒入塔内，倒入时可有两种方法：湿法和干法。

当塔较高时，多采用湿法。先将塔内注满水，然后把填料从塔顶直接倒入。因为塔内有水，可防止填料倒入时碰碎。但在加料的过程中可把多余的水逐渐放出。

当塔较低时，多采用干法，不须在塔内注水，直接将填料倒入塔内。这种方法容易使填料损坏和破碎，破碎的填料必须拣出。

二、板式塔的塔板安装

板式塔可有泡罩塔和筛板塔等。筛板塔多半在制造厂已装配好，并保证了塔板的水平度，因此吊装后一般不进行调整。

泡罩塔的构造如图9-4所示。塔内有若干层塔板1，每层塔板上有一个短管3称为气通道，泡罩2就覆盖在气通道3上面。泡罩的下半浸没在塔板上的液体中形成液封。沿气通道上升的气体则经由泡罩底缘上所开的齿缝或小槽分散成小气泡逸出，穿过液层达到液面，然后升入下一层塔板，从而增加了气与液的接触面积。

这类塔板大多数在制造厂已经装配完毕，并保证塔板水平度，故在吊装后不再调整。但有些此时应在塔板上注水，并用水深探尺（直尺）检

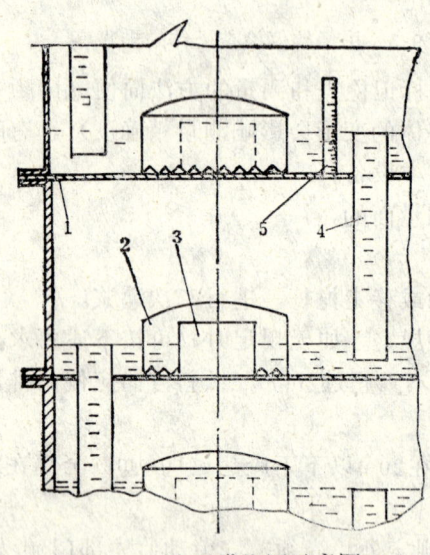

图 9-4 泡罩塔泡罩示意图
1—塔板；2—泡罩；3—气通道；4—溢流管；
5—探尺

泡罩塔的塔板是在塔体吊装后才安装的。

测塔板水平度。

泡罩的安装应特别仔细，由于泡罩有少量的歪斜或偏移，便会大大影响鼓泡的均匀

性，从而对塔板效率产生显著影响。因此在塔节内装塔板时，必须通入压缩空气来检查鼓泡情况。气泡应该从每个泡罩周围均匀逸出。如果气泡分布不均匀，便调整泡罩浸入深度，直到各泡罩鼓出的气泡均匀为止。

思 考 题 与 习 题

9-1 从安装角度看，塔类设备有什么特点？

9-2 塔类设备的吊装方法有哪些？

9-3 塔类设备吊装前的准备工作有哪些？

9-4 塔类设备的吊装方案的主要内容有哪些？

9-5 塔类设备的吊装方案中总平面图的设计内容有哪些？

9-6 塔类设备吊装前，施工现场应做哪些准备工作？

9-7 塔类设备吊装前，对塔本身要做哪些准备工作？

9-8 塔类设备的吊装步骤是什么？

9-9 预起吊的目的是什么？

9-10 怎样检查已就位塔类设备的标高和垂直度？如何调整？

9-11 怎样进行塔类设备内部构件的安装找正？

9-12 塔类设备水压试验的目的是什么？什么样的塔类设备要水压试验？水压试验在何时进行好？其压力如何确定？

9-13 正式起吊塔类设备时，要注意哪些事项？

9-14 塔类设备就位时，若发现螺栓与孔不吻合时，怎么办？

9-15 用桅杆吊装塔类设备时，桅杆何时拆除（或移走）好？

第十章 工业锅炉安装

第一节 工业锅炉及锅炉房概述

一、锅炉的用途和分类

锅炉是通过燃料的燃烧，将燃料的化学能转变为热能，并将热能传递给水，从而产生具有一定压力和温度的蒸汽或热水的热力设备。在工业生产和日常生活中，锅炉房及其设备是不可缺少的、重要的组成部分，在整个国民经济中有着重要的作用。

根据锅炉在生产和生活中的不同用途，可分为动力锅炉和工业锅炉两大类。

动力锅炉生产的蒸汽是用来驱动热力机械产生动力，以用于发电、推动机车船舶、驱动农业排灌机械等，常见的如火车蒸汽机车锅炉、火电站的蒸汽锅炉、锅拖机等。一般动力锅炉所产生的蒸汽，其压力和温度都比较高，容量也较大，并且日益向高压、高温和大容量方向发展。比如与12万5千千瓦汽轮发电机组配套的国产再热式锅炉，蒸汽压力为13.73MPa，温度为550℃，每小时蒸汽产量可达400t。

工业锅炉生产的蒸汽或热水，是作为载热体用于工业生产中加热、蒸煮和干燥等，或用于厂房及生活用房的采暖通风和热水供应等。工业锅炉压力和温度较低，容量也较小。一般的压力在1.28MPa以下，每小时产蒸汽量在10t以下，个别情况压力可达2.45MPa，每小时产蒸汽量达20t或30t。

由于动力锅炉和工业锅炉的压力、温度和容量不同，其相应的锅炉构造及锅炉房设备也不相同。本节只介绍一般小型工业锅炉与锅炉房的一些基本知识。

工业锅炉也称为供热锅炉，随着科学技术的发展，锅炉的种类和构造形式不断地扩大和发展。按构造形式可分为立式锅炉和卧式锅炉两种，或者分为火管锅炉和水管锅炉两类；按所生产的工质不同，可分为蒸汽锅炉和热水锅炉；按燃用的燃料种类不同，可分为燃煤锅炉、燃油锅炉和燃气锅炉；按锅炉内水循环的动力的不同，又可分为自然循环锅炉和机械（强制）循环锅炉。蒸汽锅炉大多数是自然循环，热水锅炉大多数是机械（强制）循环。

二、锅炉设备的组成和工作过程

为了保证锅炉房能够安全可靠、经济有效地供给生产和生活用蒸汽（或热水），在锅炉房设备中除了配置锅炉主体设备外，还必须装置其它配套的辅助设备，组成完整的锅炉运行系统。现以图10-1为例，说明锅炉设备的组成和工作过程。

图10-1为一台SHL10-1.27/300型锅炉房的设备简图，其设备由本体设备和辅助设备两大部分组成。本体设备由汽锅（包括锅筒、水冷壁、管束和联箱）、炉子（包括炉排和炉膛）、过热器、省煤器、空气预热器和仪表附件组成。辅助设备由运煤除灰系统、通风系统、汽水系统和仪表控制系统四个系统组成。

运煤除灰系统：是将燃料连续地供给锅炉燃烧，同时又将生成的灰渣及时地排走。由

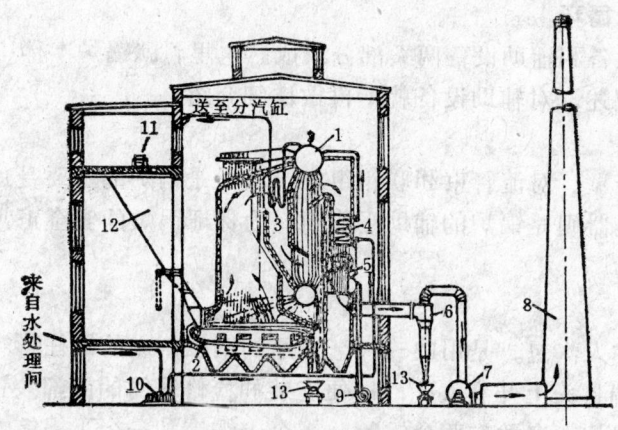

图 10-1　锅炉房设备简图

1—锅筒；2—链条炉排；3—蒸汽过热器；4—省煤器；5—空气预热器；
6—除尘器；7—引风机；8—烟囱；9—送风机；10—给水泵；11—运煤
皮带输送机；12—煤仓；13—灰车

提升机、输送机、煤斗以及灰斗、除渣机、运灰小车等设备 组 成。图10-1中11为皮带运输机，将煤送入煤斗12，靠煤的自重滑至炉排燃烧，燃烧后生成的灰渣漏入灰斗，由除渣机送入运灰小车13，然后运送到灰渣堆放场。此外，由除尘器收集的烟尘也由运灰小车运至堆放场。

通风系统：是将燃料燃烧所需用的空气送入锅炉，并将生成的烟气经过处理后排到空中。由送风机、除尘器、引风机、风道、烟道、烟囱等组成。燃烧所需的空气由送风机9鼓入风道，经过空气预热器5加热后送到炉排2下面，穿过炉排缝隙进入煤层助燃；燃烧后生成的烟气，经过除尘器6净化后，由引风机7抽出并送入烟囱8排到空中。

汽水系统：是将经过软化处理后的水送入锅炉，并将锅炉生成的蒸汽或热水输送给用户。它由水处理设备、水箱、水泵、管道和分汽缸等组成。如图10-1所示，存入水箱中的软化水，由锅炉给水泵10送入省煤器4，吸收烟气的余热进行加热，然后送入锅筒；锅炉生成的蒸汽从上锅筒经过热器 3 继续加热（过热），然后进入分汽缸分配给用户。天然水中含有各种杂质，若直接作为锅炉用水，将会引起锅炉结垢、腐蚀、发沫及汽水共腾，影响锅炉的安全经济运行。因此，锅炉用水必须经过处理才可使用。

仪表控制系统：是为了保证锅炉安全经济运行而设置的仪表和控制设备。如蒸汽流量计、水流量计、风压表、烟气温度计、水位警报器、电气控制柜等。

蒸汽锅炉的工作过程。一般包括三个连续不断且同时进行的工作过程：燃料的燃烧过程、高温烟气向水传热的过程、水蒸汽产生的过程。

煤在炉膛内燃烧产生高温烟气，首先在炉膛内与水冷壁进行辐射换热，然后依次与对流管束、过热器及省煤器进行对流换热，把热量传给水或蒸汽，最后温度降低了的烟气经烟道和烟囱排入大气。

在燃烧过程的同时，经过水处理的锅炉给水，由水泵先送入省煤器预热，然后进入上锅筒，再流入对流管束和水冷壁管继续加热，形成汽水混合物上升进入上锅筒内，进行汽水分离产生饱和蒸汽，如需过热蒸汽时，则经过过热器加热后再进入分汽缸，用管道引出，供给各用户使用。

177

三、锅炉构造及水循环

锅炉设备由本体设备和辅助设备两大部分组成。这里将就锅炉本体中各主要设备的构造、特点和作用加以叙述，对辅助设备就不再做详细介绍。

（一）汽锅

汽锅由锅筒、水冷壁、对流管束和联箱组成。汽锅是锅炉的主要受热面，蒸汽过热器、省煤器和空气预热器则是锅炉的辅助受热面。为保证锅炉的安全正常运行，在锅炉上还装有各种附件。

1.锅筒

锅炉的锅筒，又称为汽包。是用12～40毫米厚的钢板制成的圆柱形容器，两端是凸形的封头。在锅筒的一端封头上开有人孔，以便安装和检修锅筒的内部装置。

目前生产的工业锅炉大多数有两个锅筒，一个上锅筒和一个下锅筒，两个锅筒用对流管束连接起来。起着补充、贮存锅炉给水，汇集净化蒸汽的作用。

上锅筒是汇集汽水混合物和使汽水分离的装置，在水冷壁管和部分对流排管中产生的汽水混合物都上升而汇集到上锅筒中，再由汽水分离器将蒸汽和水分离开来，蒸汽则由上部主汽管引出，水滴再落回到锅筒中。汽水分离器有隔板式、孔板式、集管式和旋风分离式等多种形式，目的是将蒸汽中的水分和盐分分离出来。为了改善炉水的品质，在上锅筒内还装有连续排污装置。给水管也由上部接至内部配水槽上以补充给水。

为了保证锅炉安全运行，在上锅筒一端装有一只水位计，上部装有两只安全阀，一只排空阀和压力表接出管。图10-2为上锅筒的内部装置图。在下锅筒中设有排放沉渣、泥渣的定期排污装置。

2.水冷壁及联箱

水冷壁又称水冷墙，一般用ϕ51至ϕ76mm锅炉钢管制成。它布置在燃烧室四周，主要是用来保护炉墙，防止结渣，并吸收炉内高温烟气的大量辐射热，是水管锅炉的主要受热面。

水冷壁上端一般是与上锅筒连接，或与接至上锅筒的联箱连接，下端与下锅筒或与下锅筒连接的下联箱连接。上锅筒的给水，经过下降管到下联箱，然后到水冷壁受热，吸收热量后成为汽水混合物再上升至上锅筒，形成了锅炉水的自然循环系统，如图10-3所示。

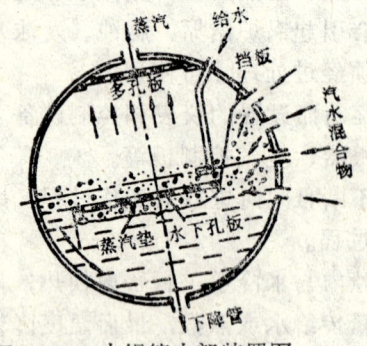

图 10-2　上锅筒内部装置图

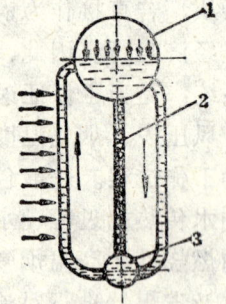

图 10-3　锅炉水循环示意图

1—上锅筒；2—隔烟墙；3—下联箱

联接水冷壁的联箱又称集箱，常用直径较大的无缝钢管制成，有上、下、左、右之分。两端设有手孔，以便清除水垢用。在下联箱上连接的管子除了水冷壁管和下降管外，下部还焊有定期排污管，作为排除炉水中沉积的泥渣和锅炉放空排水用。

3.对流管束

对流管束又称对流排管或水排管,是由许多排管组成的锅炉对流受热面,是中小型锅炉的主要受热面。全部对流管束都放置在烟道中,受到烟气的冲刷,排管内的水吸收烟气的热量,产生汽水混合物,上升至上锅筒进行汽水分离。由于管子排列和烟气的流向不同,对流管束内的水和汽水混合物组成了有规律的自然循环。

对流管束通常是用 $\phi51\sim\phi63mm$ 无缝钢管,采用顺排或错排的排列方式组成管束,上端和上锅筒连接,下端和下锅筒或下联箱连接,连接方式有焊接和胀接两种。

(二)炉子

炉子又称燃烧设备,是由炉排和炉膛组成的燃料燃烧的空间和场所。由于燃料种类不同,燃烧设备的构造类型也不相同。按照组织燃烧的不同方式,燃烧设备可分为层燃炉、悬燃炉和沸腾炉三种类型。

层燃炉:层燃炉在工业与采暖锅炉中占主要地位,应用最为广泛。其特点是燃料在炉排上铺成层状,空气从炉排下送入燃料层助燃,燃料中可燃气体在炉膛中燃烧,固态碳则在炉排上燃烧。

层燃炉按照操作方式和炉排种类的不同,又分为链条炉排炉、抛煤机炉、往复推动炉排炉和手烧炉。图10-4所示是最常用的链条炉排的层燃炉。一般小型工业锅炉采用往复推动炉排的层燃炉也比较多。

悬燃炉:悬燃炉是将煤粉、重油和气体燃料与空气混合后在炉膛内呈悬浮式燃烧,炉膛内没有炉排,四周布满水冷壁受热面,效率较高,多用于发电厂锅炉。另外,燃气和燃油锅炉没有灰渣,也不设除渣设备。煤粉锅炉的炉膛底部装有落灰斗,用机械或水力除灰设备除灰。

沸腾炉:沸腾炉也称为半悬燃炉,燃用固体颗粒燃料。通常是将煤破碎至一定粒度后送入炉内,从炉排下送入较高压力的空气,将燃料吹到一定高度,使燃料在炉内上下翻滚进行燃烧。它的特点是能燃用次煤,如劣质煤和煤矸石等,燃料在炉内停留时间较长,燃烧效率高,炉排和炉膛热强度高,炉子体积小、耗钢量少。但是飞灰量大,飞灰中可燃物含量大,烟气含尘量高,耗电量大,管束易受磨损。

锅炉的炉膛又称燃烧室,是由炉墙封闭成的燃烧空间(见图10-5)。炉墙除构成燃烧室外,还构成烟道的外壁,其功能是:防止热量向外散失;组织烟气按指定的通道流动;在锅炉正压运行时,能防止烟气外冒,避免烧伤操作人员和影响环境卫生,在负压运行时,能防止冷空气漏入炉膛,影响锅炉的热效率。

炉墙按构造不同分为重型炉墙、轻型炉墙和管式炉墙三种。工业锅炉一般采用重型炉

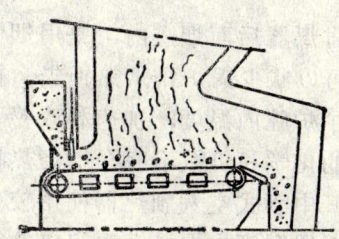

图 10-4 链条炉排燃烧室

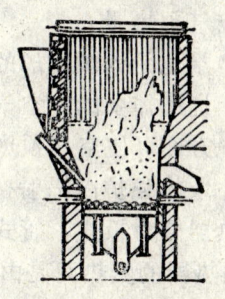

图 10-5 沸腾床燃烧室

墙，即炉墙直接砌筑在锅炉基础上，用耐火砖砌内衬，红砖砌外墙，全部重量由基础承担。

为了防止因热胀冷缩炉墙产生裂缝，在炉墙四周设有钢架，用于箍紧炉墙，起到保护炉墙的作用，同时钢架还用来支承锅筒、联箱和管束，起到支撑锅炉设备的作用。

（三）蒸汽过热器

蒸汽过热器是电厂锅炉机组不可缺少的部分，在工业锅炉中也常用到。它的作用是将锅筒引出的饱和蒸汽加热干燥，并达到一定的过热温度。

蒸汽过热器通常布置在烟道的高温区，如炉膛的出口，或装在炉膛顶部。工业锅炉的过热器常布置在一小部分对流管束的后面。

蒸汽过热器按换热方式，可分为辐射式、半辐射式和对流式三种；按放置的方式可分为立式和卧式两种（见图10-6）；按蒸汽和烟气的流向分为逆流、顺流、双逆流和混合流四种（见图10-7）。

图 10-6　过热器结构（立式）

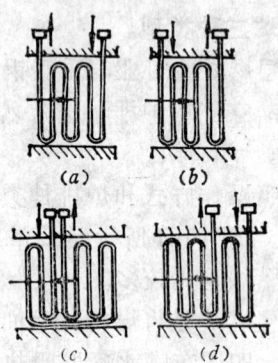

图 10-7　过热器蒸汽与烟气流向
(a)逆流；(b)顺流；(c)双逆流；(d)混合流

（四）省煤器

省煤器是锅炉尾部的辅助受热面，设置在对流管束后面的烟道中。它是利用锅炉排烟的热量加热锅炉给水的一种换热设备，它不仅可以吸收烟气的余热，降低排烟温度（水温升高1℃，烟温降低1.5～3℃），减少排烟热损失，节约燃料（可节约5～6%），而且由于给水温度的提高，缩小了给水与炉水的温差，从而减少了锅炉的热应力，同时增加了锅炉的汽化能力。但因省煤器使烟气阻力加大，引风机的功率也相应加大。

省煤器按给水加热的程度，分为沸腾式和非沸腾式两种；按制造材料可分为钢管式和铸铁式两种。铸铁因其性脆不耐冲击，只能作非沸腾式省煤器。图10-8为常见的一种方形翼片式铸铁省煤器，是工业锅炉常用的非沸腾式铸铁省煤器，给水经过这类省煤器加热后，其最终温度比蒸汽的饱和温度低20～50℃。

（五）空气预热器

空气预热器也是锅炉尾部的辅助受热面，安装在省煤器后面烟道内，是用烟气的余热加热供燃料燃烧所需要的冷空气。它的使用，一方面可以减少锅炉排烟热损失，提高锅炉热效率；另一方面可使空气预热至100～300℃。提高了炉膛内温度，加速和改善了炉内燃料的燃烧条件，增强炉内辐射换热效果，减少了燃料的化学和机械不完全燃烧热损失。

空气预热器分为板式、管式和再生式多种型式，其中管式空气预热器使用较多，如图10-9所示。预热器的受热面是由直径 $\phi32\sim\phi53mm$ 的无缝钢管或焊接钢管组成的管束，管子两端垂直焊接在上下管板上。烟气在管内自上而下流动，空气在管外横向流动，在上、

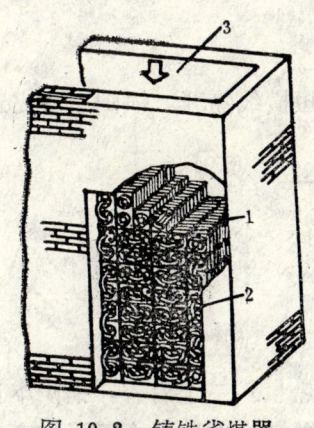

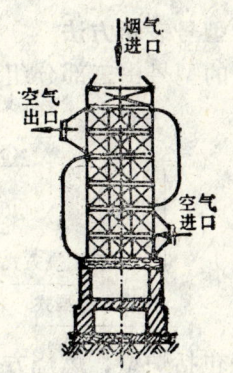

图 10-8　铸铁省煤器
1—省煤器管；2—弯头；3—烟气

图 10-9　管式空气预热器

下管板中间有隔板和导流箱，空气由下进风口进入，在管束外流过导流箱，再由上出风口流出。

四、锅炉基本特性指标

1.蒸发量或产热量

蒸发量是锅炉每小时能够产生的额定蒸汽量，表明了锅炉的容量大小。用符号 D 表示，单位为吨/时（t/h）。

热水锅炉则是以每小时的额定产热量表示容量的大小。用符号 Q 表示，单位是瓦特（W）。当前热水锅炉仍然有用千卡/小时（kcal/h）表示的。其换算关系为：$1kcal/h=1.163W$。

2.蒸汽或热水参数

蒸汽或热水参数是指锅炉出口处蒸汽或热水的额定工作压力和温度。额定压力用符号 P 表示，单位是MPa（或 kgf/cm^2）。饱和蒸汽只标明压力即可，过热蒸汽和热水除标明压力外，还应标明过热器出口和热水出口的温度，单位是℃。

3.受热面蒸发量与发热量

烟气与水或蒸汽进行换热的金属表面称为受热面。每平方米受热面每小时的产汽量，即蒸发量与受热面之比，称为锅炉受热面蒸发率。用符号 D/H 表示，单位是 $kg/m^2 \cdot h$。每平方米受热面每小时的产热量，称为受热面发热率，用符号 Q/H 表示，单位是 W/m^2（或 $kcal/m^2 \cdot h$）。

4.锅炉热效率

锅炉中的燃料完全燃烧所放出的热量，被锅炉有效利用的百分数，称为锅炉的热效率。用符号 η 表示。它是锅炉的重要经济指标，供热锅炉的热效率 η 一般在60～80%左右。

5.炉排热强度

炉排热强度又称炉排面积热负荷，是表示每小时在每平方米面积的炉排上，燃料燃烧产生热量的最大限度。单位是 W/m^2（或 $kcal/m^2 \cdot h$）。它说明了炉子的工作强度，是炉子工作经济性的一个重要指标。其大小应当适度，一般机械炉在 $(800～1100) \times 10^3 kcal/m^2 \cdot h$ 之内。

6.锅炉金属耗率

锅炉每吨蒸发量所耗用的金属材料的重量，称为锅炉金属耗率。目前供热锅炉一般为

2～6t/t。

五、锅炉型号表示方法

工业锅炉的型号由三部分组成，各部分之间用短横线隔开。锅炉型号完整的表示形式如下：

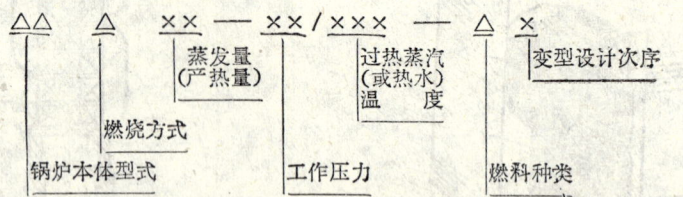

第一部分包括炉型、燃烧方式和蒸发量（或产热量）三个内容。锅炉本体的型式，以二个汉语拼音字母为代号表示，如表10-1所示；燃烧方式以一个汉语拼音字母为代号表示，见表10-2；蒸发量或产热量用阿拉伯数字来表示，其产热量用MW表示，蒸发量用t/h表示。

锅炉型号代号　　　　　　　　　　　　　　　　表 10-1

本 体 型 式	代 号	本 体 型 式	代 号
立 式 水 管	LS（立水）	单锅筒纵置式	DZ（单纵）
立 式 火 管	LH（立火）	单锅筒横置式	DH（单横）
卧 式 内 燃	WN（卧内）	双锅筒纵置式	SZ（双纵）
卧 式 快 装	KZ（快纵）	双锅筒横置式	SH（双横）
热 水 锅 炉	RS（热水）	（双锅筒横置式）	HH（双横）
废 热 锅 炉	FR（废热）	强 制 循 环	QX（强循）

锅炉燃烧方式代号　　　　　　　　　　　　　　表 10-2

燃 烧 方 式	代 号	燃 烧 方 式	代 号
固 定 炉 排	G （固）	往复推动炉排	W （往）
活动手摇炉排	H （活）	振 动 炉 排	Z （振）
链 条 炉 排	L （链）	沸 腾 炉	F （沸）
抛 煤 机	P （抛）	燃 气 炉	Q （气）
倒 转 炉 排	D （倒）	燃 油 炉	Y （油）
		煤 粉 炉	F （粉）

第二部分包括工作压力和过热蒸汽或热水温度，中间用斜线分开。

第三部分包括燃用的燃料种类和锅炉变型设计次序两个内容。燃料种类用一个汉语拼音字母表示，如表10-3表示；变型次序用阿拉伯数字连续排列，如果是原设计，则无此项。

燃料品种代号　　　　　　　　　　　　　　　　表 10-3

燃 料 种 类	代 号	燃 料 种 类	代 号
无 烟 煤	W （无）	油	Y （油）
贫 煤	WP （贫）	气	Q （气）
烟 煤	A （烟）	木 柴	M （木）
劣 质 烟 煤	L （劣）	甘 蔗 渣	G （甘）
褐 煤	H （褐）	煤 矸 石	S （石）

举例：

1. SHL10—1.27/350—W表示双锅筒横置式锅炉，采用链条炉排，蒸发量为10t/h，工作压力为1.27MPa，过热蒸汽温度为350℃，适用于燃烧无烟煤，按原设计制造。

2. QXW1.4—0.7/95—A表示强制循环往复推动炉排热水锅炉，产热量为1.4MW，工作压力为0.7MPa，热水出口温度为95℃，适用燃烧烟煤。

3. KZL4—1.27—A表示快装纵向锅筒链条炉排锅炉，蒸发量为4t/h，饱和蒸汽工作压力为1.27MPa，适用燃烧烟煤。

第二节　锅炉安装前的准备工作

一、锅炉安装的特点及要求

随着国民经济的发展，锅炉在工业生产和人民生活中被广泛使用，锅炉结构也在不断改进，从而使锅炉设备日趋完善，并向着自动化方向发展。

锅炉本体是由若干直径不同的管子，将锅筒和集箱相互连接起来的组合体。加上其他部件和辅助设备，全套锅炉设备比较庞大而笨重。这样，锅炉整体搬运困难较大，且容易损坏。因此，目前除了小型快装锅炉是在生产厂整体组装出厂外，一般工业锅炉都是将部件装配成若干组合件或单件出厂，运输到施工现场后，由施工单位在现场安装成为一套完整的锅炉。

本章所讲述的工业锅炉安装，是指工作压力不高于2.45MPa（指表压）、蒸发量不大于35t/h的现场组装的锅炉安装。

锅炉是在生产和生活中广泛使用的，有爆炸危险的承压设备。而且需要由管工、钳工、焊工、起重工、筑炉工等多工种共同合作，密切配合才能进行安装。因此，为了确保锅炉的安全运行，保障人民生命安全和国家财产不受损失，安装锅炉的施工单位，必须经过省（地市）劳动局锅炉压力容器安全监察机构审查批准，发给专业安装许可证，方可承担锅炉安装任务。从事锅炉安装的技术工人，特别是焊工，必须经过专业训练，并通过专业考试，取得当地锅炉压力容器安全监察机构颁发的合格证，方能上岗工作。

为了保证锅炉的安装质量，国家对锅炉安装工程规定了一整套必要的审批手续，其审批程序如下：

锅炉房在建设前，使用单位需向环保局领取《锅炉安装审批表》，填写盖章后向环保、劳动部门办理审批手续。环保部门批准后，使用单位可向设计单位提出设计任务书，设计单位应根据《工业锅炉房设计规范》及有关的规定，结合使用单位的要求进行锅炉房及设备、工艺管道的设计。

使用单位根据工程情况，向领有专业锅炉安装许可证的施工单位提出任务，签定合同，并让施工单位在锅炉安装审批表上盖章，然后携带设计资料报劳动局审批。待审批后即可进行安装，在锅炉本体安装验收后方可进行筑炉、配管和辅助设备的安装。

锅炉安装的整体验收工作，应由主管部门或使用单位组织，有主管部门、环保、劳动、设计、施工等单位的代表参加。

锅炉安装竣工验收后，使用单位持《锅炉安装审批表》及有关技术资料报劳动局，办理锅炉使用登记证手续，待发证后方可正式投入使用。

二、锅炉安装的工艺流程

锅炉安装单位所依据的技术资料，除设计图纸、随机所带锅炉本体及有关技术资料外，主要应遵照《机械设备安装工程施工及验收规范》TJ231（一）、（四）、（五）、（六）分册和工业炉砌筑工程施工及验收规范等有关规定，认真组织施工，不断提高施工技术和管理水平，严守施工程序和安装工艺，作好质量检查和监督工作，确保锅炉安装的质量。

锅炉安装工艺流程如下：

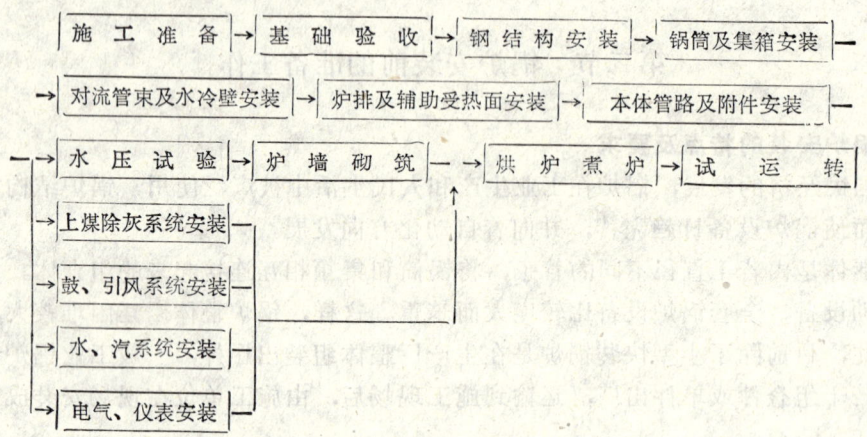

以上流程，除锅炉本体安装必须遵循外，水处理间、鼓引风系统及上煤除灰系统等，均可视具体情况与本体安装平行或穿插施工。同时电气、仪表安装也应及时配合，待全部工程完工后，方可进行锅炉的烘炉、煮炉及试运转等工作。

三、锅炉安装前的准备工作

为了保证锅炉安装工作有计划按程序进行，在施工前应编制出施工组织设计（或施工方案），严格按照施工组织设计组织施工。

施工单位接到锅炉安装任务后，在技术负责人的主持下，组织有关人员熟悉施工图纸及有关技术资料和规范，同时深入现场进行调查，了解工程概况、自然条件、土建工程进度、设备到货时间、建设单位的协助能力等。以此为依据，编制施工组织设计，全面规划施工活动。

施工组织设计应包括：工程概况、主要施工方法和技术措施、施工进度计划、主要材料、设备、施工机具和劳动力需用量计划、施工现场平面布置图、施工准备工作计划、质量及安全措施等。

施工组织设计一经批准，首先应进行施工前的准备工作。现根据锅炉安装的特点，将锅炉安装前主要的准备工作简述如下：

1.劳动组织及人员配备

合理的劳动组织和管理形式，在锅炉安装工程中，对于提高工作效率，保证工程质量以及按时完成工程任务都极为重要。

锅炉安装是一项比较复杂的技术性工作，涉及的工种较多，而且对各工种工人的专业技术水平和操作能力要求较高，因此应配备经过专业训练的技术人员和工人担任安装任务。行政和技术管理人员的配备，以及工人作业小组中工种、级别和数量的配备，均应根据工程大小及复杂程度而定。一般中小型工程应配备工程负责人、工长、技术员、材料员、机械员、质量安全员等配套管理人员组成精干的管理班子；工人小组可分别组成钳工、管工、起重工、筑炉、电工等几个小组，也可组成混合小组，人数以15人左右为好，平均等级应高于3.5级，具体应视工程情况而定。

总之劳动组织与人员配备应做到合理、精干，既要符合施工进度计划的要求，又要避免人浮于事，造成窝工浪费。

2. 材料及设备的准备

及时地供应材料和设备，是正常开展锅炉安装工作的必要条件，否则就会因停工待料造成窝工，延误工期，给国家造成经济损失。

安装工程所需的材料、设备，应以施工组织设计中的材料和设备计划以及进度计划为准，按照规格、数量分期分批供应。特别是锅炉安装中所需要的特殊奇缺材料，如青铅、绸子（棉布）和油类等应提前准备，施工用的加工件和模具，如法兰盘等也应提前安排加工，以保证及时供给。临时设施和其它用料，应另列计划单独供应，以便于正确地进行工程成本分析和核算。

由建设单位移交给施工单位的所有设备，均应由安装单位会同建设单位及有关人员，根据设备制造厂提供的装箱单，开箱清点检查，并作好记录，进行交接。对于缺件和表面有损坏和锈蚀的设备，要作详细记录，经建设单位通知厂方设法解决。设备验收后应妥善保管，不能入库的大型设备，可采取防雨、防潮措施露天保管。

3. 施工机具的准备

施工需用的机具，应按所确立的施工方案和技术措施而定。除一般安装工程所常用的施工机械和工具外，对于锅炉安装的专用机具，应提前作好准备。锅炉安装常用的一些主要机具有：吊装工具（如卷扬机、手动葫芦、千斤顶等）；胀管工具（如锯管机、磨管机、电动胀管机、FYZ—1型胀管器、退火用的化铅槽等）；测量工具（如水准仪、经纬仪、游标卡尺、内径百分表（0.02）、热电偶温度计、手锤式硬度计等）；安全工具（如排风扇、12V行灯变压器等）。

对所需用的施工机械和主要工具，均应按计划的需用量加以落实，保证可以随时调入现场。对不常用的起重或运输设备，如吊车、汽车等，也应拟订计划，以便使用时及时调用。

4. 施工现场准备

施工现场准备工作，是按照施工组织设计中的施工平面布置图，进行安装前的现场准备。包括施工用水、电线路的敷设、临时设施的搭设、材料及设备堆放场地的整理、操作场地及操作平台的准备等。

材料及设备仓库准备，对小型材料、工具及设备零配件应在室内库房保管，库内应设有货架，以便入库的材料、工具及配件能分类放置，对一些精密件则可单独存放，大件材料和设备，尽可能在锅炉房内设堆放场，如果没有条件也可露天搭设堆放场，但要尽量靠近锅炉房，并要有防雨、防潮、防火、防盗等措施。

锅炉受热面管的校正平台，可设在距管子堆放场较近的地方，用厚度约12mm的钢板铺设台面，下面垫以型钢或枕木，用水平仪操平后固定，其面积应以能校正最长和最宽的弯管为宜，平台高度以便于操作为宜。

退火炉应避免露天设置，尽量设在靠近锅炉安装处，以减少管子的搬运；附近砌一深度约300mm的灰池，并装好干燥的石棉灰（或干石灰），灰池靠墙设置为好，可减少管架以备退火时放管。

打磨管子的机械和工作台，宜靠近锅炉放置，以不影响锅炉安装操作为准，且便于装配管时随时修整管端。附近还应用木架杆搭设管子堆放架，管子打磨后可分类堆放，以待胀管时选用。

施工现场的用水用电，可敷设临时管线，既要满足要求，又要安全可靠，电线不准直接放在钢架上，特别是拉入锅筒内的照明灯，必须用橡皮电缆由行灯变压器接出，电压为12伏。

其它生产和生活设施，应按施工组织设计中总平面布置，统筹规划，妥善安排。

第三节　锅炉钢架和平台安装

一、安装前的检查和准备

锅炉钢架在安装前，首先应对基础进行检查、验收和放线，并对钢架质量进行检查和调整，以保证锅炉钢架的安装质量。

（一）基础验收和放线

锅炉基础一般都是由土建单位施工的。安装单位在安装前，应按照《钢筋混凝土工程施工及验收规范》GBJ204-83中的有关规定，对锅炉基础进行检查验收。

基础验收时，先进行外观检查，观察基础是否有蜂窝、露石、露筋、裂纹等缺陷，地脚螺栓预留孔中的模板是否已全部拆除。

待外观检查合格后，按锅炉房平面布置图和锅炉基础图，复测锅炉基础的相对位置及各部尺寸是否符合设计要求。基础各部的偏差应符合表10-4的规定。

锅炉基础尺寸的复测工作，应和放线同时进行。先按照土建施工时确定的基础中心线和基准标高进行初步检查，如果基本正确，则可依此标准放线，如果已超出了图纸要求，则应进行调整，然后再详细划线核对。

放线时应先划出平面位置基准线和标高基准线。即先划出纵向基准中心线、横向基准线和标高基准线三条基准线。划线时，先将已确定的锅炉纵向中心线，从炉前至炉后划在基础上，作为纵向基准线；然后在炉前以前柱中心为准，划一条与基础纵向中心线相垂直的直线，作为横向基准线。有时也以锅炉前墙边缘或锅筒基础座中心线作为横向基准线的。由此两条基准线便可确定锅炉基础的平面位置。锅炉标高基准线，可以土建施工的标高为准，在基础四周选有关的若干地点分别作标记，各标记间的相对偏移不应超过1mm。有这三条基准线为依据，就可将其它各部分轴线和中心线，按锅炉基础图上的尺寸全部划在基础上，然后按照表10-4中的规定进行检查。经检查各部尺寸未超过允许偏差，便可签证验收。

放线工作可先用红铅笔打底，然后再弹出墨线，重要的基线可用红油漆标记在基础上，或标在墙和柱子上，作为整个安装过程中检查测量的依据。

为了进一步说明锅炉基础的放线过程，现以SHW2-1.3-A型锅炉为例，说明其放线的过程（见图10-10）。

混凝土设备基础的允许偏差　　　　　表 10-4

项次	项　　　　目	允许偏差(m m)
1	坐标位置(纵横轴线)	±20
2	不同平面的标高	−20
3	平面外形尺寸 凸台上平面外形尺寸 凹穴尺寸	±20 −20 +20
4	平面的不水平度 (1)每米 (2)全长	5 10
5	垂　直　度 (1)每米 (2)全长	5 10
6	预埋地脚螺栓 (1)标高(顶端) (2)中心距(在根部和顶部两处测量)	+20 ±2
7	预埋地脚螺栓孔 (1)中心位置 (2)深度 (3)孔壁铅垂度	±10 +20 10
8	预埋活动地脚螺栓锚板 (1)标高 (2)中心位置 (3)不水平度(带槽的锚板) (4)不水平度(带螺纹孔的锚板)	+20 ±5 5 2

(1) 先复测土建施工时确定的锅炉基础中心线 OO'，经测后已符合图纸要求，故确定它为锅炉纵向中心线。

(2) 用等腰三角形法检查纵向中心线 OO' 与横向基准线 NN' 是否互相垂直。具体作法是：以 OO' 与 NN' 交点 D 为中心点，在 NN' 线上截取相等的两段任意长度，分别使 $AD = DB$，在 OO' 线上任取一点 C，连接 AC 及 BC，$\triangle ABC$ 便成为一个等腰三角形，用钢卷尺测量 AC 与 BC 的长度，当 $AC = BC$ 时，说明 $NN' \perp OO'$，如果 $AC \neq BC$，尚需调整 NN'，直至 $AC = BC$ 为止。

(3) 以纵向中心线 OO' 和横向基准线为准，划出各辅助中心线和钢柱中心线。

(4) 各条线划好后，可用拉对角线的方法，检查放线的准确度。在图10—10中，如果 $M_1 = M_2$、$N_1 = N_2$、$L_1 = L_2$……则说明所划的线是准确的。然后，将已划定的基准线和辅助中心线的两端用红油漆标在周围的墙上，以供安装时检查测量使用。

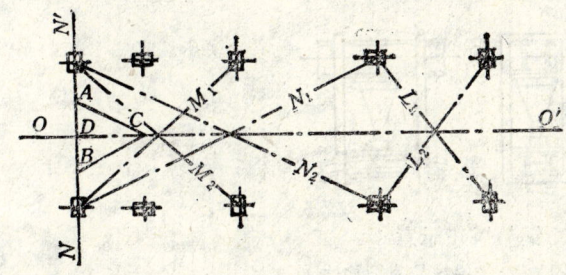

图 10-10　锅炉基础划线

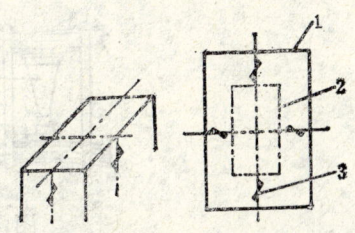

图 10-11　钢柱中心线标志

1— 锅炉基础；2—钢柱底板轮廓线；3—标志

(5) 在钢柱的位置上，划出钢柱底板的中心线和轮廓线，将中心线延长到轮廓线外，用红铅笔或油漆标在基础上，靠基础边缘的一端可标在基础的侧面，以便安装钢柱时调整对中使用，如图10-11所示。

(6) 经复测土建施工的标高无误差时，以此为准，在周围墙和柱子上1m高处标出几个基准标高点，作为安装时调整钢柱标高的标准。各钢柱底板处基础高度可同时测出来，并作好记录，安装时以此决定垫高或凿低数值。

（二）钢架和平台构件的检查及矫正

锅炉钢架是锅炉本体的骨架，起着支撑重量并决定锅炉砌体外形尺寸和保护锅墙的作用。其安装质量的好坏，直接影响到锅炉本体的安装质量。为保证锅炉钢架的安装质量，必须对钢架各单独构件进行检查。

锅炉钢架开箱清点时，应按照图纸核对规格、件数，并按表10-5的规定进行检查，检查立柱、横梁、平台、护板等主要部件的数量和外形尺寸，是否有严重锈蚀、裂纹、凹陷和扭曲现象。凡偏差超过表10-5规定要求的构件，均需作出记录，并进行处理，如有变形或丢失，应予以矫正或配制。

锅炉钢结构组装前的偏差   表 10-5

项次	项 目		偏差不应超过(mm)
1	立柱横梁的长度偏差		±5
2	立柱横梁的弯曲度：	每 米 全 长	2 10
3	平台框架的不平度：	每 米 全 长	2 10
4	护板、护板框的不平度		5
5	螺栓孔的中心距离偏差：	两相邻孔间 两任意孔间	±2 ±3

对超出允许偏差的变形钢构件，应根据具体情况采取相应的方法进行矫正。常用的矫正方法有冷态矫正、加热矫正和假焊法矫正三种。

冷态矫正可分为机械矫正和手工矫正两种方法。机械矫正常采用型钢调直机，矫直情况易于控制，施力均匀，对材质几乎没有影响，效果比较理想。如果无调直机，也可用千斤顶代替丝杠，以同样的原理进行矫正，如图10-12所示。在现场缺少矫直机械的情况下，也可采用手工大锤法矫正变形的钢结构，操作时应使锤面与构件表面平行，经大锤锤打矫正后的零件表面不应有凹坑、裂纹等缺陷。

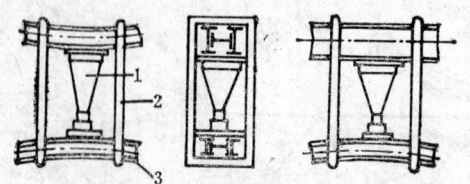

图 10-12 钢架矫正示意
1—千斤顶；2—紧固装置；3—被校直钢构件

对变形较大的钢架，宜采用加热法矫正。变形钢架可在加热炉中直接加热，其加热部位和长度应根据弯曲情况确定，加热长度不宜太长，温度不宜超过800℃（暗樱红色）。

采用的燃料为木炭或焦炭，也可采用乙炔焰加热，禁止使用含硫磷过高的燃料。加热矫正时，应防止过热和产生其它方向的变形。

假焊法矫正，适用于不重要的小型构件。它是利用焊接变形的原理来矫正变形的，应由有经验的焊工操作，注意施焊的部位和方向，禁止使用碳精棒施焊，以防金属表面渗碳。假焊后表面应打光。

二、钢架和平台的安装

安装钢架前，先根据测量的标高记录修理基础，将各个安装钢柱的地方凿平，使其达到不高于设计标高20mm。

钢架的联接方式分螺栓联接和焊接联接两种，安装时可根据钢架的结构形式和施工现场的施工条件，采用预组合或分件安装方法进行安装。

采用预组合方法安装，是先将锅炉的前后墙或两侧墙的钢架，预先组装成组合件，然后将各组合件安装就位，并拼装成完整的钢架。为保证钢架的安装质量，组合件的组装工作，应在预先搭设好的组装平台上进行。组装平台可在周围的地面上用枕木搭设，用水准仪操平，枕木之间用铁把钉钉牢。组装时，应注意随时校正组合件的尺寸，每调准一件，立即拧紧螺栓或点焊，待组合件所有尺寸核对无误后进行焊接。若采用可拆卸的螺栓联接时，螺栓端头露出螺母的长度不应大于3～4个丝扣，螺母下面应有垫圈（最多不超过两个），如果支持面是斜面，则应垫以相同斜度的楔形垫圈。

采用分件安装方法，就是不进行钢架的预组合，而是将校正好的钢架构件分件安装。此种方法，搬运吊装都比较方便，但调整工作麻烦，且工效和质量均不如预组合安装方法好。安装时应先将主立柱的底板对准基础的中心线就位，同时穿上地脚螺栓，上部用带有花篮螺丝的钢丝绳或8#铅丝拉紧，进行初步调整，然后再用螺栓将横梁装上，并进行终调，其偏差要求不应超过表10-6的规定，每调整好一件立即点焊固定。

无论是预组合安装，还是分件安装，钢架吊装时均应轻起轻落，安全可靠，防止钢架产生变形。

钢架的调整工作，包括高度调整、间距位置调整和垂直及水平度的调整。调整时，各项调整工作应同时进行，并相互顾及，反复测量调整。

调整钢架的标高时，先调钢柱底板在基础上的位置，使钢柱底板的十字中心线与基础上的十字中心线相重合，然后以标在柱子上的标高基准线为依据，用水准仪或胶管水平仪测量钢柱的标高，对超出允许偏差的钢柱，可用平垫铁和成对斜垫铁进行调整，且每组垫铁不应超过三块。待整个钢架标高全部调整完毕，经复查无误时，将垫铁点焊牢固。严禁用浇灌混凝土的方法代替垫铁。

常用的胶管水平仪，是一种自制的测量工具，如图10-13所示。在锅炉安装中，多用于测量钢架的标高和锅筒的找平。它是由一根长度适当的软胶管，两端各装有一节玻璃管组成。使用时在管内装上适量的水，利用"U"形管内液面在同一水平面上的原理进行测量。钢立柱在测量前先画出基准标高线，将胶管测量仪一端玻璃管内的水位，对准标在柱子上的基础标高基准线，另一端玻璃管的水位对准钢立柱的标高基准线，调整垫铁的高度，使钢柱高度达到设计要求。

钢柱及横梁的位置和距离，可以用钢卷尺度量，采用量对角线的方法进行调整，并和钢柱垂直度的调整工作同时进行。

项次	项　　　　　　目	偏差不应超过	附　注
1	各立柱的位置偏差	±5mm	
2	各立柱间距离偏差	±1/1000	
	最大	±10mm	
3	立柱、横梁的标高偏差	±5mm	
4	各立柱相互间标高偏差	3mm	
5	立柱的不铅垂度	1/1000	
	全高	10mm	
6	两柱间在铅垂面内两对角线的不等长度	1/1000	在两根柱的
	最大	15mm	两端测量
7	各立柱上水平面内或下水平面内相应两对角线的不等长度	1.5/1000	
	最大	15mm	
8	横梁的不水平度	1/1000	
	全长	5mm	
9	支持锅筒的横梁的不水平度	1/1000	
	全长	3mm	

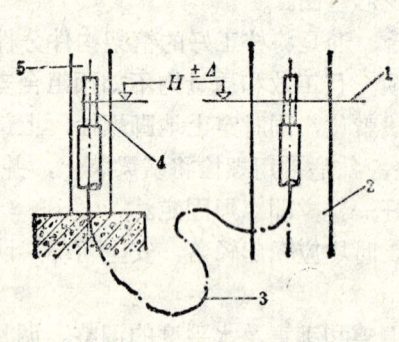

图 10-13　用胶管水平仪测量钢柱标高

1—基准标高；2—柱子；3—胶管；

4—玻璃管；5—钢柱

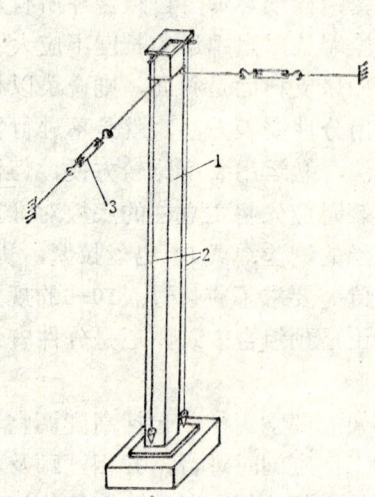

图 10-14　钢柱垂直度调整

1—钢柱；2—铅垂线；3—花篮螺丝

调整钢柱的垂直度时，在钢柱的顶端相互垂直的两个面上，各挂一个线锤（见图10-14），用钢板尺测量铅垂线和钢柱上下两端的距离，如果超出要求，可采用松紧花篮螺丝的方法调整，直至合格。如果因钢柱较高线锤摆动时，可使用较重的线锤，或将线锤放入盛水的桶内，以稳定线锤，达到测量准确，方便调整的目的。

钢架的全部构件调整完后，应全面进行复查，所有尺寸经核对无误时，可进行焊接，焊接时焊缝的部位和型式，应完全符合图纸和焊接技术规范的要求，选有经验的焊工施焊，严防钢架在焊接时因温度过于集中而产生焊接变形。如发现变形，可采用假焊法进行校正。立柱需与预埋钢筋焊接时，应将钢筋加热弯曲紧靠在立柱上，钢筋长度和焊缝规格均不应低于设计规定，且钢筋转折处不应有损伤。

钢架焊接完成后，可进行二次浇灌。在浇灌前检查地脚螺栓是否铅垂，螺母和垫圈是否齐全，螺栓露出螺母1～2个螺距。浇灌时混凝土标号应高于基础标号，基础表面应清洗干净，捣固密实，并做好养护工作，以保证浇灌质量。待混凝土强度达到要求强度的75％以上后，拧紧地脚螺栓。

平台、扶梯、栏杆等安装工作，在不影响锅筒及管束的安装时，可配合钢架的安装进度尽早进行。安装应牢固、平直、美观，扶手立柱的间距应符合设计要求，当设计无规定时，可选用1～2m，且应均匀，转角处必须加装一根，焊缝应坚固光滑。在平台、扶梯、托架等构件上，不应任意割切孔洞，必需割切时，在割切后应予以加固。

第四节 锅筒和集箱的安装

锅炉的主要受热面是锅筒、集箱、水冷壁和对流管束。这些主要受热面的安装工作，大体可分为两部分，即首先是锅筒和集箱的就位及找平找正，其次是对流管束和水冷壁的安装。

当锅炉钢架安装完成，且二次浇灌的混凝土强度已达到75％以上，钢架验收合格后，便可进行锅筒和集箱的安装工作。锅筒和集箱的安装，是锅炉机组安装过程中非常关键的一道工序，其安装质量的好坏，直接影响着受热面管子的安装，且关系到锅炉的正常使用和安全运行。其主要内容包括锅筒及集箱的检查、安装和校正。下面着重就锅筒的安装作一介绍。

一、锅筒的检查

锅筒在安装前，应对其加工质量和运输过程中是否有损伤进行严格的检查，以保证安装质量。检查内容及要求如下：

（1）检查锅筒内外表面和短管焊接处，有无裂纹、撞伤、分层等缺陷；管孔、接管座、法兰盘、人孔、手孔及内部装置等的数量和质量必须符合图纸要求。

（2）核对锅筒外形尺寸，并检查其弯曲度。锅筒应每隔2m测量其内径，并检查椭圆度。锅筒的允许弯曲度为锅筒长度的2/1000，全长不超过15mm；内径偏差要求一般应在±3mm之内，椭圆度为5～6mm。

（3）检查锅筒两端水平和铅垂中心线的标记位置是否准确，如有误差，必要时可根据管孔中心线重新标定或调整，如图10-15所示。锅筒两端水平和铅垂中心线的标记，在锅炉出厂前由生产厂标定，生产厂在加工过程中，用样冲子在中心线位置冲上眼，以作为标记。若因油漆看不清标记时，可用刮刀刮掉油漆，即可找见标记。如果锅筒上未打有横向中心线标记时，应按纵向管排的管孔划出。

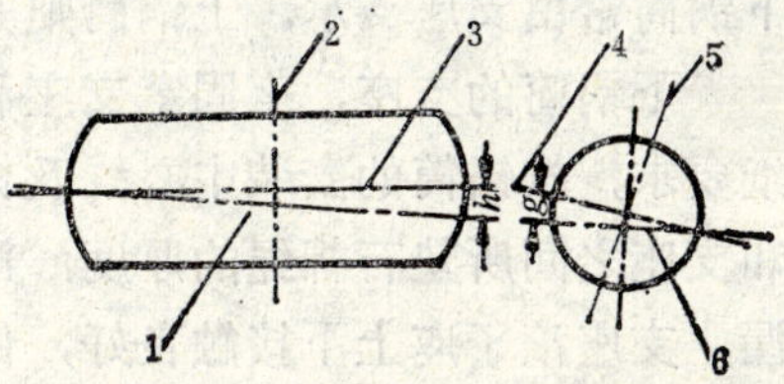

图 10-15 锅筒上的各中心线示意图
1、6—水平线；2—横向中心线；3—锅筒纵向中心线；4—锅筒端面水平线；5—锅筒端面铅垂中心线

（4）锅筒胀接管孔的直径和偏差应符合表10-7的规定。中小型工业锅炉管子，多采用公称外径51mm的锅炉无缝钢管，与其配套的锅筒管孔直径为51.5mm，管孔的直径偏差不应超过＋0.40mm，椭圆度不应超过0.3mm，不柱度不应超过0.3mm。管孔在检测前应打磨清洗干净，对保护油漆可用丙酮清洗，检测完后可涂黄油保护，防止生锈。测量管孔应十字交叉测量两次，以便计算椭圆度，工具使用经过校验的0.02mm游标卡尺。

管子公称外径	管孔直径	直径偏差	椭圆度	不柱度
		不　　应　　超　　过		
32	32.3			
38	38.3	+0.34	0.27	0.27
42	42.3			
51	51.5			
57	57.5			
60	60.5	+0.40	0.3	0.3
63.5	64			
70	70.5			
76	76.5			
83	83.6			
89	89.6	+0.46	0.37	0.37
102	102.7			
108	108.8			

（5）胀接管孔表面粗糙度应达到 $\overset{12.5}{\triangledown}$，且表面不应有凹痕、边缘毛刺和纵向沟纹；环向或螺旋形沟纹的深度不应大于 0.5mm，宽度不应大于 1mm，沟纹至管孔边缘距离不应小于 4mm（至内外边缘）。

以上各项检查工作均需作好记录，特别是管孔的检查，应按照上下锅筒图纸，画出管孔平面图，并分排编号，或列表登记，将测量数据记录在图上的管孔内或记录表中。对超过允许偏差的，应进行数量统计，并与有关单位研究处理方案，处理结果应有记录。

集箱的检查内容和检查方法与锅筒基本相同，本节不再详述。

二、锅筒的安装

1.锅筒支承物的安装

不同型号的锅炉，锅筒支承型式也不相同。现在小型工业锅炉，多为上下两个锅筒，下锅筒常由支座支承，上锅筒则是由管束及钢架来支承，或采用吊环吊挂。

下锅筒的支座，有固定支座和滑动支座之分，安装方法同其它设备安装一样，根据图纸要求，按锅筒的安装中心线及标高基准线找平找正。安装时，支座的标高应考虑到锅筒和支座之间所垫石棉绳的厚度，滑动支座内的零件，在装入前应检查清洗，安装时不得遗漏，支座滚子应上下接触良好，保证一定的间隙，并留出膨胀量。

锅筒如果采用吊环吊挂时，应对吊环螺丝和吊架弹簧的质量进行检查，吊环应与锅筒外圆吻合，接触良好，其局部间隙不得大于1mm。

靠管束支承的锅筒，应放在临时性支架上加以固定，以便于进行锅筒的调整工作。临时支架的立柱可用钢管制作，其它可用型钢制作，上部用方木横担在钢架上，在锅筒的两侧垫以木楔临时支承锅筒。

无论何种型式的支承物，均应坚固牢靠，都必须保证锅筒的稳定，在胀管过程中不致引起锅筒的移动。安装完毕拆除临时支架时，不得用锤敲打，不得使锅筒振动，防止因锅筒的摇动使胀口松动。

2.锅筒的运输和吊装

锅筒由堆放场运至安装地点时，应先将锅筒放在木排（木船）上，木排下放入滚杠，地面上加铺木板，然后用卷扬机或绞磨将木排连同锅筒一起拖入锅炉房。

锅筒的吊装工作，按施工组织设计确定的吊装方案进行施工。通常吊装方案应根据现场的施工条件确定。在小型锅炉房内，一般不便施展吊车，因此常使用桅杆和手动葫芦（倒链）进行吊装。

锅筒在起吊和搬运时，严禁将绳索穿过管孔，不得使短管受力，也不得用大锤敲击锅筒。锅筒的绑扎位置不应妨碍锅筒就位，绑扎要牢固可靠，在绑扎钢丝绳的地方垫以木板，防止钢丝绳滑动损坏锅筒。锅筒在吊装前应进行试吊，经检查无异常现象时方可起吊。起吊过程中要做到平稳可靠，不得与钢架碰撞。锅炉有两个或两个以上锅筒时，锅筒吊装顺序可视锅炉结构和现场条件而定，只要不妨碍施工，先吊装上锅筒或下锅筒均可。全部锅筒吊装就位后再进行调整工作。

3. 锅筒的调整找正

锅筒安装位置的正确与否，直接影响着锅炉排管的安装质量，锅筒微小的位置差错，会严重影响胀管的质量，因而降低锅炉的使用寿命。因此，必须对锅筒安装进行认真仔细地调整找正。

锅筒及集箱的找正工作，包括单个位置的找平找正和相互之间位置的找平找正。其偏差要求应符合表10-8的规定。

锅筒、集箱就位时的偏差 表 10-8

项次	项　　　　　　目	偏差不应超过（mm）	附　注
1	锅筒纵向轴心线、横向中心线中立柱与心线的水平方向距离偏差	±5	
2	锅筒、集箱的标高偏差	±5	
3	锅筒、集箱的不水平度，全长	2	
4	锅筒间（p、s）集箱间（b、d、l）、锅筒与相邻过热器集箱间（a、c、f）、上锅筒与上集箱间（h）轴心线距离偏差	±3	见图10-16
5	水冷壁集箱与立柱间距离（m、n）偏差	±3	见图10-16
6	过热器集箱间两对角线（k_1、k_2）的不等长度	3	见图10-16
7	过热器集箱与蛇形管最低部距离（e）偏差	±5	见图10-16

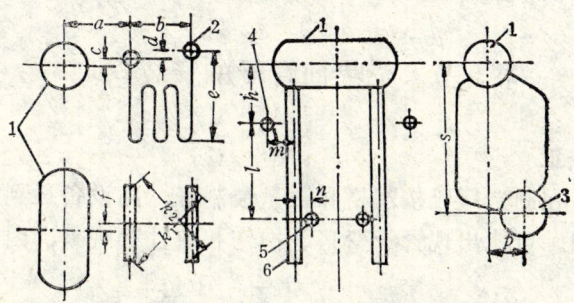

图 10-16　锅筒、集箱间的距离

1—上锅筒；2—过热器集箱；3—下锅筒；4—水冷壁上集箱；5—水冷壁下集箱；6—立柱

调整锅筒纵、横中心线与基础纵、横基准线的距离，多采用投影法进行测量。即在锅筒的纵、横中心线的两端挂上线锤，线锤的尖端略高于基础面，测量线锤在基础面上的投影点与基础上的纵、横基准线间的距离，调整锅筒，使其达到符合表10-8的要求为止。

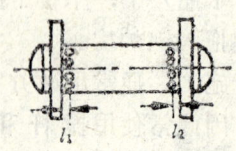

图 10-17 找正锅筒中心位置

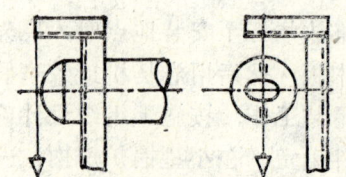

图 10-18 锅筒中心找正与水平找正

如图 10-17 和图 10-18 所示。

锅筒找正时，应考虑到锅筒将在热状态下的热膨胀，在常温下安装的锅筒，应使 $l_1 = l_2 + \frac{1}{2} s$。s 为锅筒纵向膨胀间隙。一般按下式计算：

$$s = 0.012 \times l \times \Delta t + 5$$

式中 s ——膨胀间隙，mm；

l ——锅筒长度，m；

Δt——锅筒内工作介质温度与安装时环境温度之差，℃。

锅筒全长的纵向不水平度 h（图 10-15）在锅筒两端测量，允许误差不得超过 2mm；锅筒的横向不水平度 g（图 10-15）在锅筒端面上测量，可根据端面上的铅垂中心线和水平中心线标记，用垂线法找正，允许误差为 1mm。测量工具可采用水准仪或胶管水平仪测量，如图 10-18 所示。

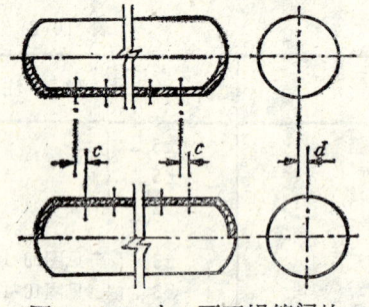

图 10-19 上、下两锅筒间的相对位置

上、下两锅筒管孔中心线间的距离偏差允许为 ±3mm（图 10-19 中 c）。当锅炉的两锅筒在同一铅垂线上时，则上下锅筒铅垂中心线的不对准偏移不得超过 1mm（图 10-19 中 d）。

锅筒的调整工作，可先调整有永久性支座的锅筒，然后再调整有临时支座的锅筒。集箱位置的调整应在锅筒调整后进行。

锅筒内部零件的安装，应在排管安装完毕，锅炉水压试验结束后，根据设备技术文件规定的位置和数量进行装配。

第五节 受热面管子的安装

一、管子的检查与校正

锅炉的受热面管子，在制造厂已按规格和数量煨制好，随设备运到施工现场。由于运输装卸和保管不善等原因，可能出现管子变形、损伤和缺件等现象，因此在安装前必须进行清点、检查和校正工作。

（一）管子的检查内容及质量要求

（1）管子外表面不应有重皮、裂纹、压扁和严重锈蚀等缺陷，当管子表面有沟纹、麻点等其他缺陷时，缺陷深度不应使管壁厚度小于公称壁厚的 90%；

（2）管子胀接端的外径偏差：公称直径为 32～40mm 的管子，不应超过 ±0.45mm；公称外径为 51～108mm 的管子，不应超过公称外径的 ±1%；

(3) 直管的弯曲度每米不应超过1mm，全长不应超过3mm；长度偏差不应超过±3mm；

(4) 弯曲管的外形偏差（见图10-20）应符合表10-9的规定。

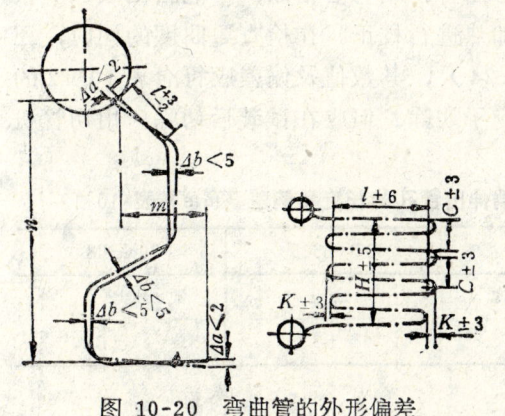

图 10-20 弯曲管的外形偏差

弯曲管的外形偏差　表 10-9

项次	项　　　　　　　目	偏差不应超过 (mm)
1	管口偏移 (Δa)	2
2	管段偏移 (Δb)	5
3	管口间水平方向距离 (m) 的偏差	±2
4	管口间铅垂方向距离 (n) 的偏差	±5/2

(5) 弯曲管的不平度（见图10-21）应符合表10-10的规定。

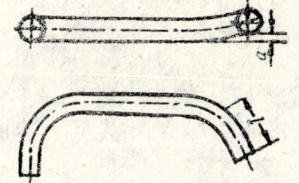

图 10-21 弯曲管的不平度

弯曲管的不平度（mm）　表 10-10

长 度 l	≤500	>500~1000	>1000~1500	>1500
不平度a不应超过	3	4	5	6

(6) 锅炉本体受热面管子应作通球试验，需要矫正的管子的通球试验应在矫正后进行。试验用的球一般应用钢制或木制球，不应采用铅等易产生塑性变形材料制成的球，其通球直径应符合表10-11的规定。

(7) 胀接管口的端面倾斜度 f（见图10-22）不应大于管子公称外径的2%。

通球直径　表 10-11

弯管半径	<2.5D_1	≥2.5D_1~3.5D_1	≥3.5D_1
通球直径不应小于	0.70D_0	0.80D_0	0.85D_0

注：D_1—管子公称外径；D_0—管子公称内径。

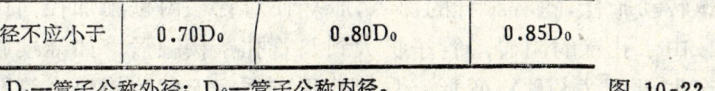

图 10-22 胀接管口的端面倾斜度
1—角尺；2—管子

校验管子尺寸和弯曲度的方法，可利用样板（样管）和校验平台两种方法进行检查。

用样板法进行检查时，所使用的样管，是在锅筒及集箱安装完毕，选各种型号管子进行试装配，当各部尺寸及弯曲度都正确时，即可作为样板来检查其余的同一型号的管子。用这种方法检查管子比较简便，但不够准确，且需在锅筒和集箱安装调整后进行，因此，此法不常采用。通常多采用校样平台进行校验。

检验管子所使用的平台，是用钢板搭设的平整的水平金属平台。检验前，先按照锅炉制造厂提供的锅炉本体图，将锅筒、及弯曲管的侧蓋面图，按实际尺寸绘制在平台上，并沿绘出线打上样冲眼，以保持图样长久。在管样图的适当位置焊上小角铁或扁钢短夹板，其距离在靠近锅筒处应与管孔直径相同，直管段处应符合图10-20的规定。管子侧截面图如图10-23所示。

检查弯管时，凡是能轻易地放入夹板槽内的弯曲管，则为合格品，不能自由放入夹板内的弯管，则表示弯曲度不正确，可采用乙炔焰加热进行校正。在检查弯曲度的同时，还应检查管端伸入锅筒和集箱内壁的长度（见图10-24），其数值及偏差应符合表10-12的规定。小于最小值时应更换新管；大于最大值时应予切除，但应在试装后切除，用切管机或手工锯切除均可，且切口应垂直管子外壁。

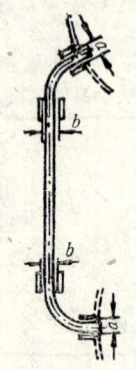

管端伸出管孔的长度和偏差（mm）表10-12

管子公称外径	32～63.5	70～108
管端伸出长度 g	10	12
偏差不应超过	±3	±3

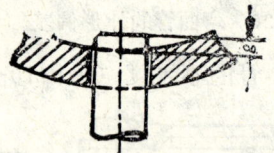

图 10-23　校验平台上管样图　　　　图 10-24　管端伸出管孔长度

应特别指出的是：实样图的绘制，必须正确无误，否则将前功尽弃，甚至会造成难以弥补的损失。

二、胀管工作

锅炉的水冷壁管和对流管束与锅筒和集箱的连接，常采用焊接或胀接的方法进行连接。一般工业锅炉，管子与锅筒的连接多采用胀接，与集箱的连接多采用焊接。

（一）胀管原理和胀管器

1. 胀管原理

胀接，是将管子管端插入锅筒的管孔内，用胀管器使管端扩大，利用管子的塑性变形和锅筒管孔的弹性变形，使管子和锅筒紧密而牢固地连接起来。

锅筒的管孔比管子外径大，当管端伸入管孔时，管子与管孔间有一定的间隙，胀管器插入管端后，用人力或机械转动胀杆，随着胀杆的深入，胀珠便对管端内壁施加径向压力，使管径渐渐扩大产生变形。由于孔壁的阻碍，管子扩大到与管孔壁接触后，如继续施加压力，则管壁被挤压变薄，产生塑性（永久）变形，与管孔形成严密无间的接口。管孔壁受力后只产生弹性变形，在撤出胀管器后，管孔壁回弹收缩，使胀口更加牢固。

胀接口的牢固性和严密性与许多因素有关，如胀管的扩胀程度；管子与管孔壁之间的间隙数值；接触表面的状况；胀管的方法及胀管器的质量；操作者的技术水平和熟练程度等。为了保证胀管的质量，对于上述各种因素都应加以重视。

2. 胀管器

进行胀管工作的工具是胀管器。根据胀杆的推进方式胀管器可分为螺旋式和自进式两种；根据胀杆推动力的来源也可分为手动胀管器和机械胀管器两种。目前常用的胀管器为手动自进式胀管器。

自进式胀管器分为初胀胀管器（图10-25）和翻边胀管器（图10-26）两种。初胀胀管器

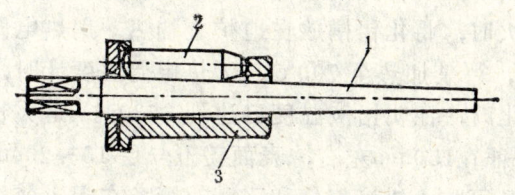

图 10-25 固定胀管器
1—胀杆；2—胀珠；3—外壳

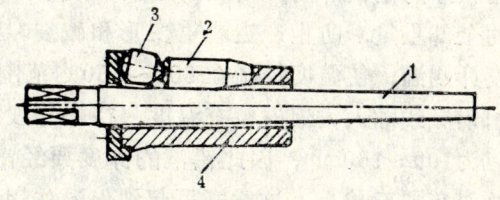

图 10-26 翻边胀管器
1—胀杆；2—胀珠；3—翻边胀珠；4—外壳

又称为固定胀管器，是用来将管子固定在锅筒上，称作挂管；翻边胀管器用于复胀，并将管端翻边，完成胀管工作。

初胀胀管器和翻边胀管器的结构大致相同，只是后者多了一个翻边胀珠。在胀管器外壳上，沿圆周方向每相隔120°有一个胀珠巢，每个巢内放置一个胀珠（或连同翻边胀珠）；胀杆和胀珠均为锥形，胀杆的锥度为 1/20～1/25，胀珠的锥度为胀杆的一半，因此在胀接过程中，胀珠与管子内壁接触线总是与管子轴线平行，管子呈圆柱状扩胀，不会有锥形出现。翻边胀珠的锥度较大，能使管口翻边后形成12°～15°的斜角。

在自进式胀管器中，胀珠巢的中心线与外壳的中心线之间有一夹角，因此，胀珠与胀杆中心线之间也产生一夹角，当胀杆压紧胀珠使胀珠与管壁和胀杆具有一定摩擦力时，旋转胀杆就能自己开始"进入"，并且自动向前推进而不需要施于其上的径向外力。由于胀杆自己推进，胀管过程中胀珠压力的增长是逐渐的、均匀的和不间断的，因而这种胀管器的胀接质量良好，况且结构简单，使用方便，因此得到广泛的应用。

为保证胀接质量，胀管器在使用之前应进行严格地检查。首先胀管器的适用范围应能满足管子终胀内径的要求；胀杆和胀珠不得弯曲，且圆锥度应相配（即胀珠的圆锥度为胀杆的一半）；各胀珠的巢孔斜度应相等，底面应在同一截面上；各胀珠在巢孔中的间隙不得过大，其轴向间隙应小于2mm，翻边胀珠与直胀珠串联时，该轴向间隙应小于1mm；胀珠不得自巢孔中向外掉出，并且当胀杆放入至最大限度时，胀珠应能自由转动。

胀管器在使用时，胀杆和胀珠上要抹适量的黄油，并在每胀完15～20个胀口后，用煤油清洗一次，重新加黄油后使用，但应防止黄油流入管子与管孔之间。

（二）胀管的准备工作

1. 管端退火

胀管工作是将管端在锅筒管孔内冷态扩张。为保证管端有良好的塑性，防止胀管时产生裂纹，在胀管前管端应进行退火。退火工作一般应在锅炉制造厂进行，在出厂证明书中应有明确的记载。无明确记载者，一般采用抽样试胀法进行检查，根据试胀结果决定是否需要退火。另外可通过硬度试验来确定是否需要退火，当管端的硬度HB＞170时或管端硬度≥管孔壁的硬度时，必须进行退火。

管端退火可采用炉内直接加热法或铅浴法。目前多采用铅浴法，因这种方法加热均匀，温度稳定，操作方法简单且容易掌握。由于铅熔化后产生的气体对人身健康有害，目前逐步推广电加热（包括红外线）的热处理技术。

采用铅浴法退火时，先做一个长方形的化铅槽，槽深约400mm左右，槽底面积可根据每次插入槽内的管子根数决定。槽内一角上方可焊一短管，用作插热电偶温度计。化铅槽要用较厚的钢板焊制，槽底的厚度一般不少于12mm，以保证能在灼热状态下承受铅液和管子的全部重量，防止产生严重变形和破裂。退火时，将化铅槽放在地炉上加热，用热电偶温度计测温，使温度控制在600～650℃范围内，严禁加热至700℃。无热电偶温度计时，可用铝导线插入铅液内检查温度，待铝导线溶化时，证明铅液温度已达到658℃。退火长度应为100～150mm，因此铅液的深度要经常保证在150mm左右，表面盖上一层10～20mm厚的煤灰或石棉灰，这样既可起到保温作用，又可防止铅液氧化和飞溅。管子在退火前，应将管端内外脏物清理干净并保持干燥，另一端应用木塞塞紧，防止空气在管内流动而影响退火质量。管端插入槽内要垂直于槽底，并有秩序地排列，另一端要稳妥地放在预先制备好的管架上。加热时间为10～15分钟。管端从铅槽内取出后应立即插入干燥的石灰或石棉灰中，缓慢地冷却降温，当降止常温后即可分类堆放。退火应在正常环境下进行，严禁在有风、雨、雪的露天条件下工作。

2.管端与管孔的清理

管子的胀接端退火后，表面上的氧化层、锈点、斑痕、纵向沟纹等。在胀管前应打磨干清，直至发出金属光泽。打磨长度应比锅筒厚度长出约50mm。打磨后管壁厚度不应小于规定壁厚的90%，表面不得有纵向沟纹。

手工打磨管子时，先将管子夹在龙门压力钳上，为避免夹伤管子，可在管子表面包以破布。用中粗平锉沿圆弧形走向打磨，将管端表面的锈层、斑点、沟纹等锉掉，然后再用细平锉将遗留下的小点锉掉，最后用细砂布沿圆弧方向精磨，使管端表面全部露出金属光泽。

机械打磨管端时，将管端插入由电机带动的打磨机盘内（见图10-27），磨盘上装有三块砂轮块，由机械夹持固定管子，当磨盘转动时因离心力的作用使配重块向外运动，迫使砂轮块紧靠在管子上打磨管子。停车后，由于离心力的消失，在弹簧拉力作用下使砂轮块离开管子。操作人员根据经验随时停车检查打磨程度，认为合格后即可取出管子，尚存的小斑点，人工用细平锉锉掉，并用细砂布精磨，直至发出金属光泽。机械打磨省力、效率高。但应严格要求打磨程度，并注意人身安全，磨盘外应加防护罩，以免砂轮块飞出伤人。为了便于控制起动和停车，宜采用脚踏式开关。

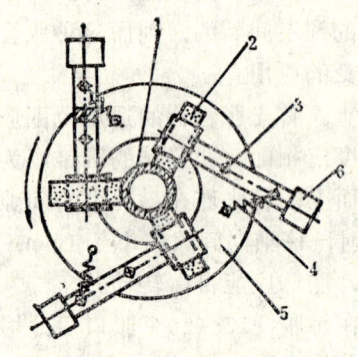

图 10-27 打磨机磨盘示意图
1—管子；2—砂轮块；3—轴；
4—弹簧；5—圆盘；6—重块

经过打磨的管端表面仍要保持圆形，不得有小棱角和纵向沟纹。打磨管子时，在保证磨出金属光泽的条件下，应尽量减少管子的打磨量，以保证管壁的厚度不小于规定数值。管端内壁75～100mm长度范围内，需用钢丝刷或刮刀将毛刺、锈层、铅迹等污物刷刮干净，以免沾污胀管器并加速磨损。打磨后的光洁管端应用牛皮纸包裹，严防生锈，并应尽早安装。

锅筒和集箱上的管孔，在胀管前应先擦去防锈油和污垢，然后用砂布沿圆周方向将毛刺和铁锈擦掉，并打磨出金属光泽。如有纵向或螺旋形沟纹，可用刮刀按圆弧走向刮掉，但应保证不出现椭圆、锥形等现象。用时应检查管孔是否符合规范规定的质量标准。

3.管子和管孔的选配

为了提高胀管的质量，管子与管孔间的间隙，应根据不同管外径选配相适应的管孔，使全部管子与管孔间的间隙都比较均匀。选配前，先用游标卡尺测量打磨过的管端外径和内径，并列表登记，与管孔图上的数据进行比较。选配时，将较大外径的管端，与相应管排中的较大管孔相配。这样胀管的扩大程度就相差不大，便于控制胀管率，保证胀管的质量。

管子胀接端与管孔间的间隙，一般不宜超过以下数值：管子外径 $\phi32\sim\phi42$ 的管，间隙为 1.0mm；$\phi51\sim\phi60$ 的为 1.2mm；$\phi76$ 的为 1.5mm；$\phi89$ 的为 1.8mm；$\phi108$ 的为 2.0mm。

（三）胀管

经过上述对炉管及锅筒管孔进行检查处理后，即可进行胀管。胀管工作一般可分为固定胀和翻边胀两个工序，称做二次胀接法。也有将两道工序合并一次完成胀管工作的，称为一次胀接法。

1.固定胀管

将管子用初胀胀管器初步固定在锅筒上，称为固定胀管，又叫做挂管或初胀。

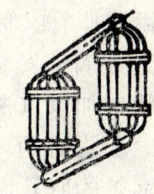

图 10-28 基准排管示意图

为了使挂管工作顺利进行，保证对流管束安装整齐，在大量炉管安装前，应在上下锅筒的两端部，各紧固一列管束，这两列管束的管子间距、垂直度、伸入锅筒内的长度等，均应达到允差范围之内，以此做为整台锅炉对流管束胀管安装的基准管。如图 10-28 所示。

管子在插入管孔前，应将管孔内的油污、脏物用蘸过汽油的棉纱和白布擦抹干净，管子的胀接端可用 0# 砂布打磨并用破布擦净。

管端伸入锅筒管孔内的长度 g（见图 10-24）和偏差要求，应符合表 10-12 的规定。

管子胀接端插入管孔时，应能自由伸入，当发现有卡住或偏斜现象时，应校正后再装。如锅炉配带的管子太长，可将长出部分锯掉，但锯口面与管子轴心线应垂直，且倾斜度 f（见图 10-22）不应大于 管外径的2%。每挂一根管都要进行试装、测量和锯断，不得以一根管为样板将同类管子一次锯完，以免因锅筒安装不准或管子曲率不同等因素，使管子伸出管孔的长度不一致，甚至超出规定偏差而报废。

挂管时应先挂中间排，后挂两侧排，且上下锅筒内胀管工人应相互配合，锅筒外要有专人负责找正、指挥及观察胀管程度。使管子排列整齐，纵横成直线；伸进上下锅筒的长度应一致。隔火墙两边的管子应更加严格注意间距和直线排列，以免给砌筑隔火墙造成困难。每根管子均应按选配时的编号与相应的管孔装配，将管子上端先插入管孔，然后在不加外力的情况下将下端插入管孔，调整排管的间距、排列和伸入锅筒的长度。间距和直线排列的调整，可采用拉线法（以基准排管为准）和木制梳形槽板（图 10-29）进行调整。为保证伸入上下锅筒管子的长度相等，避免胀管时管子向下窜动，待上下锅筒内的操作人员调整好管子的长度时，锅筒外的人可用特制的扁钢卡具将管子夹紧，托放在下锅筒上（见图10-30）。

固定胀管时，先固定上端，后固定下端。将固定胀管器插入管内，其插入深度应使胀壳上端与管端距离保持 10～20mm，然后推进并转动胀杆，使管子扩大，待管子与管孔间的间隙消失后，再扩大 0.2～0.3mm，管子便可固定。胀管程度的控制，常根据操作人员的经验，按用力大小或外观观察，以判断是否符合要求。如果缺少经验，可由锅筒外的人

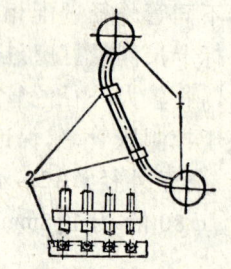
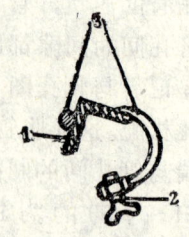

图 10-29　用槽板校正排管
　　1—锅筒；2—梳形槽板

图 10-30　扁钢卡具
　　1—角钢；2—燕尾螺栓；3—圆钢

员用游标卡测量管外径，与管孔相比较以取得经验。

2.翻边胀管

翻边胀管又称复胀。是固定胀管完成后，将管子进一步扩大并翻边，使其与管孔紧密结合。这是锅炉安装中最为关键的一道工序，它关系到整个锅炉的安装质量和使用寿命，因此应特别加以重视。复胀工作应在固定胀管完成后尽快进行，避免因间隙生锈而影响胀接质量。胀管时的环境温度应在 0℃ 以上，以防止温度过低而脆裂。

锅炉的胀管质量好坏，除了应符合水压试验的要求外，还要符合下列要求：

(1) 管端伸出管孔的长度 g（图 10-24）和偏差应符合表 10-12 的规定；

(2) 管口应扳边，斜度应为 12°～15°；

(3) 扳边根部开始倾斜处应贴紧管孔壁面，即在伸入管孔内1～2mm 处 开 始 倾斜（见图 10-31），如图中所示 $b - a = 1～2$mm；

(4) 胀管率一般应控制在 1～2.1% 的范围内，胀管率可按下式计算：

$$H = \frac{d_1 - d_2 - \delta}{d_3} \times 100 \qquad \%$$

式中　H——胀管率，%；

　　　d_1——胀完后管子的实测内径，mm；

　　　d_2——未胀时管子的实测内径，mm；

　　　d_3——未胀时管孔的实测直径，mm；

　　　δ——未胀时管孔的实测直径与管子实测外径之差（间隙），mm。

(5) 胀完后的胀口不应有过胀、偏挤（单边）现象，扳边部分不应有裂纹，过渡部分应均匀圆滑。如图 10-32 所示。

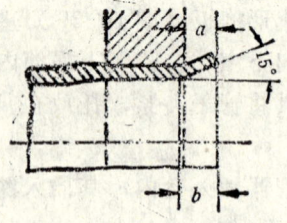

图 10-31　胀接后的管端

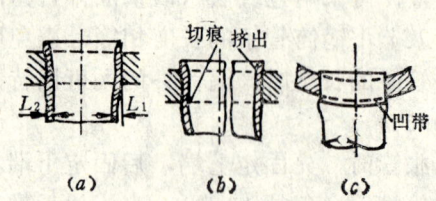

图 10-32　胀管缺陷
(a)单边切管；(b)有"切痕"或"挤出"　(c)过胀

翻边复胀工作应使用翻边胀管器,同时进行扩胀和翻边。这就要求复胀时,既要保证翻边的斜度和根部的位置,又要使胀管率不超过2.1%,并且不出现过胀、偏挤等现象。因此,在复胀时应采取一些相应的措施,以保证胀接的质量。

最佳胀管率的选择,通常是通过试胀来确定的。试胀用的管子及孔板的材质、厚度应与锅炉相同。按胀接工艺胀接,用与锅炉相同的试验压力试压,按试压结果测量终胀内径,选择最佳胀管率。如果无条件试胀时,可按锅筒的壁厚选定胀管率,壁较厚时可选小些,反之选大一些。试胀方法如图10-33所示。

选定最佳胀管率后,如果对每根管子都测量计算胀管率较麻烦,因此,通常是在试胀过程中求得(记录)合适的胀管器行程,其它管子依此行程进行胀接即可。有经验的工人常根据施于胀管器胀杆上力的大小,并观察管子外表和管孔的变形情况来判断胀管程度。

为保证翻边斜度和根部位置,可根据确定的胀管器行程,做出始胀和终胀样板,以便复胀时同时控制胀管率和翻边深度。

在翻边胀管时,为了不影响已胀过的胀口使之松弛,宜采用由中心向两端、两侧行进的反阶式或其它适当的次序交替进行(见图10-34)。

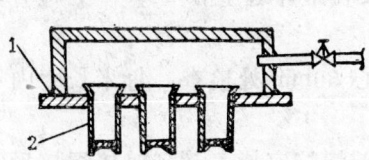

图 10-33 试胀示意图
1—试胀孔板;2—试胀管子

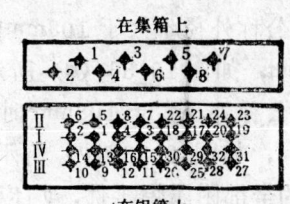

图 10-34 反阶式胀管

当管子一端为胀接,另一端为焊接时,应先焊后胀,且应在胀接前结束管子上的所有焊接工作。如水冷壁的焊接端,管子上的固定架或挂砖支架等。

上述为二次胀接法,如果采用一次胀接法时,不使用固定胀管器,整个胀管过程均使用翻边胀管器一次连续完成。此种方法可直接用游标卡尺测量管端根部的外径,便于控制胀管程度。但必须将上下锅筒固定牢固,否则会因锅筒的晃动使胀口松动。

水压试验胀口应无漏水现象,如有漏水的胀口,应在放水前做出明显的标记,放水后立即进行补胀,补胀的次数不宜超过两次。补胀无效的管子,应予拆除并更换新管。

3.受热面管子的焊接

受热面管子及锅炉范围内的管道焊接工作,应按《锅炉受压元件焊接技术条件 JB1613—75》和《锅炉受压元件焊接接头机械性能检验方法 JB1614—75》的有关规定执行,施焊的焊工必须由考试合格的焊工担任。

管子的对接焊缝应在管子的直线部分,焊缝到弯曲点的距离,不应小于50mm,同一根管子上的两焊缝间距不应小于300mm;长度不大于2m的管子,焊缝不应多于一个;大于2m,不大于4m的管子,焊缝不能多于2个;大于4m、不大于6m的管子,焊缝不应多余3个,以此类推。

焊接管口端面的倾斜度 f (见图10-35)应符合表10-13的规定。

管子对接焊后应平直,由于焊接引起的弯折度 V 应符合下列要求:

焊接管口的端面倾斜度 (mm)　表 10-13

管子公称外径	端面倾斜度 f 不应超过
≤108	0.8
>108～159	1.5
>159	2

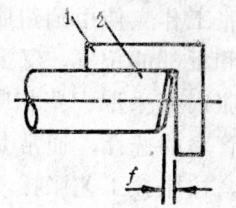

图 10-35　焊接管口的端面倾斜度
1—角尺；2—管子

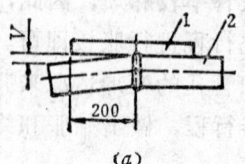 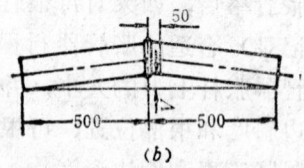

(a)　　　　　　　　　(b)

图 10-36　管子焊接后的弯折度

(a) 公称外径≤108mm 的管子　(b) 公称外径>108mm 的管子
1—检查尺；2—管子

1) 管子公称外径不大于 108mm 时，用检查尺在距焊缝中心 200mm 处检查，V 的数值不应大于 1mm，如图 10-36 (a) 所示。

2) 管子公称外径大于 108mm 时，在焊缝中心 50mm 处检查，每米长度内 V 的数值不应大于 2.5mm，如图 10-36 (b) 所示。

管子上的全部附属焊接件，均应在水压试验前焊接完毕；管子对接焊接后，直径大于 32mm 的管子，应按前面规定的圆球作通球试验，直径等于或小于 32mm 的管子应用直径为管子公称内径 70% 的圆球作通球试验；对组对后有缺陷不易处理的管子对接焊缝，宜在组装前作单根管子的水压试验，试验压力应为锅炉工作压力的 1.25 倍。

第六节　其它设备及附件安装

锅炉本体的其它设备有省煤器、空气预热器、过热器和炉排等；此外还有吹灰器、水位表、压力表及安全阀等附件。

一、省煤器安装

工业锅炉的省煤器，以方形翼片式铸铁省煤器最为常见，钢管式省煤器次之。以翼片式铸铁省煤器安装为例，在安装进程中，首先是在基础上安装支架和框架，然后将省煤器组装在框架上。支架和框架安装的正确与否，决定着省煤器安装位置的正确性。因此，应根据表 10-14 的规定对省煤器的支架和框架进行认真的检查校正，待校验合格后，方可进行省煤器的安装。

组装省煤器的偏差　表 10-14

项次	项　　目	偏差不应超过
1	支承架的水平方向位置偏差	±3mm
2	支承架的标高偏差	±5mm
3	支承架的纵、横向不水平度	1/1000

翼片铸铁管及弯头在安装前，必须认真进行检查，检查项目有：

（1）铸铁管及弯头的法兰盘密封面应无径向沟槽、裂纹、凹坑、歪斜和其它缺陷；

（2）180°弯头的两法兰盘应在同一个平面上，管端法兰面应与管子垂直；

（3）管子的长度应相等，其不等长度偏差为±1mm；

（4）管子的翼片应完整，每根管子损坏的肋片数不应多于总肋片数的10％，整个省煤器中有破损肋片的管数不应多于总管数的10％。

省煤器安装时，要选长度相近的管子组成排管，两相邻排管的长度误差在±1mm之内；相邻两肋片管的各个肋片，应按图纸要求对准或错开，无要求时应予对准；螺栓由里向外装入孔内，螺栓头部可焊以圆钢（见图10-37），防止螺栓打转而不易旋紧；肋片管端的法兰四周凹槽内应嵌入石棉绳，以防止漏烟；螺栓丝扣应涂黑铅粉，法兰盘垫以涂黑铅粉的石棉橡胶垫，以便于检修。

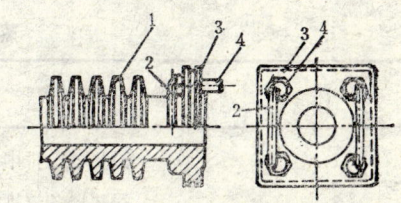

图 10-37　省煤器的螺栓焊接
1—省煤器；2—圆钢；3—法兰；4—螺栓

安装好的省煤器，应根据设备技术文件的规定进行水压试验。

二、空气预热器的安装

空气预热器分为板式、管式和再生式多种，目前以管式空气预热器应用较为普遍。管式空气预热器，一般是在锅炉制造厂组装成组合件运到现场进行吊装。如果运到现场的是分散零件，则应在现场进行组装。安装前对预热器的加工质量进行仔细检查，清除表面的尘土及浮锈，检查焊缝及胀口有无裂纹、砂眼等缺陷，必要时可对胀口及焊缝进行盛水或渗油试验，检查其严密性，并用通球或透光的方法检查管子是否堵塞。

空气预热器的安装同省煤器一样，首先是支承框架的安装，待支承框架安装合格后，再进行预热器的找平找正。其质量要求应符合表10-15的规定。

组装钢管式空气预热器的偏差　　　　　　　　　　　　　　表 10-15

项次	项　　　　　　目	偏差不应超过
1	支承框的水平方向位置偏差	±3mm
2	支承框的标高偏差	±5mm
3	预热器的铅垂度	1/1000

预热器吊装时，索具应在框架上，不应使管子受力变形。安装防磨套等时，应紧贴管孔，露出的高度应一致。安装膨胀节时，注意膨胀方向不得装错，密封装置不应漏掉，焊接质量要良好，防止漏烟。如果预热器上无膨胀节时，应留出适当的间隙，保证间隔和墙板间的热膨胀。预热器及风管组装完毕后，应在空气堵住的情况下送风，并试验其严密性。

三、过热器安装

蒸汽过热器由集箱和蛇形管组成。集箱和蛇形管的连接方法有两种：一种为焊接；一种为胀接。小型锅炉的过热器，多在制造厂组装成整体，运到现场进行吊装；大中型锅炉的过热器则是以分散件运到工地，由现场组装。

蒸汽过热器安装前，应进行外观检查，并进行吹污、通球。整体出厂的应进行水压试验，试压后要吹净过热器内的积水。

过热器安装，可分为单件吊装法和组合吊装法两种。组合吊装法，是将单件先组装成整体，然后再吊装。采用此种方法，可以加快安装进度，保证安装质量，改善操作环境。

在条件允许的情况下，应尽量采用此法。吊装时，应有牢固的组合架及正确的搬运方法和吊装方法，使组合体不受损伤及变形。

采用单件吊装法时，应先将集箱位置、标高等找好，稳装集箱并加以固定，然后安装基准蛇形管。基准蛇形管应按图纸尺寸、距离安装，予以固定，再依次安装其余管排。具体要求应符合图10-16及表10-8和表10-16的规定。

蒸汽过热器安装偏差　　　　　　　　　　　　表 10-16

项 次	项　　　　　　　目	允许偏差（mm）
1	过热器边排中心与钢柱中心距离	±5
2	过热器各管排间隙应均匀，间距误差	±4
3	管排高低偏差	±5
4	过热器集箱两端水平偏差	2
5	过热器集箱标高偏差	±5

管子与集箱焊接时，应使用电焊，并采取间跳法焊接，以免因热应力集中导致集箱的变形。采用胀接连接时，胀接方法及要求均与锅筒胀管相同。

过热器的安装与固定，要特别注意受热后的自由膨胀，应有膨胀间隙，使各部件在受热后可以自由移动。

四、炉排安装

炉排有固定炉排、手摇活动炉排、往复推动炉排和链条炉排等，目前广泛使用的有往复炉排和链式炉排，这里仅对常用的链条炉排加以叙述。

链条炉排是由电动机，通过变速齿轮箱拖动主动轴转动，主动轴上的链轮带动炉排自前向后移动，炉排上的煤到达炉排尾部时已经燃尽变成灰渣，由老鹰铁（除渣板）落入灰斗。其主要部件及其组成如图10-38所示。

链条炉排组装前，应按图10-39、图10-40及表10-17的规定检查炉排的加工质量，当偏差超过要求时，应进行校正。

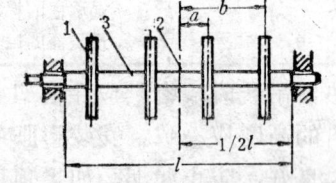

图 10-39　链轮与轴线中点间的距离
1—链轮；2—轴线中点；3—主动轴

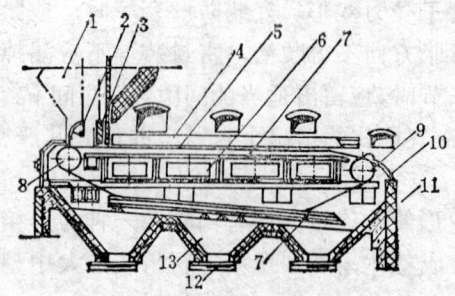

图 10-38　链条炉排组装图
1—煤斗；2—弧形挡板；3—煤闸板；4—防焦箱；
5—炉排；6—分段风室；7—炉排支架；8—主动
轴；9—从动轴；10—老鹰铁；11—灰渣斗；12—
出灰斗；13—细灰斗

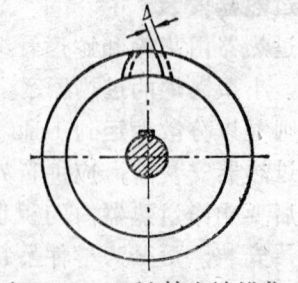

图 10-40　链轮尖端错位

项　次	项　　　　　　　　目	偏差不应超过 （mm）	附　注
1	型钢构件的长度偏差	±5	
2	型钢构件的弯曲度，每米	1	
3	各链轮与轴线中点间距离(a、b)的偏差	±2	图10-39
4	同一轴上的链轮其齿间前后错位 $\varDelta$	3	图10-40

链条炉排安装顺序为：

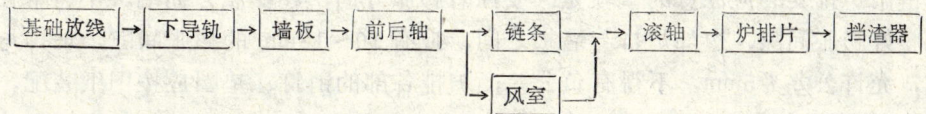

基础放线 → 下导轨 → 墙板 → 前后轴 → 链条 → 滚轴 → 炉排片 → 挡渣器

前后轴 → 风室

基础放线的方法及要求与锅炉基础的放线相同。以锅炉的基准线为准，依次放出炉排中心线、前后轴中心线、炉侧水平线（墙板线）及其它中心线。采用量对角线的方法，校正各基准线的准确度，其偏差不应超过2mm。

墙板放线检验合格后，稳装墙板支座进行二次浇灌，同时安装下导轨。待墙板支座混凝土强度达到75％以上时安装墙板。墙板是炉排的基础，是整个炉排安装的关键工序，安装时应对墙板的标高、垂直度、间距及水平度进行认真仔细地调整，并达到表10-18的要求。

组 装 链 条 炉 排 的 偏 差　　　　表 10-18

项次	项　　　　　　　目	偏差不应超过	附　　注
1	炉排中心位置的偏差	2mm	
2	墙板的标高偏差	±5mm	
3	墙板的铅垂度，全高	3mm	
4	墙板间的距离偏差	＋5mm	
5	墙板间两对角线的不等长度	10mm	
6	墙板框的纵向位置偏移	±5mm	
7	墙板的纵向不水平度	1/1000	以前后轴中心线 为准，在墙板顶
	全长	5mm	部打冲眼测量
8	两侧墙板的顶面应在同一平面上，其不水平度	1/1000	
9	前轴、后轴的不水平度	1/1000	
10	前轴和后轴的轴心线的相对标高差	5mm	

炉排前后轴的就位找正，以炉前基准线为准，进行轴瓦的调整及轴轮的调整，一般两轴之间的中心距是可调的，前轴（主动轴）固定，后轴可调。安装时应使两轴中心距离处于较短的位置，待链条组装后再调整中心距，将链条拉紧。要严格找好前后轴的平行度，其不平行度不大于3mm，对角线长度差不超过5mm，否则运行时炉排容易跑偏。轴的密封及轴承要清洗并重新加好润滑油，安装时应按图纸要求，并注意轴承与密封装置的间隙；安装后用手盘车能自由转动。伸入炉墙的一端，应加设套管，保护轴端。

在上导轨安装合格后安装链条。链条的长度应测量，在拉紧状态下与设计尺寸的偏差为±20mm，且各链条的不等长度不应超过8mm，安装时应把测量较长的链条置于炉排中间。链条联接应销好销钉，然后安装滚轴，滚轴就位不能使用强制手段，安装后应能灵活转动，同时调整松紧程度，其最佳状态是：最紧时滚轮与下导轨的间隙不大于5mm，最松时滚轮与下导轨刚好接触。炉排片应一排一排地顺序安装，全部安装完后，炉排片能自由翻转，无卡住现象。

风室安装位置应正确，联接处要严密不漏风。每块挡渣器（老鹰铁）之间应有3～4mm间隙，应能自由活动，无卡住现象。

以上为鳞片式炉排安装。链带式炉排没有链条和滚轴，是由炉排片组成后，直接用轴传动，安装时在炉前搭设平台，在平台上组成，然后用手动葫芦拖入炉膛，用长销钉联接，但应注意各档的炉排片数不要装错。

链条炉排安装应注意的事项是：要注意膨胀方向，在膨胀方向端，不得卡住或焊死；应调整好膨胀间隙，边部炉排与墙板之间，应有10～12mm的膨胀间隙，炉排与防焦箱的间隙，允许公差为5mm，不得有负公差；炉排各部的销钉、垫圈应按图纸装配，不应漏装或开口销不开口。

链条炉排组装完毕，并与传动装置连接后，在烘炉前应进行冷态试运转。冷态试运转的连续时间不应少于8小时，冷态试运转的速度最少应在两级以上，运转中应无杂声、卡住、凸起和跑偏等不正常现象。

五、其它附件的安装

1. 吹灰器安装

为了防止对流管束上积灰，蒸汽锅炉上多装置固定管式吹灰器。安装前应检验吹灰器的加工质量，检查可动部件是否灵活，喷管有无弯曲，有无其他缺陷。安装吹灰器时，装设位置应准确，与设计位置的偏差不应超过±5mm；整根喷管应平直，并有坡向疏水方向的坡度，喷管全长的不水平度不应超过3mm，各喷嘴应处在管排空隙的中间，蒸汽喷射时不得直射管子的表面。安装过程中应与炉墙砌筑紧密配合，砌入墙内的套管和底座要平整、牢固，周围与墙接触处应缠石棉绳密封。吹灰器的蒸汽引入管应斜坡向上引入，使凝结水分离并通过疏水阀流出。蒸汽管路的保温应良好。

2. 水位表安装

每台锅炉至少应装两个彼此独立的水位表。水位表在安装前应检查汽水通路是否畅通，三通阀开关是否灵活、严密。水位表的安装标高偏差不应超过±2mm（以锅炉正常水位线为准）；在表上应标明"最高水位"、"最低水位"和"正常水位"的标记；水位表玻璃板（管）的最低可见边缘，应比最低安全水位低25mm，最高可见边缘，应比最高安全水位高25mm；玻璃管式水位表应有安全防护装置。

为满足锅炉运行时能够吹洗和更换玻璃板（管）的要求，水位表上下两端均应装设三通旋塞。下端的放水旋塞（或放水阀）与放水管连接，并引至安全地点。

3. 压力表安装

压力表在安装前应对表的精度、刻度、盘面等进行检查；低压蒸汽锅炉压力表的精确度不应低于2.5级，并经过计量部门校验合格，铅封完好；表盘刻度极限位为工作压力的1.5～3倍，最好选用2倍；表盘大小应保证司炉工人能清楚地看到压力指示值，最小直径不小于100mm，并在刻度盘上划红线指出工作压力。

压力表应安装在便于观察和吹洗的位置，垂直安装，并应防止受到高温、冰冻和震动的影响。表下部应有存水弯管，当采用钢管时内径不应小于10mm；采用铜管时内径不应小于6mm。压力表和存水弯管之间应装有旋塞，以便吹洗管路和卸换压力表。压力表管路不应保温。

4.安全阀安装

蒸发量大于0.5t/h的锅炉，至少应装设两个安全阀（不包括省煤器安全阀）。其一为控制安全阀，它的开启压力略低于另一工作安全阀的开启压力，避免几个安全阀同时开启，排汽过多。安全阀安装前应检查有无损伤和缺件，杠杆式安全阀要有防止重锤自行移动的装置和限制杠杆越出的导架；弹簧式安全阀要有提升手把和防止随便拧动调整螺丝的装置。检查安全阀的阀座直径是否符合规定，当锅炉的工作压力≤3.8MPa（39kgf/cm²）时，安全阀阀座内径应不小于25mm。安全阀安装时应有排汽管直通室外，并有足够的截面积，保证排汽畅通。安全阀的排汽管底部应装有接到安全地点的泄水管，排汽管和泄水管上均不得装设阀门。

第七节　锅炉水压试验

锅炉上一切受压元件和附属装置，在安装完毕后，必须经过水压试验。水压试验合格后，方能进行下一道工序的安装工作。

锅炉水压试验的目的是，检查胀口、焊口和连接元件的严密性和强度。故此水压试验是检验受热面安装质量的重要手段，也是锅炉安装过程中不可缺少的主要程序。

锅炉的试压范围，是锅炉上一切受到炉内汽水压力的元件和装置。在主要设备安装完毕后，附属装置也必须安装完毕，方可进行水压试验。附属装置包括以下附件的安装：水位计及警报器安装；压力表安装；风压表安装；吹灰器安装；阀件（包括阀门、安全阀、止回阀等）安装；各种焊接件的焊接。安全阀可单独作水压试验，不必参加锅炉汽水系统的水压试验，以防止阀门损坏。

一、水压试验前的准备工作

在水压试验前，应做好以下准备工作：

（1）检查锅炉锅筒和集箱内的工具、材料、铺垫物、拭布等是否清理干净。管子经通球试验确认无堵塞现象。通球试验时，应有专人参加，并做好试验记录，且应防止通球被遗弃在炉管内。然后封闭人孔和手孔。在封闭前应采用涂色法检查人孔盖和手孔盖的密封面是否严密，确认密封面贴合良好后，将人孔和手孔封闭。

（2）检查胀口和焊口的外表质量。同时为便于检查试压时渗漏现象，应在便于观察胀口和焊口的地方搭设脚手架，配备足够的照明，并备有手电筒。

（3）在上锅筒和省煤器至锅筒的给水管上，各装一只经过校验的压力表。

（4）仔细检查一遍所有阀门、法兰等附件上的螺栓是否已拧紧，安全阀是否关闭。

（5）接好上水管道，并装好试压泵。安装好排水管和放空管，并关闭所有排污阀和放水阀，打开上部的放气阀，以便进水时放出锅炉内的空气。

（6）作好试压前的组织工作，对各部位的检查人员应有明确的分工。

（7）锅炉监察部门人员和甲方代表均已到现场。

二、水压试验

锅炉水压试验，应在周围环境气温高于5℃时进行。否则应采取防冻措施。

在正常情况下作水压试验，允许使用热水作水压试验，水温一般应比室温高出10～

20℃。如果水温过低，可能会在锅筒和管子外表面结露，在露水和渗水混淆的情况下，难以识别试压的渗漏情况，但水温也不宜过高，因为水温过高，易造成锅炉各部分不均匀膨胀，使胀口松弛，而且使渗漏的水滴很快就会蒸发，不易发现渗漏的管口，因此水温不宜超过60℃。

热水的来源可根据现场的条件而定。如没有热水来源，可自己加工加热排管，把排管放在砖砌的炉子里加热，使冷水通过排管加热成热水，排管出口的管子上应装设温度计，以便测量水温。

打开锅筒上部放空阀，将水徐徐注入锅炉内。充水时如发现有渗漏现象，应及时进行修理，待水充满后，排净炉内空气，关闭放空阀门，经检查无渗漏现象时，启动试压泵升压。升压时，压力上升应均匀而缓慢地进行，升压速度以每分钟不超过0.15MPa（1.5 kgf/mm²）为宜。

当压力升至0.29～0.39MPa（3～4kgf/mm²）时，应停止升压，进行一次全面检查，普遍紧固人孔、手孔及法兰等处的螺栓，对渗漏处进行修理，必要时可卸压修理，然后继续升压。当水压升至工作压力时，应暂停升压，检查各部位有无漏水现象，然后再升至试验压力，保持五分钟，观察压降情况，然后回降至工作压力。对锅炉进行详细检查。

锅炉水压试验的压力应符合表10-19的规定。

水 压 试 验 的 压 力 表 10-19

项次	项　　　目	锅炉工作压力 （MPa）	试验压力 （MPa）	附　　注
1	锅 炉 本 体	＜0.59 0.59～1.18 ＞1.18	1.5P P+0.29 1.25P	不应小于 0.2MPa
2	过 热 器	任何压力	与锅炉本体相同	
3	可分式省煤器	任何压力	1.25P+0.49	

检查人员从升压工作一开始，就要注意对所有胀口处的观察，及时在渗漏处画上明显的标记，并作好详细记录，以便于辨别泄漏点并进行修理。

锅炉水压试验，以符合下列规定为合格：

(1) 在升至试验压力停泵5分钟内，压力下降不超过0.05MPa（0.5kgf/mm²）；

(2) 焊缝处无大小泄漏；

(3) 胀口处应无漏水现象（漏水是指水珠向下流）；

(4) 有水印（指仅有水迹）或泪水（指不向下流的水珠）的胀口，可不补胀。

在水压试验过程中，有漏水现象的胀口，应在放水后随即进行补胀。补胀的次数，不宜多于两次。补胀时对周围胀口也应稍稍补胀，以防止互相影响而漏水，且胀管率不应大于2.1%，将测量记录记入胀管记录中。补胀后仍不合格的胀口，应更换新管。更换时可在管头外部把管子割断，将翻边的管口凿扁，用手锤打出管头，但要注意不得损坏管孔。

在水压试验中，如发现焊缝处有泄漏现象，应将缺陷处剔除，重新焊接，不允许用堆焊补焊的方法处理。

焊口及胀口经处理后，应重新做水压试验。试验时，在试验压力下的试压应尽量少做，一般在工作压力下试验检查。放水时，注意打开上部阀门，以保证系统内的水全部排空。

水压试验合格后，应及时办理验收手续。并应将锅炉本体、过热器和其他部件内的水全部排出。立式过热器内的积水，可用压缩空气将水吹干。

第八节 炉 墙 砌 筑

锅炉水压试验合格后，待炉排及其他有关设备安装完毕，便可开始炉墙的砌筑工作。

锅炉的炉墙是承受高温火焰和烟气侵袭的砌体。它的结构复杂，技术要求高，不但要求有耐高温的性能，而且还要求在高温状态下强度高、变形小、绝缘好和耐灰渣侵蚀等性能。因此，对墙体使用的材料和砌筑质量都有严格的要求。

炉墙砌筑，应严格按照《机械设备安装工程施工及验收规范》TJ231(六)—78及《工业炉砌筑工程施工及验收规范》GBJ211—80的有关规定执行。砌筑工作应由经过考试合格的筑炉工担任，不能由普通建筑瓦工顶替。

一、炉墙砌筑的常用材料

炉墙砌筑工程的材料，应按设计的要求采用，并应符合施工及验收规范的规定和现行材料标准的要求。

炉墙砌筑的常用材料有：耐火砖、红砖、耐火泥、水泥、砂子、骨料、石灰、粘土及各类石棉制品等。

耐火砖的种类繁多，规格尺寸繁杂，且用途各异。一般常用的耐火砖品种有粘土耐火砖、轻质粘土耐火砖、高铝砖、硅砖和半硅砖。耐火砖的牌号，主要是根据化学成分 Al_2O_3 和 SiO_2 的含量大小而确定的。其主要物理性能有：耐火度、体积密度、荷重软化温度、平均线胀系数和常温耐压强度等。锅炉砌筑常使用的是粘土耐火砖，含 Al_2O_3 为 30～40%，耐火度不低于 1600～1700℃，最高使用温度为 1300～1400℃，分为普型砖、异型砖和特异型砖三种类型。普型砖为直形砖，常用的是 T—3 号耐火砖，尺寸为 230×113×65；异型砖有直楔形砖、横楔形砖和拱脚砖；在特殊部位使用的耐火砖为特异型砖，是以专用图纸加工烧制而成。每种类型的耐火砖都有多种规格，规格尺寸相当复杂，一般均有部颁规定，施工时可根据设计图纸选用。

耐火砖的质量好坏，直接影响着炉墙砌筑的质量和使用寿命。因此运至现场的耐火砖应具有出厂合格证，其牌号和砖号都应符合设计要求，耐火度和加工尺寸均应符合标准。在砌筑前应进行外观检查挑选，按规格及砌筑顺序放置；在运输和装卸过程中应轻拿轻放，防止碰掉棱角，堆放场地应有防雨防潮设施，不得露天堆放。

砌筑耐火砖所使用的耐火泥是粘土质耐火泥，要求其耐火度和化学成分同耐火砖的耐火度和化学成分相适应。成品耐火泥是由 50～70% 粘土熟料粉和 30～50% 耐火生粘土干粉混合而成，粒度要适当，最大粒径不应大于砖缝厚度的 50%。当需要现场配制时，必须按照检验确定的配合比准确配料。耐火泥及其他粉料，必须分别保管在密闭而能防止潮湿、污脏的仓库内，并加标志不得混淆。所用干粉料中应无硬块与杂质，否则必须过筛。泥浆调制应在特制的器具内调制，如钢制水槽或大铁锅等，防止杂物和其他材料混入，调制好的泥浆要求熟透、无疙瘩和气泡，不得任意加水和胶结料，其加水量根据砌体类型而定，用于 I 类和 II 类砌体，可采用稀泥浆，每一立方米干料加水 600 升；III 类砌体采用半浓泥浆，每一立方米干料加水 500 升。

红砖是用来砌筑外墙的，要选用优质机红砖，强度等级不应低于 MU10，并要求棱角完整。砌筑时可采用水泥砂浆或混合砂浆，M10水泥砂浆的配比是：水泥∶砂＝1∶3（水泥为325号），如果采用混合砂浆时，则分别加入 0.2 的石灰或粘土即可。

筑炉时使用的耐火混凝土，是一种新型的耐火材料。同耐火砖相比，具有工艺简单、使用方便、成本低廉等优点，多用于形状复杂的拱和隔烟墙的浇筑。根据所用胶结材料的不同，耐火混凝土可分为水硬性耐火混凝土、火硬性耐火混凝土和气硬性耐火混凝土三种。其热工性能及强度指标基本上和耐火砖相同，混凝土强度等级应大于 C20，一般均由胶结材料、掺合料及骨料配合而成。耐火混凝土的种类繁多，使用时可根据设计及使用要求，选择相应的耐火混凝土。在锅炉砌筑中，矾土水泥耐火混凝土应用较广，其强度较高，有良好的热稳定性，最高使用温度可达1300～1400℃，所使用的水泥为矾土水泥，掺合料可选用高铝矾土熟料粉，骨料为高铝矾土熟料砂（细骨料）和高铝矾土熟料块（粗骨料）

二、砌筑前的准备工作

砌筑前的准备工作包括：图纸资料准备、人员机具准备、材料准备和现场施工准备等。一般性准备工作各章均有叙述，这里就主要材料准备工作和现场施工条件准备做以简要叙述。

炉墙砌筑前，首先应对耐火材料及红砖等材料进行质量检查，特别是对耐火砖的尺寸应进行致细地核查，并核对异型砖的规格、尺寸和数量是否与图纸相符，核查后按不同规格分别堆放。当尺寸与要求不符时，应进行选砖，分别堆放。个别需要加工的耐火砖，可手工加工，加工时先用红铅笔划线，然后用特制的扁铲和錾子砍凿，凿好的砖面可用手工磨平；如果加工量较大时，则应使用切砖机和磨砖机加工。机械加工的速度快、质量好，但应严格按操作规程操作，以注意安全，避免事故发生。

砌筑前，应将基础表面打扫干净，进行测量放线。放线时，应按锅炉的纵向中心线和横向基准线，划出炉墙的位置线，按基准标高线确定炉墙主要位置的标高，将标高线引到钢柱上，作为砌筑时挂线的依据。

三、炉墙砌筑

锅炉各部分砌体的类别和砖缝的厚度，是由砌体的部位和要求确定的，如表10-20所述。砌筑时，各部位砌体砖缝的厚度不应超过表中所规定的尺寸；砌筑泥浆要求饱满，无空洞、气泡和麻面；各层砖要错缝砌筑，使相邻两层砌体的砖缝彼此错开。图10-41为墙

锅炉各部位砌体砖缝允许厚度　　　表 10-20

项次		各类砌体的砖缝厚度(mm)			
		I	II	III	IV
1	落灰斗			3	
2	燃烧室：无水冷壁		2		
	有水冷壁			3	
3	前后拱及各类拱门		2		
4	折焰墙			3	
5	炉顶			3	
6	省煤器墙			3	
7	烟道：底和墙			3	
	拱		2		

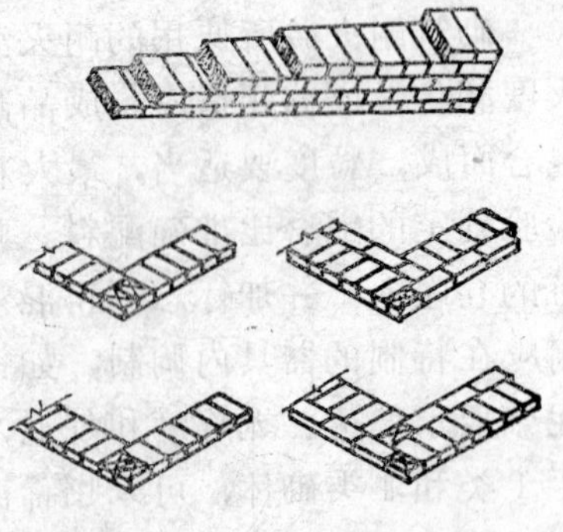

图 10-41　砌墙和墙角错缝

角砌筑时一砖墙错缝图示，直缝错缝与此类同。

炉墙砌筑工作，应在环境温度+5℃以上进行，冬季应有采暖设施。

砌筑工作分为炉底、炉墙、拱和炉顶的砌筑。炉底砌筑前，应先找平基础，必要时，最下一层砖应加工找平。炉子、通道和烟道底的最上一层砖的长边，应与灰渣或烟气流动的方向相垂直，或成一交角砌筑。

砌筑炉墙前，应先在基础面上铺以薄的砂浆找平层，然后用卧立砖砌筑炉墙底部的基础砖层。当基础层砌好后，检查水平、标高和墙角都能满足砌筑要求时，即可拉线逐层向上砌筑。炉墙应按标杆拉线砌筑，每砌到一定高度时，应检查一次水平度和垂直度，使砌体达到横平竖直，其误差不应超过表10-21的规定。

砌　筑　允　许　误　差　　　　　　表 10-21

项次	误　差　名　称	误 差 数 值 （m m）
1	垂直误差(1) 墙每米高	3
	全　高	15
	（2）基础砖墩每米高	3
	全　高	10
2	表面平整误差(用2米靠尺检查间隙)	
	（1）墙　　面	5
	（2）挂 砖 墙 面	7
	（3）拱脚砖下的炉墙上表面	5

为使墙角部位正确，每层砖应从两墙角向中间接合砌筑，应用线绳和水平尺随时检查，砖层的水平线绳应在墙两角处拉紧，使砖层的横缝成水平，线绳所在位置就是炉墙里层的工作面。砌筑时应随砌随勾缝，勾缝要求平整、密实、不脱落。砖的加工面不宜朝向炉膛或通道的内表面，不得在砌体上砍凿砖。砌砖时，应使用木槌或橡胶槌找正，不应使用铁锤。砌砖中断而必须留槎时，应作成阶梯形的斜差。

砌筑耐火砖内墙的同时，也要砌筑红砖外墙。耐火砖砌至5～7层后，必须向外墙伸出115mm长的拉固砖，拉固砖在同层内应间断留设，上下层应交错。砌至第一烟道（过热器后）时，在适当高处应留测温孔。

砌筑红砖外墙，应保持横平竖直，砂浆饱满，错缝砌筑。砖缝厚度，当采用粘土砂浆时为5mm，采用水泥石灰砂浆时为7mm。砌筑过程中应预留烘炉测温孔，并在适当部位埋入直径为20mm左右的金属短管，以便烘炉时测温及排出水汽。烘炉完毕必须将孔堵塞。

砌体的膨胀缝应均匀平直，并填以直径大于缝宽的石棉绳，炉墙的垂直膨胀缝内的石棉绳应在砌砖时同时压入。为保证锅炉零件在砌体中能够移动，必须留设膨胀缝或缠石棉绳，正确程度经检查记载于隐蔽工程验收记录中；砌在炉墙内的钢架与耐火砌体的接触面，应铺贴石棉板；炉墙表面与管子之间的间隙允许误差不应超过表10-22中规定的数值。折烟墙同炉墙衔接部分，应留膨胀缝，其尺寸误差不得超过±5mm，缝内应用石棉绳填塞严密。

炉顶及炉墙上的孔、门上部，一般为弧形结构，称为拱。如图10-42所示。图中 S 为拱顶跨度，h 为拱高，R 为拱弧半径，O 为弧的圆心，α 为圆心角。具体尺寸由设计或筑炉图纸提供。当设计无规定时，可按跨度大小选择拱高。即 $S \leqslant 1000$ 时，取 $h = \dfrac{1}{8} S$；

项次	误　差　名　称	误差数值 (mm)
1	水冷壁管、对流管束中心与炉墙表面之间的间隙	+20 −10
2	过热器或省煤器管中心与炉墙表面之间的间隙	+20 −5
3	锅筒与炉墙表面之间的间隙	+10 −5
4	集箱、穿墙管壁与墙之间的间隙	+10 −0

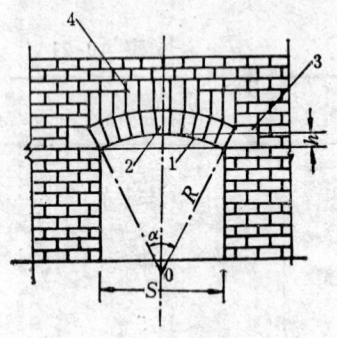

图 10-42　拱与拱脚
1—拱；2—锁砖；3—拱脚砖；
4—找平砖

$S > 1000$ 时，取 $h = \frac{1}{6} S$ 。

砖拱需在木制的拱胎上砌筑。砌筑前应提前按设计尺寸加工拱胎，其弧高和曲率半径应准确。必要时可用砖试摆砌，确认拱胎符合要求时才可使用。拱胎必须支设正确和牢固，经检查合格后，方可砌筑拱顶或拱。

砌筑拱顶和拱必须使用楔形砖，或楔形砖与直形砖配合砌筑，禁止全部使用直形砖砌筑拱顶和拱，也不得使两块以上直形砖紧靠。砌拱的砖数应为奇数，拱顶最中间的一块楔形砖称为锁砖，位置应在拱的垂直中心线上。跨度较大的拱，可对称地选择3块或5块锁砖，且应准确地按拱的中心线对称均匀分布。

砌筑拱砖应从两侧拱脚同时向中间砌筑，砖缝应灰浆饱满，最大砖缝不应超过2mm。锁砖砌入拱内的深度约为砖长的2/3～3/4，且在同一拱内锁砖砌入深度应一致；打入锁砖时应使用木槌，使用铁锤时必须垫以木板，两侧对称的锁砖应同时打入，最后打入中间的锁砖。在打入锁砖3小时后方可拆除拱胎。

红砖墙上的砖拱，也应采用耐火砖砌筑。砌筑时，两侧拱脚应采用定型拱角砖，无定型拱脚砖时、可用普型耐火砖加工。拱上部的找平砖可用耐火砖加工竖砌，不允许用加厚砖缝或用砍薄的碎砖垫砌。

在炉墙砌筑中，一些拱或隔烟墙常使用耐火混凝土浇筑而成，施工时可按设计要求的耐火混凝土种类及配比进行施工。当设计无明确规定时，可按《工业炉砌筑工程施工及验收规范》中附录三的配合比及适用范围选用。当前最常用的矾土水泥耐火混凝土，要求使用部位的温度不超过1300～1350℃，其重量配合比为：矾土水泥（325号）12～15%、熟料粉料≤15%、细骨料（<5mm）30～40%、粗骨料（5～15mm）30～40%、水（外加）9～11%。混凝土的最低强度等级为C20。

浇灌耐火混凝土用的模板，应有足够的刚度和强度，支模尺寸应准确，接缝应严密并防止在施工过程中变形。

耐火混凝土的凝固速度较快，因此宜采用机械搅拌，并及时浇灌与捣固，一般应在30～40分钟内完成。浇灌好的混凝土表面应盖草袋养护，一昼夜后表面上洒水保持潮湿。矾土水泥耐热混凝土，在15～20℃潮湿环境中养护期不少于3昼夜。冬季施工时，应采取保温措施。

耐火混凝土内的钢筋和零件表面不应有油垢，且应涂以沥青层。受热面管子穿过耐火混凝土时，表面应缠石棉绳，保证一定的膨胀间隙。

为了保证砌筑工程的质量，自原材料检查到全部工程结束的整个施工过程中，应随时进行检查，严格按质量要求施工。砌筑时所使用的耐火泥的粒径和泥浆浓度，应跟砌体的类型相适应，以保证灰浆饱满和砖缝厚度。

水管锅炉砌筑工程的检查内容及检验方法主要有：砌体砖缝泥浆饱满程度：是通过观察的方法，检查泥浆是否饱满，有无气泡、空洞和麻面；膨胀缝留设的位置和填材料，同样是采用现场观察，检查是否符合要求；砌体的砖缝、垂直度、表面不平整度和膨胀缝的宽度等允许偏差的检查，是采用工具进行检查。耐火砖的砖缝厚度允许偏差为±1mm，红砖的砖缝允许偏差为±2mm，采用自制0.5～3mm的塞尺和钢尺，分项各检查10个点；炉墙的垂直度要求每米允许偏差3mm，全长不超过15mm，采用吊线和尺子测量的方法，在每一墙面的两端及中间各取3点进行检查；挂砖下表面及混凝土墙表面平整度的允许偏差为3mm，用一米靠尺及自制楔形塞尺检查2及5处；膨胀缝宽度允许偏差为+5～-0mm之间，按砌体部位用尺检查2～4处。上述有偏差要求的检查项目，各有50%以上达到要求，且无加固补强者，即为优良工程，不足50%者为合格。凡误差较大者，则应推倒重砌或加固补强，以保证质量。

检查用的塞尺，可用0.5～3mm厚的薄钢板自制，长120mm、宽15mm；楔形塞尺可用塑料或有机玻璃加工；靠尺可用木板制作。

第九节　烘炉、煮炉和试运行

一、烘炉

锅炉房的设备安装工程全部完成后，即可进行烘炉，其目的是把炉墙内的水分缓慢地烘干，以免在运行时由于炉墙内的水分急剧蒸发而产生裂缝。烘炉工作应在具备烘炉条件之后进行，首先锅炉及其附属设备及装置应全部安装完毕，水压试验合格，炉墙砌筑及隔热保温工程验收合格，热工仪表及电气仪表已安装完毕，且校验合格。此外还应做好烘炉前的准备工作。

（一）烘炉前的准备工作

（1）所有传动设备，包括炉排、鼓引风机和上煤除渣等机械设备，均应在烘炉前进行单机试运转，待单机试车合格后方可烘炉。单机试车，应根据产品使用说明书和有关规范进行。

（2）烘炉前应对锅炉进行全面检查，清除所有临时固定点及临时盲板，清除炉膛、烟道及风道中的杂物，并将锅炉加水至最低水位。

（3）烘炉所需木柴及燃煤均应备齐，木柴应干净无铁钉，燃煤应符合使用的粒度混合比例。

（4）锅炉给水泵试运转合格，软化水系统已处于工作状态。上下水管道已接通，能可靠地供水及排水。

（5）按设计规定在炉墙上布好测温点或取样点。如设计无规定时，一般可在如下部

213

位设置测温点：

1）在锅炉第一烟道处（蒸汽过热器后）设一热电偶测温计测温点；

2）在燃烧室两侧墙中部炉排上方1.5～2m处设若干个测温点，放入玻璃温度计测温；

3）在省煤器或相应烟道口后墙中部设测温点。

（6）关闭炉墙上所有炉门及观察孔。

（7）准备好烘炉记录本和升温曲线图表，以及必备的操作工具。安排好有经验的值班人员，并指定出负责人。

（二）烘炉及注意事项

烘炉前应先打开炉门和烟道门，用自然通风的方法将燃烧室内墙干燥几昼夜，然后再加热烘炉。

烘炉方法有火焰法和蒸汽法两种，可根据现场具体情况选用。

一般重型炉墙可采用火焰法烘炉，烘炉期限随锅炉的炉型、炉墙结构及炉墙的潮湿情况而异，一般小型锅炉为7～14天左右，如炉墙特别潮湿，应适当延长烘炉期限。

烘炉初期，先用木柴在炉排中间位置进行烘烤。火焰要小，离炉墙不要太近，要缓慢升温，并做好升温记录，每小时记录一次。随着时间的延续可逐渐扩大火焰面积，经过几天木柴烘烤后，可根据具体情况开始加煤，但仍要保持缓慢升温。温升应按过热器后第一烟道的烟气温度测量，第一天温升不得超过50℃，以后每天的温升一般不得超过20℃，最终温度不得超过220℃。

耐热混凝土炉墙，在正常养护期满后（矾土水泥的约为3昼夜，硅酸盐、矿渣硅酸盐水泥的约为7昼夜），方得开始烘炉。温升每小时不得超过10℃，烘炉后期不超过160℃，在最高温度范围内，持续时间不少于一昼夜。

烘炉的规范要求及温升曲线图，应挂于值班室的墙上，便于值班人员随时检查温升，控制烘烤温度。各班烘炉人员应坚守岗位，随时注意炉墙的表面变化和炉温变化，调整火焰控制温升，做到定时检查，定时记录并填写好交接班检查记录。

烘炉过程中，应尽量少打开下部检查门和看火孔，以免冷空气进入炉膛，引起温度的波动。但要打开上部检查门，使烘炉过程中产生的水蒸汽逸出，当炉墙特别潮湿时，温升速度应减慢，并加强通风，使水蒸汽及时排出。同时不得使冷水滴洒在炉墙上，以免引起炉墙裂缝。要定期转动炉排，定期清除炉排下的灰渣，以免烧坏炉排。

烘炉期间，锅炉内应随时补水，保持正常水位，当烘炉2～3天后可进行排污。主要应控制定期排污，用软水时每2小时排污一次，若用生水时可增加排污次数，必要时可打开连续排污阀，以排除上锅筒表面的污水。排污时先注水至最高水位，然后排至正常水位。

当使用蒸汽进行烘炉时，可用0.3～0.4MPa的饱和蒸汽从水冷壁集箱的排污阀处接管，均匀地送入锅炉，逐渐加热炉水，炉水水位应保持正常，温度一般应为90℃。在烘炉过程中，要适当开启炉门和烟道闸门，加强自然通风以排除湿气，并使炉墙各部均能烘干。采用蒸汽烘炉时，烘炉后期可补用火焰烘炉。

烘炉的末期，应随时检查炉墙的烘干程度，经检验达到要求时，则烘炉合格。检验炉墙的方法有两种，即炉墙灰浆试样法和测温法。

采用炉墙灰浆试样法时，在燃烧室两侧中部，炉排上方1.5～2m（或燃烧器上方1～1.5m）处和过热器（或第一烟道）两侧中部，取耐火砖、红砖的丁字交叉缝处的灰浆样各50g，经化验含水率小于2.5%时为合格。

当采用测温法时，燃烧室侧墙中部炉排上方1.5～2m处的红砖外表面内100mm处温度达到50℃，并继续维持48小时；或过热器（或第一烟道）两侧炉墙耐火砖与红砖隔热层接合处温度达到100℃，并继续维持48小时，即可认为烘炉已合格。

二、煮炉

煮炉的目的在于清除锅炉受热面的油污和铁锈。煮炉的最早时间可在烘炉末期，当炉墙耐火砖灰浆的含水率降到7%。红砖灰浆含水率降到10%时，或达到测温法测得的合格温度时，可开始进行煮炉。

煮炉时的加药量，应符合表10-23的规定。表中所列药品的纯度按100%计算。当缺少磷酸三钠（$Na_3PO_4 \cdot 12H_2O$）时，可用磷酸钠代替，数量为磷酸三钠的1.5倍。也可单独使用碳酸钠煮炉，其数量为每立方米水6kg。

煮 炉 时 的 加 药 配 方　　　　　　　　　　表 10-23

药 品 名 称	加 药 量 （kg/m³H₂O）	
	铁锈较薄	铁锈较厚
氢氧化钠 （NaOH）	2～3	3～4
磷酸三钠 （$Na_3PO_4 \cdot 12H_2O$）	2～3	2～3

按锅炉水容积计算的加药量，在加入锅炉前，应加水溶化，调成20%的浓度，从上锅筒将药液一次加入，不允许将固体药物直接加入炉内。加药时炉水应在最低水位，在无压下进行。

制备氢氧化钠溶液及加药时，注意水溶液不要飞溅，操作人员应戴好胶手套、防护眼镜和口罩等防护用品，以防药液烧伤。

煮炉期间，水位应保持在最高水位。同时注意药液和水均不得进入蒸汽过热器内，以免碱水进入过热器中而无法排出。

煮炉的时间和压力要求，如无设计要求时，可参照下述规定进行：加药后升压至0.3～0.4MPa需4小时，在0.3～0.4MPa压力下进行热紧，煮炉12小时，在50%额定工作压力下，煮炉12小时，在75%额定工作压力下，煮炉12小时，降至0.3到0.4MPa压力下煮炉4小时。通常为保证煮炉效果，在煮炉末期蒸汽压力应保持在锅炉工作压力的75%左右，煮炉的整个时间（包括加药时间），一般为2～3天。如在较低压力下煮炉，则应适当延长煮炉时间。

煮炉期间应定期从锅筒和下集箱取水样化验，当炉水碱度低于45毫克当量/升时，应补充加药。如需要排污时，应将压力降低，对称地进行少量排污。

煮炉结束后放掉碱水，清除锅筒、集箱内的沉积物，并用清水冲洗锅炉内部和接触过药物的阀门等，将污水从排污阀排出。经检查符合下列要求为合格：

（1）锅筒和集箱内壁无油垢；

（2）擦去附着物后，金属表面无锈斑。

煮炉过程中，应经常检查锅炉受压元件、管道和风烟道的严密性，如有泄漏，带压部件在0.4MPa以下时，可及时处理，超过0.4MPa时，可在泄漏处用明显的标记画出泄漏点，并做书面记录，待煮炉完毕后检修。

煮炉后期，压力已达到额定工作压力的75%，是锅炉机组的初运行。因此，在升压过程中，应检查各部分的膨胀情况，如发现有不正常情况时，应立即停止升压，查明原因，经处理后方可继续升压。

三、锅炉的升压、定压及试运行

在烘炉和煮炉合格后，给锅炉注入符合要求的软化水，进行蒸汽严密性试验及72小时试运行。锅炉的升压要缓慢，当升压至 0.3MPa～0.4MPa 时，对锅炉范围内的法兰、人孔、手孔和其他连接部件的螺栓进行一次热状态下的紧固，然后继续升压至75%的额定压力，进行过热器的吹扫，时间不少于15分钟，此后继续升压至工作压力，进行下列检查：

(1) 锅炉的人孔、手孔、阀门、法兰和垫料等处的严密性；

(2) 锅筒、集箱和管路的热膨胀情况以及支吊架的位移、受力是否符合要求。

上列检查合格后，按表10-24的规定进行安全阀的定压。表中的工作压力，系指安全阀装置地点的工作压力。

安 全 阀 的 开 启 压 力 表 10-24

锅炉工作压力　　（MPa）	安全阀开启压力　　（MPa）
<1.28	工作压力+0.02 工作压力+0.04
1.28～2.45	1.04倍工作压力 1.06倍工作压力

锅炉上应有一只安全阀按表中较低开启压力调整，另一只按较高开启压力调整，双口安全阀也应如此，不允许定为同一开启压力。当有过热器时，过热器的安全阀开启压力为较低的压力，以保证运行中过热器安全阀先开启。省煤器安全阀的开启压力应为装置地点工作压力的1.10倍，其调整应在蒸汽严密性试验前用水压的方法进行。

安全阀的调整顺序，应是先开启压力较高的安全阀，调好后，再依次调整开启压力较低的安全阀。调整时，只要压力升至开启压力，安全阀应立即开启，压力略低于开启压力时，安全阀就自动关闭。每个安全阀经过三次试验无误时，才算合格。其压力表均以锅筒上的压力表为准。

锅炉安装各道工序均合格后，应在全负荷下连续试运转72小时。在运转过程中应注意检查，以锅炉本体以及全部附属设备和部件均运行正常为合格。

经72小时连续试运行合格后，便可办理签证验收和移交手续，投入生产使用。

思 考 题 与 习 题

10-1　工业锅炉和动力锅炉有何不同？

10-2　锅炉设备由哪几部分组成？简述其工作过程。

10-3　简述锅炉本体中主要设备的构造及作用。

10-4　锅炉的基本特性参数有哪些？说明其物理意义、表示符号和计量单位。

10-5　举例说明锅炉型号的表示方法，其中由几部分组成？各表示什么意思？

10-6　简述锅炉安装的审批手续及过程。

10-7　锅炉安装主要依据哪些技术资料？绘出锅炉安装工艺流程简图。

10-8　锅炉安装准备工作包括哪些内容？

10-9 锅炉基础检查的内容有哪些？放线时三条基准线是如何确定的？

10-10 锅炉钢架检查的内容有哪些？常使用哪些矫正方法？

10-11 锅炉钢架安装的方法分几种？其调整的内容有哪些？如何调整？

10-12 锅筒检查的内容和要求有哪些？

10-13 结合表10-8及图10-16说明锅筒安装调整的内容及要求。

10-14 简述受热面管子检查内容及质量要求。

10-15 管子的胀接原理是什么？胀管器有几种？说明其构造原理。

10-16 管子铅浴法退火需用哪些工具？退火有哪些要求和注意事项？

10-17 管子与管孔的打磨有什么要求？

10-18 简述胀管的方法，并说明胀管的质量要求。

10-19 受热面管子的焊接有什么规定和要求？

10-20 铸铁省煤器安装前的检查内容和要求是什么？

10-21 链条炉排主要由哪些部件组成？安装顺序是什么？

10-22 锅炉附件主要有哪些？简述其作用和安装要求。

10-23 水压试验时的准备工作内容及试压过程是什么？试验压力如何确定？怎样才算试压合格？

10-24 工业锅炉砌筑常用的材料有多少种？有哪些特殊要求？

10-25 简述炉墙砌筑的质量要求和检查方法。

10-26 烘炉的目的是什么？常用哪些方法烘炉？温升有什么要求？如何确定烘炉合格？

10-27 煮炉加药种类和数量如何确定？符合什么要求煮炉为合格？

10-28 锅炉试运行中安全阀的开启压力如何确定和调整？

第十一章　工业管道的安装

第一节　工业管道的基本知识

一、工业管道的基本概念

在工业企业中，设有各种各样的管道，按其基本特性，可分为两大类：

一类是为生产输送介质，或为了保证生产而间接为生产服务的管道，通称为工业管道；

另一类是为生活服务，或为改变劳动卫生条件而设置的管道，通称为水暖管道。例如输送生活用水、蒸汽、煤气和采暖热媒，以及生活污水、雨水、消防用水的管道等等。

在石油、化工、轻工、电力等一些工业企业中，按照产品生产工艺流程的要求，通过管道把生产设备连接成完整的生产工艺系统。这些管道成为产品生产工艺系统中不可分割的组成部分，通常把这种工业管道称为工艺管道。输送产品物料的管道，叫物料管道；而其他保证生产条件的管道则叫做辅助管道。

在机械工业企业中，输送生产设备的动力媒介物的管道叫动力管道。常见的有热力管道、压缩空气管道、氧气管道、乙炔管道、煤气管道、供油管道等。生产或供应这些动力媒介物的站房，称为动力站。如煤气站、氧气站、压缩空气站等。

工业管道属于工业设备安装工程，它的设计和施工，均应遵守工业设备安装工程的有关技术标准和规范。

二、管子与管路附件的标准化

在管道工程中，需要使用大量不同材质、不同规格的管子和各种各样的阀门、法兰及接头零件等管道附件。为了便于在制造厂进行大批量的生产，提高生产效率，同时又方便安装，便于零配件的互换，有利于设计人员的工作，有必要对管子和管路附件的类型、规格和质量，制定出统一的技术标准，统一产品的设计、制造和供应工作。

当前，管子与管路附件基本上已经标准化。国家和各部委颁发了一系列技术标准，在这些标准中，公称通径标准和公称压力标准是两个最基本的标准。

1.公称通径

管子与管路附件的公称通径，是为了设计、制造、安装和修理的方便而制定的管子与管路附件的标准直径，或称为公称直径。在一般情况下，公称通径的数值既不是内径，又不是外径，而是近似于内径的整数值，是一种称呼直径，所以又叫名义直径。如低压流体输送钢管及其零配件等。但有些产品的实际内径确等于公称通径，如法兰阀门及铸铁管等。

现行的管子与管路附件的公称通径标准如表 11-1 所示。从表中可以看出，公称通径从1～4000共分51个级别。其中从15～200以及250、300、400、500、600、700等十九种规格是管道工程中常用的公称通径。

对于采用管螺纹连接的管子，其公称通径，在习惯上也有使用英制管螺纹尺寸表示的。表11-1中列出了与公称通径相对应的管螺纹尺寸。

公称通径用符号Dn表示，其后附加公称通径尺寸。例如：公称通径为25mm，则应记作Dn25；用管螺纹尺寸表示，可记作Dn1″。

管子与管路附件的公称通径（GB1047-70）　　　　　　　表 11-1

公称通径 (mm)	相等管螺纹 (in)	公称通径 (mm)	相等管螺纹 (in)	公称通径 (mm)	相等管螺纹 (in)	公称通径 (mm)	公称通径 (mm)	公称通径 (mm)
1	—	20	$^3/_4$″	150	6″	500	1500	3200
2	—	25	1″	175		600	1600	3400
3	—	32	$1^1/_4$″	200		700	1800	3600
4	—	40	$1^1/_2$″	225		800	2000	3800
5	—	50	2″	250		900	2200	4000
6	—	65	$2^1/_2$″	300		1000	2400	
8	1/4″	80	3″	350		1200	2600	
10	3/8″	100	4″	400		1300	2800	
15	1/2″	125	5″	450		1400	3000	

注：表中公称通径65mm，曾用过70mm；公称通径80mm，曾使用过75mm。

某些管子及管路附件，由于品种规格繁多，不可能都用公称直径表示。如无缝钢管、电焊钢管及电焊螺旋焊缝管等，均采用外径乘壁厚的表示方法。例如：外径为108mm，壁厚为4mm的无缝钢管，可记作D108×4。

2.公称压力、试验压力与工作压力

管子与管路附件的公称压力，是为了便于设计、制造和使用而规定的一种标准压力。

各种不同材料的管子与管路附件，所能承受的压力和介质的工作温度有关。随着温度的升高。材料的强度逐渐降低，在不同温度下，同一材质的制品具有不同的耐压强度。因此，必须以某一温度下制品所允许承受的压力，作为耐压强度的判别标准，这一温度称为基准温度。制品在基准温度下的耐压强度称为公称压力。用符号Pn表示，其后附加压力数值。如公称压力为1.6MPa（16kgf/cm²），可记为$Pn1.6$（或$Pn16$）。1kgf/cm²≈0.1MPa。

基准温度也就是材料的第一级工作温度。不同材料的制品，其基准温度也不相同，如铸铁和铜制品的基准温度采用120℃，钢制品的基准温度采用200℃。

管子与管路附件的公称压力和试验压力（GB1048-70）　　　　　　　表 11-2

公称压力 Pn (kgf/cm²)	试验压力 Ps (kgf/cm²)	公称压力 Pn (kgf/cm²)	试验压力 Ps (kgf/cm²)	公称压力 Pn (kgf/cm²)	试验压力 Ps (kgf/cm²)	公称压力 Pn (kgf/cm²)	试验压力 Ps (kgf/cm²)
0.5	—	25	38	200	300	1000	1300
1	2	40	60	250	380	1250	1600
2.5	4	64	96	320	480	1600	2000
4	6	(80)	(120)	400	560	2000	2500
6	9	100	(150)	500	700	2500	3200
10	15	(130)	(195)	640	900		
16	24	160	240	800	1100		

注：公称压力200kgf/cm²，过去曾使用过220kgf/cm²，现仍有使用。

为了检查管子及管路附件的水压强度及严密性，而人为地规定的一种检验压力，称为**试验压力**，用符号P_s表示。强度检验采用试验压力，严密性试验则是在公称压力下进行。

碳素钢管子与管件的公称压力和试验压力标准列于表11-2中。表中所列压力单位为kgf/cm^2，换算成国际制单位为$1kgf/cm^2 = 98.1kPa$。最常用的公称压力为2.5、6、10、16、25、40、64、100、160、200、320等十一个级别。

为了保证管路附件工作时的安全，而根据介质的各级最高工作温度所规定的最大工作压力，称为**工作压力**，用符号P表示，并在右下角附以介质的最高工作温度除以10的整数。例如，介质最高工作温度为350°C的工作压力，用P_{35}表示。在基准温度下的最大工作压力与公称压力相同，随着介质工作温度的升高，最大工作压力随之降低，即低于公称压力。

这里所指的试验压力和工作压力，只是材料制品的试验压力和工作压力，并不是管路系统的实际压力。管路系统的试验压力和工作压力，则由工艺要求而定。

三、工业管道的分类及其特性

工业管道按介质的性质和工作参数，可分为不同的种类，以便于设计、施工和运行管理。

1.按介质的工作压力分

(1) 低压管道：公称压力不超过2.5MPa。

(2) 中压管道：公称压力为4～6.4MPa。

(3) 高压管道：公称压力为10～100MPa。

(4) 超高压管道：公称压力大于100MPa。

常见的水暖管道和动力管道，一般都属于低压管道。要求管道所用的管子和附件都必须具有足够的机械强度和可靠的严密性。

2.按介质温度分

(1) 常温管道：常温一般指20°C。但常温管道的划分是以铸铁制品的耐温界限为基准的，当工作温度为-40～120°C时，铸铁的机械强度与常温时相近。因此，通常所说的常温管道是指工作温度为-40～120°C的管道。

(2) 低温管道：工作温度在-40°C以下的管道。管材已不能采用铸铁和碳素钢。

(3) 中温管道：工作温度为121～450°C。

(4) 高温管道：工作温度大于450°C。

管道材质除机械强度要满足要求外，还应具有稳定的耐热性。输送热介质的管道，由于冷热的变化将产生热变形，使管子承受热应力的作用。因此应对输送热介质的管道，设置消除热应变的补偿器。同时为了防止散热，管道外表还应设置绝热保温层。

3.按介质性质分

可分为汽（气）水介质管道、腐蚀性介质管道、化学危险性介质管道、易凝固易沉淀介质管道和粉尘介质管道。

以上所有各类管道，在设计选材中，均应根据工艺要求和介质的性质，满足其机械强度、严密性、耐热性、耐腐蚀性和耐磨性等要求。

第二节　常用管子、管件与阀门

一、常用管子与管件

工业管道常用的管子种类繁多，按其材质来分，可分为金属管和非金属管两大类：金属管又可分为钢管、耐酸钢管、铸铁管、铜管、铝管、铅管等多种；非金属管又可分为混凝土管、陶瓷管、石棉水泥管、玻璃管、塑料管、橡胶管等。另外在化工管道中还常用一些衬里管。衬里管一般常在碳素钢管内衬以薄层的不锈钢、铅、铝或搪瓷、玻璃、塑料、橡胶等耐腐蚀材料。

由于管子的种类繁多，本节仅对常用的碳素钢管和铸铁管作以简单介绍。

（一）钢管及管件

1. 钢管

钢管的种类很多，常用的钢管有：低压流体输送钢管（GB3092—82）、电焊钢管（YB242—63）、螺旋焊缝电焊钢管（SYB1004—63）和无缝钢管（YB231—70）等。其中低压流体输送管和无缝钢管用途最广。

低压流体输送钢管，是由扁钢管坯卷成管形并沿对缝焊接而成。管可分为镀锌的（白铁管）和不镀锌的（黑铁管）；普通的和加厚的；带螺纹的和不带螺纹的等数种类型。如表11-3中所示。低压流体输送钢管的公称通径为6～150mm；长度为4～12m和4～9m（带螺纹的）；普通管的水压试验压力为1.96MPa（20kgf/cm²），加厚钢管的试验压力为2.94MPa（30kgf/cm²）。

焊接钢管的规格（摘自GB3092—82）　　　　表 11-3

公称口径		外径	钢 管 螺 纹				公称口径		外径	钢 管 螺 纹			
			普通管		加厚管					普通管		加厚管	
mm	in	(mm)	壁厚(mm)	理论重量(不计管接头) kg/m	壁厚(mm)	理论重量(不计管接头) kg/m	mm	in	(mm)	壁厚(mm)	理论重量(不计管接头) kg/m	壁厚(mm)	理论重量(不计管接头) kg/m
6	1/8″	10.0	2	0.39	2.5	0.46	40	1¹/₂″	48.0	3.50	3.84	4.25	4.58
8	1/4″	13.5	2.25	0.62	2.75	0.73	50	2″	60.0	3.50	4.88	4.50	6.16
10	3/8″	17.0	2.25	0.82	2.75	0.97	65	2¹/₂″	75.5	3.75	6.64	4.50	7.88
15	1/2″	21.3	2.75	1.26	3.25	1.45	80	3″	88.5	4.00	8.34	4.75	9.81
20	3/4″	26.8	2.75	1.63	3.50	2.01	100	4″	114.0	4.00	10.85	5.00	13.44
25	1″	33.5	3.25	2.42	4.00	2.91	125	5″	140.0	4.00	15.04	5.50	18.24
32	1¹/₄″	42.3	3.25	3.13	4.00	3.78	150	6″	165.0	4.50	17.81	5.50	21.63

低压流体输送钢管广泛地应用在小直径的低压管道上，如给水、煤气、暖气、压缩空气、蒸汽、凝液、真空及某些物料管路，其允许极限工作温度为175℃。

电焊钢管是由钢板条卷曲后电焊而成的钢管，其规格为：外径5～152mm，壁厚为0.5～5.5mm，长度为2～10m。螺旋焊缝电焊钢管是由钢板条卷制成螺旋形接缝焊接而成。最小外径为219mm，最大外径为720mm，壁厚为5～10mm，长度为4～18m。适用于公称压力不大于1.57MPa（16kgf/cm²）的蒸汽、水等介质的管道。最大的工作温度为200℃。

无缝钢管，是由原钢坯加热后，经穿管机穿孔轧制（热轧）而成，或者再经过冷拔而成为外径较小的管子，因为它没有接缝，故称为无缝钢管。按不同的轧制方法，分为热轧无缝钢管和冷拔无缝钢管两种。另外还有某些专用的无缝钢管，如专门用于锅炉制造的无缝钢管称为锅炉专用无缝钢管。

无缝钢管，一般是由普通碳素钢、优质碳素钢及合金钢制造的。广泛用于输送各种流体的重要管路上，是工业管道中应用最广、用量最大的一种管子。其规格是：热轧无缝钢管外径为32～630mm，壁厚为2.5～75mm，管长为3～12.5m；冷拔无缝钢管外径为5～200mm，壁厚为0.25～14mm，管长为1.5～9m。其尺寸规格均以"外径×壁厚"表示。目前大量生产的管径规格，冷拔管在76mm以内，热轧管在168mm以内。超过168mm的属于大口径无缝钢管，需专门定货。常用的无缝钢管规格如表11-4所示。

常用无缝钢管的规格表（摘自YB231—70） 表 11-4

外径 (mm)	壁 厚 (mm)													
	3	3.5	4	4.5	5	5.5	6	6.5	7	7.5	8	8.5	9	9.5	10
	每 米 理 论 质 量 (kg)													
38	2.59													
57	4.00	4.62												
76	5.40	6.26	7.10											
89		7.38	8.38	9.38										
108			10.26	11.49	12.70									
133			12.73	14.26	15.78	17.29								
159				17.15	18.99	20.82	22.64							
219							31.52	34.06	36.60	39.12	41.63			
273								42.64	45.92	49.10	52.28	55.45	58.60	
325										58.74	62.54	66.35	70.41	73.92	77.68

无缝钢管因壁厚和材质的不同，耐压强度也不相同。钢管在出厂前均作过机械性能检验。根据钢管的抗拉强度和屈服点，以及壁厚和管径可计算出钢管的水压试验压力P。其计算公式如下：

$$P = \frac{200 \cdot \delta \cdot \sigma}{d} \qquad \text{MPa(kgf/cm}^2) \qquad (11-1)$$

式中 δ——钢管的壁厚，mm；

d——钢管的内径，mm；

σ——允许应力，取屈服点的0.85倍，MPa(kgf/cm²)。

无缝钢管的最大工作温度：碳素钢为250℃；优质碳素钢及合金钢为375℃。

输送强烈腐蚀性或高温介质时，可采用耐酸钢（镍铬不锈钢）或耐热钢（铬不锈钢）制的无缝钢管。此种钢管可热轧也可冷拔。热轧管规格：外径57～219mm，壁厚1.5～30mm；冷拔管的规格：外径6～89mm，壁厚1～7mm。长度皆为1.5～7m。工作压力由设计计算决定，但最大不超过4MPa。耐热钢的最大工作温度为850℃。

2.钢管的管件

管件是管路中的重要组成部分，它起着联接管子、改变方向、接出支管和封闭管路等作用。现将各种常用管件分述如下：

（1）低压流体输送钢管的管件通常是由KT33-8可锻铸铁铸造，并经过机械加工而成，俗称玛钢管件。管件上的螺纹，除锁紧螺母（根母）和通丝管接头（通称管箍）采用圆柱形内螺纹外，其余管件一般都采用圆锥形管螺纹。分镀锌与不镀锌两种，分别用于白铁管和黑铁管的连接。这类管件已经标准化，常用于工作压力不超过1MPa和工作温度不超过175℃的水，煤气管的管路。常用的管件有（图11-1）：

1）管接头，俗称管箍，又称内接头、束节或死接头。分等径管箍和异径管箍（大小头）两种。等径管箍又分为通丝与不通丝两种。主要用于两根管子的连接；通丝管箍与锁紧螺母（根母）配合可代替活接头使用。如图11-1中1、3所示。

2）活接头，俗称由任。多用于管道检修时需要拆、装的部位及丝扣阀门的一侧。如图11-1中2所示。

3）弯头，分等径弯头和异径弯头两种，等径弯头又分为90°与45°两种。主要用于管子的转弯或变径。如图11-1中5、6。

4）三通和四通，分为等径和异径两种，主要用于管路的分支点上。如图11-1中7～16所示。

5）补心，俗称内外丝，如图11-1中4所示。用于管路大小变径的接口处。

6）外接头，又称外丝管箍、对丝等。是用来连接两个管件或阀件，如图11-1中17。

7）管塞与管帽，管塞又叫管堵、堵头或丝堵，为外螺纹；管帽俗称"闷头"，为内螺纹。都是用来堵塞管子的预留管口，以防止管内介质的泄漏或作泄水丝堵用。如图11-1中18、19所示。

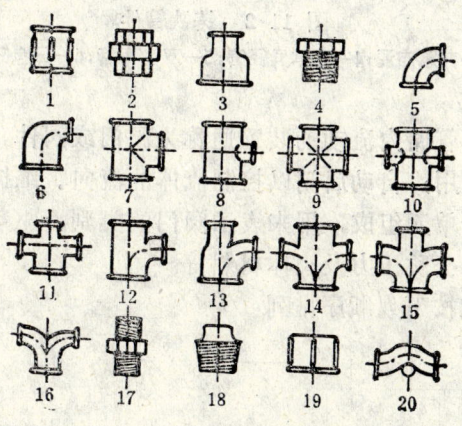

图 11-1　管道连接配件

1—管箍；2—活接头；3—大小头；4—补心；5—弯头；6—异径弯头；7—等径三通；8—异径三通；9—等径四通；10、11—异径四通；12～16—各种三通、四通；17—外丝箍；18—管堵；19—管帽；20—鞍形管

（2）电焊钢管、无缝钢管的管件

这类管子的管件是非标准化的，多采用管子弯曲或焊接而成。如管路中的各种弯管常

由加工厂或现场煨制，或采用冲压弯头；管路中的分支管（三通或四通）及异径管等，均由现场切割焊接而成。其煨制及焊制方法，参见有关的规范和规定执行。

（二）铸铁管及管件

1.铸铁管

铸铁管按用途可分为给水铸铁管和排水铸铁管两类；按材质又可分为普通铸铁管和硅铁管两类；按管端接头的形状不同，可分为承插式和法兰式两种。

普通铸铁管由灰铸铁铸造，对于泥土、碱液、浓硫酸等的耐腐蚀性较好。所以它通常用于埋地的给水总管、煤气总管、污水管或料液管。由于铸铁性脆、强度低和紧密性差，因此不能用在较高压力下输送爆炸性、有毒害性的介质，更不可用作蒸汽管路。

铸铁直管规格：内径为75～1500mm，壁厚为9～30mm，有效长度为3～6m。工作压力为：高压直管不大于1MPa，中压直管则不大于0.75MPa，低压直管不大于0.45MPa。水压试验后管子表面应涂以沥青等防腐剂。

2.铸铁管件

铸铁管件已标准化。分十字管（四通）、丁字管（三通）、弯管（弯头）、渐缩管（大小头）、乙字管、短管、套管（管箍）等。同时也可分为法兰连接和承插连接两种。如图11—2所示。

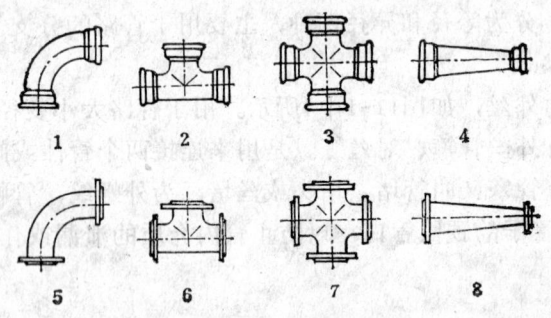

图 11-2　铸铁管件

1—双承弯管；2—三承三通；3—四承四通；4—双承异径管；5—双盘弯管；6—三盘三通；7—四盘四通；8—双盘异径管

二、阀门

凡是用来控制流体在管路内流动的装置通称为阀门或阀件。它的主要作用包括：启闭作用；调节作用；节流作用；自动启闭以控制流体的流向，维持一定压力或其它作用。

阀门产品型号由六个单元组成，用来表示阀门的类别、驱动方式、连接型式和结构型式、密封圈或衬里材料、公称压力及阀体材料等。

产品型号的六个单元按下列顺序排列：

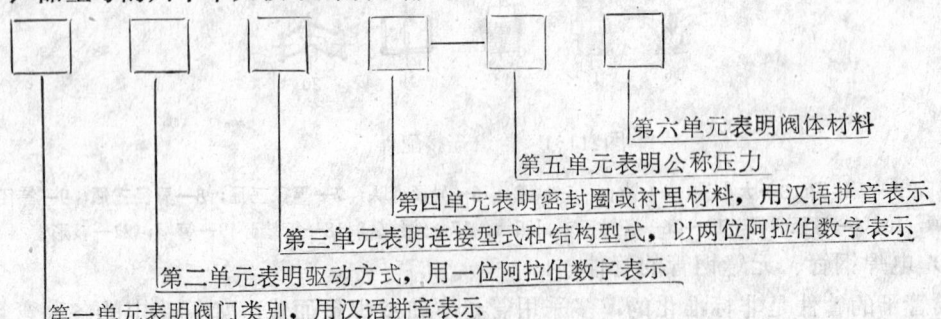

第六单元表明阀体材料

第五单元表明公称压力

第四单元表明密封圈或衬里材料，用汉语拼音表示

第三单元表明连接型式和结构型式，以两位阿拉伯数字表示

第二单元表明驱动方式，用一位阿拉伯数字表示

第一单元表明阀门类别，用汉语拼音表示

224

如阀门J41T-16K　J表明了阀门为截止阀、第二单元因是手轮直接传动本单元省略、阿拉伯数4表明为法兰连接1为直通式、密封圈材料为铜（T）、公称压力为16kgf/cm²(1.6MPa)、K表明阀体采用可锻铸铁铸造。

阀门的种类用途较广、品种繁多，现将工业管道中常用的一些阀门作以简单的介绍匀

1. 截止阀

截止阀俗称球形阀或球心阀，其结构形式如图11-3所示。

截止阀是利用阀盘来控制启闭阀门。阀门的主要启闭零件是阀盘与阀座，改变阀盘与阀座的距离，即可改变通道截面积的大小，使流体的流速改变或截断通道。为了保证阀门的严密性、耐腐蚀性和耐磨性，阀盘和阀座装有各种不同材料的密封圈（或密封环），并应研磨配合。

根据连接方式的不同，截止阀可分为螺纹连接和法兰连接的两种；根据结构形式的不同又可分为直通式、直流式、角式和隔膜式等数种。

截止阀的应用范围极广，可用于给水、蒸汽、压缩空气、真空及各种物料管路中，它可精确地调节流量和严密地截断通道。但不能用于含悬浮物与结晶的料液管路中，因为积聚在阀盘和阀座之间的固体颗粒，不仅阻止了阀盘与阀座的闭合，而且会使两者的接触面磨损，因而造成漏泄现象。

2. 闸阀

闸阀又称闸板阀或闸板门。其结构形式如图11-4所示。

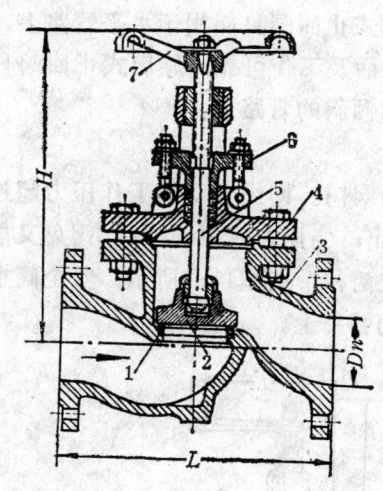

图 11-3　截止阀

1—阀座；2—阀盘；3—阀体；4—阀盖；
5—阀杆；6—填料压盖；7—手轮

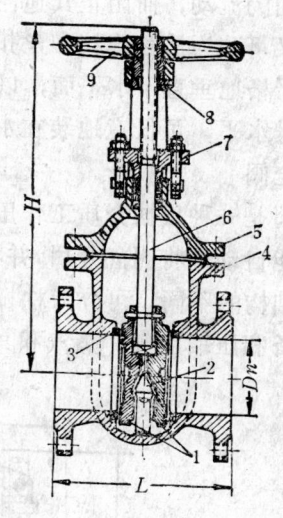

图 11-4　闸阀

1—平行式的双闸板(圆盘)；2—楔块；3—密封圈；4—阀体；5—阀盖；6—阀杆；7—填料压盖；8—套筒螺母；9—手轮

闸板阀是用闸板来控制启闭的阀门。闸阀的主要启闭零件是闸板和阀座，闸板与流体流向垂直，改变闸板与阀座间的相对位置，即可改变通道的大小，使流体的流速改变或截断通道。闸板与阀座通常镶嵌有用耐磨、耐腐蚀的金属材料（黄铜或不锈钢）制成的密封圈。

闸阀因闸板的结构形状、阀杆运动情况和连接方式的不同，可分为楔式闸阀和平行式闸阀；明杆式闸阀和暗杆式闸阀；法兰式闸阀和丝扣闸阀等类型。

闸阀主要用于给水、压缩空气、真空管路和温度低于120°C以下的低压汽体 管路；但不能用于介质中含有沉淀物的管路，很少用于蒸汽管路。

3. 止回阀

止回阀又称逆止阀或单向阀。其结构形式如图11-5所示。

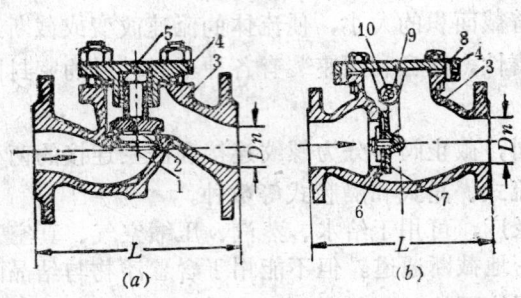

图 11-5 止回阀

(a)升降式止回阀；(b)旋启式止回阀

1—阀座；2—阀盘；3—阀体；4—阀盖；5—导向套筒；6—密封圈；7—摇板；8—定位销；9—开口销钉；10—轴

止回阀是一种根据阀前与阀后介质的压力差而自动启闭的阀门。它的作用是使介质只作一定方向的流动，而阻止其逆向流动。根据结构形式可分为升降式和旋启式两种；根据连接方式又可分为法兰连接和丝扣连接两种。升降式止回阀只能用于水平管路上，且使阀盘的轴线严格地垂直于水平面，以保证阀盘升降灵活及工作可靠；旋启式止回阀只要能保证旋转轴呈水平，可任意地装在水平的、垂直的和倾斜的管路上。

4. 安全阀

安全阀是一种根据介质工作压力而自动启闭的阀门。即当介质的工作压力超过规定值时，它就能自动地将阀盘开启，并将过量的介质排出；当压力恢复正常后，阀盘又能自动关闭。根据结构的不同，可分为杠杆重锤式和弹簧式两种，如图11-6所示。安全阀主要设置在内压设备和压缩空气、蒸汽和其他受压力气体的管路上。

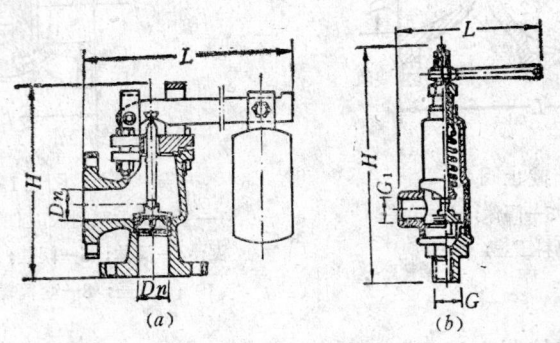

图 11-6 安全阀

(a)单杠杆微启式；(b)弹簧式

5. 减压阀

减压阀是装置在蒸汽或压缩空气管路上，靠膜片、弹簧、活塞等敏感元件改变阀瓣与阀座的间隙，把进口压力减至某一需要的出口压力，并依靠介质本身的能量使出口压力自动保持在一定范围内，达到减压目的的阀门。

减压阀的种类很多，常见的有活塞式减压阀、波纹管式减压阀和薄膜式减压阀等。下面就常见的活塞式减压阀的工作原理加以说明。如图11-7所示。

当调节弹簧1在自由状态时，主阀瓣5和辅阀瓣3由于阀前压力的作用和下边的主阀弹簧6顶着而处于关闭状态。拧动调整螺栓7顶开辅阀瓣，介质由进口通道α经辅阀通道γ进入活塞4上方，由于活塞面积比主阀瓣大，而受力后向下移动，使主阀瓣开启，介质流向出口；同时介质经过通道β进入薄膜2下部，逐渐使压力与调节弹簧压力平衡，使阀后压力保持在一定范围之内。如阀后压力过高，膜下压力大于调节弹簧压力，膜片即向上移动，辅助阀关小使流入活塞上方介质减少，引起活塞及主阀上移，减小主阀瓣开启程度，出口压力随之下降，达到新的平衡。

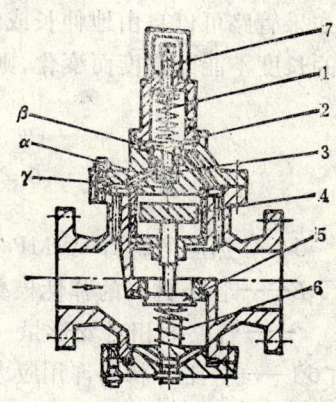

图 11-7 活塞式减压阀
1—调节弹簧；2—金属薄膜；3—辅阀；4—活塞；5—主阀；6—主阀弹簧；7—调整螺栓

6.疏水器

疏水器又称隔汽具或回水盒，是蒸汽管路系统中一种自动调节阀门。它的作用是自动而且迅速地排出用热设备及管道中的凝结水，却能阻止蒸汽的逸漏。同时能排除系统中积留的空气和其他不凝性气体。

疏水器按工作原理可分为机械型、热力型和恒温型三种类型。机械型疏水器主要有浮桶式、钟形浮子式、浮球式和倒吊桶式，都是利用蒸汽和凝水的密度差，利用凝水的液位来工作的；热力型疏水器主要有脉冲式、热动力式和孔板式，都是利用相变原理，即利用蒸汽和凝水热动力学特性工作的；恒温型疏水器主要有双金属片式、波纹管式和液体膨胀式，都是利用蒸汽和凝水的温度差引起恒温元件的膨胀或变形工作的。由于各种疏水器的工作原理和构造各不相同，其特点和适用范围也不相同。因此，在选择疏水器时，可根据蒸汽的压力和凝结水量，选择相应型号和规格的疏水器。

以上是几种常用阀门的简单介绍。为了便于设计、制造和使用，国家机械工业部颁发了一系列技术标准，使各种阀门均已标准化和规格化。需用时可查阅有关标准和手册进行选择。

第三节　管路的热变形及热补偿

一、管路的热变形和热应力

管道的安装，是在室外或室内环境温度下进行的，但管道却是在介质不同的温度条件下工作，并随着介质的温度而变化。由于管子工作时的温度与安装时的温度不同，因此，管子的长度将会随着温度的升高而伸长，并随着温度的下降而缩短。这种管子长度随着温度而变化的现象称为热变形。其变化量可用下列公式计算：

$$\Delta L = \alpha (t_1 - t_2) L \qquad \text{mm} \tag{11-2}$$

式中　ΔL——管路的热伸长量，mm；

α——管路材料的线膨胀系数，mm/m·℃，对于钢管 $\alpha = 1.2 \times 10^{-2}$mm/m·℃；

t_1——管壁的最高温度，可取热媒的最高温度，℃；

t_2——管子安装时的环境温度，℃；

L——计算管段的长度，m。

如果管路可以自由地伸长或缩短，则管子内部不会产生热应力，如果管路两端固定，管路的长度不能随温度而变化，则管子的管壁内将会产生热应力。此热应力可用下列公式计算：

$$6 = E \cdot \varepsilon = E \cdot \frac{\Delta L}{L} = \alpha \cdot E \cdot \Delta t \leqslant [6] \qquad (11-3)$$

式中 6——热应力，kPa或MPa；

E——管路材料的弹性模数，kPa，对于钢管 $E = 205 \times 10^6$kPa；

ε——管路的相对变形量（$\varepsilon = \Delta L/L$）；

$[6]$——管路材料的许用应力，kPa。

根据公式（11-3）所求得的热应力值，不得超过许用应力，否则将会使管路造成破坏。

当管路的管壁的截面积为 f 时，则加热时受的总压力或冷却时所受的总拉力为：

$$P = 6 \cdot f = E \cdot \varepsilon \cdot f = \alpha \cdot E \cdot \Delta t \cdot f \qquad (11-4)$$

此力作用于管路两端的固定支架上或与管路连接的设备上。

从上式可以得出结论：在两端固定的管路中，当温度变化时，其所引起的总压力或总拉力，仅与管壁面积和管路长度的相对变形量或温度的变化量等因素有关，而与管路的绝对长度无关。因此，即使安装极短的管路，也必须考虑其热应力的影响。

在何种情况下可以将管路两端固定，或不能固定呢？这可以利用公式（11-3）来确定其极限温度变化量：

$$\Delta t = \frac{[6]}{E\alpha}$$

对于碳钢管（$[6] = 78400$kPa $E = 205 \times 10^6$kPa $\alpha = 12 \cdot 10^{-6}$mm/m·℃）的极限温度变化量为：

$$\Delta t = \frac{78400}{205 \times 10^6 \times 12 \times 10^{-6}} \approx 32℃$$

从理论上来说，当碳钢管温度变化量不超过32℃时，管路两端可以固定，其热应力不会超过许用应力；但当温度变化大于32℃时，则不可以将管路两端固定，否则热应力将会超过材料的许用应力，故必须装置活动管卡、管托架和补偿器，以吸收管路中的热变形。

二、管路的热补偿

一般来说，凡是温度高于或低于环境温度的管路，都必须考虑冷热变形的补偿问题。常用的补偿方法有自然补偿法和补偿器补偿法两种。

1.自然补偿法

自然补偿法又称自动补偿法。是利用管路本身某一段的弹性变形，来吸收另一管段的冷热变形的方法。热力管道中常见的自然补偿器可分为L型和Z型两种；如图11-8中所示，管道上有90°～150°弯管的称为L型补偿器；管道中有两个反向90°弯管的称为Z型补偿器。都是通过弯曲变形来吸收管段的热伸长量。当计算管段中最大应力小于许用弯曲应力时，管路可以自动补偿而不会损坏。

图 11-8　自然补偿器

2.补偿器补偿法

补偿器补偿法又称人工补偿法。是使用人工制作的补偿器，来吸收管路上的冷热变形量的补偿方法。常用的补偿器可分为：回折管式补偿器、凸面式补偿器和填料函式补偿器三种类型。现分述如下：

(1) 回折管式补偿器。回折管式补偿器是将直管弯曲成一定几何形状而成的补偿器，常见的有方形（Π形）和袋形（Ω形）两种。如图11-9所示。

这类补偿器的作用原理是利用弯管的挠性变形来补偿两端直管部分的热伸长量。一般用无缝钢管煨制，其补偿能力较大，作用在固定支架上的轴向力甚小，易于就地制作，安装使用方便。但尺寸大，不能安装在狭窄的地方，且对流体阻力较大，长久伸缩材料会发生疲劳破坏。

(2) 凸面式补偿器。凸面式补偿器是利用凸面金属薄壳的弹形变形来补偿管路的热伸长量。根据它的形状可分为多种形式，如图11-10所示。

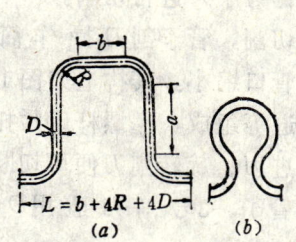

图 11-9　回折管式补偿器
(a)方形；　　(b)袋形（Ω形）

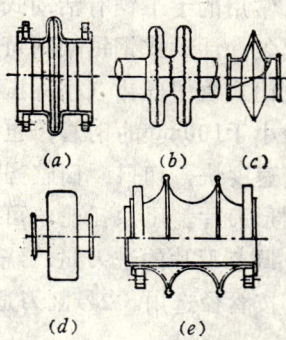

图 11-10　凸面式补偿器
(a)单波形；(b)双彼形；(c)盘形；
(d)鼓形；(e)内凸形(适用于真空管路)

此种类型的补偿器结构紧凑，但补偿能力很小，轴向推力大，长久使用时材料会发生疲劳，且制造复杂。适用于真空及低压管路和大直径短管段的气体管路上。为了减少阻力和防止积尘，可在内部加上导向衬管；用于蒸汽管路时，则每一凸面补偿器的下面，应装一放凝液的阀门。

(3) 填料函式补偿器。填料函式补偿器又称为套管补偿器。是由套管、插管和填料函三部分组成。通常是以涂石墨的石棉绳作填料，是一种可以活动的密封联接，插管可以自由伸缩，以补偿管路的热伸长量。按结构的不同，可分为单向活动和双向活动的两种。单向和双向套管补偿器如图11-11和图11-12所示。

套管补偿器的优点是：结构紧凑、补偿能力大；缺点是：轴向力大、易泄漏，需经常

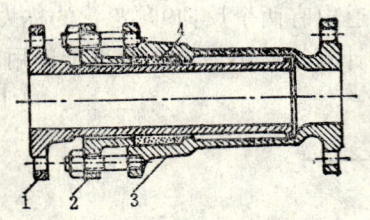

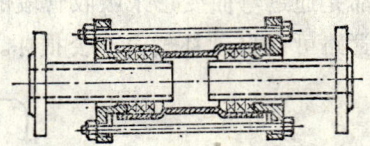

图 11-11　单向活动填料函式补偿器　　　　　图 11-12　双向活动填料函式补偿器

1—插管；2—填料压盖；3—套管；4—填料

检修填料。常用于易检修的低压与小管径的管路上。

第四节　管 子 的 加 工

管子在安装前必须进行一定的加工，如管子的切割、套丝、煨弯及管件焊制等。现就常用的加工方法和机具给予简单介绍。

一、管子的切割

管子在安装前，经检查及调直合格后，按需要的长度进行切割。常用的切割方法有：锯断、刀割、气割、磨割、凿断和车削等。施工时可根据管材和施工条件选择适当的割断方法。

钢管的锯断，常采用手工锯或锯床切割。手工锯切割是一种操作简便、应用最广的切割方法。常用的手工锯有活动式和固定式两种。固定式钢锯架，只能使用300mm长的一种规格的锯条，活动式钢锯架则可使用200、250和300mm长的三种锯条。锯管时，可将管子夹紧在龙门式管子虎钳（俗称压力）上，用钢锯架（俗称锯弓子）进行切割。

直径小于100mm的钢管，也可用割刀（切管器）进行切割。管子割刀操作简便、省力、切割速度快，切口断面整齐，但进刀量太大时，会使管口缩小。其构造如图11-13所示。由圆形刀片、压紧托轮、可调螺杆、手柄、弓臂及滑道等组成。靠螺杆压紧托轮的松紧程度，调节刀片的进刀量，绕管子旋转割刀切管，反复进刀、旋转割刀便可切断管子。其规格可按管径选用。2号割刀适用于切断Dn15～50mm的管子，3号割刀适用Dn25～80mm的管子。

图 11-13　管子割刀

1—圆形刀片；2—托滚

磨割是采用砂轮片切割。施工现场常用的砂轮切割机，其外形构造如图11—14所示。它是由电动机、砂轮片、操作手柄和底座等组成。砂轮片的直径为400mm，厚度为3mm，安装在主轴上，由电动机通过皮带轮驱动主轴，使砂轮片高速旋转进行切割。钢管由底座上的夹钳夹紧，切割时，握住手轮即可接通电源，向下按动手柄便可进行切割。松开手柄即可切断电源，由弹簧将手柄复回原位。多用于切割不锈钢管、碳素钢管和铸铁管。切割速度快，效率高，切口质量好，但砂轮片易破损，成本高。

气割也是常用的必不可少的切割方法，多用于大口径碳素钢管的切割。不适用于有色金属、合金钢和铸铁等管道。

二、管子的套丝

管子的套丝，是指低压流体输送钢管安装采用螺纹连接时，钢管端部外螺纹的加工。加工好螺纹的钢管，用有内螺纹的管件或阀门连接起来。常用于公称直径不大于70mm、介质工作压力不大于1MPa、温度在100℃以内的给水、煤气、采暖、压缩空气等管道的安装工程。

1.管螺纹

管螺纹分圆锥形和圆柱形两种。在安装工程中，除用于锁紧螺母和通丝管箍的连接采用圆柱形管螺纹外，其余管件或阀门的连接，一般都采用圆锥形管螺纹。

圆锥形管螺纹的构造如图11-15所示，它符合 YB822-57规定的标准。图中，L_2为管端到基面的长度，是管件用手拧入后端面应到达的深度；L_1为螺纹的工作长度，是将管件

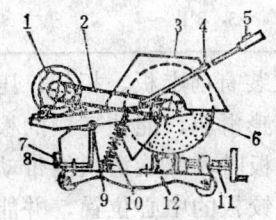

图 11-14 砂轮切割机

1—电动机；2—三角皮带；3—护罩；4—操纵杆；5—带开关的手柄；6—砂轮片；7—配电盒；8—扭转轴；9—中心轴；10—弹簧；11—夹钳；12—四轮底座

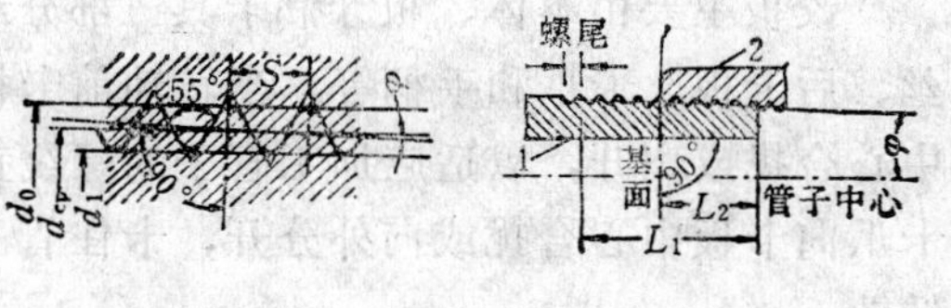

图 11-15 圆锥形管螺纹

1—管子；2—管接头

用管钳子拧紧时端面到达的深度；剩余部分为螺尾的长度。由图中可以看出：基面是一个指定的横截面，锥形管螺纹截面上的直径（外径、中径、内径），与同规格的圆柱形管螺纹直径相等。圆锥形管螺纹的倾斜角 $\varphi = 1°47'24''$，圆锥度（$2tg\phi$）= 1:16。圆锥形管螺纹的主要尺寸见表11-5。

圆 锥 形 管 螺 纹 表 11-5

管子公称直径		螺距 s (mm)	每英寸牙数 n	基面直径（mm）			螺纹工作长度 L_1(mm)	由管端到基面长度 L_2(mm)	螺纹工作高度 t_2(mm)
(mm)	(in)			平均直径 d_{cP}	外径 d_0	内径 d_1			
15	1/2	1.814	14	19.794	20.956	18.632	15	7.5	1.162
20	3/4	1.814	14	25.281	26.442	24.119	17	9.5	1.162
25	1	2.309	11	31.771	33.250	30.293	19	11	1.479
32	1 1/4	2.309	11	40.433	41.912	38.954	22	13	1.479
40	1 1/2	2.390	11	46.326	47.805	44.847	23	14	1.479
50	2	2.30	11	58.137	59.616	56.659	26	16	1.479
65	2 1/2	2.30	11	73.708	75.187	72.230	30	18.5	1.479
80	3	2.30	11	86.409	87.887	84.930	32	20.5	1.479
100	4	2.30	11	115.56	113.034	110.077	38	25.5	1.479

圆柱形管螺纹的螺距、每英寸牙数、螺纹高度、齿形等，均与圆锥形管螺纹相同；螺纹直径与圆锥形螺纹基面上的直径相等。唯有螺纹的长度不同，其加工长度可参照跟母及

通丝管箍的长度进行加工。

2.管螺纹的加工

一般情况下，只用低压流体输送钢管加工管螺纹。在特殊情况下，才有用外径与低压流体输送钢管相等的无缝钢管加工管螺纹。但管子壁厚不应小于同规格的低压流体输送钢管，钢质也应相近，以免损伤板牙。

管螺纹加工也称套丝。加工方法分为手工和机械加工两种。

手工套丝使用的工具是铰板（俗称代丝），其外形如图11-16所示。产品以114型和117型两种规格最多，其适用范围见表11-6。

管 子 铰 板　　　　　　　　　　表 11-6

型　号	铰制管螺纹公称直径(in)	每套配带板牙规格(in)
114	$1/2 \sim 2$	$1/2 \sim 3/4$, $1 \sim 1^1/_4$, $1^1/_2 \sim 2$
117	$2^1/_4 \sim 4$	$2^1/_4 \sim 3$, $3^1/_2 \sim 4$

铰板主要由本体、板牙和卡具三部分组成。在铸铁本体上装有前卡板、板牙、压紧螺丝、后卡板、卡爪和手柄等。当转动前卡板时，卡板上的螺旋形滑轨，能使有槽的板牙向中心合拢或离开，以适应加工管子的螺纹直径要求。转动后卡板时，螺旋滑轨能带动三个卡爪向卡板中心合拢或向外分开，卡住管子外皮，使管子处于铰板的中心位置，并能自由转动。

手工套丝常用114型铰板，按管子选定板牙，照顺序号装好。将管子伸出适当长度用龙门管钳夹紧，把铰板套入管子端部，先调后卡板使管子在铰板中心，然后调整前卡板，使板牙有适当的深度，再用松紧螺丝将板牙扣紧。沿管子轴向加推力，同时按顺时针方向转动手柄，待出现螺纹时，只需转动手柄便可套出螺纹。当螺纹长度达到要求时，提起松紧螺丝套出螺尾。如此反复2～4次，便可套出符合要求的管螺纹。套丝过程中，应在板牙上加少量的机油，以便润滑和降温。为保证螺纹的质量和避免损坏板牙，应减小板牙的进刀量，增加套丝的次数。

加工好的螺纹，表面应光洁，无裂缝，不应有乱丝和偏丝现象；有断丝时，缺丝长不应超过10％，各断缺处不得纵向贯穿。

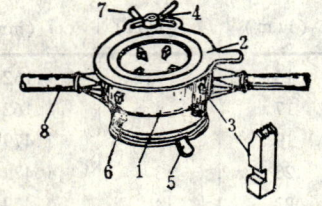

图 11-16　管子铰板（代丝）

1—本体；2—前卡板；3—板牙；4—前卡板压紧
螺丝；5—后卡板；6—卡爪；7—板牙松紧螺丝；
8—手柄

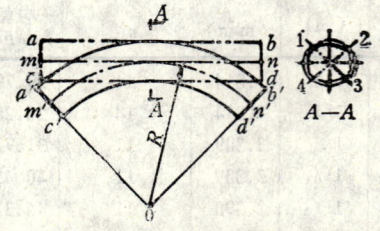

图 11-17　弯管的受力变化

机械套丝是指使用套丝机加工管螺纹。目前安装现场已普遍使用套丝机，其工作原理和手工铰板套丝基本相同，同时还可以切割，省力、省时间，而且效率较高。

三、管子的弯曲

管子的弯曲，是将管子弯成各种不同角度的弯管（弯头），用来改变管道的走向。

管子弯曲时的受力情况，如图11-17所示。弯管时，外侧管壁因受拉而伸长且管壁变薄，内侧管壁因受压而缩短管壁变厚，两侧中间的管壁不受力，则长度和厚度均不改变。由于外侧和内侧受力的作用，在弯管过程中，管子的截面有产生椭圆的趋势。此时，唯有截面上1、2、3、4各点受力最小，可认为无向内也无向外的压力。为了避免弯管时产生椭圆，常在冷弯管内加芯棒，在热弯管内充砂，以抵消这些应力的作用。在使用焊缝管弯管时，焊缝的位置应按图11-17中4个点的位置放置，以免在弯曲时焊缝裂开。

1. 管子的热弯

管子热弯常采用充砂热弯的方法。适用于公称通径400mm以下的管子，其弯曲半径$R \geqslant 3.5 Dn$。主要操作程序包括划线、充砂、加热、弯曲和热处理等。

（1）管子的划线。管子划线是管子在充砂后弯曲前，在管子上划出弯管曲线段（圆弧）的展开长度，以便按规定尺寸加工弯管。其长度可按下列公式计算：

$$L = \frac{\alpha \pi R}{180} = 0.0175 \alpha R$$

式中　L——弯管的弯曲段展开长度，mm；

α——弯曲角度，°（度）；

π——圆周率；

R——弯管的弯曲半径，mm。

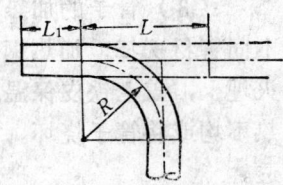

图 11-18　弯管划线

如图11-18所示。为减少焊缝应力，要求直管段长度L_1不小于300mm，且不得小于管子的外径。然后按照计算长度，用白粉笔或白铅油划出弯曲长度L。

弯管的弯曲长度，由于受管子材质、加热温度和腹背不均匀拉、压力等综合因素的影响，它的外形尺寸并不完全遵循数学关系变化，而有所伸长。因此，当两个弯管间的设计尺寸有严格要求时，必须对划线尺寸加以校正。以图11-19为例，对校正值的计算加以说明。

图中（a）是设计要求的弯管，是由一节直管段L_1和弯曲半径为R的90°弯头组合起来的弯管，其组合尺寸为S。图中（b）是根据设计R值弯制的弯管。经测量比较，实物组合尺寸S'大于设计组合尺寸S，即$S' - S = \Delta L$。在这里我们称ΔL为增长量。

如果在弯管划线时，预先从直管段L_1中减去ΔL，则实际弯出的弯管尺寸就接近设计尺寸。实验证明，增长量ΔL的近似值可按下式求得：

$$\Delta L = R \mathrm{tg} \frac{\alpha}{2} - \frac{L}{2} = R \mathrm{tg} \frac{\alpha}{2} - 0.00873 R \alpha$$

当弯曲角度$\alpha = 90°$，$R = 4 D_\mathrm{w}$时，计算公式可简化为：　　　$\Delta L = 0.86 D_\mathrm{w}$

（2）管子充砂。管子内充砂的目的是为了防止管子弯曲时产生椭圆或起皱折，同时砂在加热时能储蓄大量的热量，故能延长弯制时间。

管子充用的砂子应清洁、干燥、颗粒均匀适中。充砂应在人工搭设的平台上进行，充砂时应将管子下端用木塞塞紧，大管可用钢板堵封，用人工或机械通过漏斗将砂子灌入管内，并将砂子震实。人工震砂时，应有两个锤子同时沿管子四周敲打，直至声音清脆，灌

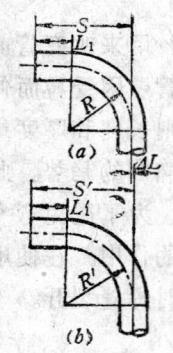

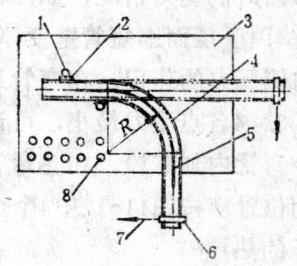

图 11-19 弯管的增长量示意
(a) 设计弯管尺寸； (b) 弯曲后实测尺寸

图 11-20 平台弯管
1—插销；2—垫片；3—弯管平台；4—管子；5—样杆；6—夹箍；7—钢丝绳；8—插销孔

入的砂子不再下沉为止。敲打时，锤头要平落，以免打出凹坑。充砂完成后管子的上端也要用木塞或钢板堵塞。

（3）管子的加热。充完砂的管子，划线后放在地炉内进行加热。使用的燃料，应按不同管材选择。加热钢管用优质焦炭作燃料。管子应在炉火烧红后再放入炉内，然后用炭火埋上，盖上铁皮保温，启动风机缓慢均匀地加热。加热过程中应不断转动管子，以免受热不均或将管子烧坏。待温度达到要求时，调小风量恒温保持一定时间，使砂子也能烧透。

管子的加热温度与材质有关，碳素钢的加热温度为 750～1050℃ 之间。

（4）管子的弯曲。管子的弯曲分人工弯曲与机械弯曲两种。管子的人工弯曲，是在弯管平台上进行的。弯曲小管径的管子，可在铸铁平台或自制的钢板平台上进行；弯曲大直径的管子，则应在混凝土浇灌的平台上进行。平台上留有许多圆孔（管孔），以供插入活动钢插销，作为弯管时的支撑。

弯管时将加热好的管子放在平台上，不需要弯曲的管段先用冷水冷却，并将管子夹在两个钢插销之中，如图 11-20 所示。为了不使管子夹坏，可以垫以保护垫片。弯曲时用人力或卷扬机牵引拖拉绳进行弯曲，拉力方向应与管子轴线垂直，否则会使管内侧起皱，或外侧壁厚减薄。弯曲过程中，应有专人负责观测管子的变形情况，用样板测量，凡是弧度已达到要求的管段，应及时浇水定型，弯至要求角度后，再多弯3°～5°后停弯，冷却后便会准确地符合需要的弯曲角度。由弯管平台上取下后，可涂一层机油以防氧化。

（5）除砂。管子弯完后应缓慢冷却，待完全冷却后，便可将管内的砂子倒出，以备重复使用。然后用钢丝刷将管内残留的烧焦的砂粒除掉，再用压缩空气吹净。最后检查弯管的质量。

弯管的质量要求是：弯管应无裂纹、分层、过烧和鼓包等缺陷；壁厚的减薄率不应超过10%；椭圆率不应超过8%；弯曲角度偏差距离不超过±5mm/m，最大偏差不得超过±15 mm。

合金钢管子在弯曲过程中不得浇水，以免破坏其机械性能。弯曲后必须进行热处理，以消除弯管时产生的内应力。碳素钢管弯曲后则不必进行热处理。

上述为人工热弯管的方法和步骤。在施工中不少施工单位已采用了机械弯管机，其中以火焰式弯管机和中频弯管机应用较多。

火焰式和中频式弯管机，常采用电机或液压系统驱动主轴，带动管子转动弯曲。管子加热方法是：火焰式弯管机采用氧乙炔焰的火焰圈加热管子；中频式弯管机采用中频感应圈产生的热量加热。

管子的机械热弯，可不必装砂便可以进行弯曲，而且效率高、质量好，但因中频式弯管机采用电加热，则成本较高。

2.管子的冷弯

弯曲直径小于100mm的弯管时，可在常温下不充砂，采用手动弯管器或电动弯管机进行弯曲。

常见的手动弯管器如图11-21所示。适用于弯曲直径25mm及其以下的管子。它是由一个固定在中轴上的定胎轮和手柄、动胎轮、管子夹持器等组成。中轴固定在操作台上，弯管时将管子穿过两胎中间，并插入夹持器内，推动手柄使动胎轮绕定胎轮旋转，便可将管子弯曲。弯曲不同直径的管子，所用的定、动胎轮应按管子的规格更换。

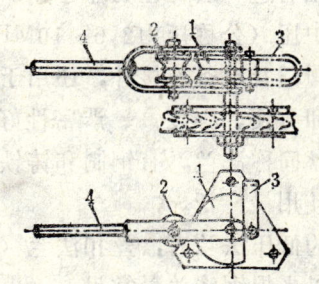

图 11-21　手动弯管器
1—定胎轮；2—动胎轮；3—管子夹持器；4—手柄

弯曲直径32～150mm的钢管，可用电动弯管机在常温下弯曲。这类弯管机，由电动机拖动齿轮减速器来驱动主轴转动，通过主轴上的胎轮旋转，便可弯制成弯管。常用的有WB27-108型和WY27-159型两种弯管机，分别适用于直径为38～108mm和直径为51～159mm的钢管。

第五节　管子的连接

管子的连接方法，主要有螺纹连接、法兰连接、承插连接和焊接等四种。分述如下：

一、螺纹连接

管子的螺纹连接又叫丝扣连接，是将管端加工好的外螺纹和管件的内螺纹紧密的连接。只适用于镀锌的或不镀锌的低压流体输送钢管。螺纹连接时，由圆锥形和圆柱形两种管螺纹组合成三种连接方式：即管端与管件分别是圆柱形与圆柱形螺纹连接；圆锥形与圆柱形螺纹连接；圆锥形与圆锥形螺纹连接。一般情况下，管子的螺纹都加工成圆锥形螺纹，大多数管件的内螺纹也都制作成圆锥形螺纹，因此，管子与管件圆锥形连接应用最广。而且连接最为紧密牢固，整个螺纹面都能密合接触，不加填料只涂润滑物就可拧紧。圆锥形管螺纹与圆柱形内螺纹管件（锁紧螺母、通丝管箍）的连接，只有作为长丝活接头时才采用。而圆柱螺纹之间的连接则很少采用。

为了使螺纹连接处严密不漏，必须在螺纹连接处加填料。当管内介质温度在120℃以下时，可用涂有白铅油的油麻作为填料；介质温度在120℃以上时，则用涂有白铅油的石棉线作为填料。连接前，先将线麻从管端螺纹的第二扣丝上沿螺纹顺时针向后缠绕，直至丝头的终点，在其表面均匀地抹上白铅油，即可拧上管件，并用管钳子拧紧。

需要经常拆卸的管子，可采用长丝管箍连接，或采用活接头连接。前者连接较严密，但费力；后者省力，但易漏，且在维修换垫时易跑水。活接头是由两个主节、一个套合节和一个软垫圈组成。两端主节具有内螺纹，以连接公称通径相同的管子，两主节之间放入软垫圈，中间的套合节将两个主节结合起来压紧垫圈，使之密封。

二、法兰连接

法兰连接，是管道的连接件法兰盘，在螺栓与螺母的紧固下，压紧法兰中间的垫片，使管子连接起来的一种连接方法。法兰连接可用于各种压力和温度条件下的管道上，如由真空至数百个大气压，以及由－200℃至数百度的管道。法兰的种类很多，但已标准化，使用时可按管子的公称通径和公称压力进行选择。

在低压管道（公称压力小于2.5MPa）中，法兰连接常用于管道与法兰阀门及设备的连接；在中压（公称压力2.6～10MPa）和高压（公称压力10～32MPa）管道中，法兰连接除用于阀门及设备连接外，还用于管子与法兰管件（盘式弯头、三通）的连接。法兰连接具有拆卸方便、强度高、严密性好等优点。

法兰盘简称法兰。有钢制和铸铁两大类。分圆形、方形、元宝形等多种形状，以圆形钢制法兰使用最广泛。

常见的低压法兰有：丝扣法兰（多为铸造）、平焊钢法兰、对焊钢法兰和松套法兰等。其中以平焊钢法兰最常见。

平焊钢法兰如图11-22所示。有光滑密封面和凹凸密封面两种，一般情况下多采用光滑密封面，只有少数严密性要求高的管道（如氨气管、氨阀）采用凹凸式密封面。光滑式密封面的加工精度为$\overset{12.5}{\nabla}\sim\overset{3.2}{\nabla}$，随压力增大而提高，并在密封面上车有2～4圈沟槽（水线）。其规格尺寸，按管道的工作压力可分为$Pn0.25$、$Pn0.6$、$Pn1.0$、$Pn1.6$、$Pn2.5$MPa五种。选用时可查阅有关标准。

法兰垫圈常用的材料有：橡胶板垫适用于工作压力不大于1MPa和温度不超过60℃的水、酸、碱及真空管道上；石棉橡胶板垫，分低、中、高压三种，分别适用最高工作压力为1.6MPa、4MPa、10MPa和温度为200℃、350℃、400℃的各种介质的管道法兰上；另外还有石棉板、塑料板、金属板（铜、铅等）等材料制作的垫圈。垫圈的厚度一般为1.5～3mm，可根据具体情况选择。

法兰连接的工序是：法兰和钢管的点焊、校正、焊接、制垫、加垫、带螺栓、紧螺栓等。法兰和钢管的点焊装配，应保证法兰和管中心线的垂直。装配时可使用钢角尺在管子对称的四面进行找正，其垂直度可以用法兰尺进行检查，如图11-23所示。垂直偏差值a不

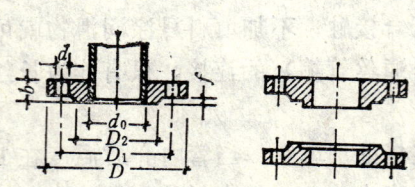

图 11-22 平焊钢法兰

(a)光滑密封面；(b)凹凸密封面

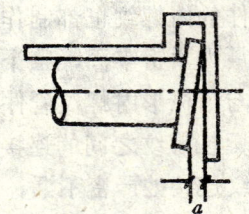

图 11-23 法兰垂直度检查

超过±1～±2mm为合格。管端插入法兰内应距法兰密封面有1.3～1.5倍管壁厚的距离，

以留作焊接的接缝。

法兰连接的注意事项有：法兰与钢管焊接时应防止变形，大直径法兰盘应对应地分段焊接；垫圈应留有尾巴，以便于加垫和拆卸，且不得加双垫、偏垫，垫圈的内圆不得凸入管内，垫圈外圆大于密封面且小于螺栓孔距2～4mm；螺栓加力应对称均匀，拧紧后螺杆的外露长度不应小于螺栓直径的一半；两个对接法兰端面应平行，其平行度偏差不应大于0.3mm。

三、钢管的焊接

焊接是管道工程中应用最广泛的连接方法。直径大于32mm的钢管，一般均采用焊接方法连接。碳素钢管的焊接，可采用电弧焊和氧乙炔焊，简称电焊和气焊。管径小于100mm、壁厚在4mm以下的管子可采用气焊；壁厚大于4mm，管径大于50mm的钢管，可采用电焊。

焊接连接的主要工序为：管子的切割、管口的处理（清理、铲坡口）、对口、点焊、管道平直度的校正、施焊等。为了保证焊接的质量要求，各工序均应按规定严格执行。

管子切割后的管端面应垂直于管壁，对口前应用钢角尺检查，其偏差不应大于1mm。当壁厚大于4mm时，管端应加工成30～35°角的坡口，并留有2～3mm的钝边，且切口毛刺及氧化铁应打磨干净。为了保证焊透，对口时两管间应留有2～3mm的间隙。对口时两管应平直，其错口偏差值a不得大于管子壁厚的10%，见图11-24。

图 11-24　错口偏差

为使管口对正和保持需要的均匀间隙，施工现场常使用自制的对口工具进行对口。小直径管道的对口工具，多采用带有螺栓的卡具紧固对口；大直径管可在一端管子的下部两则，平行点焊两根角钢支撑，另一端可平放在支撑上对口，待找正点焊牢固后，可打掉支撑角钢进行焊接。

低压流体输送钢管和电焊钢管对口时，管子的纵向焊缝要相互错开一定距离，以免影响焊接质量。

焊口的质量要求是：不得有咬肉（咬边）、未熔合、未焊透、气孔、夹渣、焊瘤及裂纹等现象。必要时采用探伤或照像等方法进行检查。

四、承插连接

管子的承插连接，适用于铸铁管、陶瓷管、玻璃管、塑料管等管道上。铸铁管的承插连接方法如图11-25所示。

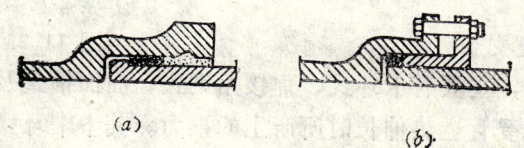

图 11-25　承插连接

(a)刚性连接；(b)柔性连接

承插连接的工序为：管子对口、填麻、打麻、填灰、打灰口及水压试验。对口时插口和承口之间应留 2～3 mm 的轴向间隙，用来补偿管子的热伸长；接口处应填充密封填料，一般是填塞承口深度1/3 的油麻，并用捻凿打实，也可采用橡胶圈代替油麻作填料；油麻打实后，将拌好的石棉水泥分层填入接口内，并分层用捻凿和手锤加力打实，深度为承口深度 的 2/3；打好的灰口应进行养护，用湿润的草袋或湿土覆盖，时间不应少于48小时；养护好后可进行水压试验。

对于陶瓷管、玻璃管是先填塞油麻，再填塞水泥或沥青玛琋脂。

铸铁管的接口材料，除石棉水泥外，还有采用水泥、自应力水泥砂浆、三合一水泥和青铅等接口材料。采用石棉水泥接口材料时。其 配 合 比 为：石棉绒：水泥：水 = 2：8：1～1.25。石棉绒为 Ⅳ 级以上产品，水泥应使用32 5号以上硅酸盐水泥，不应使用矿渣水泥，以免渗水。

铸铁管的承插连接，除上述方法外，随着城市煤气的发展，近几年在室外铸铁煤气管道安装中，多采用柔性承插连接的方法进行施工。如图11-25(b)所示。

铸铁管的一端为带法兰且经过机加工的承口，另一端为机加工过的插口，接口处放入橡胶圈，由填料压盖压紧。施工时先将橡胶圈和压盖套在管子插口端，然后对口，将后一根管子的承口套在前一根管子的插口上，并留5mm左右的间隙，填入橡胶圈，用螺栓将压盖压紧橡橡圈即可。

此种连接方法，即可防止基础的不均匀下沉而引起的管口接头断裂，又可补偿管道因温度的变化而产生的热应变，从而保证了管道的安全运行。

第六节　管道的安装及验收

管道的安装工作主要包括：支架的制作与安装、管子的加工与连接、管道附件及阀门安装、管道的水压试验、管道的防腐与保温等。

一、管道支架的制作与安装

管架可分为支承式和悬吊式两大类，简称支架和吊架。支架又可分为固定支架和滑动支架两种，由横梁和支座组成。其结构形式如图11-26和图11-27所示。

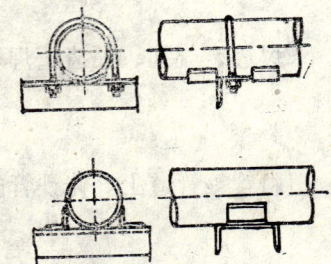

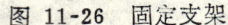

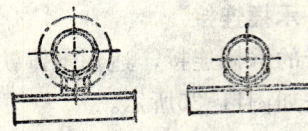

图 11-26　固定支架　　　　　　　　　　图 11-27　滑动支架

固定支架的种类较多，主要有卡环式、焊接角钢式、曲面槽式及挡板式等。其作用除支撑管道的重量外，还承受管道热伸长时所产生的推力。其中卡环式及焊接角钢式固定支架，常用在管径较小、轴向推力小的管道上，与弧形板式活动支座配合使用。曲面槽式固定支架用于保温管道且伸缩频繁的管道上，与曲面槽式滑动支座配合使用。当管子轴向推力较大时，宜采用挡板式固定支架，即在支架横梁的两侧的管子上焊上挡板，用以承受管道的轴向推力。

图11-27中所示是常见的两种滑动支座，主要是支撑管道的重量，并承受支座滑动时摩擦力。此外还有滚动支座、滚柱支座及悬吊支架等，同样起支撑和活动作用。

常见的吊架如图11-28所示。由吊杆、吊环和支撑物组成，常用于室内管道上，靠建筑物的梁、板、屋架等悬挂，以承受管子的重量，并能自由活动。

支架在安装前，应按施工图加工制作，当无详图时，可参照有关标准图进行选用。

支架安装，首先应根据设计要求定出固定支架和补偿器的位置，然后确定滑动支架的位置，并进行支架的安装固定。具体方法

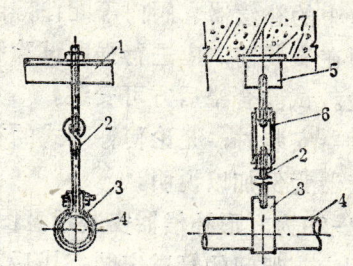

图 11-28 吊架
1—支架槽梁；2—吊杆；3—吊环；4—管子；
5—吊板；6—调节器；7—顶埋钢板

是：根据管道的走向、位置和标高，确定支架的安装位置，并标定在墙上或构体表面上，采用埋栽、射钉或焊接等方式将支架的横梁固定。常用支架的间距可按表11-7的要求确定。

固定支架的位置，一般由设计确定。当设计无明确规定时，可参照表11-8确定。

钢管管道支架的最大间距（m）　　　　表 11-7

公称直径（mm）	15	20	25	32	40	50	70	80	100	125	150	200	250	300
保温管	1.5	2	2	2.5	3	3	4	4	4.5	5	6	7	8	8.5
不保温管	2.5	3	3.5	4	4.5	5	6	6	6.5	7	8	9.5	11	12

固 定 支 架 最 大 间 距（m）　　　　表 11-8

公称直径（mm）　　　补偿器类型	25	32	40	50	70	80	100	125	150	200	250	300	325	400
方形补偿器	30	35	45	50	55	60	65	70	80	90	100	115	130	145
套管补偿器							45	50	55	60	70	80	90	100

支架安装的质量好坏，直接影响着管道安装的质量，因此必须保证支架横梁顶面平行、牢固可靠、位置正确。

二、管道的安装

当管道支架安装完毕，管件及配件（补偿器、法兰、阀门等）准备齐全后，便可进行管道的安装。管道的安装方法，可根据不同的连接方式来确定。如采用丝扣连接时，可先进行现场测量，画出加工安装草图，根据草图进行下料、套丝、预组装和现场组装；也可根据施工图纸，采用比量法，在现场测量、下料、加工及组装。其他连接方式，均可采用比量法进行现场安装。

在管道安装中，由于工艺流程及输送的介质不同，对各种管道安装的要求也不相同。如管道的坡度，水平管道的纵、横弯曲度，立管的垂直度，成排管的间距及平行度等等，都有具体的要求，施工时应根据不同的施工及验收规范去执行。

管道中的补偿器、阀门等配件，随着管道安装的进程与之同时进行。

阀门在安装前，应进行强度试验和严密性试验。当密封圈不严密时，需进行研磨，并重新试验。试验合格后方可安装。

补偿器安装时，无论何种形式的补偿器，均应考虑预拉伸，使其能够正常工作。现以方形补偿器为例加以说明。

图11-29为方形补偿器安装示意图。补偿器的位置应在两个固定支架的中间，待固定支架及固定支架间的管道安装完毕后，可进行补偿器的安装。方形补偿器可水平安装，也可垂直安装。水平安装时，与管道垂直的外伸臂应水平，平行管道的突出臂的坡度和坡向应与管道相同。垂直安装时，最高点应设排气装置，最低点应设放水装置。

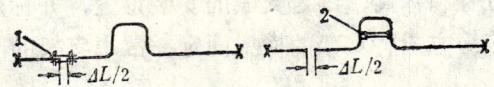

图 11-29　方形补偿器安装示意

1—冷拉工具；2—千斤顶

为了减小补偿器工作时的变形弹性力，提高补偿能力，方形补偿器安装时，需在冷态下进行预拉伸，拉伸的长度应为设计的总补偿量的一半（即 $\Delta L/2$）。在冷拉前，应将固定支架固定牢靠，阀件和法兰上的螺栓全部拧紧，滑动支架全部装好。冷拉接口位置应设在直管段上，距补偿器弯曲起点应大于2m。

补偿器冷拉的方法有两种：一种是用带螺栓的冷拉工具或手拉葫芦进行冷拉，一种是用丝杠或千斤顶将补偿器顶开以实现冷拉，待焊口焊好冷却后，将拉伸工具拆去。

凸面式补偿器的安装方法及要求与方形补偿器基本相同。套管补偿器的安装，则要求套管和插管必须同心；安装位置不定，但应靠近支架，且必须设置导向支座，以保证补偿器中心线与管道同心同轴；其安装时的拉出长度，应等于该管道的计算热膨胀量 ΔL，且小于套管补偿器的最大膨胀量，即留出必要的收缩量。

三、管道的试验及验收

管道安装完毕后，在未进行保温工作以前都应进行强度试验和严密性试验，检查管道系统及连接部位的工程质量。

管道系统的强度试验在试验压力下进行，严密性试验在工作压力下进行，一般采用水压试验，特殊情况下也可采用气压试验。

水压试验的试验压力，按设计要求确定。当设计无具体要求时，可参照有关规范确定。一般试验压力为工作压力的1.25～1.5倍，当压力升至试验压力时，停压在规定时间内压降不超过规定值，然后降压至工作压力作外观检查，以不渗漏为合格。水压试验充水时，应同时在高点排气，避免系统内存气。

为了保证管道内部洁净，试压后可用清水或压缩空气将管道内的灰砂及焊渣等杂物吹洗干净，吹除时间为10～15分钟。某些工艺管道如氧气管道、乙炔管道、煤气及天然气管道、制冷管道等，均应采用不含油的压缩空气进行吹扫，流速约为20～30 m/s，吹扫至靶板上无脏物为合格。

管道试压、吹扫及防腐保温等全部完成后，经检查符合设计及规范要求时，施工单位可会同建设单位对工程项目进行验收。

验收时双方应对工程质量进行全面检查，审核安装自检记录和各种试验记录等。经审查合格后，由建设单位与施工单位双方在竣工验收证明书上共同签字验收。同时应由施工单位提交下列文件存档：

（1）各种安装检查及试验记录；

（2）水压试验及管道系统吹洗试验等记录；

（3）设计修改及材料代用签证手续；

（4）隐蔽工程记录；

（5）安全阀及减压器调整记录；

（6）绝热、防腐记录；

（7）焊接记录；

（8）竣工图等。

由于管道种类很多，施工及验收规范要求内容各有差异，在施工中应选用相应的规范执行。

思 考 题 与 习 题

11-1 何谓管子与管路附件的公称通径？用符号标出常用的几种管子的公称通径。

11-2 什么叫公称压力、试验压力和工作压力？与基准温度及系统的工作压力有何关系？

11-3 工业管道如何分类？各有什么特性？

11-4 常用的钢管有哪几种？如何用符号表示低压流体输送钢管和无缝钢管的规格及型号？

11-5 用于低压流体输送钢管的管件有哪些种类？各有什么用途？

11-6 普通铸铁管有哪些优缺点？常用管件有哪些种类？

11-7 工业管道中常用的阀门有几种？简述活塞式减压阀的工作原理。

11-8 已知室外供热管道中两固定支架的距离为45m，管内输送0.1MPa的饱和蒸汽，试计算此管段的热变形量（室外环境计算温度可取-5℃）。

11-9 管道补偿器有几种？各有什么优缺点？

11-10 常用的管子切割机具有多少种？其应用范围和特点是什么？

11-11 管螺纹有几种？其加工质量有哪些要求？

11-12 常用手工加工管螺纹的工具有哪些？如何使用？

11-13 试计算某一管径管子的弯曲长度和弯管的增长量ΔL？

11-14 简述管子手工热煨时的操作程序及要求。

11-15 管子的连接方法有几种？操作程序和质量要求有哪些？

11-16 管道支架如何分类？各有什么用途？

11-17 方形（口形）补偿器安装有哪些规定和要求？

11-18 根据安装程序要求，简述管道安装工作的主要内容。

第十二章 回转窑安装

第一节 概　述

用回转窑湿法生产硅酸盐水泥是目前较先进的方法。由此可见，在现代化水泥生产厂中，回转窑是很关健的设备。另外，在有色金属冶炼过程中，如铝及稀有元素硅、硒、锗等提炼，也广泛使用回转窑。

一、回转窑的结构及工作原理

回转窑主要是由一个钢板卷成的筒体，筒体内镶砌耐火砖。筒体与水平成3.5%的倾角，由三个（或以上）轮带支承在三档（或多档）托轮支承装置上。筒体中部固定一个大齿圈，其下有一个小齿轮与它啮合，小齿轮与传动装置相连，用以驱动回转窑回转（见图12-1）。

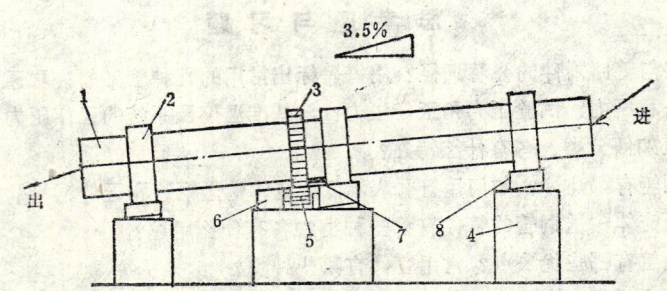

图 12-1　回转窑结构示意图

1—筒体；2—轮带；3—大齿圈；4—基础；5—小齿轮；6—传动装置；7—挡轮；8—托轮

物料从窑尾——筒体的高端——进入窑内进行煅烧。由于筒体的倾斜和缓慢的回转，物料将产生一个既沿着圆周方向翻滚又沿着轴向从高端向低端移动的综合运动。物料在窑内通过分解、烧成和冷却等工艺过程后，烧成水泥熟料，从筒体的低端卸出，进入冷却机。

燃料是由窑头——筒体的低端——喷入室内，燃烧后的废气与物料完成热交换过程后，由窑尾进入窑尾炉算预热机。

二、$\phi 4 \times 60$米回转窑的技术性能及特点

由于工艺和产量不同，回转窑的规格和尺寸也不一样，这里仅介绍生产硅酸盐水泥常用的$\phi 4 \times 60 m$的回转窑。

（一）技术性能

回转窑筒体内径　　　　　　　　　　　　　　　　　　4m

回转窑筒体长度　　　　　　　　　　　　　　　　　　60m

回转窑斜度　　　　　　　　　　　　　　　　　　　　3.5%

回转窑支承数	3档	
回转窑生产能力	40.5 t/h	
回转窑热耗	1000kcal/kg	
回转窑速度	正常0.385～1.35r.p.m	
	辅助传动2.62 r.p.h	

传动装置	主传动	辅助传动
电动机型号	Z_2-112	JO$_2$51-4
电动机功率	125kW	7.5 kW
电动机转速	1000r.p.m	1450 r.p.m
电动机调速范围	400～1400	r.p.m
减速器型号	ZS199-6-N	ZL35-41
减速器速比	90.53	32
最大起吊件重量（t）		
筒体最大段节重	25t	
轮带重	21t	
减速机重	10t	
带档轮支承装置重	37.8t	

（二）结构特点

（1）筒体是采用A$_3$镇静钢板卷成，全都采用自动埋弧焊焊接而成。筒体壁厚一般为22mm，轮带下的壁厚为50mm，而烧成带段壁厚为25mm，从而保证筒体有较好的刚性。在筒体出料端装有耐高温耐磨损的窑口护板，组成筒形空间，并有喇叭口向内吹冷风冷却，从而能保证窑出料口正常工作，减少检修时间。在筒体上套有三个坚固的轮带，轮带与筒体垫板间的间隙由热膨胀量决定。当回转窑运转时，筒体热膨胀后把轮带紧箍在筒体上，起增加筒体刚性作用。

（2）窑头采用了壳罩式迷宫密封装置，通过喇叭口吹入冷空气冷却窑口护板，而冷空气本身被预热后入窑作二次空气，同时在壳罩中造成正压，防止外部冷空气侵入窑内。该密封装置取消了磨损件，大大减少检修时间。

窑尾装有轴向接触式密封装置，为保证两摩擦面均匀接触，除有重锤滚轮链轮装置压紧外，还有8个可调压力弹簧作用的压紧轮。通过窑筒体上拨柄带动黄油泵经常给予摩擦面足够的润滑脂，达到减少摩擦圈的磨损和保护良好密封状态。

（3）由于运输的关系，制造厂对筒体采取分段制造，在现场组焊成整体；其他零部件根据其尺寸大小和重量，有的组成部件，有的单件运抵安装现场，由现场组对安装。

第二节 回转窑安装

回转窑安装前，施工人员要熟悉图纸及有关技术文件，了解设备结构及其安装技术要求，根据具体条件确定安装顺序及方法，准备必要的安装工具与设备，编制施工组织设计和安装计划，进行精心施工，优质快速地完成任务。下面介绍回转窑的安装步骤和方法及技术要求。

一、核对基础及基础划线

回转窑的设备基础，是由数个按一定斜度排列的托轮基础墩组成。所以在划设备安装基准线以前，应按设计或安装需要首先进行中心标板和基础标高点的埋设，以作安装划线定位和以后检查、维修时测量的基准。

中心标板（每组托轮基础墩上设四块）和基准标高点（每组托轮基础墩上设一个）在埋设时，各基础墩上的纵、横向中心标板，应埋设在中心线的两端，并保证位于中心线上；中心标板应采用长约150～200mm的钢轨、工字钢等，用高标号的水泥砂浆埋入基础内，而标板的上部平面应与基础表面等高。基础标高点宜采用钉铆头等，根据安装的需要，在各基础墩侧面的适当高度上埋设。

1.首先修正图纸

实测窑筒体各段节实际长度，加上接口间隙量（考虑每对接口焊接收缩量为2mm），得出窑筒体上每两轮带间实际尺寸，加上热膨胀量（一般图上给出），得出相邻两档支承装置应有的斜向间距尺寸，由此并根据筒体的斜度可算出其水平间距尺寸，修正图上尺寸。

2.核对窑基础尺寸

根据修正过的图纸，核对窑基础尺寸，特别是基础中心距尺寸。当不符合时，应采取下列措施。

若修正后图纸上两档支承装置间尺寸与相应两基础中心距误差小于±3mm时，可不必采取措施；当误差为±（3～9）mm时，可在组装窑筒体时，增加或缩小筒体段节间结合面间隙来调整（每一对结合面间隙调整范围为1～3mm）；当误差大于±9mm时，除调节筒体段节结合面间隙外，还必须在安装支承装置时，调整支承装置的位置，修正托轮顶面标高尺寸。

3.进行基础划线工作

纵向中心线以两端（窑头和窑尾）基础墩上的中心标板为基准，用拉钢丝挂线坠或用经纬仪测量的方法加以测定，以纵向中心点，精确地投在各中心标板上。各投点允差为0.5mm，并用洋冲冲成直径不超过1mm的圆孔点，然后在圆孔点的周围作出明显的标志。

横向中心线以装设挡轮和传动装置的基础墩上的横向中心标板为准，向前后各基础墩依次用钢盘尺进行测量（要用弹簧秤测力），以将各基础墩的横向中心点投在各中心标板上并作出标志；各基础墩横向中心线的距离应按上述修正过的尺寸为准。相邻两基础墩横向中心线间距允差应不超过±1.5mm，首尾两基础墩的中心距总误差不得超过±2.5mm。

根据基础纵、横向中心线，作出传动装置的纵横十字线。

根据有关建筑物的标高线（或标桩）实测出各基础墩的基准点标高，并用红油漆将其编号和实测尺寸标出。以各基础标高点为准，用水平仪或液体连通器进行测量，在各基础墩侧面的适当高度上（最好离地平面1m高处），作出一条水平基准线或按窑体斜度作出各基础墩的不同标高线，以作划定和检测设备标高的基准。标高基准线的允差不得超过±0.5mm。

各基础墩托轮底座中心的标高及托轮顶面中心的标高，应根据窑体的设计斜度和实测托轮轴承中心高、托轮直径、轮带直径等尺寸修正后及各托轮组支承轮带的设计夹角2α的不同，参照下列公式进行计算（见图12-2）。

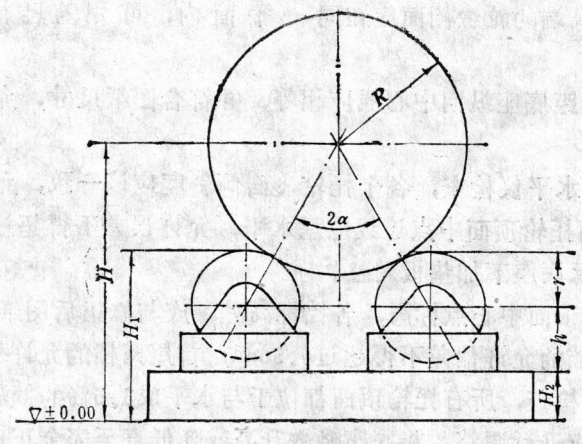

图 12-2 托轮标高计算示意图

托轮底座中心标高 H_2

$$H_2 = H - (R + r) \cos\alpha - h \tag{12-1}$$

托轮顶面中心的标高 H_1

$$H_1 = H_2 + h + r$$
或 $$H_1 = H - (R + r) \cos\alpha + r \tag{12-2}$$
或 $$H_1 = H - R\cos\alpha + r (1 - \cos\alpha)$$

式中　H——轮带中心标高；

R——实测轮带半径；

r——实测托轮半径；

h——实测托轮轴承中心高。

一般情况，托轮组支承轮带的设计夹角 $2\alpha = 60°$。

二、支承装置的安装

由于窑筒体支承在支承装置上，所以窑筒体中心线是否能保持一条直线，首先取决于支承装置的定位工作。因此对安装支承装置要给予高度重视，必须满足下列安装要求：

（1）底座安装完毕经过精确找正后要满足下列要求：

1）底座纵向中心线允差　　　　　　　　　　　　　　　±0.5mm

2）相邻两底座中心距允差　　　　　　　　　　　　　　±1.5mm

3）首尾两底座中心距允差　　　　　　　　　　　　　　±2.5mm

4）相邻两档底座标高允差　　　　　　　　　　　　　　±0.5mm

5）首尾两档底座标高允差　　　　　　　　　　　　　　±1mm

6）底座加工表面斜度允差　　　　　　　　　　　　0.05mm/m

（2）装配托轮轴承组时，必须检查轴承座、球面瓦及瓦衬编号，确认是同一号码后才能进行组装。用涂色方法检查衬瓦中部 60～90° 范围内与托轮轴颈接触点，每平方厘米上不少于1～2点；球面瓦与轴承底座间接触点每3平方厘米不少于1点。用塞尺检查衬瓦与轴颈的两侧侧间隙一般要保持0.2mm；侧隙不够时，要加以刮削。

（3）把托轮轴承组装于底座上经过调整后要满足下列要求：

1）托轮轴上高端（靠近进料端）的止推圈与衬瓦的端面接触，而低端则留有2mm

间隙；同时两托轮在高端的轮缘侧面应在同一平面内，可用直尺检查，允许误差为0.5mm。

2）两托轮中心线距底座纵向中心线应相等，并符合图纸尺寸，允许偏差不得超过0.5mm。

3）通过斜度规和水平仪检查，各个托轮表面倾斜度应该一致，允许误差不得超过0.05mm/m，同一档两托轮顶面中点连线应呈水平，允许误差不得超过0.05mm/m，超过允许误差时，可以在轴承底座下加垫板调整。

4）测量各档托轮顶面中心点标高，各档标高差，应与修正后图纸各档底座上表面中点高差相符。相邻两档的允许偏差不得超过0.5mm；首尾两档的允许偏差不得超过1mm。

5）要求用经纬仪检查，所有托轮顶面都位于与水平成3.5%的倾斜平面内。如果标高或倾斜度有误差，都应进行调整，将底座略微升高或降低直至完全正确为止。

三、筒体安装

（一）准备工作

（1）对窑筒体段节接口进行清除飞边、毛刺、油及铁锈等污物，并按接口字码（或接口连续直线标志）在地面预组装，查对窑筒体上人孔、取样孔及有关附件等角位是否符合图纸要求。

（2）对每节筒体段节两边接口进行检查，其圆周长允许误差不应大于6mm，其圆度允差不大于6mm，当圆度误差超过允许值时，必须校正。

（3）测量轮带内径和各挡垫板外径，使其间隙符合图纸要求。

（二）筒体组装

组装筒体段节的顺序由现场条件决定，为保证筒体接口尺寸如前所述1～3mm，可在接口处插入16块长约100mm、厚为1～3mm的方铁板，铁板要沿圆周均匀分布。同时注意轮带位于托轮上的位置与图纸上冷却位置大致相符合。

筒体组装之前应先预组装，并校正接口圆度，一般在筒体内二端和中部有临时支撑，保证圆柱度。

1.筒体的吊装方法

根据各施工单位的机械情况，一般采用以下方法：

（1）滚动法（如图12-3所示）。由于施工单位机械化水平不高，非专业安装队伍，在

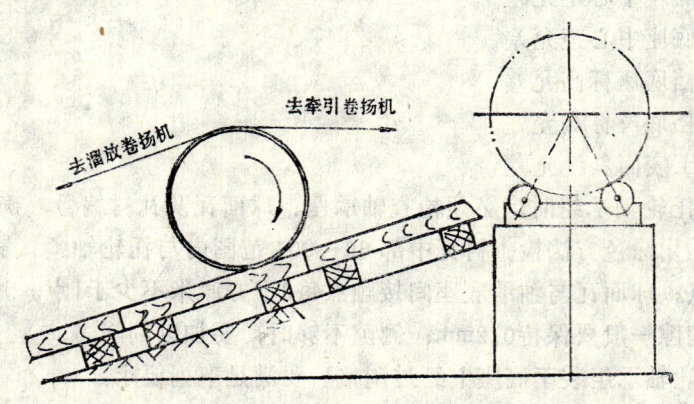

去溜放卷扬机　　去牵引卷扬机

图 12-3　滚动法就位筒体

不得已的情况下而采用这种劳动力密集型的办法。

采用这种办法时，先在地面上把筒体组对成整体；然后在基础一侧用土堆成斜坡（滚动结束，土还要搬走），夯实后再放道木和滚道。把钢丝绳在筒体上绕几圈后接到卷场机（用几台卷场机，要根据受力分析后确定）。当开动卷扬机时，筒体即沿斜坡向上滚动而就位。

这种方法的优点是：筒体组对在地面上进行，可以减少许多高空作业；由于滚动就位，省去许多起重机械。但是用土堆斜坡和铺设道木的劳动量过大；由于滚动就位，很难保证筒体的纵向位置。

（2）用专用龙门架吊装法（见图12-4）。用龙门架吊装组对筒体这种方法是专业安

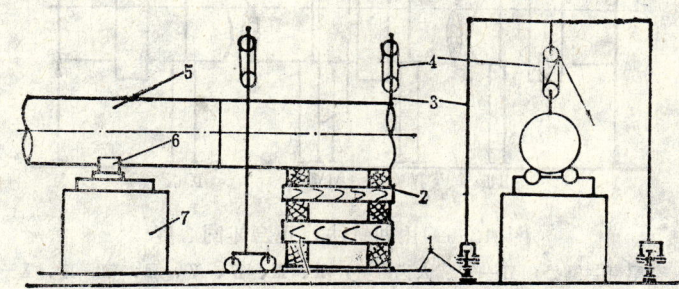

图 12-4　用龙门架吊装组对筒体示意图

1—龙门架的行走轨道；2—道木垛；3—龙门架；4—起吊滑车组；5—筒体；6—托轮；7—基础

装队伍早期常用的方法。属于散装，即分节吊装，空中组对。用这种方法，组对对中容易；但是这套装置的第一次投资大，而且迁移和安装工作量很大。

（3）用大型吊车吊装。很明显，这种方法简单方便，只是大型吊车的台班费高。但若组织的好，这可是既经济又快的方法。目前正推广使用。

2.筒体的测量和调整

组对好的筒体，通过测量和调整后，必须符合下列要求才算合格：

（1）筒体的径向偏摆（即径向圆跳动）：窑头和窑尾不得超过5mm；安装大齿圈处不得超过2mm；其他各处不得超过8mm。

这项工作实质是对回转窑窑体找正同心度，检查窑体的轴向中心是否成一直线，从而保证各轮带，各接口与窑体大齿轮等绕一定中心线作圆周运动，使轮带与托轮接触良好、运转平稳，筒体中心线能否准直取决于托轮安装正确与否。

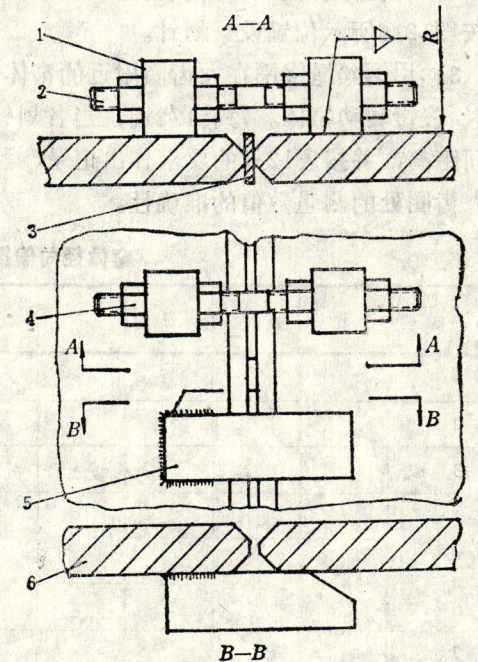

图 12-5　筒体接口组对用临时装置

1—螺栓支承耳；2—双头螺栓；3—间隙铁板；
4—螺母；5—止铁；6—筒体壁板

247

回转窑窑体找正同心度，应在各托轮组安装固定好，全部窑体吊装完毕并把好接口螺栓（见图12-5）之后进行。当窑体接口焊接完毕时，尚应复测一次，

找正同心度的方法有多种，如划针找正，激光找正和挂钢丝找正等。

划针找正法（见图12-6）。

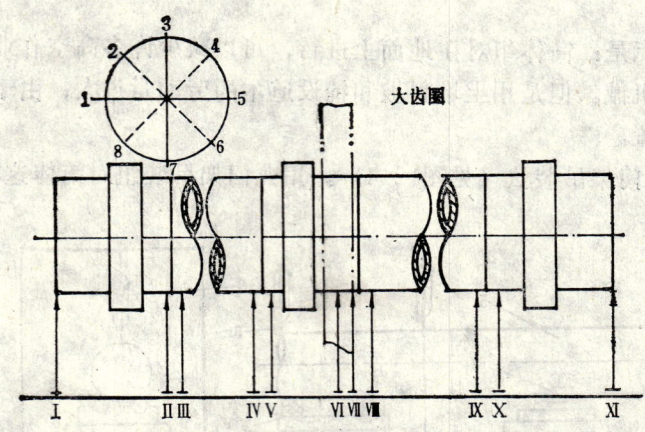

图 12-6　用划针法找正窑体同心度

Ⅰ、Ⅺ—窑头、窑尾密封圈处；Ⅵ—安装大齿圈处；Ⅱ、Ⅲ、Ⅳ、Ⅴ、Ⅶ、Ⅷ、Ⅸ、Ⅹ—窑体各接口处

1）找正前，先以托轮位置推测窑体中心线，即当托轮安装定位位置未发现轴承上标志有任何移动时，可认定至少各道轮带中心是在窑的轴向理论中心线上（因为托轮决定着轮带的中心位置），而后再进行窑体各处径向偏摆的测量（即径向圆跳动测量）。

2）将窑体各接口、窑头窑尾和安装大齿圈等处找正位置的外圆分成八等分，并在其下按图12-6所示位置设一划针。

3）用钢丝绳绕围在大齿圈附近的窑体上，用卷扬机牵引（或利用窑体本身的传动装置），慢慢转动窑体。每转1/8周，当各划针正对测点位置时停下，测量各划针与窑体测点之间距离，并按表12-1的要求作出记录，测量时，应特别注意窑的出、入口密封圈处和安装大齿圈处的测量数值的准确性。

窑体径向偏摆测量偏差记录　　　　　　　表 12-1

测点＼划针	Ⅰ	Ⅱ	Ⅲ	Ⅳ	Ⅴ	Ⅵ	Ⅶ	Ⅷ	Ⅸ	Ⅹ	Ⅺ
1											
2											
3											
4											
5											
6											
7											
8											
结　果											

4) 根据测量记录，应进行全面详尽地分析，必要时尚应作出座标曲线图以明确各接口等处存在的问题，并采用合适的方法进行调整，以达到专业规范的规定要求。

激光找正法

激光准直仪架设在窑尾。沿筒体轴向定出Ⅰ、Ⅱ、Ⅲ……测点，并分别在这些点的横断面内焊上临时支撑（一般和保证筒体圆柱度支撑合用，若制造厂未加装，应在预组装时加设），在中心孔（一般为$\phi30\sim\phi50mm$的圆孔）贴上座标纸。测量时揭开座标纸，让红色激光束经各测点孔洞直射窑头。调整光束，使之正好通过Ⅰ、Ⅺ基准测点中心，然后逐个盖上座标纸，测量Ⅱ至Ⅹ各测点中心的偏差，记下数据予以调整，直到各测点中心偏差调到允差范围内至。

用激光找正测量，效果好，其优点是：

1) 准确可靠，尤其是远距离测量，较拉钢丝和经纬仪法测量精确。

2) 操作方便，一束红色激光，看得见，摸不着，碰不坏，测量方便，不妨碍其他作业。

3) 各段中心偏差，可从座标纸上直接读数，不需任何计算。

4) 清晰醒目。一束红光从窑尾直射窑头，一目了然。

用拉钢丝法找同轴度，要考虑钢丝本身挠度，这里不再赘述。

（2）窑体不同心度的调整。当托轮的位置完全正确时，严禁使用移动托轮的方法以清除各接口等位置的不正或窑体弯曲等情况；一般宜将弯曲处相应的接口螺栓微微松动一下，把窑体凸出部分转向上方，利用窑体的自重拉直接口；或将凸出部分转向下方，在其下安置千斤顶（千斤顶要放在枕木堆或框架上），将接口抬高，然后再拧紧接口的螺栓进行复测，直至合乎要求为止。

在调整过程中，尚应注意窑体回转时，各轮带与托轮的接触情况，若回转时轮带离开了托轮，则说明部分窑体仍偏心很大；若轮带与托轮经常均匀接触，则说明窑体即使有偏心，偏心程度也不大。

（3）各筒体接口处的筒壁要用直尺对齐，圆周上任何位置最大错边量不得大于2mm。

四、筒体焊接

筒体的焊接是回转窑安装工作中重要环节，其质量好坏直接关系着窑的正常运转与工作寿命。因此必须给予高度重视，特别要注意下列事项：

（1）焊接工人必须技术熟练可靠并经过考试合格后才能参加焊接工作。

（2）视现场条件，筒体焊接可采用内部手工封底，外部自动埋弧焊接或人工焊接。采用自动焊时要采用质量相当于H08A焊丝；采用手工焊时，应采用质量相当于E4315焊条，焊条要保证干燥，使用前要在250℃温度下干燥2小时，焊条和焊丝按使用说明书管理和使用。

（3）筒体接口必须保证清洁和干燥。保证接口间隙的铁板应在焊接时除去，并应逐个去除，而不是整圆周上的铁板同时去掉。

（4）在焊接筒体时，窑内不得进行任何其他工作。

（5）在雨天或大风下雪时不应进行焊接工作。在低温（5℃以下）下焊接时，焊接工艺、操作方法要采取措施，同时坡口要预热，焊后采取保温措施等。当筒体受日光曝晒时，筒体阴阳两面温差较大使筒体弯曲时，要等到太阳落山后开始焊接。同样道理，当窑筒体一面受生产着的窑热辐射而引起弯曲时，则要用石棉板作隔热墙防护。

（6）各层焊肉间起熄弧点不得重迭。焊缝不得有缺肉、咬肉、夹渣、气孔、裂纹等外观缺陷，同时在纵向和环向焊缝交叉处以及焊工没有把握处进行X光或γ射线透视，检验结果，焊缝质量不得低于三级质量标准（JB928—67），不符合者必须返修。

（7）筒体焊接完毕后，检查轮带宽度与托轮宽度中心的距离，应符合图纸上冷态尺寸，允许偏差为±3mm。轮带与两侧挡圈要紧密接触。

同时要复测径向跳动量。

五、安装传动装置

在窑筒体组成整体后，最好立即把传动装置安装上去，加以临时固定。利用传动装置盘动窑筒体，以便找正筒体和焊接筒体，安装传动装置时必须满足下列要求：

（1）安装大齿圈处，筒体上的纵向焊缝要用砂轮打平，其宽度要比弹簧板宽度大100mm。

（2）认真调整，仔细找正，使大齿圈外圆径向偏摆（圆跳动）不得超过1.5mm。

（3）注意弹簧板的安装方向，当窑运转时，弹簧板只能受拉。

（4）安装传动装置底座时，其横向位置应根据窑中心线决定，其轴向位置应根据齿圈中心决定（注意此时相邻轮带是否位于两个挡轮中间），其表面标高由带挡轮支承装置的底座标高来决定。其表面斜度应与支承装置底座斜度相同。

（5）以齿圈为准安装小齿轮装置，其位置尺寸应符合图纸，允许偏差为±2mm，用斜度规找正斜度，其允许误差与托轮测量斜度相同。在冷窑状态将窑转动一周时，小齿轮与大齿圈的齿顶隙为10～15mm。当正式投产后，窑体温度达到正常，其齿顶隙不得小于7mm。

检查大齿圈与小齿轮齿面接触情况，接触面积沿齿高应在40%以上，沿齿长应在50%以上。

（6）主减速机的低速轴应与小齿轮轴同心，允许误差不得超过±0.1mm/m。在减速机机体轴孔剖分面上测量，其横向水平度误差和轴向斜度误差不得超过±0.05mm/m。

六、窑的其他部件的安装

主要是窑头和窑尾的密封装置的安装。这项工作以焊接好的筒体为准，所有均应按图纸要求进行。

七、砌筑耐火砖

（一）对耐火砖的要求

（1）耐火砖的性质、规格必须完全符合图纸要求，必须有出厂合格证。

（2）耐火砖在运输和储存过程中，严禁淋雨和受潮。

（3）有缺角、缺棱、形状不合要求，裂纹以及没烧好的耐火砖不许用于窑内。

（4）不同种类、型号、等级以及不同公差等级的砖要分别储存。

（二）砌砖注意事项和质量要求

（1）砌砖用的胶泥成分、粒度和配合比要符合图纸要求，耐火胶泥要拌匀并必须在两小时内用完。

（2）最后插砖行数不得少于2行，插砖用耐火砖厚度不得小于原来尺寸的3/4，如果空隙小于设计砖厚的1.5倍时，应再拆除一行，用三行插砖。

（3）不允许有倒插的砖，在一段砌砖区内每一行耐火砖中只允许有同一级别厚度公差的砖。

（4）砌好后纵向砖缝平行窑中心线，环向砖缝垂直窑中心线；而径向砖缝与窑半径方向重合。

（5）砌完的砌体应平整无歪斜，高低不平误差要求不超过3mm，砖与砖之间要紧密贴合，不得有空隙、缺浆和松动，否则用细砂浆填实。

（6）砖缝一般为2.5mm，应用宽为15mm，厚为2.5±0.16mm塞尺检查，塞入砖缝深度不得超过20mm，在每5平方米砌砖平面内，10个检查点上超过规定砖缝不应多于3个。对于超过3mm的砖缝，必须用薄铁片插入挤紧。

（7）结冰季节砌砖注意事项

1）为防冰雪侵湿耐火砖，堆放地点必须垫高和盖上防雨布。

2）工作地点要采暖保温，使其气温不低于+5℃，即使停工和休假也不得停止保温工作。使用耐火胶泥要用热水搅拌，砌砖时要防止砖缝结冰。

（8）窑衬的错缝方法有纵向是环向二种。选砖工作应随错缝方式而异。砌筑用砖应按砖长和砖厚选分；环缝用砖只按厚度选分。经过选分的砖要及时打上号码，按号堆放。在砌筑前，砖要先排验，按砌筑部位及所需砖型逐段进行预砌。为使在正式砌筑时能使砖"对号入座"，可将预砌顺序逐块标号，在断面展开图上，记上设计段号、环号和选砖号的搭配次序。在正式砌筑砖衬时，应控制好砖衬的厚度、砖缝的辐射角和砖层的平行度。

（三）窑衬烘干

烘窑应严格控制温度，温度要逐渐平稳上升，分布要均匀，温度要保持在250～300℃左右，最高不得超过800℃。烘窑衬所需时间大约为1.5～2昼夜，冬季雨季烘窑时间大约延长10～20%。烘窑衬时，每隔4小时把窑体转动180°。如烘窑时，发现掉砖、裂纹，应立即修理，然后再继续烘干。

第三节　回转窑的试运转

一、试运转前的准备工作

试运转前要检查基础标高是否有变动；检查各处螺栓是否拧紧；检查各润滑点润滑油脂是否加足；在转动窑体前，托轮轴颈上先用油壶浇上一层油，检查转动部位是否有东西卡住，检查各冷却水管是否畅通。

各处检查无误后，才能进行试运转。

二、整窑试运转前的单机试运转

整台窑试运转前必须先进行单机试运转。

（1）电动机空运转2小时。

（2）减速机空运转8小时（由主电动机拖动4小时，由辅助电动机拖动4小时）。

记录电流、温升并倾听是否有不正常的声音。一切正常方可进行下一步工作。

三、窑筒体砌砖前试运转

窑筒体砌砖前试运转，时间不少于1天（连续时间），这时要求作下列检查：

（1）检查各部润滑情况、温升、电流。是否有漏油现象；温升一般不得超过30℃；

电动机负荷不应超过额定功率的10%。

(2) 检查传动装置有无振动、冲击等不正常噪音；大齿圈与小齿轮接触情况是否正常。

(3) 轮带与托轮的接触情况是否正常，托轮轴上止推圈与托轮衬瓦之间隙是否正常。

(4) 窑筒体两端密封装置在运转中是否能保证良好状态，不允许有过大漏风间隙。

(5) 各处螺栓有无松动现象。

四、窑筒体砌砖后的试运转

窑筒体砌砖后的试运转，时间不少于1天（连续时间）这时要作下列检查工作：

(1) 由于窑重量增加，要检查各油箱温升不得超过35℃，轴承温升不得超过40℃。

(2) 电动机负荷不应超过额定功率的20%。

(3) 检查托轮调整得是否正确，特别要检查托轮和轮带表面是否均匀接触。

(4) 其他检查项目与砌砖前试运转同。

思 考 题 与 习 题

12-1　简述回转窑的作用。

12-2　简述回转窑的结构及工作原理。

12-3　简述回转窑结构特点。

12-4　简述回转窑的安装顺序。

12-5　如何核对回转窑基础及进行基础划线？

12-6　怎样进行回转窑支承装置的安装？

12-7　回转窑筒体的吊装方法有哪些？试比较其优缺点。

12-8　如何测量筒体径向偏摆？如何找筒体的同心度？

12-9　怎样焊接回转窑筒体？

12-10　回转窑传动装置安装有什么要求？

12-11　回转窑筒体内砌筑耐火砖要注意哪些事项？

12-12　回转窑如何进行试运转？

第十三章 电梯安装

第一节 概　述

随着城市高层建筑的崛起，电梯作为载人、运货的运输工具将越来越普遍，电梯的需求也会日渐增加，电梯的安装也越来越多。

一、电梯的工作原理

电梯作为垂直方向的交通工具，是由许多机构组合而成的复杂机器。其主要的工作机构是由曳引机、轿厢、对重及连结三者的钢丝绳组成（见图13-1）。其工作原理是：借助于曳引机的曳引绳轮与钢丝绳的摩擦力传动钢丝绳，从而使轿厢运行，完成提升或下降荷载的任务。钢丝绳与曳引绳轮之间的摩擦力（又叫曳引力）是由轿厢和对重共同作用于曳引绳轮上而产生的。要使电梯正常运行而不打滑，曳引力必须大于或等于轿厢侧与对重侧张力之差，即

$$曳引力 \geqslant S_1 - S_2 \qquad (13-1)$$

式中　　S_1——轿厢侧钢绳拉力；

　　　　S_2——对重侧钢绳拉力。

二、电梯分类

（一）根据曳引机供电电源不同分

1.交流电梯

交流电梯的曳引电动机是交流电机。当电机是单速时，称交流单速电梯，速度一般 <0.5m/s；当电机是双速时，称交流双速电梯，速度一般<1m/s；当电机具有调压调速装置时，称交流调压调速电梯，速度一般 <1.75m/s；当电机具有调压调频调速装置时，称交流调频调速电梯（简称 VVVF 控制电梯），速度可达6m/s。

2.直流电梯

直流电梯的曳引电动机为直流电机。当曳引机带有减速箱时，称直流有齿电梯，速度一般 <1.75m/s；当曳引机无减速箱而由电动机直接带动曳引轮时，称直流无齿电梯，其速度一般高于 2m/s。

（二）根据电梯的运行速度不同分

1.低速电梯

速度在1m/s以下者。

2.快速电梯

速度在1~1.75m/s之间者。

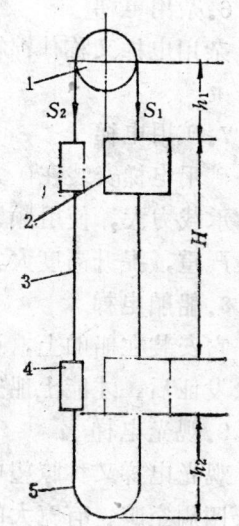

图 13-1　电梯的工作原理图

1—曳引机的曳引轮；2—轿厢；3—钢丝绳；4—对重；5—补偿绳

3.高速电梯

速度在2～5m/s之间者。

4.超高速电梯

速度≥5m/s者。

在我国电梯安装规范和标准中，把高速电梯称为甲类梯；快速电梯称为乙类梯；低速电梯称为丙类梯。

（三）根据电梯的用途分

1.客梯

为运送乘客而设计的乘客电梯，有完善的安全装置。

2.货梯

主要以运送货物而设置的电梯，通常有人伴随，有必备的安全装置。

3.病床电梯

为运送病床（带病号）而设置的电梯。一般轿厢比较大，病床车可直接出入。

4.住宅电梯

供住宅楼使用的电梯，一般采用下集选控制方式，轿厢内装饰一般较简单。

5.自动扶梯

是电梯产品一个分支，与地面成30°～35°倾斜角，具有很高的运输能力。

6.杂用电梯

杂用电梯又称什锦梯，一般都很小，用于提运图书、杂物和食品等，不允许载人运行。

7.矿用电梯

矿用电梯安装在矿井内，作为人员、设备、器材或矿物等垂直运输的设备。其特点是：承载力大，使用频繁，经常处于满负荷运行，工作条件较恶劣，环境十分潮湿，粉尘污染严重，提升高度大。这类电梯特别适宜于浅井提升。

8.船舶电梯

它安装在船舶上，运送人员或货物。船舶电梯必须经国家船舶检验局（或有关机构）检验发证后，才能上船安装。

9.观光电梯

观光电梯又称瞭望电梯，专供人们瞭望、观赏市容和风光用。其轿厢需特殊设计，不但要四周空旷、有宽大的视野，而且轿厢内布置讲究，常用钢化玻璃作轿壁。观光电梯是电梯技术和建筑艺术相结合的设备。

10.其他特殊用途的电梯

例如汽车存放场用的汽车电梯和高塔检修电梯等。这类电梯都具有特殊的工作环境，完成特定单一的工作。使用不频繁，但多数情况下是满负荷运行。

三、电梯电气控制系统

由于电梯的用途和类别不同，电梯的控制线路也不相同，而且差异较大。一般是由拖动系统、控制系统、安全系统和伺服系统等组成。

（一）拖动系统

电梯主机——曳引机是将电能转换成机械能的装置。它通过钢丝绳使轿厢在井道中沿导轨按指定的程序往复运动。一般的交流电梯，其曳引机多为大起动转矩的鼠笼式异步电动机，由380/220V电压供电，其快慢车多为两个独立定子绕组，同步速度分别为1000r.p.m和250r.p.m；直流电梯曳引机多为他激直流电动机，它可由可控硅励磁装置的电动——发电机组供电，其电压能按给定程序自动调节；快速交流电梯曳引机为单定子绕组异步电动机，其电源由一套可控硅及触发电路组成，电压可按给定程序控制的交流供电系统供给。

（二）控制系统

电梯之所以能按指令有规律地运行，其核心是有一套完备的控制系统。这套控制系统是由安装在机房内的控制盘、选层器、励磁柜、召唤屏、停层感应器、轿厢操纵盘及平层感应器、厅门召唤按钮等组成。由于自动程度高低不同而有繁简之分。

（三）安全系统

为了保证电梯的安全运行，除对钢丝绳取较大的安全系数（杂物梯为10，其他梯为12）外，还采取了一系列电气和机械的多级保护装置。例如：在轿厢门和各厅门上装有电气联锁开关，任一门没关之前，电梯均不能启动；当电梯因故超速运行时（超过115%的额定速度时），限速器动作，强行停车；为了防止意外的撞顶和蹲底事故，井内两端站装有多个限位开关；最后的保安措施是设在坑底的缓冲器，它在最恶劣的事故出现时，能使轿厢或对重的冲击减缓。

（四）伺服系统

伺服系统主要由照明系统、灯光信号、风扇、电话、音响和消防等设施组成。

第二节 电 梯 安 装

电梯安装的是否良好，是决定电梯质量的重要因素。

一、电梯的安装方法

1. 大件安装法

此法是将零件、部件及组件预先在工厂或安装单位的施工配套基地进行组装成组合形式，如，轿厢、厅门及门架、传动装置等，并经过调整和试车，然后搬到现场安装。

2. 组合段安装法

此法是以组合段进行安装。安装时，除电梯的机械部分外，还包括建筑结构。组合段是指一层楼高的井段、混凝土地坑、机房混凝土地板或装配良好的机房整体，显然，这种安装要与结构施工相应进行。

3. 散装安装法

此法是安装单个的零件及组件，在电梯井内、井坑、机房中直接进行安装。

目前国内多用散装安装法。大件安装法和组合段安装法要求设计、制造和施工部门密切合作才能实现。

二、电梯安装施工工艺流程

电梯安装施工工艺流程，大致如图13-2所示。

三、施工准备

1. 劳动组织

一般由4～6人组成安装组，其中需有熟练的安装钳工和电工各一名，负责安装和调

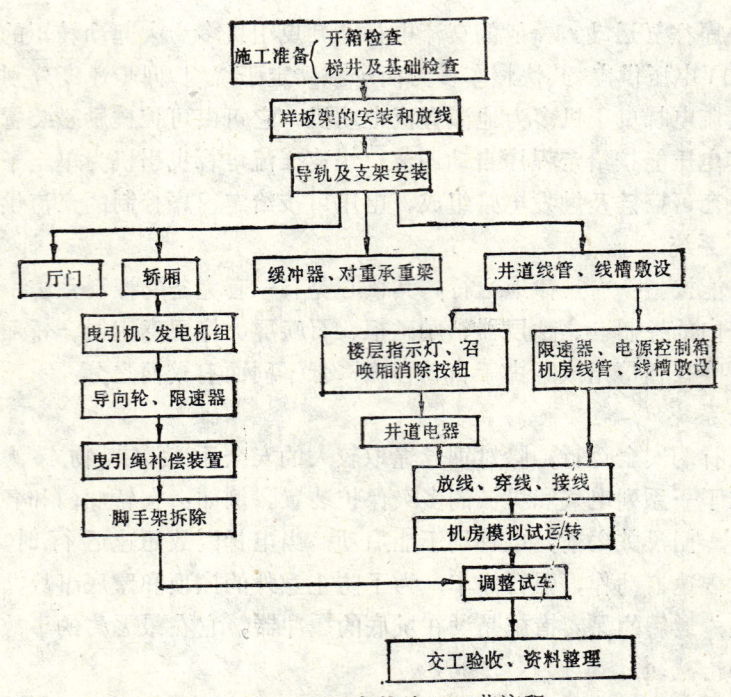

图 13-2　电梯安装施工工艺流程

试。此外，尚需临时性的工作人员若干，如脚手架工、木工及壮工等，根据电梯安装进度，由负责人进行统一调配。

2．熟悉图纸资料

熟悉电梯制造厂提供的电梯安装说明书、使用维护说明书，电气原理图、电气接线图、部件安装图及调试大纲。

3．开箱检查验收

安装前，会同安装负责人、建设单位进行开箱检查，清点设备，对电梯零件分类，并作好开箱记录。其大件运至相应安装地点，如曳引机和控制屏等运至机房；对重、缓冲器、轨道等运至底层；轿厢运至顶层；厅门运至各层等。其他零件、组件入库保管。

4．检查验收井道内尺寸

根据电梯土建总体布置图，复核井道内净尺寸、层站和顶层高度、地坑深度等是否与图纸相符。如果有不合图纸要求而需进行修正者，应通知有关部门及时进行修正。

5．架设施工照明

电梯井道作业灯应采用带防护罩的且电压不高于24V电灯。每台电梯应单独供电，在井道入口操作处设电源开关。井道内每隔3m处设一电灯和电灯插座。顶层及地坑应该设有2个或2个以上的电灯照明。机房照明电灯数量应为电梯台数乘2或以上。

6．清理井道、架设脚手架

在地坑内，应清除积水杂物。井壁和机房楼板下应清除因土建施工所残留下露出表面的异物。

根据电梯轿厢的大小，脚手架的形式可以是单井字式也可以是双井字式(见图13-3)。

脚手架上横梁的高度应小于1200mm。井道门口的架设如图13-4所示。每层脚手架横梁上应放置架板，其两端均应与横梁临时固定。

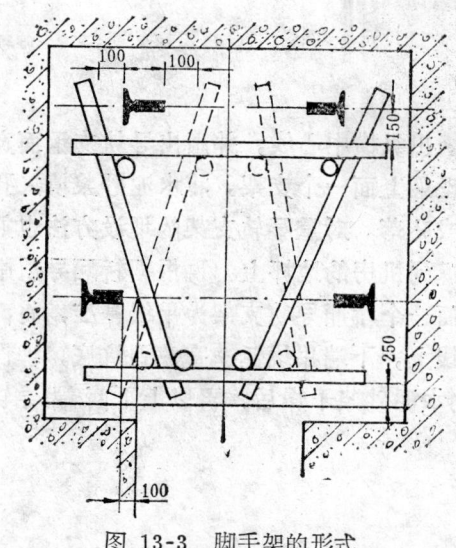

图 13-3 脚手架的形式

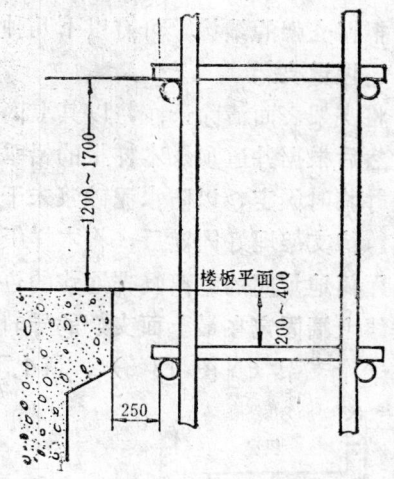

图 13-4 井道口处脚手架的架设

四、安装步骤及质量要求

（一）样板架的制作和安装

样板是电梯安装放线的基础。根据电梯总体布置图上注明的尺寸，用不易变形的木料制成样板架，木板必须光滑平直，其规格可参照表13-1选取。

样 板 木 板 规 格　　　　　　　　　表 13-1

提 升 高 度 （m）	厚　　　　度　　（mm）	宽　　度　（mm）
≤20	40	80
>20～60	50	100
>60	60（或型钢）	100

根据轿厢尺寸，找出井道基准，用墨线在井道壁上弹其基准线。在机房楼板下约一米左右处，平行剔出四个孔洞（150×150×200mm），用两根经刨光的方木（截面不小于100×100mm）放入孔洞内，并用水平仪将方木找平固定。制作好的样板就放在方木上（见图13-5）。

（二）放线

根据图纸所给定的导轨内表面距离L（再实测轿厢上下梁导轨尺寸L予以复核；若图纸尺寸与实测尺寸不符时，应以实测尺寸为准），每边再留出间隙2mm，加上导轨高A，每边再加上2mm垫片调整间隙，即可确定轿厢导轨外表面距离B（见图13-6）。

$$B = L + 2 \times 2 + 2A + 2 \times 2 \quad \text{(mm)} \tag{13-2}$$

在样板上的井道中心线两边找出$B/2$处，并用墨线画上（见图13-7）。将轿厢中心、对重中心及各放线点找出，并校对各对对角线，其长度偏差不大于0.3mm。

用$\phi 0.70 \sim 0.90$mm（22～20*）镀锌铁丝或尼龙线放线；若行程超过40m，可用0.5～1.0mm的琴钢丝（或弹簧钢丝）进行放线。先在放出的四根线端头悬一较轻物体，缓慢放线至地坑中间。这时要分别检查四根线有无碰线或打结，检查无误后，将线头分别固定在样板上，并防止其发生位移。最后将原悬挂的较轻物体换成线锤（其重量按钢丝直径选，详见《设备安装测试基础》一书）。

（三）导轨支架安装

根据支架的结构，可有以下几种方法：

1. 埋设支架

将支架表面清除干净，以其上两孔为基准，画出纵横中心线，并画出导轨支承面宽度线。然后根据井道顶及木样板的铅垂线位置，埋设最上面一个支架。将水泥砂浆填入孔内抹平并临时固定，以防水泥砂浆未干时发生位移或坠落。对重导轨支架的埋设方法也如上所述。待支架埋好固定后，将木样板上的十字线返到机房的地坪上。再根据轿厢导轨中心线与厅门地坎间的距离复查地坎的位置。以最上面一个轿厢导轨支架为吊线基准，将两根铅锤线上端固定在最上面支架的导轨支承面宽度线上，下端用线锤一直放到坑底，埋设最下端一个支架（见图 13-8），待上下两端支架的水泥砂浆干燥后，再以上下两端导轨支

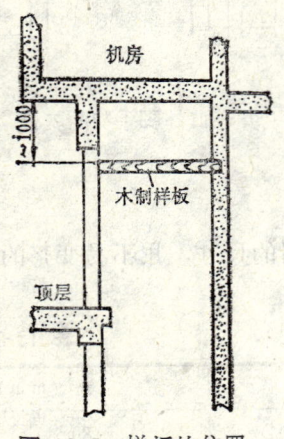

图 13-5 样板的位置

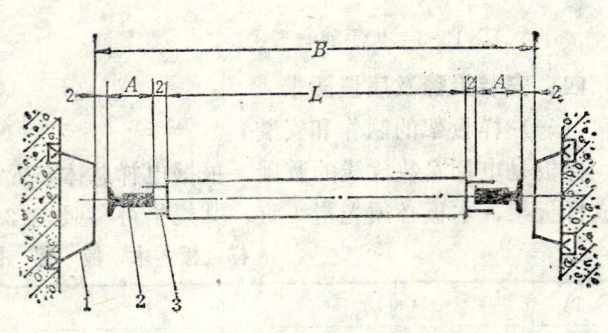

图 13-6 B 值计算简图
1—支架；2—导轨；3—轿厢导轨导靴

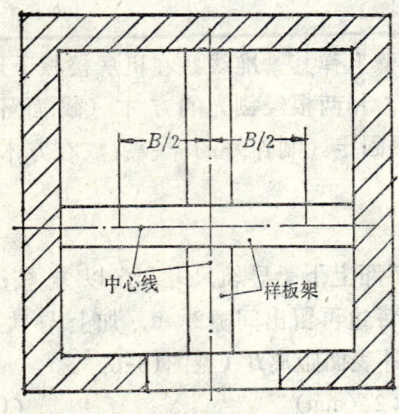

图 13-7 样板架上画线

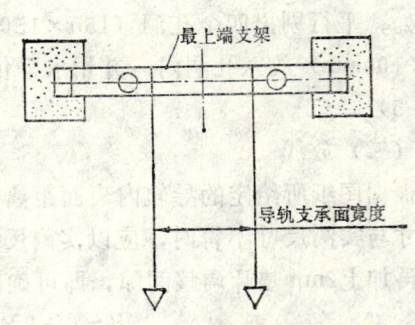

图 13-8 安装支架

承面宽度线为基准，拉两根平行线，埋设其余支架。对重导轨支架的埋设同上述方法一样。这种导轨支架的安装方法称为埋入安装法。导轨支架埋入深度不应小于120mm，而且必须待混凝土完全干固时才能进行导轨的安装，因此存在施工效率低的缺点。

2. 地脚螺栓法

这种方法预先将尾部开叉的地脚螺栓埋在井壁中，如图13-9所示。为了保证牢固，螺栓埋入深度一般不应小于120mm。这类方法要求螺栓埋入位置应准确，因此施工麻烦，

目前已逐渐被膨胀螺栓法取代。

3．膨胀螺栓法（图13-10）

这种方法用膨胀螺栓代替了地脚螺栓。它不需预先埋入，只需在安装时在现场打孔，放入膨胀螺栓后拧紧固死即可。因此具有简单、方便和灵活可靠的特点，是一种先进的方法，在施工中被大量应用。但膨胀螺栓本身价格较高。

4．预埋钢板法（图13-11）

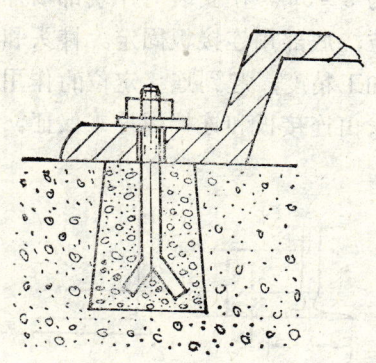

图 13-9　地脚螺栓安装法

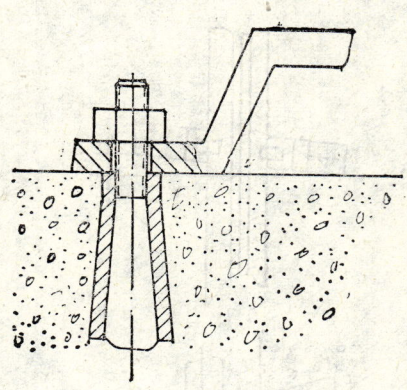

图 13-10　膨胀螺栓安装法

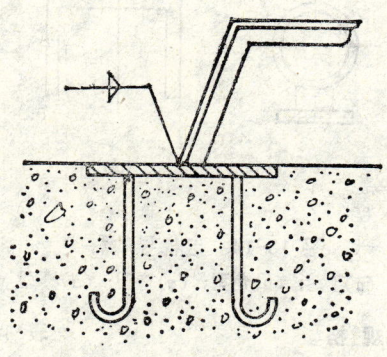

图 13-11　预埋钢板安装法

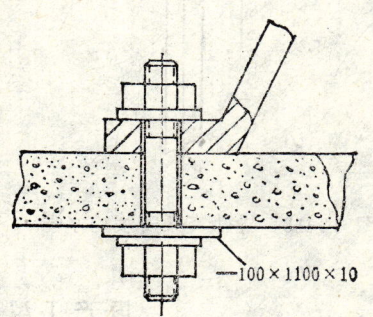

图 13-12　对穿螺栓安装法

这种方法与预埋地脚螺栓法相似。它是预先将钢板按照导轨架的安装位置埋在井壁中。然后将导轨架焊接在钢板上。为了保证强度，焊缝应是双面的。在我国，这种方法应用也较多。

5．对穿螺栓法（图13-12）

当井壁厚度小于100mm时，这时以上几种方法都不能采用，便可采用对穿螺栓法。将螺栓穿过井道壁，此时要在外部加垫尺寸不小于100×100×10mm的钢板。

为了保证导轨架的支撑能力，不管采用何种安装方法，都应保证安装的支架呈水平，其误差值不应超过5mm（见图13-13中的a值）。

（四）电梯导轨的安装

1．导轨种类及规格

根据截面的形状，电梯导轨可分为图13-14所示的四种。

电梯中大量使用的是T型导轨，常说的电梯导轨均指此而言。它具有良好的抗弯性能和良好的加工性能，后三种导轨的工作表面一般不加工（用型材的轧制面），通常用于速度较低，对运行平稳性要求不高的一些电梯，如杂物梯、建筑工程梯等。

T型导轨的主要规格参数是：底宽b和工作面厚度k，我国原用$h \times k$作为导轨规格标志（见图13-14（a）和表13-2）。现在我国使用的是国际标准（T型导轨《ISO7465—1983（E）》），并制定了导轨行业标准《JJ49—87电梯导轨》。新标准导轨有12种规格，是以"底面宽/工作面加工方法"表示，即"Tb/A"或"Tb/B"。见表13-3。每根导轨的长度一般为3～5m。在安装时，端部以榫头与榫槽楔合定位，底部用连接板固定。榫头和榫槽具有很高的加工精度，起到连接定位的作用。连头处的强度，由连接板和连接螺栓来保证。

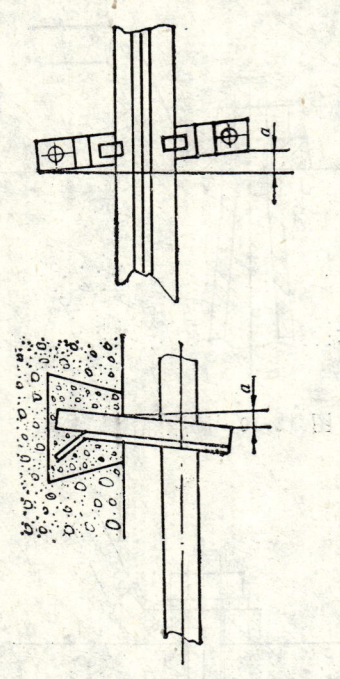

图 13-13 导轨支架安装的水平

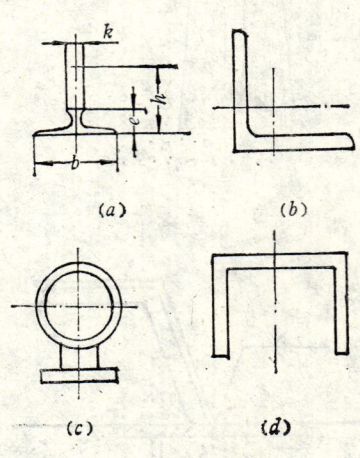

图 13-14 电梯导轨种类
(a)T型；(b)角型；(c)管型；(d)槽型

国 产 T 型 导 轨 原 有 规 格 表 13-2

规格标志	b(mm)	h(mm)	k(mm)
T76×16	90	76	16
T90×16	120	90	16

2.主导轨的安装方法

将导轨表面清洁后，按图纸要求计算出导轨的长度，并使两根导轨接头错开，且不在同一个水平面上。安装时，应由下而上逐根起吊安装。吊一根，组对一根（导轨的直线度误差不应大于长度的1/6000，若不符合要求，应调整或更换）。注意保持导轨支承面上的宽度线对齐，接头对正，再压压板，待找正找平后再最后紧固螺栓。为了保证质量，一般应先预组对。

找正找平导轨时，从上到下以基准线为准。在每个支架处用钢板尺测量（支架间隔为2.5m），若发现偏差，可用加减垫片和左右调整进行补偿，使导轨内表面偏差在整个高

规 格 标 志	$b(\text{mm})$	$h(\text{mm})$	$k(\text{mm})$
T45/A	45	45	5
T50/A	50	50	5
T70-1/A	70	65	9
T70-2/A	70	70	8
T75-1/A	75	55	9
T75-2/A(B)	75	62	10
T82/A(B)	82.5	68.25	9
T89/A(B)	89	62	15.88
T90/A(B)	90	75	16
T125/A(B)	125	82	16
T127-1/B	127	88.9	15.88
T127-2/A(B)	127	88.9	15.88

注：A—冷拉导轨；B—机加工导轨。

度上不超过1mm；导轨侧工作面的偏差每5m长度上不大于0.7mm，并且应将测量结果作好记录。当导轨全部安装紧固后，应与甲方代表一道进行中间验收，并填表签字。

对重导轨的安装方法与上述方法一样。

（五）曳引机安装

曳引机一般都放置在井道顶部的机房中。此时，电梯运动部分的全部重量悬挂在曳引轮上。因此曳引轮安装位置，必须架设承重梁。承重梁一般为三条，两端都必须架在井道壁上，这样电梯运动部分（轿厢、对重等）和曳引机的重量通过承重梁传给井道壁。

对快、低速电梯，承重梁一般用工字钢；对高速电梯，为了提高承重梁的刚度，常用两条槽钢拼成一组构成一条承重梁。

承重梁的放置方式常见有下三种：

1.放置在机房楼板上

这种方法架设方便，不必与土建配合施工，应用较广泛，但机房内显得不整齐。施工时，在承重梁与楼板间应留有适当的间隙，以防止电梯起动时，承重梁弯曲变形时冲击楼板。

2.放置在机房楼板下面

当井道顶层高度足够，将承重梁置于机房楼板下面，这样可使机房布置整齐，但承重梁在土建时就要预先埋入，与楼板浇注成一体。

3.承重梁用混凝土台架设

即在机房地板上设混凝土台，台上架设钢承重梁。当顶层高度不足时，可采用此法。但机房要有足够的高度。这种方法是以机房的空间来弥补顶层高度不足，必要时才用。

曳引机的固定方法有以下两种：

1.刚性固定

曳引机直接与承重梁或楼板接触，用螺栓固定。此种方法简单方便，但曳引机工作时，其振动直接传给楼板。由于工作时振动和噪音较大而限用于低速电梯。

2.弹性固定

常见的形式是曳引机先装在用槽钢焊制的机架上，在机架与承重梁或楼板之间加有减震的橡胶垫，它能有效地减小曳引机的振动及其传播，使之工作平稳。因此这种方法应用广泛。

下面以承重梁放置在楼板上面的形式为例，介绍曳引机的安装方法。

首先应安装曳引机承重梁。承重梁两端埋入墙壁内时，其埋入深度应超过墙厚中心20mm，且不少于75mm；对砖墙，承重梁下应垫以能承受其压力的钢筋混凝土过梁或金属过梁。在曳引轮下边的两根钢梁中心线要与轿厢、对重中心线对齐，并用水平仪和钢板尺找正找平，使钢梁安装水平误差不超过1.5/1000，相邻两根钢梁的高度误差不超过1mm，然后用两根钢板条将三根承重梁点焊成整体，以防位移。

其次是安装曳引机。将曳引机吊装到承重梁上，把铅垂线挂在曳引轮中心绳槽内。若电梯为单绕式有导向轮时，调整机座，使图13-15中A点对准轿厢中心，B点对准轿厢、对重中心联线。再用钢板尺测量，使之在前后（向着对重）方向上偏差不超过±3mm；左右偏差不超过±1mm。校正完后，在承重梁上画出机座固定螺栓孔的位置。开螺栓孔的误差不大于1mm，也不得损坏工字梁的立筋。然后将螺栓、垫铁、垫圈及橡橡垫装好，并带上螺帽。待导向轮安装好以后，再紧固螺栓。若电梯为复绕式无导向轮时，其吊线方法如图13-16所示；有导向轮时，其吊线方法如图13-17所示。

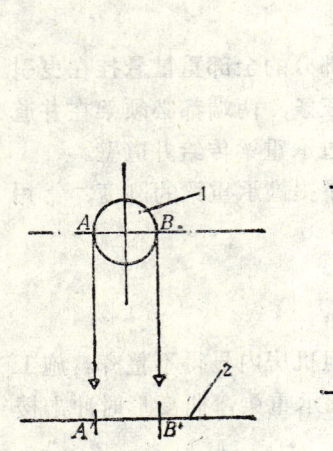

图 13-15　单绕式有导
向轮吊线

A′—轿厢中心；1—曳引绳
轮；2—轿厢与对重中心联线

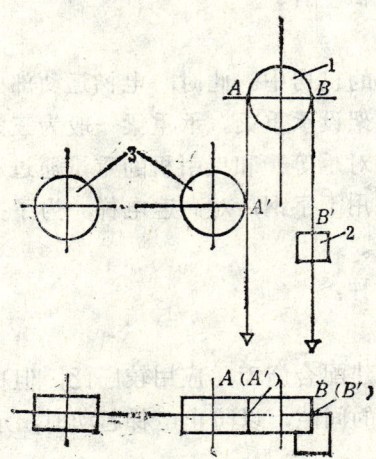

图 13-16　复绕式无导向轮曳引机
吊线方法

1—曳引轮；2—对重轮；3—轿厢轮

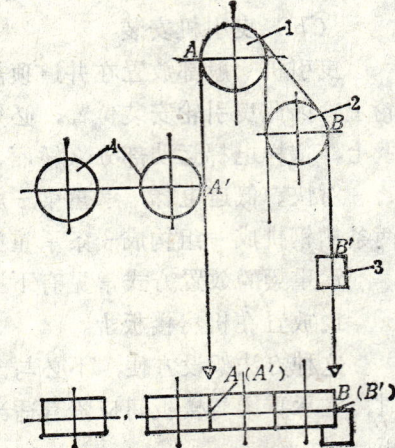

图 13-17　复绕式有导向轮曳引机
吊线方法

1—曳引轮；2—导向轮；3—对重轮；
4—轿厢轮

安装导向轮时，其端面对曳引轮端面平行度误差不得超过±1mm。根据铅垂线调整导向轮，使其垂直度误差不超过0.5mm。前后方向（向着对重）不应超过±3mm，左右方向不应超过1mm。

（六）轿厢安装

轿厢宜在最高层安装。先拆除该层脚手架，用两根型钢或200×200mm的方木作支承架，一端放在高于该层的地坪上，另一端用铁水平找平放入井道壁上打好的孔内。在机房承重梁上固定一根直径不小于φ50或φ75×4的钢管，由轿厢中心绳孔处放下钢丝绳扣（其直径一般不小于φ13），并悬挂一个3t导链吊挂轿厢（见图3-18）。

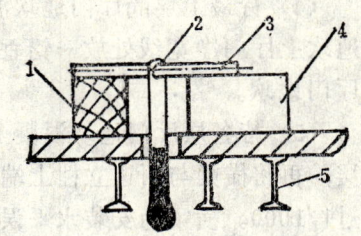

图 13-18 轿厢安装的悬吊
1—垫木；2—挂导链用钢丝绳；3—钢管；
4—机座；5—承重梁

轿厢安装顺序是：下梁—上梁—底盘—轿壁轿顶—开门机构—轿门等。为了保证安装顺利进行，一般先在地面预组装无误后，才正式安装。

1.下梁安装

用导链将下梁吊起，两端安全口（老虎口）与轨道面间隙为3～4mm，两端要调整一致（或按图纸要求）。然后再装上四组安全钳楔块，楔齿距轨道侧工作面应符合要求，间隙一致，并将楔块三面临时用垫块塞实固定，并将其平稳地放在支承架上，然后进行调整，使导轨端面距安全钳间隙一致。用铁水平校正，纵横方向的安装水平误差应不大于0.5/1000。

2.上梁安装

先将上梁吊起，两端导靴放入导轨，再装上立柱并与下梁连接，用吊线锤校正。立柱在整个高度上垂直度误差应不大于1.5mm，并不得有扭曲。立柱装好后，再将立柱和上梁连接，其安装水平度误差不应大于0.5/1000，复查立柱垂直度，再用铅垂线检查上、下导靴是否在一条直线上，再装上安全钳楔块拉杆。

3.底盘安装

将底盘平稳地放到下梁上，将斜拉杆装好，调整拉杆螺母，使底盘安装水平误差不大于0.5/1000。再装拉杆双螺母背紧。把底盘、下梁及拉杆等用螺丝联结牢固。

4.轿壁、轿顶安装

装轿壁（也叫围扇）时可逐扇安装，也可拼成三片安装。要求接缝紧密，间隙一致，夹条整齐，轿壁面平行一致，垂直度误差应不大于1/1000，各部螺栓齐全、紧固。轿顶就位时，紧固螺栓及拉杆，并复查各部位误差，使之符合要求。

5.开门机构及轿门安装

将开门机与支架固定在轿厢立柱上，装好斜拉杆并进行调整。用铁水平测量，使其安装水平度误差不大于2mm。再将轿门上滑道固定在开门机支架上，挂上轿门，用专用垫片调整上滑道挡轮。用手推拉门扇，应轻快灵活。再将其关闭于中心线处，用联杆将门与开门机偏心轮联结起来。

（七）厅门安装

安装前，应对各部件进行检查；对不符合要求处应进行调整；对转动部分应进行清洗和加油，使之灵活。其安装步骤及方法如下：

（1）根据木样板放出两条厅门安装标准线，在厅门地坎上，划出净门口宽度线。

（2）根据木样板放到厅门牛腿上的厅门地坎线，将顶层厅门地坎安装在厅门牛腿上，上好地脚铁，并用水平仪和角尺找正找平，使地坎的安装水平度误差不超过1/1000。然后用混凝土灌实稳住。若建筑物未装牛腿，而采取预埋铁的方法，可选用型钢找平找正后焊在预埋铁上。

（3）将轿门关闭，复查轿门中心线与厅门中心线是否一致，如有误差，可调节轿门联杆花篮螺栓，使二中心线保持一致。

（4）待最上层的厅门地坎混凝土干后，从厅门地坎中心点放一根铅垂线至井底，再从地坎上厅门净宽线处放一铅垂线至井底，以这两根铅垂线为准，用铁水平校正，埋设各层厅门地坎。

（5）待各层厅门地坎混凝土干后，埋设厅门立柱及横梁。先将两边立柱下端与地坎联接，再将横梁与两边立柱上端固定，分别用铅垂线和水平仪校正，使立柱垂直度误差不超过1/1000。横梁的安装水平误差不超过1/1000；然后将立柱临时固定，用混凝土将紧固立柱用的地脚螺栓灌注在墙上。

（6）待立柱地脚螺栓混凝土干后，将厅门导轨与横梁联接，并在两端和中心点处吊三根铅垂线（见图13-19），使厅门导轨与厅门地坎的平行度误差不超过1mm，导轨的垂直度误差不超过0.5mm。

（7）在挂门扇前，先将门扇底滑块安装好，门滑轮安装好。并将滑块放入地槽内，门轮挂在门导轨上，用垫片调整，使门扇的下端与地坎间隙为6±2mm，挡轮与导轨下间隙不大于0.5mm，并用弹簧秤测量，使门扇沿导轨的水平方向的阻力不大于3N，调好紧固螺母。

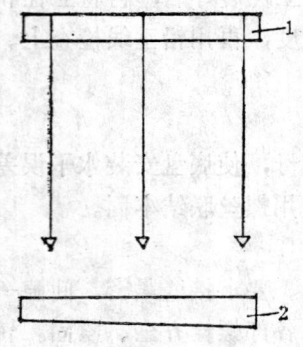

图 13-19 厅门吊线

1—厅门导轨；2—厅门地坎

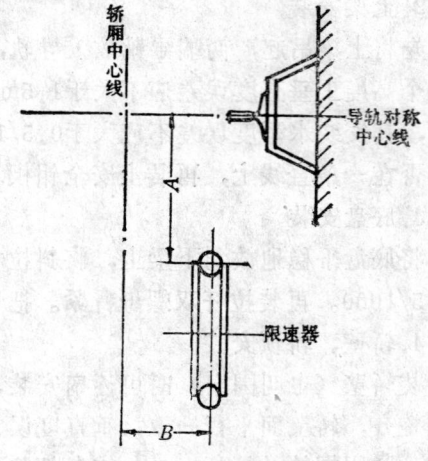

图 13-20 限速器安装

（八）限速器安装

（1）限速器及张紧装置的位置确定：限速器安装在机房中；张紧装置（底保险轮）安装在井道坑内。其具体位置用放线方法确定。由限速器作用方向下旋端的绳槽中心，吊垂线对准轿厢安全钳拉绳头中心，再从安全钳拉杆绳头中心到张紧装置的绳轮中心吊另一根垂线，该四点的水平投影重合。然后由限速器轮另一端绳槽中心至张紧装置另端绳槽中心也吊一根垂线，使其该两点水平投影也重合，由此确定其安装位置。

（2）限速器安装在机房楼板水泥基础上，也可用厚度大于12mm钢板作基础。用地脚螺栓与基础联结。

（3）安装时，限速器绳轮的垂直度误差应不大于0.5mm，绳索至导轨断面对称中心线的距离偏差及至轿厢中心线距离偏差均应不大于±5mm（见图13-20中的A和B）。

（4）绳索张紧装置（底保险轮）的底面距井坑地平面的高度应符合下列要求：甲类梯为750±50mm；乙类梯为550±50mm；丙类梯为400±50mm。

（5）电梯在正常运行时，绳索不应触及夹绳钳，轿厢限速器动作速度应不低于轿厢的额定速度的115%。

（6）限速器钢丝绳直径不应小于7mm，安全系数不小于5，张紧装置的自重应大于30kg。

（九）对重的安装

安装前，应将对重块浇铸口残渣除尽，如有对重绳轮，应进行检查清洗加油，保证其油路畅通；再检查对重框架对角线是否相等，其误差不应大于5mm，不允许有扭曲变形及横向位移，其上下导靴应在同一垂线上。

安装时，先拆去对重架上一边的上下各一只导靴，然后将对重框架安装进导轨里，再将拆下的导靴装上。框架找平找正后，装对重块。对重块要放平放实；放一块，找平找正一块。防止全部装好后产生撞击声。对重块的加入重量一般为轿厢装置重＋50%的额定载重量。如底坑装有安全栅栏，则其底部距地面高度为500mm。

（十）缓冲器安装

缓冲器安装应配合土建进行。缓冲器安装在底坑的混凝土基础上。基础应符合图纸要求。其大小必须大于缓冲器的底座，二者结合面应平整，接触严实。垫平时，应用接触面不小于底座面积50%的铁垫片。若为油压缓冲器，还应检查是否锈蚀和有无漏油现象。

轿厢的下梁，对重底部的碰板至缓冲器顶的越程应符合表13-4的规定。

缓冲器中心对轿厢和对重架碰板中心偏移不应超过20mm；在同一个基础上安装两个缓冲器，其顶面相对低度不应超过2mm；弹簧缓冲器的顶面水平不应超过4/1000。

缓冲器的地脚螺栓应加弹簧垫或双螺母并紧固。

轿 厢 和 对 重 的 越 程　　　　　　　表 13-4

电梯速度（m/s）	缓 冲 器 形 式	越　程　（mm）
0.5～1.0	弹　簧	200～350
1.5～3.0	油　压	150～400

（十一）挂曳引绳

对于乘客、载荷和医用电梯，其钢丝绳不得少于4根；杂物电梯不得少于2根。钢丝绳的质量应符合有关规定。

曳引绳的长度经实测后确定。曳引绳的长度计算如下：

单绕式电梯　　　　　　$L = X + 2Z + Q$

复绕式电梯　　　　　　$L = X + 2Z + 2Q$　　　　（13-3）

式中　　L——曳引绳总长度；

　　　　X——由轿厢绳头锥体出口处至对重绳头出口处的长度；

　　　　Z——钢丝绳在锥体内包括绳头弯回的全长度；

　　　　Q——轿厢在顶层安装时垫起的高度。

放绳工作应在清洁宽敞的地方进行。放绳时应防止并检查中间有无死弯现象，然后采取方法将钢绳拉紧至3kN，再进行测量、截断。如果将钢丝绳拉紧至3kN有困难时，可以采取将总长减去其0.5%的方法。

在制作绳头时，先将钢丝绳穿入锥套，并将绳头各股松开，去除中间的麻芯，用汽油清洗绳头；再将各股钢丝回环弯曲或扎花结后压入锥套，并用巴氏合金浇灌。浇灌前，用厚纸包上锥套并扎紧、扎平，使其高出绳头10~15mm；浇灌时，用榔头轻轻敲击锥套，使合金液体浇满灌实。应一次浇灌完好，不允许二次浇灌。待合金冷却后，将曳引绳从轿顶至对重挂好，调整钢丝绳锥套上的组合螺母，使各绳张力基本相等；并将双螺母拧紧，穿好开口销并劈开销子。

另外，当电梯提升高度≥30m时，还有补偿装置安装及选层器的安装。由于电梯不同，其结构也不同，安装方法就不完全一样，这里不再一一列举。

五、电器设备安装

（一）总要求

（1）电梯的电气装置安装，应符合国家或部颁电梯及电气施工验收规范和质量评定标准。

（2）电气装置的附属构件、电线管、电线槽等非带电金属部分，均应涂防腐漆或镀锌，安装用的紧固螺栓应有防松装置。

（3）电气设备的金属外壳，必须根据规定采用接零或接地保护，保护零线应用铜线。其截面不小于相线的1/3。最小截面，裸铜线不小于4mm²；绝缘铜线不小于1.5mm²。钢管接头及到接线盒之间用不小于ϕ6mm的钢筋焊牢。轿厢可通过电梯电缆的芯线进行接地。用电缆芯接地时，不得少于2根。

（4）零干线至机房电源开关的距离应不超过50m；如超过50m，应在梯井设置重复接地，并符合接地电阻要求（不大于10Ω）。

（5）用500V兆欧表测电气设备的绝缘强度，每伏额定电压应不小于1000Ω。

（二）机房和梯井中配管

（1）机房配管除图纸规定沿墙敷设的明管外，均应敷设暗管；但梯井允许敷设明管。

（2）机房内水平和垂直敷设的明配管，在2m范围内允许偏差值为3mm；在全长不应超过管子内径的1/2，明配管应横平竖直。

（3）进入落地式配电箱（柜）的电线管路应排列整齐，管口高于基础面不小于50mm；明配管需设支架，竖直管每隔2~2.5m支设；横管不大于1.5m；金属软管不大于1m；拐弯处及出入箱盒两端为150mm。每根电线管不少于两个支架，支架可埋墙内或铆固螺栓固定，不允许用木塞固定。

（4）钢管进入接线盒及配电箱时，暗配管可用焊接固定，管口露出盒（箱）小于5mm；明配管用锁紧螺母固定，露出螺母外的丝扣为2~4扣。金属软管使用在管路弯多、弯曲半径小及所接电气设备需要调整安装位置的地方，不允许用其代替铁管长距离使用；其长度不能大于2m；也不可以用它作保护地线的导体。当铁管与设备相接时，应将钢管敷设到设备内；若不能直接进入时，可采用其他方法，如在钢管出口处加软塑料管引入设备，管口与设备进口距离应在200mm以内；也可用金属软管引入，与设备或铁管连接时，应选用配套的软管接头连接；软管应用管卡固定。设备表面上的明配管（铁管和金属软管）应随设备外形敷设，以求美观。

（5）敷设电线管时，各层应接分支接线盒（箱），并根据需要加端子板。管盒要用开孔器开孔，孔径不大于管外径1mm；不允许割长眼和气焊开孔。电线管内敷设导线总面积（包括绝缘层）不应超过管内净面积的40%。

（三）机房和梯井配线槽

（1）在机房内，线槽均应沿墙、沿梁或沿楼板下敷设，应横平竖直；线槽内导线总面积（包括绝缘层）不应超过槽内净面积的60%。

（2）梯井内线槽应根据每层导线数量情况，设分线盒并考虑加端子板；由线槽引出分支线；如果距指示灯、按钮盒较近，可用金属软管敷设；若距离超过2m，应用钢管敷设。线槽应良好接零或接地，线槽接头应严密并作跨接地线，槽盖应盖严。线槽不允许用气焊切割，拐弯处不允许锯直口，应沿穿线方向弯成90°保护口。线槽安装完后，应补刷沥青漆一道，以防锈蚀；线槽内导线排列整齐后，用压板固定。

（四）导线敷设及接、焊、包、压头

（1）穿线前，应将钢管或线槽内清扫干净，不得有积水和污物。

（2）根据管路长度留出适当余量进行断线，穿线时不能有损伤线皮及扭结现象，并应留出适当备用线。

（3）导线连接应符合下列要求：小于6mm²以下的铜线连接时，本身自缠不少于5圈并刷锡；10mm²以上的多股导线与电气设备连接时，应采用接线卡子或接线鼻子；多股软铜线应刷锡后连接。

（4）接头先用橡胶布包严，再用黑胶布包好放入盒内；设备及盘柜压线前，应将导线沿接线端子方向整理顺序成束，用小线分段绑扎，以便故障检查。

（5）导线终端应设方向套或标记牌，并注明该线路编号；导线端子要压实，不能松脱。

（五）中线盒及随线安装

（1）中线盒若设在梯井内，其高度按下式确定：

$$总高度 = \frac{1}{2}（电梯行程）+ 1700mm$$

中线盒若设在夹层或机房内，其盒底高度距夹层或机房地面不低于300mm。

（2）随线电缆的长度应根据中线盒及轿厢底接线盒实际位置，加上两头电缆支架绑扎长度及接线余量确定。保证轿厢在墩底或撞顶时，不使随线拉紧。在正常运行时，不蹭轿厢和地面；墩底时，随线距坑地面100～200mm。

（3）轿底和井道两电缆支架间的水平间距应不小于：8芯电缆为500mm；16～24芯电缆为800mm。支架上的随线电缆应绑扎牢固，用塑料绝缘线（BV1.5mm²）绑扎，不允许用铁丝或其他裸导线绑扎。

（4）电缆入接线盒应留出适当余量，压接牢固，排列整齐；挂随线前，应将随线自由悬垂，使其内应力消除，但多根随线不宜绑扎成排。

（六）限位开关的安装

限位开关是电梯安全保护装置。当电梯运行到上、下端站发生越程事故时，要起到二级或多级控制保护作用。其型式有独立式和组合式两种。独立式由一套接点构成，起单一作用；组合式由多套接点组成，起多种作用。限位开关的安装要求如下：

（1）碰铁应垂直，偏差不应大于长度的1/1000，最大偏差不大于3mm（碰铁斜面除外）。

（2）开关碰轮应转动灵活、安装牢靠；碰轮与碰铁应能可靠接触，开关触点应可靠动作。开关碰轮的安装方向应符合要求，以防损坏。

（3）限位开关的安装位置：一般交流低速电梯（1m/s 及以下），开关的第一级做为强迫减速，将快速转为慢速运行；第二级应做为限位用。当轿厢因故超过上下端站 50～100mm 时，即切断顺方向的控制回路。

其他各类安全开关，如安全窗、断绳、超载、极限开关等，都必须动作灵活、工作可靠，并按照设计原理图选用常开或常闭接点。

（七）平层感应器安装

（1）平层感应器和开门感应器，安装时应横平竖直，其垂直度误差不大于 1mm。

（2）感应板安装应垂直，插入感应器时宜位于中间，若感应器灵敏度达不到要求时，可适当调整铁板，但与感应器各侧间隙应不小于 7mm。感应板应能上下左右调节，调节后螺栓应可靠锁紧，不得因电梯的正常运行与感应器发生摩擦，严禁碰撞。

（八）楼房指示灯、厅门按钮、轿内操纵盘及指示灯安装

（1）指示灯盒、按钮盒、操纵盘箱应横平竖直，其误差应不大于 4/1000，与门中心偏差不大于 5mm，其两板应盖平。

（2）按钮及开关应灵活可靠，不应有阻塞现象。

（九）机房电气设备安装

（1）控制柜、盘在安装前，应根据图纸检验各电气部件是否完整、有无损坏，如发现有损坏时，应及时提出并处理好。盘柜安装应考虑布置合理，维修方便和巡视安全。一般情况应尽量远离门窗，正面与门窗、墙的距离不小于 600mm。

（2）盘柜应安装在型钢或水泥基础上，不允许直接安在地面上。其垂直度误差应不大于高度的 1.5/1000，水平误差不大于 1/1000，最大总误差不大于 5mm。盘面应在同一平面上。

（3）两台或多台电梯并列，盘柜排列应考虑维修方便、对称及美观的要求。

第三节　电梯的调试与试运转

电梯单项调试及调试前的准备工作与一般电气设备的调试工作大致相似。应注意检查因长途运输及长期存放而引起的接触松动、零件破裂、触点锈蚀、螺丝掉落等情况，并加以处理。

一、电气动作试验

试验主要是确定电梯的操纵盘、楼层按钮、控制屏、选层器各部分安全开关、限位开关等电气设备内、外部接线及其动作的正确性，为电梯的试运转打好基础，其具体方法是：

（1）检查校对全部电气设备的安装及接线，均应正确无误。

（2）测量全部电气设备的绝缘电阻应符合规定要求，并作好记录。

（3）拆下电机及抱闸的电气线路，使它们暂不动作。

（4）按要求上好保险丝，并对时间继电器、热保护元件等需要调整的电气部分进行检查调整。

（5）在轿厢内，按步骤操作操纵盘及楼层按钮或手动模拟选层器、减速开关、限位开关与各种开关相应动作，同时对各种电器系统进行如下检查：

1）对信号系统应检查指示是否正确，光和声响是否正常。

2）对控制及运行系统应通过观察控制屏上继电器及接触器的动作，检查电气的选层、定向、换速、载车、平层等各种性能是否正确，以及门锁、安全开关、限位开关等在系统中的作用，继电器、接触器本身机械与电气联锁是否正常。同时，还要检查电梯运行的起动、制动、换速的延时是否符合要求，以及屏上各种电气元件运行是否正常，有无不正常的振动、噪音、过热、虚接等现象。

二、电梯的主电机及曳引机的空载试运转

主要是确定其运转及传动情况是否正常，润滑系统是否畅通，轴承、轴瓦温升是否正常，联轴节是否合格，为电梯带负荷运转打好基础。

1.试车前的准备工作

应将电梯曳引绳从曳引轮上摘下，恢复接通电气动作试验时所摘除的电机及抱闸线路。单独给抱闸线圈送电，检查闸瓦间隙、弹簧力度、动作灵活程度及磁铁行程是否符合要求，有无不正常的振动及声响，并进行调整，使其符合要求，同时检查线圈温升（应小于60℃）。

2.电机空载试运行

摘去曳引机联轴器的连接螺栓，使电机可单独运行。若为直流电机，要检查其电刷，使其接触良好，位置正确。用手盘动电机，如无卡阻及不正常声响现象时，启动电机使其慢速运行，并随时检查各部运行情况。对轴承的温度要求：油杯润滑不超过75℃；滚动轴承应不超过85℃。如有问题，可随时停车处理；如无问题，试车5分钟后改为快速运行。并对各部分运行情况和温升进行检查。若情况正常，半小时后试运转结束。试车时要对电机空载电流进行测量。

3.曳引机空载试运行

接好联轴器，手动盘车，检查曳引机旋转情况。如情况正常，将曳引机盘根压盖松开，起动曳引机，使其慢速运转，检查各部运转情况。注意盘根处应有油出现。曳引机油的温度不得超过80℃，轴承温度要求相同。如无异常，5分钟后改为快速运行，并继续对曳引机及其他部位进行检查。情况正常，半小时后试运转结束。在试运转的同时，逐渐压紧盘根压盖，使其松紧适中，以每分钟出3～4滴油为宜（调整压盖时，应注意与轴周围间隙一致）。

三、负荷试车

电机及曳引机经过运行无误后，即可进行负荷试车。将曳引绳复位，其操作步骤如下：

1.慢速负荷试车

先将轿厢内装入半载重量，切断控制电源，用手盘车（无齿轮电梯不做此项操作），检查轿厢和对重导靴与轨道配合情况（并对滑动导靴的导轨加油润滑），如果正常，将轿厢置于底层，陆续平稳地加入荷载（一般客梯、医院用梯和额定载重量不大于2t的客梯，载以额定起重量的2倍；其他各种电梯，载以额定起重量的1.5倍），历时10分钟，卸载后对电梯进行全面检查，各承重件不得有任何损坏，曳引绳在绳槽内无滑动现象，制动器能

可靠地刹车。如无异常，方可合闸开车。

在手动盘车或慢速行驶的同时，对梯井内各部位进行检视，主要有以下几个部位：开门刀与各层门地坎之间；各层门锁轮与轿厢底坎之间；平层器与各层铁板之间，限位开关、越层开关等与其碰铁之间；轿厢上下坎两侧端点与梯井壁之间；轿厢与中线盒之间；随线、选层器钢带、限速器钢绳等设备与井道各部之间等。对以上各项，安装位置是否正确，间隙是否合适，动作是否正常，都要进行检查；对不正常处应及时进行调整。同时，在机房内，对选层器上各电气接点位置进行调整，并使其符合要求。

2. 快速负荷试车

电梯经过慢速行驶及相应的调整工作，各部件动作如均已正常，方可快速行驶。第一次开快车时，先用慢速将轿厢停于中间楼层，轿厢内不载人，调试人员在机房内按照操作要求，在控制屏处手动模拟开车（此项工作需由经验丰富的人操作，并有人监护），上下往返数次（暂不到上下端站）。如无问题，试车人员可进入轿厢内操作。试车中，对电梯的起动、加速、换速、制动、平层等进行精确调整，并测试电梯的信号系统、控制系统、运行系统以及各部的安全开关、限位开关、强迫减速开关等保护装置的功用是否正常，并进行调整。对曳引机、抱闸、电机及其电流、温升等进行进一步检查。最后，按工艺标准规定进行测试。电梯各项性能均要符合要求。

在电梯动载试验后，还要进行超载试验，轿厢内载重为额定起重量的1.1倍，在通电持续率为40％的情况下，进行30分钟运载试验。电梯能安全的起动和运行，制动器安全可靠。

3. 电梯平层准确度试验

电梯试运行过程中，应对平层准确度进行试验，分别以空载、额定起重量作运行试验。在底层的上一层、中间层和顶层的下一层分别测量平层准确度，所测数值应符合表13-5规定。

电 梯 平 层 准 确 度　　　　　　　　　　　　表 13-5

电 梯 类 别	额 定 速 度　（m/s）	平层准确度（不超过）（mm）
甲	2，2.5，3	±5
乙	1.5，1.75	±15
丙	0.75，1	±30
	0.25　0.5	±45

第四节　电梯的故障分析及处理

造成电梯事故的原因是多方面的，但归纳起来，主要有以下几方面的原因：

（1）电梯安装质量不合格，给事故留下隐患。

（2）日常维护、修理质量差，常常因忽视小毛病而最终酿成重大事故。

（3）装卸货物不文明，撞伤、损坏轿厢门或其他设备。

（4）电梯操作人员，检修人员素质差，缺乏电梯基本知识，违反操作规程。

（5）乘客随意触动各项安全装置和保险开关等；用户对职工缺乏纪律和安全教育。

（6）维护和检修电梯时，没有采取必要的、可靠的安全措施。

（7）电梯设计不佳或用户选梯型不当等。

电梯综合性事故分析及处理如下：

一、电梯不能正常起动

当电梯不能正常起动时，大致有以下原因：

（1）电动机故障；

（2）电源开关未接通；

（3）安全开关没有复位；

（4）厅、轿门关闭不到位，其联动开关未接通；

（5）厅、轿门联锁开关触点失效或损坏；

（6）安全钳联锁开关动作后还未复位；

（7）井道底坑内，速度控制器张紧装置安全开关发生误动作；

（8）热继电器动作后还未复位。

针对于上述原因，排除故障的方法是：

（1）检查电动机；

（2）接通电源开关；

（3）复位操纵箱、盘上的安全开关；

（4）用手扶正并重新关闭轿、厅门，并使其联锁开关接通；

（5）检查修复或更换已损坏的联锁开关触头；

（6）检查不能复位的原因，并消除之；

（7）重新将行程开关安装到适当位置；

（8）将电梯停止，待热继电器元件冷却后再起动。

二、轿厢只能到顶站和底站，中间各站均不能停止

产生这类故障的原因在于除顶层和底层外，各层楼的分层转换开关动作未到位或已损坏。排除方法是在井道内逐层检查每个分层转换开关，调整、修复或更换已损坏的开关。

三、电梯起动困难

发生这类故障的原因有二：一是电动机有故障或超载；二是道轨松动，在接头处错位，使运行阻力加大甚至导靴无法通过。

排除方法：进行检查，排除故障，校正导轨。

四、电梯起动时轿厢振动过大

这是由于电机在起动时，未串入电抗器绕组作减压起动，或者电机高速绕组起动时串接电抗器匝数过少。

排除方法：调整起动延时继电器，使之能断电延时动作；增加电机起动时高速绕组串接电抗器匝数。

五、电梯由快速运行转入慢行时振动过大

这是由于电机由1000r/m转换为250r/m时，未能串入电抗器绕组作再生制动，造成再生制动力矩过大；或者当电机由1000r/m转换为250r/m时，串接的电抗器绕组匝数过少。

排除方法：调整慢速起动延时继电器，使之能断电延时动作；或增加电机慢速绕组串接的电抗器匝数。

六、轿厢平层精度低，达不到平层要求

发生故障的原因有：

(1) 电机从高速转换为低速时，串入电机低速绕组的电抗器匝数过多，未能产生足够的再生制动力矩，使电梯降至250r/m运行；

(2) 控制平层的上下两个平层感应器与隔碰板距离过大；

(3) 隔碰板安装位置不正确；

(4) 制动器的制动力矩过小。

排除方法：

(1) 调整低速起动延时继电器，使其延时动作时间缩短，减少低速绕组电抗器匝数；

(2) 减少平层感应器与隔碰板的距离；

(3) 调整隔碰板的安装位置；

(4) 调整制动器的主弹簧，使制动器制动力矩适宜。

七、轿厢在某一层或几层楼上行时可平层而下行不平层，或下行可平层而上行不平层

发生故障的原因有：

(1) 井道内平层感应装置的隔碰板没有与感应器安装平行；

(2) 分层转换开关不到位；

(3) 快、慢车接触器触头烧蚀或线圈存在剩磁。

排除方法：

(1) 调整隔碰板，使其上、下两端均插入感应器中；

(2) 检查转换开关的安装位置；

(3) 打磨触头或更换线圈。

八、轿厢有两次以上反平层

出现故障的原因有：

(1) 制动器制动力矩不够；

(2) 上、下平层感应器与隔碰板距离太小；

(3) 主接触器及平层中间继电器动作迟缓。

排除方法：

(1) 调整主弹簧或更换主弹簧；若为制动轮或制动带磨损，则应更换制动轮或制动带；

(2) 增大隔碰板与感应器之间距离；

(3) 接触器、继电器铁芯吸合面上油污过多，应断电清洗或更换元件。

九、轿厢上行或下行碰撞极限开关

产生故障的原因：

(1) 极限开关失灵；

(2) 极限开关撞块或限位开关位置安装不合理；

(3) 对重的重量过轻或过重；

(4) 平层感应器失去作用。

排除方法：

(1) 检查并修复极限开关；

（2）重新调整极限开关撞块和限位开关的安装位置；

（3）按对重系数配好对重；

（4）更换舌簧管；更换永久电磁铁；减少舌簧管与永磁铁之间的距离。

十、运行时轿厢抖动或有摩擦声

产生故障的原因：

（1）曳引轮绳槽磨损呈畸形且不相等；

（2）曳引钢丝绳有断股或其中1～2根钢丝绳断丝严重，或各根钢丝绳张紧力悬殊太大；

（3）导轨工作面有杂物；

（4）井道两边导轨工作面之间的间隙过大；

（5）靴衬磨损间隙加大，使轿厢运行时有晃动；

（6）减速器的蜗轮磨损，侧隙加大或轴承磨损。

排除方法：

（1）曳引轮绳槽重新车制或更换曳引轮；

（2）更换钢丝绳；调整绳头弹簧压缩量，使各根钢丝绳受力相等；

（3）清洗导轨，清除其表面的杂物并涂抹黄油；

（4）调整导靴，保证正常顶隙；

（5）更换新靴衬；调整嵌片式靴衬的侧衬；

（6）若齿厚磨损为15%左右时，可降低蜗轮中心高，减少齿侧间隙或更换蜗轮，更换轴承，调好间隙，加足润滑油。

十一、轿顶轮发热和产生噪声及振动

产生故障原因有：

（1）轴承少润滑油；

（2）轴承间隙过大；

（3）轿顶轮安装不良或螺栓松动。

排除故障方法：

（1）加润滑油；

（2）更换铜套；

（3）重新校正，并采用弹簧垫圈防松。

十二、轿厢在额定速度下运行时安全钳也动作

故障产生的原因有：

（1）速度控制器有故障；

（2）安全钳复位弹簧过软；

（3）导轨产生位移，使安全钳与导轨之间的间隙变小。

排除方法：

（1）去除掉钢丝绳上过多的润滑油；调整压簧的压缩量或更换失效的弹簧，增大作用在压绳舌上的力，加足重锤，使张紧绳张力合格；

（2）重新调整弹簧或更换弹簧；

（3）检查校正导轨，打磨接头，消除台阶，保证正常间隙。

十三、轿厢下滑溜车

故障产生的原因：

（1）轿厢负荷过大；

（2）对重过轻；

（3）制动力矩过小；

（4）曳引钢丝绳上润滑油过多，使钢丝绳在槽内打滑；

（5）曳引轮绳槽变形。

排除方法：

（1）减载至额定值；

（2）将对重加至额定值；

（3）调整清洗或更换制动轮；调整或更换主弹簧；更换制动带或已磨损的销轴；

（4）清洗钢丝绳上多余的润滑油；

（5）重新车制绳槽或更换曳引轮。

十四、轿厢不按所需方向行驶

故障产生原因：

（1）转换开关失灵；

（2）在检修电机时，接错电机的相序。

排除方法：

（1）更换坏的开关；调整开关安装位置；

（2）按正确相序接线。

十五、按动召唤按钮时轿厢内信号灯不亮、发声装置不响

故障发生的原因：

（1）召唤按钮有故障；

（2）线路不通；

（3）灯丝烧断；

（4）发声装置有故障。

排除方法：

（1）检查各线接头，看是否有错接漏接；

（2）检查线路和信号继电器；

（3）更换灯泡；

（4）检查蜂鸣器的线路、振动片和磁铁间有无异物。

十六、照明和楼层信号不完善

故障产生原因：

（1）灯泡灯丝烧断；

（2）开关故障或电路不通；

（3）转换开关失灵。

排除方法：

（1）更换灯泡；

（2）更换开关或检修线路；

（3）检修或更换开关。

十七、曳引钢丝绳相互摩擦加剧断丝发生

故障产生原因：

（1）安装曳引机时，曳引轮与对重轮或轿厢轮的平面误差太大；

（2）未装导向夹板。

排除方法：

（1）调整曳引机；

（2）安装导向夹板，且夹板距曳引轮中心1.5m。

十八、开关门速度明显降低或跳动

故障产生原因：

（1）门机电动机励磁线圈串联电阻过小；

（2）电阻丝折断；

（3）皮带打滑；

（4）门机钢丝绳打滑，使门移动呈跳跃式。

排除方法：

（1）适当增加电阻值；

（2）更换电阻；

（3）调整皮带轮偏心轴或电动机底座螺栓；

（4）清除门机钢丝绳上多余润滑油；把绳滑轮加宽，使钢丝绳在滑轮上缠绕两圈。

十九、开关门速度过快

故障产生的原因：

门机电动机励磁线圈串联电阻值过大。

排除方法：

适当减少电阻值。

二十、线路正常轿厢忽走忽停

故障产生的原因：

用锡焊接的接头因长期振动而出现松动，使线路忽通忽断或受热后又断开。

排除方法：

重新焊接，防止虚焊和假焊产生；改焊接为螺栓联接。

二十一、制动轮发热

故障产生原因：

（1）电磁铁芯有剩磁，使制动瓦与制动轮时有接触；松闸时，制动瓦没有均匀地离开制动轮；

（2）线圈中有断线或烧毁，电磁力减小；

（3）活动铁芯间隙过大，使开闸力减小，致使松闸迟缓或使闸瓦呈半脱开状态；

（4）电动机轴串动量过大，使制动轮串动且发生跳动，在开车时使制动轮摩擦加刷。

排除方法：

（1）对铁芯作退磁处理；调整制动瓦螺钉，使其与制动轮完全贴合；更换太软或已

失效的制动瓦补偿弹簧；

(2) 更换线圈，加强防潮措施；检查电磁线圈两端电压，使其在松闸时为满压；

(3) 调整铁芯间隙使在0.5～1mm范围内；

(4) 在电动机轴上加垫片，减小串动量。

二十二、开车后制动器电磁线圈发热或冒烟

故障产生原因：

(1) 可调电阻丝在接点处被压断，使电阻值过小，造成电磁线圈运行电压过高而引起发热。

(2) 加、减速接触器上的常闭触头未动作，使电阻未能串入电磁线圈，导致线圈长期在满压条件下工作。

排除方法：

(1) 更换电阻；

(2) 检查接触器触头和线圈。

二十三、安装不久的电梯曳引轮绳槽很快磨损且不均匀，个别钢丝绳断丝严重

故障产生的原因：

(1) 钢丝绳润滑油太多且在槽内打滑；

(2) 没有及时调整绳头弹簧，个别钢丝绳受力过大；

(3) 导轨接头错位，运行阻力突然加大，钢丝绳在此时造成蠕动；

(4) 曳引机基础未固定，造成浮动安装，在长期使用中产生位移，使钢丝绳打绞；

(5) 曳引轮材料不合格。

排除方法：

(1) 润滑要适量，不能过分；

(2) 新安装电梯，每周检查一次绳头弹簧，调整使其受力一致；

(3) 修正导轨接头；

(4) 曳引机基础应固定，按规定安装；

(5) 曳引轮材质为QT60-2球墨铸铁。

二十四、轿厢歪斜

故障产生的原因有：

(1) 导靴靴衬磨损不均匀；

(2) 导轨安装偏斜；

(3) 轿厢安装偏斜。

排除方法：

(1) 更换靴衬；

(2) 校正导轨；

(3) 放松连接螺栓，让其自然校正后，再扭紧连接螺栓。

思 考 题 与 习 题

13-1 简述电梯的工作原理。

13-2 电梯有哪些分类？

第十四章 机 床 安 装

金属切削机床（简称机床）是用刀具或磨具对金属工件进行切削加工的机器，是机械制造和机械加工工厂的主要生产设备。在机械企业中，它约占设备总数的60～70%。我国每年需要安装和移装的机床超过20万台。机床安装是机床投入生产前的主要工程项目。机床安装质量的高低直接影响到机床加工的产品质量、经济效益和机床的使用寿命。因此在机床安装中，必须严密组织、精心施工，正确地进行机床安装，确保机床安装的工程质量。

根据机床的基础形式、固定方法、结构特点、安装调整方式和安装数量不同，机床安装可分为多种类形：

(1) 按安装基础形式不同，可分为混凝土地坪安装和单独基础安装。前者用于普通精度的中、小型机床安装，对部分中、小型精密机床，只要远离振源，也可安装在混凝土地坪上。后者用于大型、重型和要求较高的精密机床、高精度机床的安装。

(2) 按安装中是否使用地脚螺栓固定，分为有地脚螺栓安装和无地脚螺栓安装。前者用于大型、重型、部分中型及其他干扰力较大的机床安装。后者用于小型、轻型、部分中型及干扰力较小的机床安装。

(3) 按机床结构特点不同，可分为整体安装和组合安装。一般中、小型机床的各个部件都装配在整体的床身或底座上，其安装方式属于整体安装。大型机床、重型机床、联动机床(组合机床自动线)等，由于受运输条件限制，机床大型部件之间或机床与机床之间需要在安装时进行组合装配，或按规定的位置、标高进行安装调整时，都属于组合安装。

(4) 机床按安装后不再经常调整和安装后需要定期调整，可分为一次性调整安装和经常性调整安装。一般中、小型普通机床在安装时进行调整，安装结束后用混凝土或砂浆抹面并固定垫铁，属于一次性调整安装。要求较高的精密机床、高精度机床、大型机床、重型机床等，为减小因基础不均匀沉降和因温度变化引起机床的变形，需要定期对机床的安装精度进行调整，属于经常性调整安装。

(5) 按其安装规模和数量不同，可分为大量安装和零星安装。在新建工厂、车间或扩建厂房时，安装规模较大，机床数量较多时为大量安装。在增添新机床、改变工艺布置和机床移装时，安装规模较小，机床数量较少，为零星安装。

第一节 机 床 概 述

一、机床的分类

机床的品种、类型繁多，其分类方法也很多，常用的分类方法一般有以下几种：

1. 按加工性质和使用刀具不同分类

(1) 车床（C）——用车刀加工内孔、外圆等旋转表面的机床。

（2）钻床（Z）——用钻头来进行钻孔工作的机床。

（3）镗床（T）——用镗刀进行镗孔，用钻头进行钻孔，且对孔精度要求较高，加工工件重量和尺寸较大的孔加工机床。

（4）磨床（M）——用砂轮（或磨料）加工内孔、外圆、平面及特型表面的机床。

（5）齿轮加工机床（Y）——加工齿轮、齿条和蜗轮的机床。

（6）螺纹加工机床（S）——加工螺纹、蜗杆的机床。

（7）铣床（X）——用铣刀加工平面、斜面、槽面及特型表面的机床。

（8）刨（插）床（B）——用刨（或插刀）刀加工平面、槽面、斜面及特型表面的机床。

（9）拉床（L）——用拉刀加工内孔、键槽及特种内、外型面的机床。

（10）特种加工机床（D）——用电火花及电化学、电热作用、超声波振动能等，加工淬硬钢、硬质合金、陶瓷与玻璃等的机床。

（11）锯床（G）——切割、锉锯各种金属材料的机床。

（12）其他机床（Q）——上述十一类没有包括的机床。

2.按被加工表面的特征分类

（1）圆柱面加工机床——各种车床、钻床、镗床、镗铣床、内外圆磨床、无心外圆磨床等。

（2）平面加工机床——平面磨床、工具磨床、导轨磨床、铣床、刨（插）床等。

（3）齿形面及螺纹面加工机床——各种齿轮加工机床、螺纹磨床、丝杠车床、铲齿车床。

（4）其他加工机床——拉床、坐标镗床、刻线机等。

3.按机床的质量（自重）和其加工工件的大小分类

（1）仪表机床——加工小型工件的机床。

（2）中、小型机床——加工中、小型工件的机床。机床质量≤10t。

（3）大型机床——加工大、中型及较大质量工件的机床。机床质量>10～30t。

（4）重型机床——加工大型及大质量工件的机床。机床质量>30～100t。

（5）超重型机床——加工特大型及特大质量工件的机床。机床质量>100t。

二、机床型号编制方法

机床的种类繁多、规格不一，机床的名称冗长，书写和称呼十分不便，为了使机床产品有计划有目地发展，以便于设计、制造、使用和管理，将不同种类、不同规格、不同特性的机床赋予一个代号（即型号），以示区别。

机床按其产品的工作原理、结构特点、性能及使用范围，划分为车床、钻床、镗床、磨床、齿轮加工机床、螺纹加工机床、铣床、刨插床、拉床、特种加工机床、锯床和其它机床等共十二类。

为编制型号，将每类机床划分为十个组，**每组又划分为十个系（系列）**。组系划分的原则是：在同类型机床中，其结构性能及使用范围基本相同的机床，划分为一组。在同一组机床中，其主要参数相同，并按一定公比排列，工件及刀具本身和相对运动特点基本相同，而且基本结构及布局型式相同的机床，划分为同一系。

机床型号是机床产品的代号，由汉语拼音字母及阿拉伯数字组成。型号中有固定含义的汉语拼音字母按其相对应的汉字字意读音。没有固定含义的按汉语拼音字母读音。

通用机床型号的编制方法如下：

1. 型号的表示方法（见图14-1）

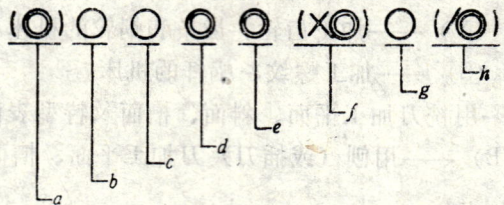

图 14-1 型号表示方法

a—分类代号(阿拉伯数字)；b—类代号(汉语拼音字母大写)；
c—通用特性、结构特性代号(汉语拼音字母大写)；
d—组系代号(阿拉伯数字)；e—主参数或设计顺序号(阿拉伯数字)；
f—第二主参数(阿拉伯数字)；g—重大改进顺号(汉语拼音字母大写)；
h—同一机床变型代号(阿拉伯数字)

注：1. 有"（ ）"的代号或数字，当有内容时，则不带"（ ）"，无内容时，不表示；
2. 有"○"符号者，为大写的汉语拼音字母；
3. 有"◎"符号者，为阿拉伯数字。

2. 机床的类代号

用大写汉语拼音字母表示。当需要时，每类可分若干分类，分类代号在类代号之前，作为型号的首位。用阿拉伯数字表示。但第一分类不予表示。机床类和分类代号见表14-1。

机床类代号　　　　　　　表 14-1

类别	车床	钻床	镗床	磨		床	齿轮加工机床	螺纹加工机床	铣床	刨插床	拉床	特种加工机床	锯床	其他机床
代号	C	Z	T	M	2M	3M	Y	S	X	B	L	D	G	Q
读音	车	钻	镗	一磨	二磨	三磨	牙	丝	铣	刨	拉	电	割	其

3. 机床的特性代号

用大写汉语拼音字母表示，位于类代号之后。

（1）通用特性代号　当某类机床，除普通型式外，还有如表14-2所列通用特性时，在类代号之后加通用特性代号以示区别。

机床通用特性代号　　　　　　表 14-2

通用特性	高精度	精密	自动	半自动	数控	加工中心 （自动换刀）	仿形	轻型	加重型	简式
代号	G	M	Z	B	K	H	F	Q	C	J
读音	高	密	自	半	控	换	仿	轻	重	简

（2）结构特性代号　对主参数值相同而结构、性能不同的机床，在型号中加结构特性代号予以区别。其代号用大写汉语拼音字母表示。根据各类机床的具体情况，对某些结构特性代号，可以赋予一定含义，但在型号中没有统一的含义，只在同类机床中起区分结

构、性能不同的作用。当型号中有通用特性代号时，结构特性代号排在通用特性代号之后。结构特性代号使用A、D、E、L、N、P、R、S、T、U、V、W、X、Y等字母表示。当上述字母不够用时，可将两个字母组合使用，如AD、AE、AN……等。

4．机床的组系代号

用两位阿拉伯数字表示，位于类代号或特性代号之后。

5．主参数表示方法

它用折算值表示，位于组系代号之后。当折算值大于1时，则取整数，前面不加"0"；当折算值小于1时，则以主参数值表示，并在前面加"0"。

6．第二主参数的表示方法

（1）以长度单位表示的第二主参数。当机床的最大工件长度、最大车削长度、最大磨削长度、最大刨削长度、工作台面长度、最大跨距、最大磨深度等以长度单位表示的第二主参数的变化，将引起机床的结构、性能发生较大变化时，为了区分，可以将第二主参数列入机床型号的后部，并用"×"分开，读作"乘"。凡属长度（包括跨距、行程等）的，采用"$\frac{1}{100}$"的折算系数；凡属直径、深度、宽度的，采用"$\frac{1}{10}$"的折算系数（出现小数的可以化整）；属于厚度等，则以实际的数值列入型号。

（2）当需要以轴数和最大模数作为第二主参数列入型号时，其表示方法与以长度单位表示的第二主参数相同，并以实际的数值列入型号。

7．机床的重大改进顺序号

当机床的结构、性能有重大改进和提高，并须按新产品重新设计、试制和鉴定时，在机床型号之后，按A、B、C……等汉语拼音字母的顺序选用（但"I、O"两字母不得选用），加入型号的尾部，以区别原机床型号。

机床统一名称和类、组系的划分见表14-3。

通用机床型号示例：

【例1】　最大棒料直径为50mm的六轴棒料自动车床，其型号为：C2150×6。

【例2】　最大钻孔直径为50mm，最大跨距为1600mm的摇臂钻床，其型号为：Z3050×16。

【例3】　最大磨削直径为500mm的高精度万能外圆磨床，其型号为：MG1450。

【例4】　最大工件孔径为200mm的摆式轴承内圈沟磨床，其型号为3M1120。

【例5】　工作台面宽度为630mm的单轴坐标镗床。其型号为T4163。经过第一次重大改进后型号为：T4163A。经过第二次重大改进后的型号为：T4163B。依此类推。

【例6】　工作台面宽度为500mm，基本结构和布局型式与卧式铣镗床相似的卧式铣镗加工中心，其型号为：TH6150。

第二节　机床平面布置与排列

机床的平面布置与排列是机床安装前的技术准备之一。一般由设计部门或甲方单位提供资料。合理的机床平面布置可以缩小机床占地面积，保证机床加工精度，提高生产效率，方便产品的运输周转，改善工人操作条件，同时也有利于安全生产和机床维修。

表 14-3

金属切削机床统一名称和类、组、系划分表

一、车床类 C

组	系 00~09	系 10~19	系 20~29	系 30~39	系 40~49
0 仪表车床	00 01 02 03 仪表车床 04 精整车床 05 仪表车床 06 07 卧式车床 08 无丝杠车床 09				
1 单轴自动车床		10 主轴箱固定自动车床 11 单轴纵切自动车床 12 单轴横切自动车床 13 单轴转塔自动车床			
2 多轴自动、半自动车床			20 多轴棒料自动车床 21 多轴卡盘自动车床 22 23 多轴棒料自动车床 24 25 26 多轴卡盘可调半自动车床 27 立式多轴半自动车床 28 29 立式多轴半自动车床		
3 回转、转塔车床				30 回轮车床 31 滑鞍转塔车床 32 滑枕转塔车床 33 34 35 横移转塔车床 36 37 立式转塔车床 38 39 立式转塔车床	
4 曲轴及凸轮轴车床					40 旋风切削曲轴车床 41 万能曲轴车床 42 曲轴主轴颈车床 43 曲轴连杆轴颈车床 44 45 46 多轴凸轮轴车床 47 48 49 凸轮轴车床 凸轮轴端轴颈车床 凸轮车床
5 立式车床	50 51 52 53 单柱立式车床 54 单柱移动立式车床 55 工作台移动立式车床 56 57 双柱立式车床 58 定梁双柱立式车床 59				
6 落地及卧式车床	60 落地车床 61 卧式车床 62 马鞍车床 63 64 65 66 67 68 69 卧式车床				
7 仿形及多刀车床	70 转塔仿形车床 71 仿形车床 72 73 74 卡盘仿形多刀车床 76 立式多刀车床 77 卧式多刀车床 78 79 卧式仿形多刀车床				
8 轮、轴、辊、锭及铲齿车床	80 车轮车床 81 车轴车床 82 轴辊曲拐销车床 83 84 85 车轴颈辊锭车床 86 87 轮辗车床 88 89 铲齿车床				
9 其他	90 落地镗车床 91 多用车床 92 单能半自动车床 93 94 95 96 97 98 99 活塞环专用仿形车床				

二、钻床类 Z

组	系 00~09	系 10~19	系 20~29	系 30~39	系 40~49
0 立式钻床	00 01 立式钻床 02 03 04 可调多轴立式钻床 05 立式排钻立式钻床 06 07 立式钻床 08 09 升降十字工作台立钻				
1 坐标镗钻床		10 台式坐标镗钻床 11 卧式坐标镗床 12 卧式坐标镗床 13 14 15 立式转塔坐标镗钻床 16 17 18 19 龙门坐标镗钻床			
2 深孔钻床			20 深孔钻床 21 深孔钻床 22 23 24 25 26 铣钻床 27 28 29 铣钻床		
3 摇臂钻床				30 摇臂钻床 31 万向摇臂钻床 32 车式摇臂钻床 33 34 35 滑座万向摇臂钻床 36 37 移动万向摇臂钻床 38 39 移动万向摇臂钻床	
4 台式钻床					40 台式钻床 41 工作台台式钻床 42 可调多轴台式钻床 43 44 45 46 转塔台式钻床 47 48 49 台式钻床
5 立式钻床	50 51 52 53 转塔立式钻床 54 可调多轴立式钻床 55 立式排钻立式钻床 56 57 立式钻床 58 升降十字工作台立钻 59				
6 卧式钻床	60 台式铣钻床 61 卧式铣钻床 62 卧式钻床 63 64 65 66 67 68 69 卧式钻床				
7 铣钻床	70 台式铣钻床 71 铣钻床 72 73 74 铣钻床 75 十字工作台立式铣钻床 76 77 78 79 铣钻床				
8 中心孔钻床	80 中心孔钻床 81 中心钻孔床 82 平端面中心孔钻床 83 84 85 86 87 88 89 中心孔钻床				
9 台式钻床	90 台式钻床 91 工作台台式钻床 92 可调多轴台式钻床 93 94 95 96 97 98 99 台式钻床				

三　镗床类　T

系＼组	0	1	2	3	4	5	6	7	8	9
2（深孔镗床）		深孔钻镗床	深孔镗床							
4（坐标镗床）	坐标镗床	单柱坐标镗床	双柱坐标镗床				卧轴坐标镗床			
5（立式镗床）	立式镗床	立式镗床	坐标立式镗床							
6（卧式镗床）	卧式镗床	卧式铣镗床	落地镗床	落地镗铣床	短床身落地镗铣床		卧式铣镗床	刨台卧式铣镗床		
7（精镗床）	单轴卧式精镗床	双面卧式精镗床	立式精镗床	十字工作台立式精镗床	卧式精镗床					
8（汽车拖拉机修理用镗床）	气缸镗床	缸体轴瓦镗床	连杆瓦镗床	制动蹄镗床	制动鼓镗床	气门座镗床				

四　磨床类　M

系＼组	0	1	2	3	4	5	6	7	8	9
0（仪表磨床、刀具磨床）	仪表磨床			抛光机						
1（外圆磨床）	无心外圆磨床	宽砂轮无心外圆磨床	万能外圆磨床	多片砂轮架外圆磨床			端面外圆磨床	宽砂轮外圆磨床	多片砂轮外圆磨床	
2（内圆磨床）	内圆磨床	内圆磨床	立式行星内圆磨床	立式行星内圆磨床	深孔内圆磨床	立式内孔圆磨床	坐标内圆磨床		立式内圆磨床	
3（砂轮机）	落地砂轮机	悬挂砂轮机	台式砂轮机	除尘砂轮机						
5（导轨磨床）	落地导轨磨床	悬臂导轨磨床	龙门导轨磨床							
6（刀具刃磨床）	万能工具磨床	拉刀刃磨床	车刀刃磨床	滚刀刃磨床	钻头刃磨床	插齿刀刃磨床	圆锯片刃磨床		矿井钻头刃磨床	盘刀盘磨
7（平面及端面磨床）	卧轴矩台平面磨床	卧轴矩台平面磨床	立轴矩台平面磨床	卧轴圆台平面磨床	立轴圆台平面磨床	立轴双端面磨床	卧轴双端面磨床			
8（曲轴、凸轮轴、花键轴及轧辊磨床）	曲轴主轴颈磨床	曲轴主轴颈磨床	曲轴磨床	凸轮轴磨床	花键轴磨床	轧辊磨床				
9（工具磨床）	工具曲线磨床	圆规板牙铲磨床	丝锥沟槽磨床	锥齿轮刀磨床	钻头磨床	丝锥磨床			成形磨床	

类 2M 磨床

组（系）	组名	0	1	2	3	4	5	6	7	8	9
10	超精机	内圆超精机		内圆超精机	外圆超精机	外圆超精机	端面超精机	端面超精机	平面超精机	半面超精机	
20	内、外圆珩磨机	卧式内圆珩磨机	卧式内圆珩磨机	立式内圆珩磨机	龙门珩磨机	外圆珩磨机		外圆珩磨机			
30	平面、球面珩磨机	平面珩磨机		立式内圆研磨机	球面珩磨机						
40	抛光机	半导体抛光机	内圆抛光机	内圆抛光机		曲面板抛光机		钢带抛光机			
50	砂带抛光及磨削机床	无心砂带抛光机	外圆砂带抛光机	平面砂带抛光机			凸轮轴砂带磨床	无心砂带磨床	平面砂带磨床	砂带抛光机床	
60	刀具刃磨及研磨机床	圆板牙刃磨床		车刀刃磨研床	梳铣刀刃磨床	丝锥刃磨床	铰刀刃磨床	皮刃研磨床			
70	可转位刀片磨削机床	可转位刀片双端面研磨床	可转位刀片磨床	可转位刀片周边倒刃磨床	剪切刀片磨床						
80	研磨机	平面研磨机	平面研磨机	内外圆研磨机	立式双盘内圆研磨机	曲盘内圆研磨机	中心孔研磨机				中心孔研磨机
90	其它磨床	螺旋面磨床	多用磨床		立式万能磨床	万能磨床					

类 3M 磨床

组（系）	组名	0	1	2	3	4	5	6	7	8	9
00	球轴承套圈沟磨床	轴承套圈端面沟磨床	摆式轴承内圆沟磨床								
10	球轴承套圈沟磨床	轴承套圈端面沟磨床	摆式轴承内圆沟磨床	球面轴承内圆沟磨床	轴承外圆沟磨床	球面轴承内圆沟磨床	球面轴承内圆沟磨床	轴承外圆沟磨床			
20	滚子轴承套圈滚道磨床	轴承套圈内圆磨床	轴承套圈内圆滚道磨床	轴承套圈外圆挡边磨床	轴承套圈内圆滚道端面磨床	球面轴承内圆滚道磨床	球面轴承内圆滚道磨床	轴承外圆滚道挡边磨床	轴承内圆滚道挡边磨床		
30	轴承套圈超精机	轴承套圈内圆滚道超精机	轴承内圆沟超精机	轴承外圆沟超精机	轴承内外圆沟超精机						
40	滚子及钢球加工机床	球面滚子无心磨床	圆柱滚子球形端面磨床	圆柱滚子端面磨床	圆柱滚子球形端面研磨机	钢球粗磨床	钢球磨床	钢球研磨床	钢球精磨床	钢球无心磨床	
50	叶片磨削机床	横磨叶片背仿形磨床	纵磨叶片仿形磨床	叶片盆背仿形磨床		叶片根部倒角磨床	叶片前后缘仿形磨床	滚子端面精头磨床			
60	滚子超精及磨削机床	圆锥滚子无心磨床	圆柱滚子无心超精机		滚子端面超精机						
80	气门、活塞及活塞环磨削机床	气门座面斜楞磨床	气门座面斜楞磨床		活塞环端面磨床		活塞环外圆磨床	活塞销外圆磨床	活塞环端面超精机	活塞环超精机	
90	汽车摩托车修缸机床	气缸平面修磨机	曲轴修磨机		气门修磨机	气门座圈修磨机		气缸折片平面修磨机	气缸折片平面修磨机		

284

五、齿轮加工机床 Y

组	系	名称
仪表齿轮加工机	00	小模数轴齿轮滚齿机
	03	小模数齿轮铣齿机
	04	小模数端面齿轮滚齿机
	05	小模数齿轮插齿机
	06 07 08 09	小模数齿轮刨齿机 / 小模数齿轮抛光机
花键轴铣床	10 11	花键轴铣床
	12	万能花键轴铣床
锥齿轮加工机	20	弧齿锥齿轮磨齿机
	21	弧齿锥齿轮粗切机
	22	弧齿锥齿轮铣齿机
	23	直齿锥齿轮刨齿机
	24	直齿锥齿轮铣齿机
	25	锥齿轮研齿机
	26	锥齿轮粗切机
	27	直齿锥齿轮刨齿机
	28	锥齿轮拉齿机
滚齿机	30	滚齿机
	32	螺线滚齿机
	33	非圆齿轮滚齿机
	34 35	卧式滚齿机 / 双轴滚齿机
	36	滚齿机
	37	蜗杆滚齿机
	38	端面齿轮滚齿机
	39	链轮滚齿机
剃齿及珩齿机	41	立式剃齿机
	42	剃齿机
	44	轴齿轮剃齿机
	46	螺杆珩齿机
	47 48	珩齿机
插齿机	50	插齿机
	53	非圆齿轮插齿机
	54	扇形齿轮插齿机
	55	人字齿轮插齿机
	56	齿条插齿机
键轴铣床	60	花键轴铣床
	61	花键轴铣床
	62	万能花键轴铣床
磨齿机	70	蝶形砂轮磨齿机
	71	锥形砂轮磨齿机
	72	蜗杆砂轮磨齿机
	73	大平面砂轮磨齿机
	74	成形砂轮磨齿机
	75	内齿轮磨齿机
	76	摆线磨齿机
其它齿轮加工机	80	车齿机
	84	人字齿条铣齿机
	85	人字齿轮铣齿机
	86	人字齿轮刨齿机
	87	人字齿轮刨齿机
	88	弧面蜗杆刨齿机
	89	蜗杆砂轮修磨床
齿轮倒角及检查机	90	锥齿轮淬火机
	91	轴锥齿轮淬火机
	92	锥齿轮倒角机
	93	齿轮倒角机
	94	齿轮滚动检查机
	99	齿轮噪声检查机

六、螺纹加工机床 S

组	系	名称
立式升降台机	04	立式升降台机
套丝机	30	套丝机
攻丝机	40	台式攻丝机
	41	立式攻丝机
	42	螺母攻丝机
	44	卧式攻丝机
	45	板牙攻丝机
	46	钻孔攻丝机
螺纹铣床	60	丝杠铣床
	61	短螺纹铣床
	62	短螺纹铣床
	63	蜗杆铣床
螺纹磨床	70	滚刀
	71	丝锥磨床
	72	丝锥磨床
	73	万能螺纹磨床
	74	螺丝磨床
	75	内螺纹磨床
	77	蜗杆磨床
螺纹车床	80	螺丝杠车床
	83	螺母车床
	84	螺纹车床
	87	螺纹车床
	88	丝锥螺纹车床
	89	短螺纹车床
攻丝机	90	台式攻丝机
	91	立式攻丝机
	92	螺母攻丝机
	93	卧式攻丝机
	97	钻孔攻丝机

七、铣床类 (X)

组	组名称	系	机床名称
0	仪表铣床	05、06	卧式台铣床
		07	立式台铣床
1	悬臂及滑枕铣床	10	悬臂铣床
		11	悬臂镗铣床
		12	悬臂磨铣床
		13	定臂铣床
		16、17	卧式滑枕铣床
		18、19	立式滑枕铣床
2	龙门铣床	20	龙门铣床
		21	龙门镗铣床
		22	龙门磨铣床
		23	定梁龙门铣床
		24、25	移动龙门铣床
		26、27、28	落地龙门铣床
		29	筐动龙门铣床
3	平面铣床	30	圆台铣床
		31	立式平面铣床
		32	单柱平面铣床
		33、34	双柱平面铣床
		35	双端面铣床
		37、38	落地端面铣床
4	仿形铣床	41	平面刻形铣床
		42	立体刻模铣床
		43、44	平面仿形铣床
		45、46	立体仿形铣床
		47	叶片仿形铣床
		48、49	立式叶片仿形铣床
5	立式升降台铣床	50、51、52	立式摇臂升降台铣床
		53、54	万能摇臂升降台铣床
		55、56	转塔升降台铣床
		57	万能滑枕升降台铣床
		58	圆弧铣床
6	卧式升降台铣床	60	卧式升降台铣床
		61	万能升降台铣床
		62	万能回转头升降台铣床
		63、64、65	卧式滑枕升降台铣床
7	床身式铣床	70、71	床身铣床
		72	转塔床身铣床
		73、74、75	立式床身移动铣床
		76、77、78	卧式床身移动铣床
8	工具铣床	81	万能工具铣床
		82	钻头铣床
		83、84、85	立铣刀槽铣床
9	其它铣床	90	六角螺母槽铣床
		91、92	键槽铣床
		93、94、95	轧辊轴颈铣床
		96、97、98、99	转子槽铣床、螺旋桨铣床

八、刨插床类 (B)

组	组名称	系	机床名称
1	悬臂刨床	10	悬臂刨床
		11	仿形悬臂刨床
		12	悬臂磨刨床
		13	悬臂铣刨床
		16	单柱刨床
2	龙门刨床	20	龙门刨床
		21	仿形龙门刨床
		22	龙门磨刨床
		23、24	定梁龙门刨床
		25、26	龙门铣刨床
		27、28	双柱龙门刨床
0	插床	50、51、52	键槽插床
		57、58	刨齿刀插床
6	牛头刨床	60	牛头刨床
		61	仿形牛头刨床
		62	水平移动牛头刨床
		63、64、65、66、67、68、69	落地牛头刨床
7	龙门刨床	70	龙门刨床
		71	仿形龙门刨床
		72	龙门磨刨床
		73、74、75	定梁龙门刨床
		76、77、78、79	双柱龙门刨床
8	过缘及模具刨床	81	板料边缘刨床
		82	过缘刨床
		86、87、88、89	模具刨床
9	其它刨床	91	钢轨道岔刨床
		92	电梯导轨刨床

类 九 拉床 L

系	名称
20	侧拉床
22	双工位侧拉床
31	卧式外拉床
42	连续拉床
51	立式内拉床
52	双滑板立式内拉床
55	双缸立式内拉床
61	卧式内拉床
68	卧式深孔螺旋内拉床
72	双滑板立式外拉床
81	键槽拉床
88	内螺纹拉床
91	汽缸体平面拉床
92	其它
93	连续拉床

组别：侧拉床、卧式外拉床、连续拉床、立式内拉床、卧式内拉床、立式外拉床、键槽及鼹纹拉床

类 十 特种加工机床 D

系	名称
11	超声穿孔机
20	电解外圆磨床
24	电解车刀刃磨床
26	电解万能工具磨床
27	电解立轴圆台平面磨床
28	电解立轴矩台平面磨床
30	电解去毛刺机
31	电解成形机
32	卧式电解成形机
33	叶片电解成形机
41	平面电解刻印机
62	电火花小孔磨床
71	电火花成形穿孔机
76	电火花线切割机

组别：超声加工机、电解磨床、电解加工机、电加工机、电火花磨床、电火花加工机

续表

类	组	系 0	系 1	系 2	系 3	系 4	系 5	系 6	系 7	系 8	系 9
十一、锯床类 G		00	01	02	03	04	05	06	07	08	09
		10	11	12	13	14	15	16	17	18	19
	砂轮片锯床	20	21	22 卧式砂轮片锯床	23	24	25	26	27	28	29
		30	31	32	33	34	35	36	37	38	39
	卧式带锯床	40 卧式带锯床	41	42	43	44	45	46	47	48	49
	立式带锯床	50	51 立式带锯床	52 可倾立式带锯床	53	54	55	56 砂线锯床	57	58	59
	圆锯床	60 卧式圆锯床	61	62 摆式圆锯床	63	64	65 立式圆锯床	66	67	68	69
	弓锯床	70	71 卧式弓锯床	72 立柱卧式弓锯床	73	74	75	76	77	78	79
	锉锯床	80 锉锯床	81	82	83	84	85	86	87	88	89
		90	91	92	93	94	95	96	97	98	99
十二、其他机床类 Q	其他仪表机床	00	01	02	03	04 透镜磨床	05 凸轮加工机	06	07 电表轴尖加工机	08 宝石轴承加工机	09
	管子加工机床	10 管子内螺纹加工机	11 管子切断机	12 管端螺纹加工机	13 管子车丝机	14 管接头切断机	15 管接头锥孔镗床	16 管接头车丝机	17 管接头拧紧机	18 管接头外螺纹加工机	19
	木螺钉加工机	20 木螺钉切口机	21 木螺钉螺纹加工机	22	23	24	25	26	27	28	29
		30	31	32	33	34	35	36	37	38	39
	刻线机	40 圆刻线机	41 长刻线机	42	43	44	45	46	47	48 缩放刻线机	49
	切断机	50 矫正切断机	51 立式车刀切断机	52	53	54	55	56	57	58	59
		60	61	62	63	64	65	66	67	68	69
		70	71	72	73	74	75	76	77	78	79
		80	81	82	83	84	85	86	87	88	89
		90	91	92	93	94	95	96	97	98	99

机床平面布置是将机床的平面图按一定的方式在车间生产区域平面图内进行排列和布置。它与车间平面布置的区别在于，后者还包括了其他设备、仪器和辅助设施的平面布置。机床平面布置的方式主要决定于工厂、车间的生产特点和组织形式，其次决定于机床的大小、质量、精度和安装要求。平面布置应与产品的工艺过程相协调。

一、机床平面布置

1.机床平面布置的基本方式

(1) 按机床类型分类布置方式。将同类型机床布置在一起，组成机群(如车床组、铣床组、磨床组等)。这种布置方式适用于零件品种较多的单件或小批量的生产形式。

(2) 按零件加工工艺顺序的布置方式。依据零件工艺过程的连续性顺序布置机床的顺序。适用于大量、成批生产的车间。机床按生产的主要零件中数量最多、工艺相似的加工顺序布置成流水线。

(3) 混合布置方式。按工艺顺序和按机床类型混合布置，适用于单件或中、小批量生产车间。

(4)依据组成加工工艺过程的布置方式。这种方式既适用于多品种、小批量生产，也适用于大批量生产。成组加工工艺是一种先进的工艺方法和生产准备方法。它是根据零件的结构特点和工艺特征，对工厂、车间的所有被加工零件进行分类编组，同一组的零件要求在同一类机床上，用相同的夹具和机床进行加工。当加工某一种零件转变为加工同一组的另一种零件时，机床不需要重新更换调整，只需对成组夹具、刀夹及刀具本身作适当变更，即可满足加工要求。因此，按成组加工工艺过程确定的机床平面布置，具有明显的优点。

2.平面布置的主要程序

(1) 根据车间的生产特点、组织形式和产品工艺流程初步确定平面布置的基本方式；

(2) 根据所需机床型号、规格制作缩小比例的机床平面图样片，然后进行平面布置的方案设计；

(3) 通过对不同设计方案的分析对比，优选一种相对合理的方案；

(4) 绘制正式平面布置图。

二、机床排列

1.机床排列方式

相邻机床之间按一定位置关系进行安排布置，是机床平面布置方式的具体化，并服从于平面布置的主导原则。根据机床之间相互位置关系，机床与车间厂房纵横向之间的关系，排列方式可分为：

(1) 直线排列；

(2) 横向平行排列；

(3) 纵向平行排列；

(4) 斜向平行排列；

(5) 交错排列。

每种排列均有单行、双行和多行排列。从机床之间相互位置和方向来看，各种排列又可分为面向排列、背向排列和同向排列。机床的各种排列方式见图14-2。

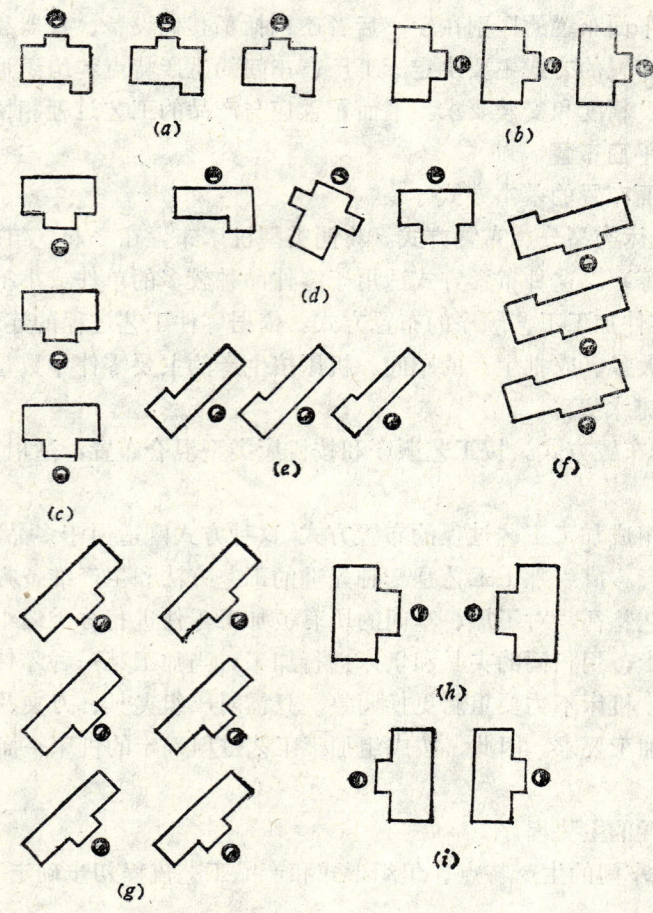

图 14-2　机床排列方式

(a)直线排列；(b)横向平行排列；(c)纵向平行排列；(d)交错排列；(e)横斜向排列；(f)纵斜向排列；(g)双
行斜向排列；(h)面向排列；(i)背向排列

2. 机床排列方式的选择

机床的各种不同排列方式各有特点，采用何种排列方式，主要取决于下列因素：

（1）机床占地面积的限制。各种排列方式的占地面积在机床数量相同条件下是不一样的。一般情况下，斜向平行排列，占地面积相对较少；沿工房长度方向背对背排列，占地面积相对也较少。

（2）零件加工工艺流程。工艺流程是选择机床排列方式的主要依据之一。必须使机床的排列有利于零件加工工艺顺序。

（3）机床规格与加工零件大小和质量。同类型同规格机床常常布置在一起，不同型号、不同规格的机床也可混合排列。以便更有效地利用现有面积。大型、重型机床其加工零件体积大、质量大，一般不受某些机床排列方式的限制，而是布置在零件有利于装卸和吊运的位置上。一般六角车床、自动车床及其他使用细长毛坯材料的机床，通常采用斜向排列方式。

（4）采光条件。根据工房的采光条件合理排列机床，使之有利于机床操作者对零件进行加工和检验。

（5）机床维修要求。选择机床排列方式必须便于维修。即：当机床拆卸、装配时，应留有维修人员进行作业及暂时放置被拆、装机床零件、部件足够的地面和空间。拆装较长的零、部件（如长工作台、丝杠、光杠等）时，要保证不被墙壁、柱及其他机床阻挡。

（6）安全生产要求。在生产过程中，铁屑飞溅、偶尔发生的砂轮破碎飞出、工件甩出等都会给操作者带来危害。在排列机床时，应尽量使操作者的工作位置避开其危险区域。

3.机床排列的一般要求

根据机床在工房平面布置的整体布局和影响机床排列方式的主要因素，在机床进行排列时，也应符合下列要求：

（1）机床与机床之间及机床与墙壁、柱子之间，应保持一定的最小距离。其最小距离分别参见表14-4和表14-5。同时还应根据机床布置和排列方式确定是否便于操作，上下工件和维修距离是否足够。

（2）有单独基础和隔振沟的机床，当靠近墙、柱排列时，应注意机床基础与墙、柱基础之间的距离是否符合要求。

（3）精度较高、对防振要求较严格而又无隔振措施的机床，应离开振动较大的机床一段距离。

（4）设有起重机（吊车）的厂房，在排列较大机床时，机床与墙、柱之间的最小距离，可按起重机轨道中心线至墙、柱距离与起重机吊钩位于极限位置时到起重机轨道中心

机床与机床之间的最小距离　　　　　　　　　　　　　　　表 14-4

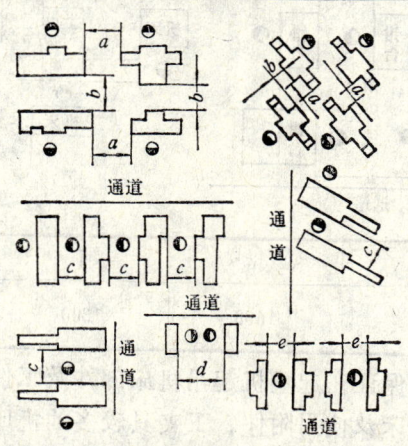

机床与机床间最小距离 (mm)	机 床 平 面 参 考 尺 寸 (mm)			
	小型及轻型机床	中 型 机 床	大型及重型机床	
	800×1800	2000×4000	4000×8000	6000×16000
a	700	900	1500	2000
b	700	800	1200	1500
c	1300	1500	2000	—
d	2000	2500	3000	—
e	1300	1500	—	—

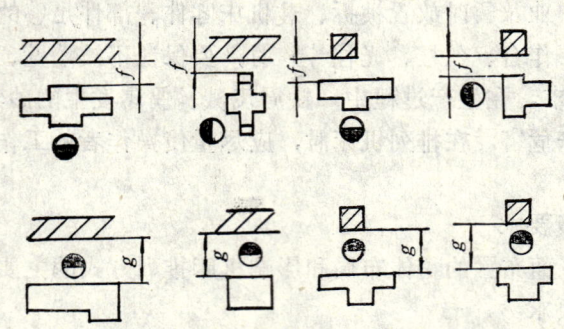

机床与墙柱间最小距离 (mm)	机 床 平 面 参 考 尺 寸 (mm)		
	小型及轻型机床	中 型 机 床	大型及重型机床
	800×1800	2000×4000	4000×8000
f	700	800	900
g	1300	1500	2000

平板与机床、墙、柱之间及钳台之间的最小距离　　　　表 14-6

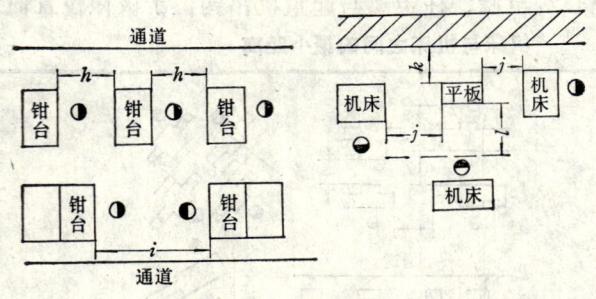

尺寸代号	h	i	j	k	l
最小距离(mm)	900	1600	1300	700	1200

线距离之和来决定。同时要保证在起重机起吊机床部件及工件时有足够的停放位置。

（5）大型机床、精密机床及使用附件、工夹具较多的机床，应在该机床附近预留出相应的放置面积。

（6）床身较长的大型及重型机床，当精度要求较高时，不应靠近厂房的外墙布置，以避免辐射热引起机床导轨精度下降。

（7）立式机床及其他结构高大的机床，不应靠近厂房窗户布置，以避免影响采光。

（8）固定在混凝土地坪上的整体结构（或刚性连接）的机床，不应跨越地坪伸缩缝、沉降缝布置。

（9）划线平板或检验平板与机床、墙、柱之间的最小距离，以及钳工工作台之间的最小距离，参见表14-6。

（10）厂房的高度、起重机（吊车）的高度以及厂房的宽度，应作为机床排列平面布置的参考因素。

第三节 机床基础设计

在机床安装中，基础设计及制作对机床安装调试及使用精度、使用寿命都有很大影响，特别是重型机床和精密机床，对基础的设计要引起足够的重视。

一、对机床基础的一般要求

（1）具有足够的强度、刚度和稳定性。由于基础承受了机床的全部荷载，要保证正常工作，机床基础不产生超限的倾斜、弯曲、扭转和下沉。对一般中、小型机床，只要基础具有一定强度、刚度和稳定性，就能满足使用要求，但对大、重型机床，还应同时考虑支承基础地基的结构和强度。

（2）能满足振动控制要求。基础的振动控制包括隔离外界传来的振动，防止向外界传递振动和控制振动的特性三个方面。这是机床正常工作和保证加工质量要求的必要条件。

（3）有利于增加机床床身的静刚度。具有细长床身的大型及重型机床，床身的结构刚度较差，荷载较大，通过合理的基础设计，静刚度应能提高。

（4）保持基础与机床之间的质量比例适当。质量较大的基础，刚度较高、振动较小，有利于提高机床加工精度。但基础质量增大受诸多因素限制，且又不经济。应合理地保持二者之间的比例关系，即用下式来衡量：

$$基础质量 = K_0 \times （机床质量 + 最大加工工件质量）$$

式中：K_0——比例系数。一般机床取1.1～1.3；重心较高的机床（如插床、立式车床）K_0取1.5～1.7。

二、机床基础设计的主要依据

一般情况下，机床说明书中给出了机床基础图和安装平面图，有的还附有安装指导书。对没有给出基础图等资料的机床，需要单独设计基础，这时应依据下列资料设计：

（1）机床名称、型号、主要参数、精度等级、质量、外形尺寸、电动机功率及传动方法等；

（2）机床辅助设备及电气、管道等布置和固定条件；

（3）机床安装平面布置图；

（4）机床底座与基础接触面的轮廓尺寸、地脚螺栓、预埋件和基础内需要开设的沟、槽、坑及孔的位置尺寸；

（5）机床及加工工件的重力分布、移动部件及移动工件的重力及移动范围；

（6）机床基础允许的倾斜，变形数值；

（7）机床加工精度及机床刚度、稳定性和防振要求；

（8）厂房基础尺寸、埋置深度及地坪构造等。

三、选择基础型式

机床基础型式主要有混凝土地坪基础和单独基础两种。选择基础型式的依据是：机床的安装形式、机床的类型、规格、质量、加工精度和刚度等，加以综合分析，选择一种合理经济的基础。

1.一般混凝土地坪基础

一般混凝土地坪基础比加厚混凝土地坪基础造价低、安装方便、变更工艺布置相对简单，适用于中、小型普通机床和部分精密机床的安装。可以安装在一般混凝土地坪基础上的中、小型普通机床的类型、代表型号和要求参见表14-7。

中小型普通机床安装在混凝土地坪上的要求　　　　表 14-7

机床类型及代表型号	机床质量 (t)	混凝土地坪厚度（mm）			
		混凝土标号	地基土变形模量E_0(kN/m²)		
			$7.845×10^3$	$19.613×10^3$	$39.227×10^3$
卧式机床CW6163，转塔六角车床CQ31125，铲齿车床C8955，半自动车床C7625，仿形车床C7120	<6	100	160	140	120
摇臂钻床Z3050，立式钻床Z575，卧式内拉床L6110	<5	150	160	140	120
外圆磨床M1432，内圆磨床M2150A，平面磨床M7130，无心磨床M1080，曲轴磨床MQ8260	≤6	150	150	130	110
滚齿机Y318，刨齿机Y236，插齿机Y514，剃齿机Y4245	<5	200	150	130	110
立式铣床X5050，卧式铣床X6050，万能铣床X6150	<6	200	140	120	100
牛头刨床B6065，插床B5032	≤3	200	140	120	100

　　注：1.表中所列车床其长度宜小于5.5m。卧式镗床T616也可安装在表列的混凝土地坪上。
　　　　2.表列地坪厚度包括面层在内。垫层混凝土标号不应小于C10，面层混凝土标号不应小于C20，垫层兼面层混凝土标号不应小于C15。
　　　　3.填土压实系数不应小于0.9。
　　　　4.E_0值尽量由现场试验取得。

2.加厚混凝土地坪基础

加厚混凝土地坪基础的加厚方式分为地坪整体加厚和局部加厚两种。它比一般混凝土地坪基础造价高，但刚度增大，同样具有安装方便、变更工艺布置简单的特点。它主要适用于：

（1）不在表14-7所列机床的范围，但又不宜设单独基础的中、小型普通机床和部分精密机床；

（2）集中安装精密机床的厂房；

（3）工艺变动较大，机床类型较多而又受某些条件限制的厂房；

（4）对地坪整体倾斜要求较高的装配线、自动线及柔性制造系统。

加厚混凝土地坪基础厚度推荐不小于300mm。

3.单独混凝土基础

（1）块式单独混凝土基础。它厚度大，刚性好、变形较小，通常设有隔振沟且隔振效果较其他基础好，但造价较高，占地面积较大。主要适用于大型及重型机床、高精度机床和部分精密机床及一些精度较高的普通机床。

（2）普通单独混凝土基础。它结构简单，造价相对较低，基础厚度一般为500～1000mm。适用于机床质量较大的机床。对振动控制要求不严时，可不设隔振沟。对振动控制较严时，则应设隔振沟。

（3）联合基础。它适用于多台同类大型机床或精密机床的安装。几台机床共用一个单独基础，便于统一设计、统一施工，节省安装费用。

单独混凝土基础，除上述三种类型外，还有隔振基础、条形基础和桩基础等，可根据机床的不同类型、特点和要求进行选择。

四、基础尺寸的确定

1. 基础平面尺寸

基础平面尺寸，按机床底座与基础接触面的外廓尺寸确定，同时要考虑机床安装、调整和维修的需要，其平面尺寸都应比机床底座外廓尺寸略大。这样，既便于安装调整又增加了基础刚度。基础平面尺寸确定一般情况如下：

（1）采用可调垫铁（或减振支承）安装机床，基础平面尺寸每边比机床底座增加100～300mm（根据垫铁规格大小确定）。

（2）设地脚螺栓预留孔的基础，其平面尺寸比机床底座增加100～200mm（按地脚螺栓直径和预留孔的大小确定）。

（3）采用膨胀螺栓安装的机床，其平面尺寸每边增加100～200mm（按膨胀螺栓直径确定）。

（4）机床底座是"T"型或"十"字形的机床，基础平面尺寸的短边和长边应每边增加100～300mm，以提高基础整体刚度和稳定性。

（5）立式车床、立式铣床、立式坐标镗床及其它外形尺寸较高的机床，其基础平面尺寸应比一般机床的基础平面尺寸每边增加200～500mm（按机床的外形尺寸确定）。

（6）各类机床的基础平面尺寸，均须按机床底座尺寸每边增加100mm以上。根据实际需要，车床每边增加100～300mm；刨床每边增加100～500mm；磨床每边增加100～700mm；铣床每边应增加200～500mm。

2. 基础厚度及埋置深度

（1）机床基础厚度的确定。机床基础厚度一般由实践经验确定。机床基础厚度的计算式参见表14-8。

机床混凝土基础厚度　　　　　　　　　　表 14-8

序号	机 床 类 别	基础厚度 h (m)	序号	机 床 类 别	基础厚度 h (m)
1	卧式车床	$0.3+0.07L_w$	9	螺纹磨床、齿轮磨床、精密外圆磨床	$0.4+0.10L_w$
2	立式车床	$0.5+0.15H_w$	10	摇臂钻床	$0.2+0.13H_w$
3	铣　床	$0.2+0.15L_w$	11	深孔钻床	$0.3+0.05L_w$
4	龙门刨床	$0.3+0.07L_w$	12	坐标镗床	$0.5+0.15L_w$
5	插　床	$0.3+0.15H_w$	13	卧式镗床、落地镗床	$0.2+0.12L_w$
6	龙门铣床	$0.3+0.075L_w$	14	卧式拉床	$0.3+0.05L_w$
7	内圆磨床、外圆磨床、无心磨床、平面磨床	$0.3+0.08L_w$	15	齿轮加工机床(不包括齿轮磨床)	$0.3+0.15L_w$
8	导轨磨床	$0.4+0.08L_w$	16	立式钻床	$0.3～0.6$
			17	牛头刨床	$0.6～1.0$

注：1. 表中 L_w 为机床外形长度(m)；H_w 为机床外形高度(m)，机床样本或说明书提供。

2. 表中基础厚度系指机床底座下(有垫铁指垫铁下)承重部分厚度。本表只适用于单独基础。

(2) 基础埋置深度的确定。基础埋置深度一般从混凝土地坪算起。基础顶面标高通常与车间混凝土地坪标高相等。此时，基础埋置深度等于基础厚度。由于机床类型和结构不同，机床底座高度差别很大，基础埋置深度直接影响到机床的安装高度和操作高度，因此，基础埋置深度应根据具体情况适当增减。

3. 基础配筋

基础配筋要根据机床基础的具体情况，在基础的顶面、底面四围或横截面削弱变化较大的部位，配置直径为8～14mm，间距150～250mm的钢筋网。

有下列情况之一者，基础需要配筋：

(1) 基础长度大于6m；

(2) 基础的地基软弱或地基土质不均匀；

(3) 基础受力不均匀或受局部冲击；

(4) 基础内坑、槽、洞至边缘净距离小于100mm或基础截面变化悬殊；

(5) 基础平面支承点少，集中应力较大。

五、基础设计计算

机床基础设计计算，一般只做静力计算，即验算作用在基础地基上的静压力能否满足地基上的容许承载力要求。

1. 轴心荷载作用的计算

当荷载作用中心与基础底面形心基本在同一垂直面上时，地基土所受的静压力可看作均布荷载，其计算式为：

$$P = \frac{W}{F} \leqslant [R]$$

式中　P——基础底面轴心受压时的地基土单位面积静压力，kN/m^2；

　　　W——机床、最大加工件、基础和基础上填土总重力，kN；

　　　F——基础底面积，m^2；

　　　$[R]$——地基土容许承载力，kN/m^2或kPa。

上式在基础宽度$\leqslant 1.5m$，且基础埋置深度为$0.5～1.5m$时适用。地基土许容承载力$[R]$按表14-10至表14-15选取。

当基础宽度$>3m$或埋置深度$>1.5m$时，应按上述公式对表内查得的承载力数值进行宽度、深度修正。计算时，如基础宽度$<3m$，则按3m考虑，大于6m则按6m考虑；埋置深度$<1.5m$则按1.5m考虑。此时原式改写为：

$$P = \frac{W}{F} \leqslant R$$

$$R = [R] + m_B \gamma (B-3) + m_D \gamma (D-1.5)$$

式中　R——经宽度和深度修正后的地基土容许承载力，kN/m^2或kPa；

　　　γ——基础底面以下土的天然容重，kN/m^3。一般取$\gamma = 17.65kN/m^3$，地下水位以下取$\gamma = 10kN/m^3$；

　　m_B、m_D——分别为基础宽度和埋置深度的承载力修正系数，按表14-9选取；

　　　B——基础底面宽度，m；

　　　D——基础埋置深度，m。

修 正 系 数 m_B、m_D 表 14-9

土 的 类 别		m_B	m_D
淤泥及淤泥土质，新近沉积粘性土、红粘土、人工填土，e 及 I_L 大于0.9的一般粘性土		0	1.0
老粘土和一般粘性土	粘土、亚粘土	0.3	1.5
	轻亚粘土	0.5	2.0
粉砂、细砂(不包括很湿与饱和状态的稍密粉砂、细砂)		2.0	2.5
中砂、细砂、砾砂和碎石土		3.0	4.0

岩 石 容 许 承 载 力 【R】 (kPa) 表 14-10

岩 石 类 型	风 化 程 度		
	强 风 化	中 等 风 化	微 风 化
硬 质 岩 石	490～980	1471～2451	＞3923
软 质 岩 石	196～490	686～1177	1471～1961

注：对于微风化的硬质岩石，其容许承载力如取用大于3923时，应另行研究确定。

碎 石 土 容 许 承 载 力 【R】 (kPa) 表 14-11

土的名称	密 实 度		
	稍 密	中 密	密 实
卵 石	294～392	490～785	785～981
碎 石	196～294	392～686	686～883
圆 砾	196～294	294～490	490～686
角 砾	147～196	196～392	392～588

注：1.表中数值适用于骨架颗粒空隙全部由中砂、粗砂或硬塑、坚塑状态粘性土所充填。

2.当粗颗粒的中等风化或强风化时，可按其风化程度适当降低容许承载力；当颗粒间呈半胶结状时，可适当提高容许承载力。

老粘性土容许承载力【R】 (kPa) 表 14-12

含水比 v	0.4	0.5	0.6	0.7	0.8
〔R〕	686	596	490	422	373

砂 土 容 许 承 载 力 【R】 (kPa) 表 14-13

土 的 名 称		密 实 度		
		稍 密	中 密	密 实
砾砂、粗砂、中砂(与饱和度无关)		157～216	235～333	392
细砂、粉砂	稍 湿	118～157	157～216	294
	很 湿	—	118～157	196

<h2 align="center">一般粘性土容许承载力〖R〗（kPa）　　　　表 14-14</h2>

塑性指数 I_P		≤10			>10					
液性指数 I_L		0	0.5	1.0	0	0.25	0.50	0.75	1.00	1.20
孔隙比 e	0.5	343	304	275	441	402	363	〔333〕	—	—
	0.6	294	255	226	373	333	304	275	245	—
	0.7	245	206	186	304	275	245	226	196	157
	0.8	196	167	147	255	226	206	186	157	127
	0.9	157	137	118	216	196	177	157	127	98
	1.0	—	118	98	186	167	147	127	108	—
	1.1	—	—	—	147	127	108	98	—	—

<h2 align="center">粘性素填土容许承载力〖R〗（kPa）　　　　表 14-15</h2>

土的压缩模量 E_s(kPa)	6865	4903	3923	2942	1961
〔R〕	147	127	108	78	59

2. 偏心荷载作用下的计算

当荷载作用中心与基础底面形心不在同一垂直线上时，假定基础底面所受的静压力为直线分布，则基础底面边缘处地基土所受最大静压力 P_{max}，其计算式为：

$$P_{max} = \frac{F}{W}\left(1 + \frac{6e_j}{L_j}\right) \leqslant 〔R〕$$

式中　e_j——总荷载 W 作用中心与基础底面形心间的距离，即为偏心距，m；

　　　L_j——基础底面的长度，m。

当基础宽度大于3m或埋置深度大于1.5m时，地基土容许承载力经过宽度和深度修正后，基础底面边缘处地基土所受最大静压力 P_{max} 应不大于地基土承载力的1.2倍（修正后），即：

$$P_{max} = \frac{W}{F}\left(1 + \frac{6e_j}{L_j}\right) \leqslant 1.2R$$

式中 R 与轴心荷载作用的计算公式相同。

【例题】　一台B2010A×30型龙门刨床，机床的总质量 $m_1 = 23.5t$，最大工件质量 $m_2 = 5t$，机床外形长度 $L_W = 6.9m$，宽度 $B_W = 2.07m$，机床的基础平面尺寸见图14-3，

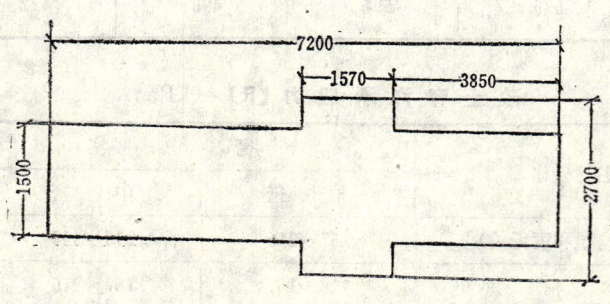

图 14-3　B2010A基础平面图

基础材料选用C15混凝土，地基土为中密、稍湿的细砂土，其容许承载力 按 表8-13 查 得 $[R] = 157\sim216\text{kPa}$。 (1)试确定基础厚度$h$； (2)进行地基承载力核算。

【解】 (1)确定基础厚度h

根据表8-8查得龙门刨床混凝土基础厚度计算式为：

$$h = 0.3\times0.07L_W = 0.3\times0.07\times0.69$$
$$= 0.733 \text{(m)}$$

取$h = 0.8$(m)

(2)地基承载力核算

基础底面积F：

$$F = 7.2\times1.5 + 1.57\times0.6\times2$$
$$= 12.68 \text{(m}^2\text{)}$$

取$F = 12.7$(m²)

基础重力W_3（钢筋混凝土容量按$9.807\times2.5\text{kN/m}^3 = 24.52\text{kN/m}^3$计算）：

$$W_3 = 24.52\times h\times F = 24.52\times0.8\times12.7$$
$$= 249.1 \text{(kN)}$$

机床、工件、基础总重力W：

$$W = W_1 + W_2 + W_3 = gm_1 + gm_2 + W_3$$
$$= 9.807\times23.5 + 9.807\times5 + 249.1$$
$$= 528.6 \text{(kN)}$$

根据公式$P = \dfrac{W}{F} \leqslant [R]$核算：

$$P = \frac{W}{F} = \frac{528.6}{12.7} = 41.62\text{kN/m}^3 < [R] = 157\text{kN/m}^3$$

所以安装地点的地基土完全满足机床基础的要求。

由于机床运转时的动力作用不大，作用于地基土上垂直静压强度也比 较 小，一般为$29\sim69\text{kPa}$。大多数天然地基如砂土类地基、碎石类地基及粘土类地 基的承载能力是它的几倍到几十倍。地基的承载能力一般只要不低于90kPa即可满足。因此对于普通机床 基 础可不必做静力计算。而静力计算主要用于重量大于12t的重型机床、高动负荷机床和 高 精 度机床。若计算结果地基土的容许承载力不能满足要求，除可增大基础底面积F外，还可对地基进行处理。地基处理必须根据其具体的土质条件、基础刚度与机床要求，合理选择基础处理方法。常用地基处理方法有：

(1) 夯实压实。用于杂填土等软弱地基。

(2)换土垫土。当地基持力层软弱时，将软弱层挖去，用人工垫土填补。

(3)碎石加固。在砂土、粘性土地基上夯入碎石，起加固地基作用。

(4) 采用桩基。适用于重型机床的地基。

(5) 加荷预压。是一种有效的地基处理方法，预压荷载可加在地基上，也可加在 基础上，通常采用基础预压法。

六、基础防振

机床的振动即便是微小的，对机床的加工质量都会带来不可忽视的影响。不仅中、小型机床对振动比较敏感，而且大型、重型机床的精度也会受基础振动的影响。随着精密机床工业和精密加工工艺的发展，对机床的防振要求也越来越高。一般认为，解决振动的措施，一是减振，即减小机床及基础的振动和机床的扰动，防止共振，这要通过机床合理的设计来解决。二是隔振，即隔离或减轻外界振源传递给机床，这主要是采取多种隔离措施来解决。基础隔振是基础设计和机床安装的重要内容之一。

1.机床在安装地点上的选择

机床在安装地点上要考虑与公路、铁路及有振源的设备保持一定距离，可参见表14-16。此外，精密机床与振动较大的机床如牛头刨床、插床等还应保持5～10m的距离。

机床安装防振参考距离（m）　　　　　　　　　　　　　表 14-16

振　　源	振 源 特 性	一般机床	精密机床
火　车	国 家 铁 路	100～200	200～300
	厂 内 铁 路	10～30	40～80
汽　车	国 家 公 路	30～50	50～80
	厂 内 公 路	10～20	20～40
压 缩 机	功率≤100kW	30～40	50～70
	功率＝100～250kW	40～60	80～100
锻　锤	＜1t	30～50	50～60
	1～2t	40～60	80～120
	3～5t	50～70	100～250
	≥ 10t	100～200	300～500
压 力 机	＜1000t	20～30	40～70
	1000～5000t	30～60	70～120
	5000～12000t	40～70	100～200

2.在机床基础四周开设隔振沟

在机床基础四周开设隔振沟，因为在固体和孔隙的分界面上，任何振波都不能通过。此方法常用于磨床、精密机床和重型机床。隔振沟的深度一般与机床基础深度相同或再深一些。沟的宽度对隔振效果影响不大，一般采用100mm、150mm和200mm三种。沟内可以填入松散的炉渣、焦渣和木屑等，也可以不填，若填料下沉反而对隔振不利，故以中空为宜。隔振沟的上口一般加木板或塑料盖板，盖板与地坪及基础间应保留一定间隙，不可镶嵌过紧。机床基础隔振沟的常见形式如图14-4所示。

3.基础隔振

它是机床隔振的一种方式，即在基础下部（有时包括侧面）铺设隔振垫层、隔振材料或将弹性支承元件放置在基础底部以支承机床和基础的全部荷载，以减小振动的输入。这种基础称为浮动基础或浮悬式基础。常见的基础隔振方式有下列几种：

（1）砂垫层隔振基础。砂垫层隔振基础是将地基土夯实，而后铺上一定厚度的细砂层（掺少量水泥），其上浇灌钢筋混凝土。采用砂垫层隔振浮动基础，隔振效果与砂垫层厚度有关，在一定范围内，隔振效果与垫层厚度成正比关系。超过这个范围，隔振效果的提高

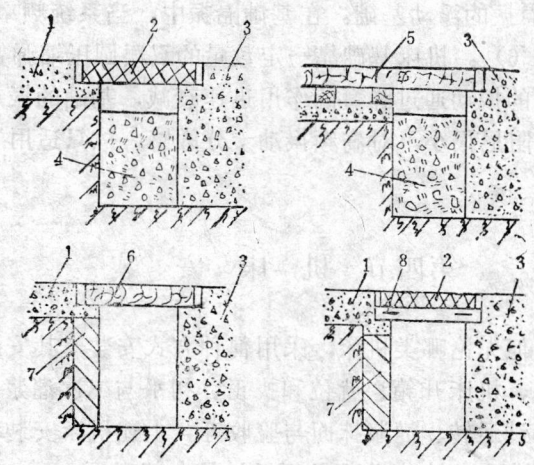

图 14-4　隔振沟形式

1—混凝土地坪；2—塑料盖板；3—机床基础；4—炉渣或其它隔振材料；5—地板或盖板；6—木质盖板；7—砖砌
外壁；8—橡胶垫

渐趋缓慢。继续加厚，隔振效果反而逐渐下降。

（2）铺设隔振材料的浮动基础。将隔振材料铺设在基础下部及四周，这是一种简单有效的基础隔振方法（见图14-5）。常用隔振材料有橡胶、泡沫乳胶、软木（松木、橡

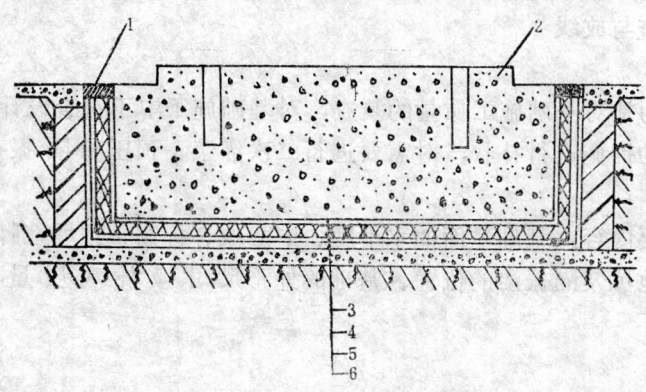

图 14-5　铺设隔振材料浮动基础

1—沥青麻丝；2—基础；3—一毡二油；4—隔振材料；5—二毡三油；6—混凝土垫层

木、云杉等）。施工时，应对隔振材料进行防水、防腐处理，如铺油毡、刷沥青等。铺设隔振材料浮动基础多用于高精度机床和大型精密机床的隔振。采用橡胶隔振材料，由于易老化，此隔振方式只适用于轻型机床基础。

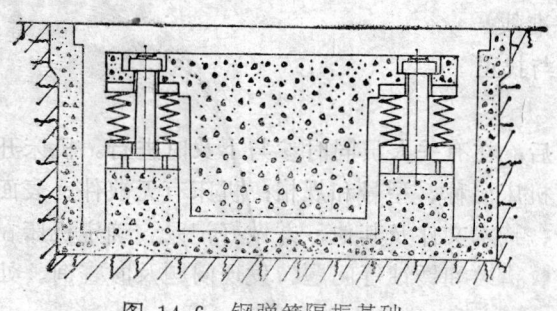

图 14-6　钢弹簧隔振基础

(3) 采用弹性元件隔振的浮动基础。在基础隔振中，当系统频率低于5Hz时，常采用钢弹簧隔振基础（图14-6）。机床基础靠一定数量的双层圆压缩弹簧支承在地坑内的混凝土底座上，使外界传来的振动通过弹簧的作用迅速衰减，基础的振动随之减少。钢弹簧虽然工作可靠，但弹簧的阻尼很小，对高频振动十分敏感，故只适用于系统为低频率的机床。

第四节 机 床 安 装

机床安装方式很多，但无论哪类机床，采用何种方式安装，其安装程序基本是类似的。即：基础检查与放线、机床开箱、就位和找正、初平与二次灌浆、清洗和装配、精平与固定、安装精度调整和试运转、灌浆抹面与验收等。上述机床安装程序是一般机床安装的全过程，并不是每类机床，每次安装都必须经过的全部程序。

机床安装之前，要根据机床说明书和实际情况，制定和选择机床安装的施工方法、施工步骤、检测质量标准和方法、检测工具和安全防护措施等。根据机床技术文件，结合生产实际工艺和现场地质资料，确定和设计机床基础。根据生产方式、生产工艺流程和厂房具体条件，确定机床平面布置和排列方式。

一、机床安装工艺过程

（一）基础检查与放线

1.基础检查

基础检查的目的是对基础施工质量的复查，对基础施工中不符合设计要求和质量要求的部分采取必要的措施进行补救，对需要进行二次灌浆、预压和隔振的基础进行处理。

基础检查的主要内容：基础平面的水平度、中心线、标高、预埋地脚螺栓或预留地脚螺栓孔的距离、地坑及隔振沟的位置、基础的外形尺寸及外观质量等是否符合要求。

2.基础放线

基础放线是在基础检查并确认合格后进行。它是按照施工图并依据建筑物的轴线（或边缘线）测定并标出（用墨水线）机床安装位置的纵、横中心线及其他安装基准线。若基础标高不在同一平面且中心线又较长时，可用经纬仪在中心线上投出若干点，然后分段标出。当基础上埋设了中心标板时，应将点投到中心标板上，打样冲眼标出。有标高要求时，标高基准线按建筑物标高测定。两台以上机床若有相互连接、衔接和排列关系，应按其要求确定共同的安装基准线。

（二）开箱、就位与找正

1.机床开箱

机床开箱应在到货后，在有关人员同时参与下及时进行。机床开箱后，应仔细检查箱号、箱数及包装情况；机床名称、型号和规格；机床有无缺件、表面有无损坏和锈蚀等情况；核对有关技术数据、技术文件及其他，并做好记录。确定机床在制造、装运、保管等过程中有无缺损、漏装、错装和锈蚀等问题。发现问题及时查询、处理和补救，并做好记录。

开箱应从包装箱的顶板开始,然后拆除各侧面板。开箱过程中,应保护机床不被碰损,有防振要求的机床和附件,开箱时应避免过大的冲击和振动。未经清洗和润滑的运动部件,不得移转或转动,以防拉伤配合表面。需清除防锈剂时,应用非金属刮具小心清除。

2.就位

机床就位是将机床搬运或吊装到该机床已确定的基础(位置)上。就位方法依据施工条件、吊装条件、搬运条件及机床的具体条件确定,常用的方法有:

(1)厂房内有桥式起重机时,用桥式起重机进行吊装就位,该方法简单方便、安全可靠。

(2)用叉车将机床从包装箱底排铲起,放到基础上就位,该方法安全方便,但受厂房面积和空间的限制。

(3)将机床水平运到安装基础上,用人字架或三角架挂上手动葫芦把机床吊起,抽去底排,将机床落下就位,该方法操作比较复杂,但适应性广。

(4)利用滚杠、撬杠把机床滚移到安装位置上,然后用千斤顶或撬杠逐步抬起机床,抽出滚杠,垫上垫铁使其就位,该方法费时费力,但简单易行,在缺少吊装条件和起运机具,施工现场受到限制的情况下,是经常采用的一种方法。

以上就位方法,无论采用哪一种,在机床就位的同时,均须垫上垫铁,在机床底座的螺孔内套入预埋地脚螺栓,采用二次灌浆施工方法时,把地脚螺栓置入预留孔内,拧入螺母,以防螺栓落入孔底。

3.找正

机床找正在其就位后进行,其目的是使机床的纵、横中心线或定位基准与基础的中心线、安装基准线对正。有标高要求的机床,适当调整垫铁,使标高符合要求。机床上定位基准的面、线或点对安装基准的允许偏差见表14-17。

机床定位基准对安装基准的允差 表 14-17

项 次	项 目	允 许 偏 差(mm)	
		平面位置	标 高
1	与其它机床无机械的联系	±10	+20 -10
2	与其它机床有机械的联系	±2	±1

找正的方法,一般使用撬杠、垫铁、千斤顶及吊装机具对机床进行水平移动和垂直的调整。找正的过程中,如果调整了垫铁,必须给下道工序找平留有足够的调整余量。机床找正后一般不再作水平调整,必要时,仅作微量调整。

(三)机床初平与二次灌浆

1.初平

初平的目的是将机床基本调整到水平位置,为二次灌浆后的精平打下良好的基础。

机床找平,必须合理选择被测基准。一般要求被测表面应该是经过精加工及最能体现机床安装水平且便于测量的部位。比如机床的工作台面,支承滑动部件的导轨面,机床底座上的平面,夹具、工具的支承面等等。

机床初平过程中,初平前,应检查地脚螺栓、螺母和垫圈、垫铁安放位置和数量是否符合要求。放置测量工具的机床被测面应擦拭干净。初平时，通过调整垫铁来调整机床的水平度。使用垫铁的种类不同，采用调整的方法也不同。使用平垫铁，当机床水平度相差较大时，可将较低一侧的垫铁换成较厚的垫铁。使用斜面垫铁，当水平度相差不大时，可将垫铁逐渐打入或打出，使机床沿斜面升高或降低，当水平度相差较大时，更换斜垫铁。使用可调垫铁，应在垫铁底部加一块与垫铁底面大小相等的钢板，且表面要平整，以增加其接触刚度。对可调垫铁水平度的调整，只需转动螺杆，使调整块沿斜面移动，机床随之升高或降低。当水平度相差较大时，可更换垫铁底部的钢板。初平调整完毕后，应检查垫铁是否还留有供精平调整的余量，若余量不够，须更换合适厚度的垫铁、钢板或采用其他补救措施。

机床安装调整水平时，无论初平还是精平，机床应处于自由状态，即不能用拧紧地脚螺栓或采用局部加压的方法使机床达到规定的安装水平度要求，这叫做自然调平。当机床的调整通过垫铁达到安装水平，且垫铁全部与机床底座接触受力均匀时，再将地脚螺栓均匀拧紧，使机床通过地脚螺栓与基础紧固在一起。此时，应确保地脚螺栓的紧固不能破坏自然调平机床已达到的精度。采用自然调平法安装机床，床身内应力小，变形小，机床与基础之间接触刚度高，因此机床精度稳定性好且不易丧失。

2.地脚螺栓孔的二次灌浆

二次灌浆在初平后进行。其目的是固定地脚螺栓，使它和整个基础形成一个整体。灌浆前清除地脚螺栓孔内的污物、油渍和泥土，并用水冲洗（但不能积水），保持孔内清洁。灌浆过程不能中断，应连续灌完，边灌边捣实。操作时不能碰撞机床，不能使地脚螺栓歪斜，使地脚螺栓固定在正确位置上，保持机床原有的安装水平。

（四）清洗和装配

1.清洗

机床在初平和二次灌浆后进行清洗。目的是去除防锈油、锈蚀层及其它污物。组装的大、重型机床，有的需要提前清洗，以便零、部件的安装。为顺利进行清洗，有的零、部件还需拆卸。具体的清洗用材、用具及清洗方法详见本书第三章。

2.装配

一般整体安装的中、小型机床没有装配工序。而组装的大、重型机床进行组合装配时，必须按要求和程序进行装配。各组装的零、部件应符合下列要求：

（1）组装应按说明书、设计图纸或其他技术文件的规定进行。装配过程中不得加入或去掉未规定的调整垫片及其他零件。

（2）各滑动、转动和滚动部位的运转应轻便、灵活、平稳、无阻滞现象。

（3）平衡锤升降距离必须符合机床移动部件最大行程的要求，平衡锤与钢丝绳或链条应连接紧固。

（4）重要固定结合面应紧密贴合，紧固后用0.04mm的塞尺检验不得插入。特别重要的固定结合面（对机床精度影响较大的结合面），在紧固前，用0.04mm塞尺检验，也不得插入。

（5）滑动导轨、移置导轨与滑动件的结合面，应用0.04mm塞尺检验，塞尺在导轨、镶条、压板端部的滑动面间插入深度不得超过下列规定（移置导轨按工作状态检验）：

机床质量≤10t   20mm

机床质量＞10t   25mm

(6) 导轨与导轨的接头处应齐平。

(7) 机床的定位销与销孔应接触良好，可用着色法检查，销装入孔内的深度应符合规定，并能顺利取出。销装入后又需要重新调整连接时，不应使销受力。

（五）精平与固定

1．精平

机床的精平在初平、二次灌浆和清洗、装配，且灌浆的混凝土强度达到75%以上后进行。无地脚螺栓整体安装的机床，一般在初平与清洗后精平。精平的目的是通过对机床安装水平的调整，使机床的几何精度达到制造厂出厂时的精度等级。当机床安装水平超过规定要求时，机床的基础件就会失去水平或垂直度，产生较大的变形，导致与其配合、连接的零、部件倾斜或变形，使机床的运动精度、加工精度降低，零、部件磨损加快，机床寿命降低。

机床精平时，被测基准的选择原则和找平方法与初平基本相同，但调整工作更加细致、测点更多、精度要求更高。目前国内对机床安装水平的调整方法作了一些规定，但还有待于完善。现将精平时安装水平的典型调整方法介绍如下：

(1)具有水平导轨的机床。

1)长导轨、长工作台机床，如外圆磨床、内圆磨床、平面磨床等，可将水平仪放置在床身水平导轨对称的两个位置上，用垫铁调整到规定的水平度。若床身上有V型导轨，可通过桥板测量。工作台行程小于等于1000mm的机床，将工作台分别移向一端，在床身导轨的外露部分分别放置纵向、横向水平仪调整测量；工作台行程大于1000mm的机床，将工作台和砂轮架吊移开，在床身纵向和横向的平导轨上放置水平仪，调整测量机床纵、横向的安装水平。

2)长导轨、短工作台（或溜板）的机床，如普通车床、卧式镗床等，将水平仪放置在床身导轨或桥板上，在导轨两端（或几个位置上）进行纵、横向安装水平的调整测量。检验工作台（或溜板）的运动精度，可直接将水平仪放置在工作台（或溜板）上，在床身导轨的不同位置上调整测量其水平度。在进行上述调整时，要兼顾工作台（或溜板）移动对主轴回转中心线的平行度要求须符合精度标准。

3)短导轨、刚度好的机床，如小型内、外圆磨床、万能工具磨床、坐标镗床、小型插齿机等，可将水平仪直接放置在工作台面上的中央位置，分别进行纵、横向的安装水平调整测量。

4)长导轨、刚度差的机床及具有多段拼接床身的机床，如龙门刨床、龙门铣床、大型外圆磨床及导轨磨床等。将水平仪直接（或通过桥板）放置在床身导轨上，在导轨两端（或几个位置）上检查和调整机床安装水平。也可在床身立柱连接处（龙门刨床、龙门铣床、导轨磨床）或工作台中央（大型平面磨床、外圆磨床）直接（或通过桥板）放置水平仪进行调整测量。同时要兼顾调整检测床身导轨其他有关精度。

(2)具有圆型导轨的机床。这类机床主要有立式车床、滚齿机等。精平时，在工作台面上跨越工作台中心放置一平行平尺，平尺用两块等高块支承（两块等高块跨距大于工作台半径），在平尺上放置水平仪，分别测量调整纵、横向安装水平，然后将工作台旋转180°，再测量一次。误差分别以两次测量结果的代数和之半计。测量时，还应对立柱与工作台的垂直度进行调整与检查。

(3) 具有底座平面或悬伸工作台的机床。这类机床如摇臂钻床、立式钻床及牛头刨床等。可在底座平面上（钻床）或悬伸工作台面上（牛头刨床）放置等高块，其上放置平行平尺和水平仪，分别调整测量安装水平，此外，也可直接将水平仪放在工作台面上，分别进行纵、横向水平度的测量。

机床安装水平的要求，各类机床不尽相同。一般规律是：普通精度机床，水平仪读数不超过0.04/1000mm；精密机床和高精度机床，水平仪读数不超过0.02/1000mm。各类机床安装水平误差的允许值参见表14-18。

机 床 安 装 水 平 允 差　　　　表 14-18

机 床 名 称	允 差 (mm)		机 床 名 称	允 差 (mm)	
	纵 向	横 向		纵 向	横 向
单轴纵切自动车床、单轴转塔车床	0.04/1000		升降台铣床、工作台不升降铣床	0.04/1000	
卡盘多刀车床、单柱、双柱立式车床			万能工具铣床、平面铣床		
铲齿车床	0.04/100	0.02/100	摇臂铣床、刻模铣床、龙门铣床		
台式钻床摇臂钻床	0.10/1000		插齿机、滚齿机	0.04/1000	
无滑座万向摇臂钻床、滑座万向摇臂钻床			剃齿机		
底座万向摇臂钻床			弧齿锥齿轮磨齿机、锥形砂轮磨齿机	0.02/1000	
方柱立式钻床、圆柱立式钻床 轻型圆柱立式钻床、十字工作台立式钻床	0.04/1000		大平面砂轮磨齿机、蜗杆砂轮磨齿机		
			成型砂轮磨齿机、碟形砂轮磨齿机		
卧式镗铣床、落地镗床	0.04/1000		牛头刨床	0.04/1000	
落地镗铣床、刨台卧式铣镗床			插床		
坐标镗床、立式精镗床	0.02/1000		卧式内拉床	床身导轨上0.10/1000 尾座导轨上0.05/1000	
无心磨床、外圆磨床、内圆磨床	0.04/1000		立式内拉床、立式外拉床	0.05/1000	
立轴矩台平面磨床、卡规磨床			卧式圆锯床、卧式带锯床	0.04/1000	
轴承内圈磨床、落地导轨磨床			电火花成型机床	0.04/1000	
高精度外圆磨床	0.03/1000		钻、镗类组合机床、铣削组合机床 攻丝组合机床、组合机床自动线	0.04/1000	
滚刀铲磨床	0.02/1000		精密铣削组合机床	0.02/1000	

2. 机床的固定方式

机床在基础或混凝土地坪上固定方式主要有两种。一种是采用地脚螺栓固定，另一种是无地脚螺栓，采用混凝土（或水泥砂浆）固定。

地脚螺栓固定机床，压紧力大，比较牢靠。但可能使机床床身产生较大的变形，导致安装精度下降。机床在精平后拧紧地脚螺栓螺母。并在紧固过程中对安装水平进行校正。地脚螺栓固定一般用于大型、重型机床及切削能力较大、干扰力较大、振动较大的机床。

混凝土（或水泥砂浆）固定机床，安装方便，并能承受部分机床荷载。在灌浆和捣实过程中应防止敲动机床垫铁，以免影响安装水平。这种固定方式一般用于中、小型机床及刚度大、稳定性好、切削力较小和振动不大的机床。

普通机床的固定方式可参考表14-19进行选择。

15t以下普通机床的固定方式　　　　　　　　表 14-19

机 床 类 型	固　　　　定　　　　方　　　　式		
	不 用 地 脚 螺 栓 固 定		地脚螺栓固定
	床身底座下浇灌水泥砂浆	床身底座下不浇灌水泥砂浆	
普通车床 转塔车床	不需经常移动或床身较长负荷不重的车床	床身不长且需经常移动的车床	加工范围广（包括精车），有冲击荷载，且不需移动的车床；床身较长，负荷较重的车床
立式钻床	安装在起重机工作区之外且不需经常移动的钻床，或负荷较重的钻床	安装在起重机工作区之外，负荷不重且需经常移动的钻床	安装在起重机工作区域之内的钻床
摇臂钻床		小型移动式摇臂钻床	几乎所有摇臂钻床
镗 床	精度不高，尺寸不大且需要移动的镗床	精度不高、尺寸不大且负荷较小的镗床	几乎所有镗床
铣 床	几乎全部不需经常移动的铣床；负荷重且需移动铣床	负荷不重且需经常移动的铣床	加工范围广（包括粗铣）且不需移动的铣床；负荷较重的铣床
滚齿机	几乎全部不需经常移动的滚齿机；负荷较重且需移动的滚齿机	负荷不重或精度不高，且需经常移动的滚齿机	加工范围广（包括粗铣齿），且不需移动的滚齿机；负荷较重的滚齿机
牛头刨床 插 床	负荷不重或精度不高，安装在楼面上，需要经常移动的刨床和插床		加工范围广（包括粗刨），且荷载较重的刨床和插床；精加工的刨床和插床
拉 床	负荷不重或精度不高的拉床		几乎所有拉床
插 齿 机 刨 齿 机	负荷不重或精度不高的插齿机、刨齿机		负荷较重或精度较高的插齿机、刨齿机

3.机床安装水平的重调

机床用地脚螺栓固定，螺母紧固后床身可能产生较大变形；机床在使用一段时间后，床身或基础产生变形；机床在使用中受切削力或受重力的影响，失去原有水平度，以上情况都能导致机床安装水平降低，所以必须对机床安装水平进行重调。若不重调，势必因机床基础件（床身等）的变形而增大机床应力，造成机床早期磨损、降低零件加工的精度。

重调机床安装水平应根据安装水平变化的原因，机床结构特点和零件加工的实际需要等因素确定：

（1）机床在安装过程中，因紧固地脚螺栓而使机床产生变形或机床试运转后安装水平发生变化，应立即对安装水平进行重调。

（2）中、大型及重型机床及床身较长、刚度较差，一般在投入使用3～9个月后应对机床安装水平进行重调。以后每年至少进行一次定期检查调整其安装水平。

（3）在加工大型工件或精密零件之前，为保证加工精度，应对机床安装水平进行调整。必要时，还应同时检查调整机床的某些几何精度。

（4）机床在加工重型零件或进行大负荷的断续切削、偏心切削之后，应及时调整机床安装水平和受其影响的机床几何精度。

（5）若发现机床基础沉降，必须查明原因，采取措施，待沉降停止、基础稳定后，对安装水平进行重调。

（6）重调安装水平一般应遵循"自然调平"的原则。

（六）安装精度调整和机床试运转

1.安装精度调整

机床安装精度主要包括：机床的安装水平、基础件导轨的精度和与之有关的部分机床几何精度等三项内容。安装精度习惯上被理解为仅仅是安装水平的精度，这是不确切的。因为在调整安装水平时，可能使机床基础产生变形，并影响到有关的机床几何精度；只有当安装水平与有关几何精度都符合要求时，机床的安装才能被认为是合格的。在调整安装水平时，即使允许误差达到要求，偏差方向也不一定理想，调整中基础件产生的有害应力仍然存在，就必然影响到机床的几何精度。因此，必须在调整安装水平的同时，根据机床的特点，对机床有关基础件导轨和有关几何精度进行检查调整。

机床安装精度具体的检验内容和检验方法详见本章第五节。

2.机床试运转

机床试运转在安装精度检验调整合格后进行。试运转通常采用无负荷试运转方式。安装中一般不进行负荷试运转和全面精度检验，因为这些项目在机床制造厂已经进行并检验合格。在特殊情况下，也可在安装时对机床进行负荷试运转和全面精度检验。但这项工作一般由使用单位负责进行。

试运转之前要作如下准备工作：

（1）清洗机床，按说明书或润滑图表的规定的油料品种、规格、数量在指定的润滑部位加油。

（2）加冷却液（暂不使用的机床例外）。

（3）根据机床使用说明书熟悉机床的操作机构、控制系统和其他有关结构的性能作用与操作方法（指定专人操作）。

（4）检查机床操作机构、控制系统、安全装置、制动与夹紧机构以及液压、气动、润滑系统是否完好，性能是否可靠，必要时须进行调整。

（5）用手转动（或移动）各运动部件，应灵活无阻滞现象。

（6）磨床用砂轮无裂纹、碰损等缺陷，并进行静平衡试验。

（7）检查电动机旋转方向是否与操作运动部件运动方向协调一致。

（8）检查电压、电流是否符合规定，电动机和床身绝缘接地是否可靠。

试运转的方法步骤与要求如下：

试运转前的准备工作完成后，即可进行试运转。

（1）试运转的步骤是先手动，后机动，从低速到高速；先部件至组件，由组件到单台机床，由单台机床到自动线；先单一动作后联合动作；先辅机后主机。试运转的操作程序和要求应符合说明书或其他技术文件的规定。上一个步骤未合格前不能进行下一步试运转。

（2）试运转时，主运动机构应从最低速度起，依次试转，每级速度的运转时间不得少于2分钟，最高速度运转时间不得少于30分钟，以使主轴轴承（或滑枕）达到恒定温度。用交换齿轮、皮带传动和无级变速的机床，可作低、中、高速试运转。有级与无级联合调速系统应在有级变速的每级速度下，作无级速度的低、中、高速试运转。

（3）进给机构须作低、中、高进给量（进给速度）的空运转试验，包括纵向、横向、上下的普通进给、增大进给、车制螺纹进给、精进给和粗进给等；快速移动机构须作快速移动试验。

（4）组合机床试运转时，自动或半自动循环应不间断进行。一般组合机床运转时间不得少于120分钟。多工位组合机床和自动线运转时间不得少于4小时。

（5）各种速度下工作机构应平稳、准确、可靠。

（6）主运动和进给运动的起动、停止、制动和自动动作应灵敏可靠；变速转换、自动循环及定位、分度和转位应准确灵敏；夹紧装置、快速移动机构及读数装置工作应正常。

（7）电气、液压、气动、润滑、冷却系统和光学、自动测量装置工作正常。

（8）安全防护装置和保险装置工作可靠。

（9）机床无不正常的振动和噪声。

（10）具有静压装置的机床，应在静压建立后起动机床，并检查节流比是否符合说明书的规定，当压力超过规定或断电时，安全联锁装置应起作用。

（11）机床经过一定时间运转后，主轴轴承温度上升幅度每小时小于$5°C$时，即可认为达到恒定温度。此时检查轴承温度和温升，不得超过下列数值：

滑动轴承　温度$60°C$，温升$30°C$；
滚动轴承　温度$70°C$，温升$40°C$。

机床试运转完毕后，应切断电源和其他动力源，消除压力与负荷，检查地脚螺栓及重要紧固部件是否松动，安装精度是否发生变化，若安装精度超过允许误差时，须进行重调。

（七）灌浆抹面与验收

1.灌浆抹面

灌浆抹面适用于无地脚螺栓安装，只有普通垫铁而又需要对机床加以固定的机床；有地脚螺栓和普通垫铁，但不需要经常调整其安装精度的机床；需要用灌浆的方法使混凝土受部分荷载的机床和需要对可调垫铁的底座加以固定的机床。灌浆时必须捣固密实。普通垫铁应埋入混凝土灌浆层内；可调垫铁不能将活动调节部分浇固并留有足够空间以便调整。抹面时应保持表面光滑美观，面与面相接处抹成圆角。在混凝土凝固前，选用水泥砂浆加一定量的水玻璃抹面，可增加防油效果。

2.验收

机床安装完毕后，即可进行验收。验收时一般应具备下列资料：

（1）机床基础设计图纸及有关技术资料；

（2）设计变更图和竣工图；

（3）各安装工序的检验记录；

（4）安装精度及试运转的检验记录；

（5）其他有关资料。

二、大型龙门刨床安装

龙门刨床是大型金属切削机床之一，其主运动为往复直线运动。龙门刨床主要用于刨削各种直线性表面或组合表面，如垂直平面、水平平面、倾斜平面，各式导轨面、T型槽及燕尾槽等。龙门刨床使用的刀具结构简单，刃磨方便，采用宽刃精刨刀精刨时可获得较高的精度等级和参数较小的表面粗糙度。采用精刨代替大平面的刮研，可大大地减轻工人劳动强度和提高生产效率。使用宽刃刨刀刨削狭窄表面，选大进给量，可获得较高的生产效率。但是，由于刨床的主运动是往复直线运动，回程时间不进行切削加工，同时在换向时又要克服切削速度而递增的惯性力，这就限制了切削速度和回程速度的提高，因此龙门刨床的生产效率比其他机床低。

龙门刨床的主要部件包括：床身、工作台、左右立柱、刀架部分、横梁、主传动装置、液压装置、操作系统、安全装置、电器设备及润滑系统等。

大型龙门刨床体积大、质量大，制造厂不可能整体发运，因此部件和大型零件都是分箱装运到安装现场的。一些装配工序必须在安装现场进行，故属于组合安装。

大型龙门刨床的安装程序一般可分为：初步找平调整垫铁的标高；床身安装；立柱和联接梁的安装；侧刀架和平衡锤的安装；横梁及其升降机构、垂直刀架安装；主传动装置安装；电器设备安装及接线；开动主传动系统及安装工作台；试运转并检验精度。

（一）初步找平调整垫铁的标高

大型龙门刨床安装，一般使用两种类型的垫铁：一种是作为安装时临时调整用的斜垫铁，另一种是机床随机带来的永久性可调垫铁。在安装床身、立柱和主传动装置时，应先放好临时调整垫铁，将临时调整垫铁放在机床基础有利二次灌浆的适当部位。对床身安装来说，一般每隔2m左右放一组垫铁，在纵、横方向上粗调垫铁组，使其高低差不超过1mm。每组垫铁都要有一定调整的余量，使床身、立柱和主传动装置等放在临时调整垫铁上后，能达到粗调的精度要求。

（二）床身安装

床身是龙门刨床的基础件。床身安装调整的质量优劣，对机床的安装精度及各项精度的高低起着极其重要的作用，对机床的刚度与稳定性影响也极大。大型龙门刨床的床身较长，一般都是由多段床身拼接组合而成。床身一般有两条及两条以上的导轨，床身底部设有数量很多的可调垫铁和地脚螺栓组。床身的主要特点是：承受的荷载很大，一般可从几十吨力到上百吨力，有的工件质量比机床总质量还大得多；床身的刚度低，通常以其长度l与截面高度h之比值来衡量，一般认为$l/h>10$即属于刚度低的机床，而大型机床的$l/h>15\sim30$，有的甚至$l/h>80$；床身长对温度变化敏感，以长度30m的床身为例，当温度变化1°C时，床身的自由热变形值可达0.30mm以上，机床安装地点的室温变化一般都比较大，因此床身的自由热变形为几毫米至几十毫米。这些不利因素给床身的安装和调整提出了更高的要求，即通过合理的安装调整提高床身的刚度。床身的刚度包括静刚度、动刚度和热刚度。静刚度由结构刚度和接触刚度组成，机床在设计时虽然给予了高度重视，但由于受结构限制，刚度难以提高。为了解决这个矛盾，可利用机床安装基础和垫铁刚度，即提高床身、垫铁和基础三者之间的接触刚度，从而能有效地改善床身刚度。环境温度变化，阳光直射与墙壁的热辐射，基础上、下温度差，车间内空气流动，地脚螺栓拧紧力矩的差别，安装调整时间长短及床身、垫铁和基础三者之间线膨胀系数的不同，都会给床身热变形带来不利影响。所有这些因素，都要在床身安装调整中采取相应措施解决。通过合理安装调整使床身达到规定的安装精度。

1. 多段床身的拼装

多段床身的拼装主要是应使拼装后的精度符合规定要求，结合面处的变形与位移最小（相对机床出厂时的状态），同时还应具有足够的联接刚度。

拼装方法：通常选择床身中段导轨为基准，先用垫铁调整水平，调好后拧紧地脚螺栓，然后以中段开始向两端逐段联接，逐段调整安装水平和检验导轨精度。两段联接处的床身导轨若结合面平面超过规定要求，应进行刮研找平，每 25×25mm 面积内的接触点数不应少于 $4 \sim 8$ 个点。结合面设有防油槽的，应按规定填入耐油橡胶带或液态密封胶。拼装时，应用两端面的定位销找正，然后拧紧连接螺栓。结合面间的预压力应控制在 $1471 \sim 1961$kPa 范围内。最后调整检验导轨精度，检验端面接合缝，用 0.04mm 塞尺检查，不得插入。

2. 床身安装调整步骤

安装前为提高机床接触刚度，应对其主要接触表面进行清洗、打光、去毛刺或采用磨削的方法提高垫铁工作面的接触面积。

(1) 初平。

(2) 二次灌浆。

(3) 粗调。根据床身的结构特点，选择床身中段导轨为基准，对床身导轨安装精度进行初步（不精确）的调整。然后向两端逐步调整。

调整方法，先放松地脚螺栓，然后调整基准段床身导轨的纵、横向安装水平。若床身具有三条或三条以上的导轨，要先调整床身外侧两条导轨下的垫铁，中间导轨下的垫铁应与床身暂时脱离接触。待基准段床身导轨自然调平后，拧紧地脚螺栓以防止安装水平的明显变化。拧紧时用力要均匀，保持其紧固力矩基本一致。

基础段床身导轨的安装水平调整完毕后，再调整床身导轨的精度。先调两外侧导轨在垂直平面内的直线度，再调导轨之间的平行度，与此同时要检查导轨在水平面内的直线度。调整中，这三项精度之间关系密切，既要同时兼顾，又要分清主次，通常调整中的关键是导轨在垂直平面内的直线度和导轨之间的平行度。至于导轨在水平面内的直线度，只要前两项精度符合要求，一般情况是不会超出允差范围的。两外侧导轨调整完毕后，拧紧相应地脚螺栓，升起中间导轨下相应垫铁，以两外侧导轨为基准，调整床身内的中间导轨在垂直平面内的直线度和导轨之间的平行度。调整过程中，要严格控制垫铁升起时水平仪读数的变化，既要使垫铁吃力均匀，又要使外侧导轨精度的变化不超过规定范围。粗调时导轨各项安装精度一般控制在精度允差的 $1.2 \sim 1.5$ 倍。

待基准段床身粗调完成后，按照同样的方法、步骤，依次粗调其余各段床身的安装精度。各段均调整合格后，最后再在床身的全长上复查调整其安装精度。

(4) 精调。在粗调的基础上进行，其方法、步骤与粗调基本相同，但不是粗调的重复。精调过程要更细致，调整幅度更小，对环境要求更高。精调时，按粗调时的原则，从基准段开始，逐段检查调整各项精度误差，分析产生误差的原因，寻求更有效的调整方法，通过精调整使床身导轨安装精度达到规定的允差范围。

(三) 立柱和联接梁安装

311

立柱是大型龙门刨床的关键部件之一，它的底座通过垫铁、地脚螺栓与基础固定，它的中部外侧凸起的平面与床身装配连接，两立柱上部之间由联接梁连接，其导轨面上安装有横梁和侧刀架。在床身粗调完毕后，即可安装立柱和联接梁。在安装之前，应将它们之间的结合面、定位销孔、垫铁和垫板等清理干净，按要求安放好可调垫铁，把基础清理干净。

立柱的安装方法与床身的安装方法基本相同，即：

（1）安放临时垫铁并找平。

（2）立柱就位。立柱就位是将左、右立柱分别吊装在安装基础上，使其结合面与床身中部凸起平面紧密贴合。根据定位销孔初步找正，再用连接螺栓将立柱固定在床身上。将定位销子轻轻推入销孔内，用涂色弦检查其接触均匀度，要求接触面积不小于65%。立柱与床身接合面用0.04mm塞尺检验，不应插入。

（3）粗调立柱。通过立柱底部的调整垫铁粗调立柱，使其导轨在前后、左右都与床身导轨垂直，用方框水平仪检查，其垂直度不超过0.05/1000mm。之后更换永久调整垫铁，与床身一起进行二次灌浆。

（4）精调立柱。待二次灌浆养生期满后，利用可调垫铁精调立柱并检验有关精度：

1）调整并检查两立柱正导轨面的相对位移度，只有左、右立柱的正导轨面在同一平面内并互相平行，才能保证横梁在立柱导轨面上顺利上下移动。调整时，先固定左立柱（或右立柱），用拉细钢丝贴靠的方法初步找正并固定右立柱（或左立柱），然后用平尺（或横梁）靠贴两立柱的正导轨面，用0.04mm塞尺检验，不得插入，并沿正导轨面自下而上的在几个不同位置上检查。

2）调整并检查立柱正导轨面与床身导轨面的垂直度，见图14-7，在床身中部导轨上放圆柱检验棒（对V型导轨）和桥板（对平导轨），其上分别放置水平仪并测量其读数值，然后依次在左、右立柱两正导轨面上紧贴方框水平仪，测量其读数值。垂直度以立柱与床身导轨上相应的水平仪读数的代数差计。垂直度允差0.04/1000mm，只允许向前倾斜。

3）调整并检查立柱侧导轨面与床身导轨的垂直度，如图14-8所示，在床身中部导轨

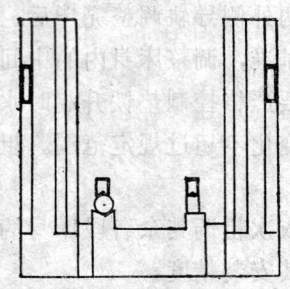

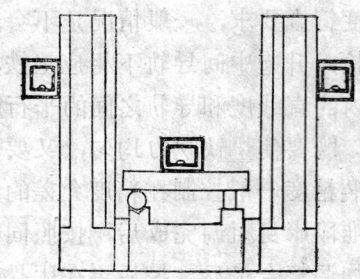

图14-7　检查立柱正导轨与床身导轨垂直度　　　图14-8　检查立柱侧导轨与床身导轨垂直度

上放圆柱检验棒（V型导轨）和桥板（平导轨），其上分别放置水平仪并测量其读数，然后依次在左、右立柱两侧导轨面上紧贴方框水平仪，测量其读数，垂直度以立柱与床身导轨上相应水平仪读数的代数差计。垂直度允差0.04/1000mm，只允许向同一方向倾斜。

（5）安装连接梁。连接梁安装工作必须在两立柱安装检查合格后方可进行。安装

时，要注意测量垫板的厚度，以免拧紧螺栓后影响立柱垂直度，同时要注意立柱内侧导轨面的横向垂直度应保持不变。安装后，应复查床身精度，若有变动，必须重新调整。

（四）侧刀架和平衡锤安装

1. 侧刀架安装

侧刀架安装之前，将立柱导轨面和侧刀架溜板结合面擦洗干净，并涂上润滑油，然后把装有侧刀架及进刀箱的溜板紧靠在立柱的导轨面上，塞入镶条并用千斤顶或方木顶住，穿入侧刀架升降丝杠，将升降丝杠两端的支座用螺钉固定在立柱上。

2. 平衡锤安装

在平衡锤安装之前，将一根铁棒从立柱顶部的铸造空腔孔内穿入，便于临时搁放平衡锤。首先将平衡锤平衡地吊起，缓缓地放入立柱空腔内已架好的铁棒上，然后在立柱上安装好滑轮，使钢丝绳绕过滑轮，一端牢固地联接在平衡锤上，另一端与侧刀架溜板牢固联接，之后将平衡锤略微提起，抽出临时支承铁棒，使侧刀架由钢丝绳绕过滑轮与平衡锤达到平衡。

侧刀架、平衡锤安装好后，撤掉支撑侧刀架的千斤顶或方木，检查侧刀架镶条与滑动面的贴合程度，应使其上下既灵活无阻滞，又不应间隙太大。

（五）横梁安装

横梁是龙门刨床的大型关键部件之一，其上安装有垂直刀架、进刀箱和它的夹紧机构等。

（1）横梁安装前，先将导轨面擦洗干净，并涂润滑油，拆下横梁后部的压板及镶条。

（2）吊装时，应使横梁呈水平状态并保持平衡，稳妥地使横梁后导轨面紧贴在立柱前导轨面上，轻轻地放在垫木或千斤顶上，粗调横梁的上导轨面，使其基本处于水平状态。

（3）将立柱顶部横梁升降丝杠的蜗杆箱盖拆下，横梁升降丝杠由其上穿入，并旋入横梁上的螺母中（转动电机轴使其旋入）。

（4）装上横梁后部的镶条和压板，拆除吊装工具和其它物品，以转动横梁升降丝杠上端的螺母来调整横梁的水平精度。

（六）主传动装置的安装

为保证工作台运行的平稳性，延长联轴器的使用寿命和电机的正常工作，主传动装置安装的关键是保证电机轴、减速箱轴、传动轴和多头蜗杆轴的同轴度。

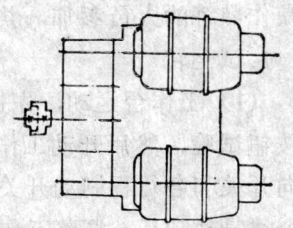

图 14-9　电动机与减速箱组装示意图

大型龙门刨床的主传动装置，其电动机和减速箱是组装在同一个底座上的。如B2031龙门刨的两台60kW直流电动机与一台五轴减速箱组装在同一底座上，如图14-9所示。

（1）先将传动长轴穿入床身铸孔内，将穿入一端的内齿轮联轴节与床身中部的多头蜗杆轴的齿轮联轴节联接，并用垫木等垫平传动长轴，初步校正同轴度。再将已安装在同一底座上的减速箱和电动机吊放在已安放好的临时调整垫铁的基础上，粗调减速箱底座，使其输出轴与传动长轴基本同轴。将齿轮联轴器接上。然后安放好地脚螺栓进行二次灌浆。

(2) 待养护期满后，更换永久调整垫铁并精调减速箱底座，使减速箱输出轴与传动长轴的同轴度允差符合0.2mm的要求。轴的轴向窜动间隙符合设备技术文件规定。用手盘动联轴器正转或反转，转动应灵活均匀，无阻滞现象。最后拧紧地脚螺栓。

(七) 电气设备安装与接线

龙门刨床的电气设备包括：集中操纵按钮站、操纵台、电气开关柜和整流设备等。大多数龙门刨床的主要运动都是电气控制，电气传动控制都集中在悬挂式按钮站内（操作按钮站）。电气设备安装与接线在"机床使用说明书"中已详细规定，从略不重述。

(八) 开动机床并安装工作台

1. 开动机床

机床在开动之前必须做到，第一，**试验换向开关**是否准确可靠，开动驱动系统，使多头蜗杆转动，然后用手拨动换向开关，观察多头蜗杆能否及时按规定准确地正转和反转，以保证工作台安装后能正确运行；第二，**试验机床**的快速和慢速运行；第三，试验油压系统和润滑系统并使其合格；第四，必须了解各操纵按钮和手柄的作用；第五，根据机床润滑指示图，向各运转部位加油。待以上全部检验合格后，方可开动机床。

2. 安装工作台

在安装工作台之前，必须将床身及工作台导轨面，齿条及蜗杆表面擦洗得十分干净，免于污物影响配合精度和研坏配合表面。吊装工作台的机具必须安全可靠，吊装的吊点、捆扎方法等必须符合要求。当工作台吊起后，要基本保持水平。就位时要稳放，使齿条与多头蜗杆啮合准确，在工作台缓缓向蜗杆移动时不得发生冲击，以免碰伤齿面。齿条端部啮合齿数不应少于3～4个齿。啮合齿数不够时，不准开动机床。齿条与蜗杆啮合后，用涂色法或压铅法检查其啮合间隙，不符合要求时应进行必要的调整。

(九) 试运转并检验精度

工作台安装好以后，进行试运转和检验精度，这是一项复杂细致的工作，必须要有机床操作熟练的人员参加，共同进行。

1. 试运转

(1) 工作台运动，先进行"步进"、"步退"、"前进"、"后退"、"停止"等各按钮试验，然后开动工作连续往复运动。在第一个往复运动过程中，要特别注意行程换向开关和各行程制动开关的配合作用，严格防止动作失灵使工作台冲出床身导轨，经过几个往复运动后，调整工作台运行速度，使其在"低速"、"中速"和"高速"下分别进行空载运行。

(2) 刀架和进给箱，先用手柄和手轮操作各刀架运动，观察其方向、运动是否灵活准确，然后开动"快速移动"，最后开动"自动进刀"，观察各刀架在各种进刀量时的进刀量是否准确。

(3) 横梁升降及夹紧，注意横梁在升降开始前，夹紧机构应先行自动松开；横梁升降完成后，夹紧机构则又自动夹紧。横梁在升降过程中应平稳。

(4) 在上述进行的试运转过程中，要随时检查润滑系统的工作情况；润滑油量是否充足、清洁；检查机床运转时的噪音和工作台换向时的冲击情况。

机床试运转合格后，可用本身的垂直刀架精刨工作台面，刨削深度不超过1mm，然后根据合格证书，全面检验机床的精度（包括精刨试件的工作精度检验）。

2.检验精度

详见本章第五节。

第五节　机床安装精度检验

机床安装精度主要包括三个方面：机床的安装水平、基础件导轨的精度和与之有关部分的机床几何精度。不同机床在进行安装精度检验时，有的需要检验上述三个方面的内容，有的则只需检验其中的两项或一项内容，这主要取决于机床的类型、结构特点与机床的刚性。

一、精度检验的一般要求

1.温度要求

普通机床及中、小型精密机床在进行安装精度检验时，没有严格的温度限制，但对大型、重型机床及高精度机床必须重视环境温度变化对检验结果的影响。例如，对有恒温要求的机床须在恒温建立后才能进行检验；大型及重型机床应选择一天中温差变化较小的时期进行检验等。无论哪一种机床，检验时都应避免阳光直射、热辐射及空气流动的影响。

2.运动部件的位置与状态

进行安装精度检验时，运动部件在机床上所处的位置与状态（夹紧或松开）对测量结果有着明显的影响，必须严格按照精度检验标准的规定进行检测。运动部件处在不同位置时，其支承部件将会因荷载位置的变化而产生不等量的变形；运动部件处于夹紧或松开状态时，其本身将会因配合面间隙的变化与接触刚度的改变而产生微量的位移。由于这些因素的影响，将会给误差判断带来困难。因此，不同的机床根据不同结构特点和使用条件，对精度检验时运动部件所处的位置与状态有明确的规定。

3.机床拆卸与调整

检验时一般不对影响机床精度或性能的零件、部件进行拆卸与调整。必须拆卸才能进行检验的零、部件，应按有关规定拆卸检验；必须重新调整的零、部件，应在调整后重新检验受到调整影响的精度项目。

4.检验顺序与操作

安装精度在机床调整时须按规定的顺序逐次检验，但验收时不必按此顺序。有的精度项目在验收时检验会有很大困难，需在安装调整合格后先行检验。但是，为了减少检测工具装卸次数和简化程序，确定一个合理的检验顺序，仍有其必要；特别是对于大型、重型机床的检验更是如此。

检验时的操作一般采用手动，如果移动部件的质量较大、行程较长，可采用低速机动。有静压装置的机床，必须待静压建立起来后才能进行操作。

5.检测工具

检测工具的精度必须高于被测对象的精度，即检测工具的误差值应小于被检测对象精度的允差值。对有恒温要求的机床进行检验时，检测工具须预先在机床安装现场放置一段时间，待其达到恒温要求后，方可使用。

二、对机床调平的规定

调平的目的，不是为了取得机床零、部件的理想水平或垂直位置，而是为了得到机床的静态稳定性，以利于其后的精度检测，特别是那些与零、部件直线度有关的检测。

对车床来说，横向溜板水平地或适当倾斜地放置于床身的中间位置，借助垫铁和紧固地脚螺栓使两条导轨的两端放置水平，必要时还应校正床身导轨的扭曲。为此，水平仪应顺序地放在纵向a、b、c、d和横向e、f的位置上（见图14-10）。

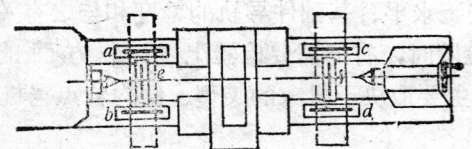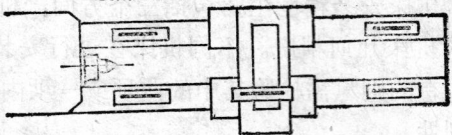

图 14-10　检验车床安装水平　　　　图 14-11　检验床身导轨直线度

安装完毕后，即可进行导轨直线度（或横向溜板运动的直线度）检验。应当注意，这项检验和机床的调平互相影响，特别是对大床身的导轨检验，常常垫铁沿床身间隔地放置以进行局部校正。

安装铣床时，为使检验工作易于进行，应将机床的工作台调整到近似水平。

通常，要求按制造厂使用说明书的规定来调整机床并设置符合其特定要求的地基。

三、普通车床、精密车床精度检验

普通车床和精密车床的精度检验部位和检验方法基本相同，但精度要求不同。

1.检验机床的安装水平（图14-10）

溜板置于导轨行程中间位置。将水平仪直接或通过专用桥板放置在导轨两端（或几个位置上），即纵向a、b、c、d和横向e、f位置上，分别测量导轨在纵向和横向的水平度。检验合格后即可进行导轨直线度检验。

安装水平允差：按制造厂说明书规定。

2.检验床身导轨在纵向垂直平面内的直线度（用水平仪检验）

如图14-11所示，在溜板上靠近前导轨处，纵向放置一水平仪。等距离（近似等于所规定的局部误差的测量长度）移动溜板检验。将水平仪的读数依次排列，画出导轨误差曲线（运动曲线），求其误差值。

根据误差曲线评定误差的方法有两种：其一，按形位公差的原则，采用"包容实际线的平行直线的最小区域宽度"作为实测误差值。这是我国工厂企业长期沿用的评定方法。其二，是以实际线两端点连线作为评定直线度的基准，并以实际线上各点到基准线坐标值中最大的一个正值与最大一个负值的绝对值之和来表示直线度误差。这是国际标准ISO/R 230—1961《机床检验通则》和我国标准JB2670—82《金属切削机床精度检验通则》规定的评定方法。从1983年起，我国机床行业已经开始实施这项标准。这项标准不仅规定了导轨直线度全长误差的评定方法，同时还规定了导轨直线度局部误差的评定方法。在JB2670—82的使用说明中，规定了两种直线度局部误差的评定方法：一种是两端点连线法，即在误差曲线上指定的基本长度的两端点连线且包容该线段的平行间的坐标值；另一种是高度差法，即在指定的基本长度两端点的垂直坐标差值。这两种局部误差评定法，由机床的精度标准按需要选取其中一种。

该项精度检验也可将水平仪直接放在导轨上进行上述检验。

导轨全长允差和局部公差见表14-20。

床 身 导 轨 直 线 度 允 差（mm）　　　　　　表 14-20

机床类别	最大工件长度 D_c	最 大 工 件 回 转 直 径 D_a			
		$D_a \leq 800$		$800 < D_a \leq 1250$	
		全长允差	任意250长公差	全长允差	任意250长公差
普通车床	$D_c \leq 500$	0.01(凸)	—	0.015(凸)	—
	$500 < D_c \leq 1000$	0.02(凸)	0.0075	0.025(凸)	0.01
	$D_c > 1000$	每增加1000允差增加0.01	任意500长度上0.015	每增加1000允差增加0.02	任意500长度上0.02
精密车床	$D_c \leq 500$	0.010	—		
	$500 < D_c \leq 1000$	0.015	0.005		
	$1000 < D_c \leq 2000$	0.020	0.005		

【例题】　一台普通车床床身长4m，在溜板上靠近前导轨处纵向放置水平仪，等距离动溜板（$l = 500$mm），在导轨全长上水平仪测得的读数见表14-21。求导轨全长在垂直平面内直线度误差判别直线度误差的方向。

水 平 仪 读 数　　　　　　表 14-21

检具位置	0—1	1—2	2—3	3—4	4—5	5—6	6—7	7—8
水平仪读数	0	$+\dfrac{0.032}{1000}$	$+\dfrac{0.016}{1000}$	$+\dfrac{0.040}{10000}$	0	$-\dfrac{0.020}{1000}$	$-\dfrac{0.032}{1000}$	$+\dfrac{0.020}{1000}$

【解】　根据所测得的数据，在坐标纸上选取适当比例画出误差曲线，如图14-12所示。误差计算的方法如下：

（1）采用包容线评定导轨全长直线度误差时，作数对平行直线包容该误差曲线，取其中距离最小的两条平行线 mn、$m'n'$ 的垂直坐标值 $CD = 0.035$mm，即为导轨全长的直线度误差。

（2）采用包容线评定导轨任意1m长度上直线度误差（即局部误差）时，误差计算和作图方法与评定导轨全长直线度误差方法相同，即在线段1m长度上作包容线，取其中两平行线间距离最大的1m长度导轨（EB段）曲线包容线 kp、$k'p'$ 的垂直坐标值 $FG = 0.013$mm，即为导轨任意1m长度上直线度误差（局部误差）。

采用包容线评定导轨直线度误差已不推荐使用。

（3）按照JB2670—82规定的方法评定导轨全长直线度误差，作连接实际线（曲线）两端点连线 AB，以 AB 为基准线，取实际线上各点到基准线坐标值中最大的一个正值 $\delta_1 = 0.03$mm 与最大的一个负值 $\delta_2 = -0.007$mm 的绝对值之和，为导轨全长直线度误差。即导轨全长直线度误差为 $|\delta_1| + |\delta_2| = 0.037$mm。

（4）按JB2670—82的"使用说明"规定的两种方法评定导轨的局部误差：

1）两端点连线法评定局部误差（任意1m长度上）时，作连接任意1m长度两端点的连线并作平行于此线段且包容该段曲线的直线，取其中距离为最大的两条平行线 kp、$k'p'$ 间的垂直坐标值 $FG = 0.013$mm，即为导轨任意1m长度上的直线度误差。

2) 高度差法评定导轨局部误差（例如0.5m长度上的误差）时，任意指定基本长度（0.5m）两端点相对于导轨全长误差曲线两端点连线AB的坐标差，即为各基本长度导轨的局部误差。见图14-12，其中HD段导轨两端点的坐标差 $=DD'-HH'$ 为最大，应作为导轨局部误差。

局部误差值 $=DD'-HH'=0.03-0.0135=0.0165\text{mm}$

有的机床对导轨直线度误差有方向要求，如普通车床床身导轨只允许凸。这时误差曲线上的所有点均应位于导轨两端点连线之上侧，此时导轨才能被认为是凸的。在误差曲线中可以看出，其中有两个点位于导轨两端点连线之下侧，故导轨不能认为是凸的。

3. 检验床身导轨在横向垂直平面内的平行度（见图14-13）

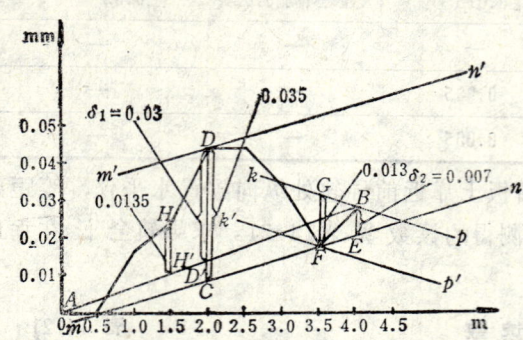

图 14-12　导轨直线度误差曲线

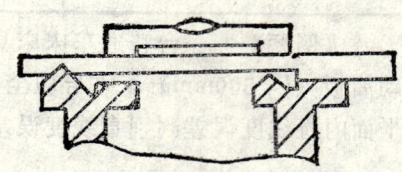

图 14-13　检验床身导轨平行度

在溜板上横向放置一水平仪。等距离移动溜板检验（移动距离同检验项目2）。水平仪在全部测量长度上读数的最大代数差值即为导轨的平行度误差。

也可将水平仪放置在专用桥板上，在导轨上进行上述测量。

平行度允差：普通车床，0.04/1000mm；

精密车床，0.03/1000mm。

【例题】　一台床身导轨长为3m的精密车床，在溜板上横向放置水平仪，每500mm距离移动溜板检验床身导轨在横向垂直平面内的平行度。水平仪在全部测量长度上的读数见表14-22。试计算平行度的误差并判断床身导轨在横向垂直平面内平行度是否合格。

水　平　仪　读　数　　　　表 14-22

检具位置	0—1	1—2	2—3	3—4	4—5	5—6
水平仪读数	0	$+\dfrac{0.005}{1000}$	$+\dfrac{0.010}{1000}$	$+\dfrac{0.005}{10000}$	0	$-\dfrac{0.005}{1000}$

【解】　平行度误差计算是水平仪在全部测量长度上读数的最大数差值即：

$$\text{平行度误差值} = \frac{0.010}{1000} - \left(-\frac{0.005}{1000}\right)$$

$$= \frac{0.015}{1000} < \frac{0.03}{1000}\text{（允差值）}$$

∴床身导轨在横向垂直平面内平行度合格。

4. 检验主轴的轴向窜动和主轴轴肩支承面的跳动（图14-14）

溜板上固定指示器，使其测头触及：a—插入主轴锥孔的检验棒端部的钢球上；b—主

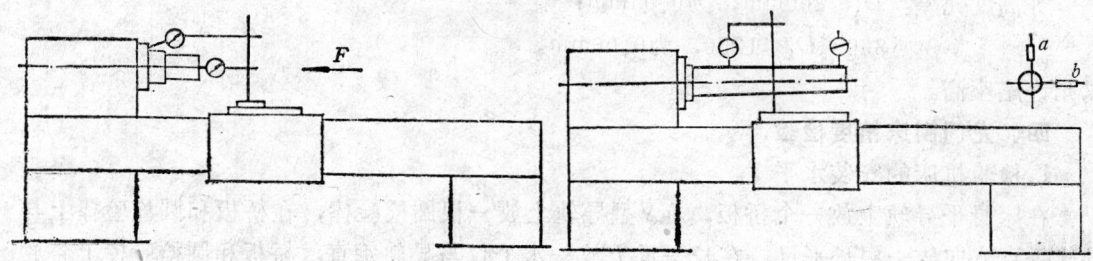

图 14-14　检验主轴轴向窜动和轴肩支承面跳动　　图 14-15　检验主轴轴线对溜板移动的平行度

轴轴肩支承面上。沿主轴轴线力 F （消除主轴轴承的轴向游隙而加 的 恒定力，其大小由制造厂规定）旋转主轴检验。a、b 误差分别计算。指示器读数的最大代数差值就是轴向窜动误差和轴肩支承面的跳动误差。

窜动和跳动允差见表14-23。

5.检验主轴轴线对溜板移动的平行度（图14-15）

主轴窜动和跳动允差（mm）　　　　表 14-23

机床类别	最大工件回转 直径D_a	主轴窜动 a	主轴跳动 b
普通车床	$D_a \leqslant 800$	0.01	0.02
	$800 < D_a \leqslant 1250$	0.015	0.02
精密车床	$D_a \leqslant 800$	0.005	0.01
	$800 < D_a \leqslant 1250$	0.01	0.01

在主轴孔内紧密地插入一根检验棒，在溜板上固定指示器，使指示器的测头分别触及检验棒的表面：a 在垂直平面内，b 在水平面内，移动溜板检验。将主轴旋转180°，再同样检验一次，a、b 误差分别计算。两次测量结果的代数和之半，即为平行度误差。

平行度允差见表14-24。

平　行　度　允　差（mm）　　　　表 14-24

机床类别	最大工件回转 直径D_a	平　行　度　允　差			
		在300测量长度上		在500测量长度上	
		垂直平面内	水平面内	垂直平面内	水平面内
普通车床	$D_a \leqslant 800$	0.020	0.015		
	$800 < D_a \leqslant 1250$			0.04	0.03
精密车床	$D = 250 \sim 500$	0.015	0.010		

6.检验床头和尾座两顶尖的等高度（图14-16）

在主轴与尾座顶尖间装入检验棒，将指示器固定在溜板上，使其测头在垂直平面内触及检验棒，移动溜板在检验棒的两端极限位置上检验。指示器在检验棒两端读数的差值，就是等高度误差。当工件最大长度小于或等于500mm时，尾座紧固在床身导轨的末端；当大于500mm时，尾座紧固在最大工件长度的1/2处，但最大不大于2000mm。检验时，尾座顶尖套应退入尾座孔内，并锁紧。

等高度允差：$D_a \leq 800mm$，为0.04mm；

$800 < D_a \leq 1250$，为0.06mm。

只允许尾座高。

四、龙门刨床精度检验

1.检验机床的安装水平

在床身平导轨上放一个桥板，在V型导轨上放一根圆检验棒，在桥板和圆检验棒上与导轨垂直方向放一根长平尺，在长平尺上放一水平仪与导轨垂直，桥板和圆检验棒上各放一水平仪与导轨平行。沿导轨全长检验。

安装水平允差：纵向及横向，为0.04/1000mm。

2.检验床身导轨在垂直平面内的直线度（图14-17）

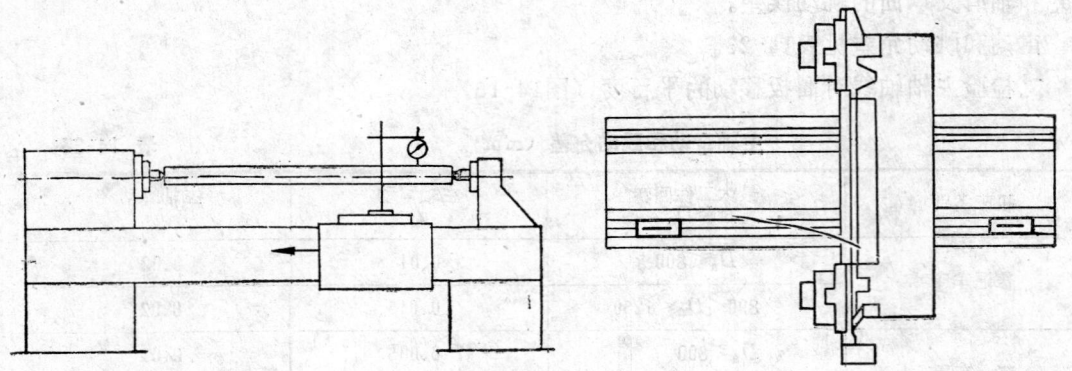

图14-16　检验床头和尾座两顶尖的等高度　　　图14-17　检验导轨在垂直平面内的直线度

在平导轨上放一长500mm的桥板，V型导轨上放一长500mm的圆检验棒（一般均随机带），其上平行于导轨放水平仪，移动桥板（圆检验棒），每隔500mm记录一次水平仪读数，在导轨全长上检验。按所测数据画出导轨误差曲线，全长误差以误差曲线上各点相对其两端点连线间坐标值的最大代数差值计。

直线度允差见表14-25。

床 身 导 轨 直 线 度 允 差　　　　表 14-25

导轨长度　（m）	≤4	>4～8	>3～12	>12～16	>16～20	>20
全长上允差　（mm）	0.03	0.04	0.05	0.06	0.08	0.10
每1m长允差（mm）	0.015	0.015	0.015	0.015	0.015	0.015

【例题】　一台B2016A×60的龙门刨床，其床身长12m，用水平仪检验导轨在垂直平面内的直线度，每隔500mm测量一次，其水平仪的读数见表14-26。求床身导轨在垂直平面内的直线度误差并判别是否合格。

【解】　根据所测得的水平仪读数，在坐标纸上选择适当的比例画出误差曲线，如图14-18所示。误差计算如下：

(1) 评定导轨全长直线度误差，作连接实际线（误差曲线）两端点的连线AB，以AB为基准线，取实际线上各点到基准线坐标值中最大的一个正值DC（$\delta_1 = 0.05mm$）和最大的一个负值BE（$\delta_2 = 0.0075mm$）的绝对值之和，即：

320

检具位置	0—1	1—2	2—3	3—4	4—5	5—6	6—7	7—8	8—9	9—10	10—11	11—12
水平仪读数	$\dfrac{0.02}{0001}$	$\dfrac{0.01}{1000}$	$\dfrac{0.01}{1000}$	0	$\dfrac{0.01}{1000}$	$\dfrac{0.02}{1000}$	$\dfrac{0.01}{1000}$	0	$\dfrac{0.02}{1000}$	$\dfrac{0.01}{1000}$	$\dfrac{0.01}{1000}$	$\dfrac{0.02}{1000}$

检具位置	12—13	13—14	14—15	15—16	16—17	17—18	18—19	19—20	20—21	21—22	22—23	23—24
水平仪读数	$-\dfrac{0.01}{1000}$	0	$-\dfrac{0.01}{1000}$	$-\dfrac{0.02}{1000}$	0	$-\dfrac{0.01}{1000}$	$-\dfrac{0.01}{1000}$	0	$-\dfrac{0.02}{1000}$	0	$+\dfrac{0.01}{1000}$	$\dfrac{0.01}{1000}$

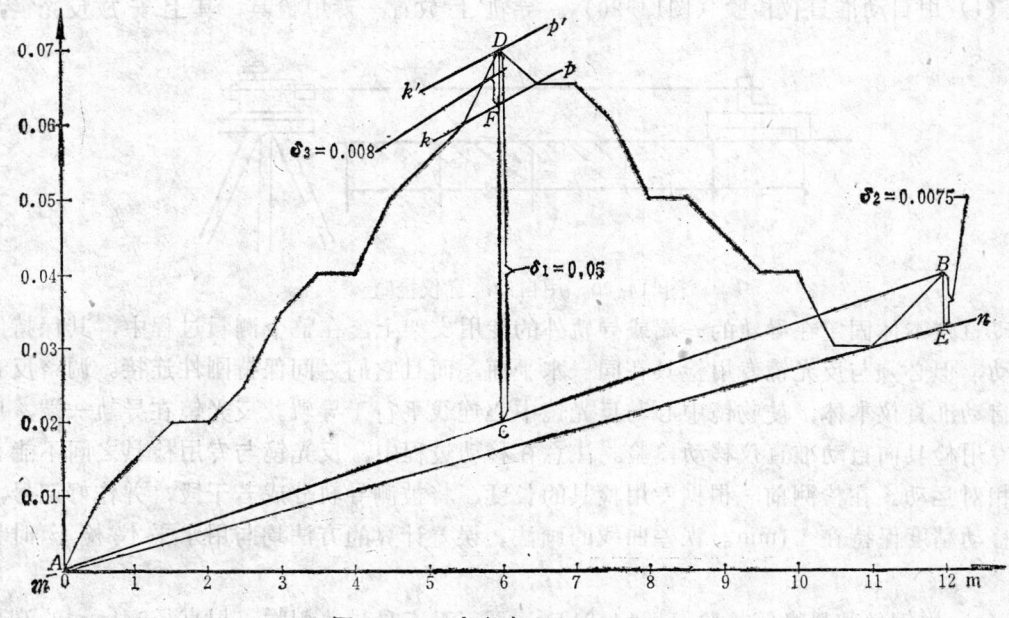

图 14-18　床身直线度误差曲线

$$全长直线度误差 = |\delta_1| + |\delta_2| = |0.05| + |-0.0075|$$
$$= 0.0575\text{mm} > 0.04\text{mm}（允差）$$

所以全长直线度误差超过允差,不合格,需要重新调整该项精度。

（2）评定局部直线度误差（1m长度上的误差），作连接任意1m长度两端的连线并作平行于此线段且包容曲线的直线，取其中距离为最大的两条平行线KP、$K'P'$间的垂直坐标值DF（$\delta_3 = 0.008$mm）为导轨任意1m长度上的直线度误差（局部误差）。

局部误差 $= 0.008$mm < 0.015（允差）
所以局部直线度合格。

3.检验床身导轨在垂直平面内的平行度（图14-19）

为保证工作台在床身导轨上运动的正确性，不但要求单条导轨分别达 到一 定 的直线

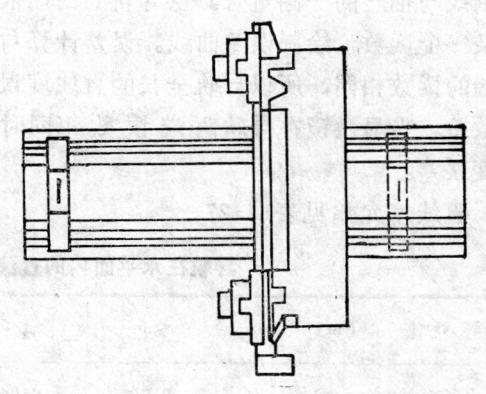

图 14-19　检验床身导轨平行度

度，而且各条导轨之间也要达到一定的平行度要求，这样才能使机床运行平稳，保证加工零件所要求的几何、尺寸精度。

检验方法，在床身平导轨上放一桥板，在V型导轨上放一圆检验棒，其上横跨放一长平尺，平尺上垂直于导轨放一水平仪。测量时，从导轨一端开始，不改变它们的相互位置，移动整个系统，每隔500mm记录一次水平仪读数，在导轨全长上检验。误差以水平仪读数的最大代数差计（床身有三条以上导轨时，均应相对中间一条导轨进行检验）。

平行度允差：0.02/1000mm。

4.检验床身导轨在水平面内的直线度

(1) 用自动准直仪检验（图14-20）。导轨上放置一专用检具，其上安放反光镜，

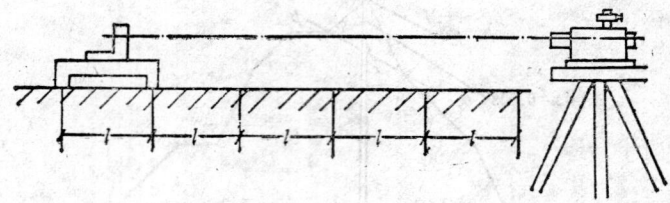

图 14-20　用自动准直仪检验

自准动直仪本体固定在导轨的一端或导轨外的专用支架上，在整个测量过程中，其保持固定不动，但必须与反光镜专用检具在同一水平面，而且它们之间保持刚性连接。调整反光镜或自动准直仪本体，使物镜中心与反光镜中心连线平行于导轨。反光镜在导轨一端，反光镜专用检具向自动准直仪移动检验。注意在移动过程中，反光镜与专用检具之间不能有任何相对运动。在检测前，根据专用检具的长度，将被测导轨分成若干段，并作好记号，每次移动精度保持在±1mm。误差曲线的画法、误差计算的方法均与用水平仪检验时相同。

(2) 用钢丝和显微镜检验（图14-21）。平行于床身导轨绷紧一根直径0.1mm的高强度钢丝，其拉紧力应接近钢丝屈服强度，使钢丝的自然挠度尽量的小。床身导轨上放专用检具，其上固定显微镜，显微镜镜头与水平面垂直。调整钢丝，使显微镜在导轨两端时镜头刻线与钢丝的一侧重合。从导轨的一端依次移动检具，每移动一个检具长度测量一次，记录一个读数，绘制误差曲线。误差计算与用水平仪检验的方法相同。由于显微镜在导轨两端的读数相同，所以导轨全长的直线度误差也就是显微镜在导轨全长检验的读数的最大代数差。当显微镜在导轨两端读数不同时，必须绘制曲线，按JB2670—82的规定计算直线度误差。

直线度允差见表14-27。

导轨在水平面内的直线度允差　　　　　　　　　　表 14-27

导轨长 （m）	≤4	>4~8	>8~12	>12~16	>16~20	>20
全长允差 （mm）	0.03	0.04	0.05	0.06	0.08	0.10
每米允差 （mm）			0.015			

5.检验工作台纵向移动在水平面内的直线度（图14-22）

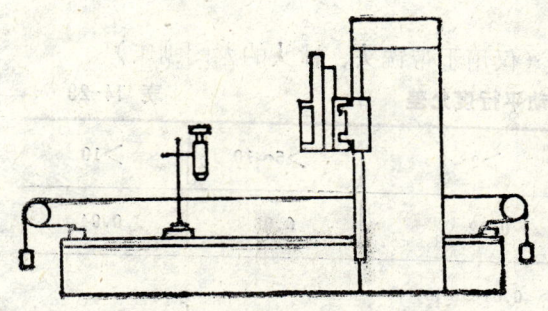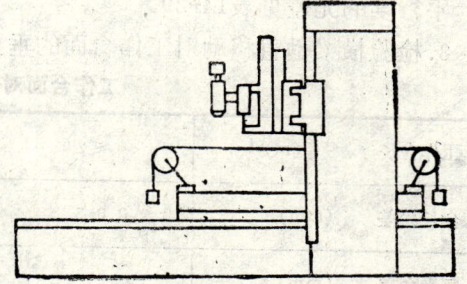

图 14-21 用钢丝和显微镜检验　　　　图 14-22 检验工作台的直线度

用钢丝和显微镜检验。在工作台的两端张紧一根钢丝，并与床身导轨平行。显微镜固定在刀架上，调整钢丝，使显微镜在钢丝两端的读数大致相等。移动工作台，在工作台全长的等距离的各个位置上依次测量，并画出工作台运动的误差曲线。全长误差以误差曲线上各点相对其两端点连线间坐标的最大代数差值计。局部误差以任意局部测量长度上相邻两端点相对误差曲线两端连线间坐标值的最大代数差值计。

直线度允差见表14-28。

工作台移动的直线度允差　　　　　　　　　　　　表 14-28

工作台长(m)	≤2	>2~3	>3~4	>4~6	>6~8	>8~10	>10
全长允差(mm)	0.02	0.03	0.04	0.05	0.06	0.07	0.08
每米允差(mm)	0.01						

6.检验横梁垂直移动时的倾斜（图14-23）

将两个垂直刀架移置于使横梁平衡的位置上，在横梁上导轨面的中央，按平行于横梁的方向放一水平仪，移动横梁，分别在 a、b、c 三个位置上锁紧横梁进行检验。其倾斜误差以水平仪读数的最大代数差值计。

平行度允差为0.02/1000mm。

7.检验工作台面对工作台移动的平行度（图14-24）

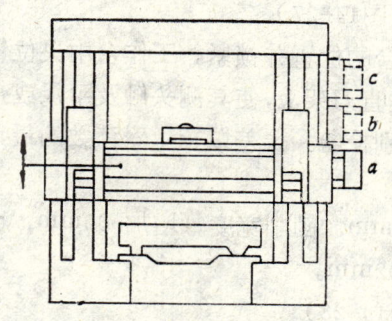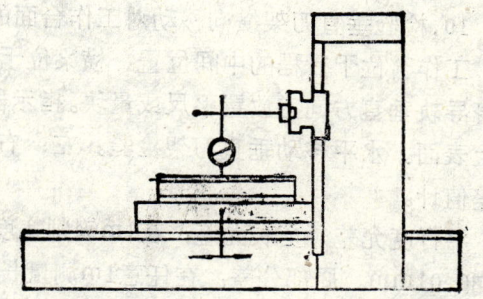

图 14-23 检验横梁移动时的倾斜　　　图 14-24 检验工作台面对工作台移动平行度

在工作台面按床身导轨方向上放一平尺或块规，将指示器固定在刀架上，使其测头触及平尺或块规上表面。移动工作台，在工作台的全部行程上检验。应分别在工作台的中央和靠近两侧边缘处三个位置上检验。误差以指示器读数的最大代数差值计。

平行度的允差见表14-29。

8.检验横梁垂直移动对工作台面的垂直度（仅用于带铣头、镗头的龙门刨床）

工作台面对其移动平行度允差　　　　　　　　　　表 14-29

工作台长度 　　（m）	≤2	>2～5	>5～10	>10
全长允差 　　（mm）	0.015	0.02	0.03	0.04
每米允差 　　（mm）		0.01		

如图14-25所示，工作台位于行程中间位置，在工作台的中央放置圆形角尺。将指示器固定在垂直刀架上，使其测头触及圆形角尺表面；a为纵向；b为横向。移动横梁检验。然后将圆形角尺旋转180°，再检验一次。误差以两次测量结果的代数和之半计。

垂直度允差为0.02/1000mm。

9.检验垂直刀架垂直移动对工作台面的垂直度（图14-26）

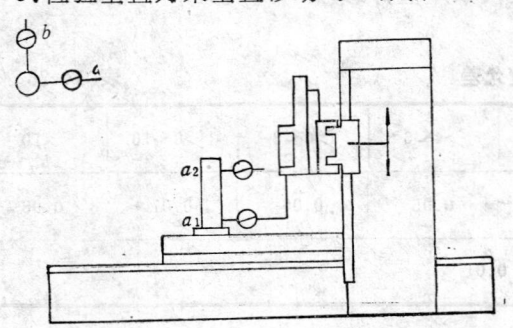 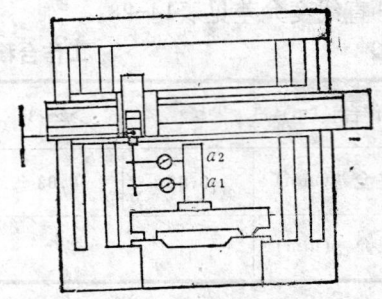

图 14-25　检验横梁移动对工作台面的垂直度　　　　图 14-26　检验垂直刀架垂直移动的垂直度

工作台位于行程中间位置。在工作台面中央位置放置圆形角尺，指示器固定在垂直刀架上，使其测头触及圆形角尺表面，移动垂直刀架检验。然后将圆形角尺旋转180°，再检验一次。误差以两次检验结果的代数和之半计。如果有两个垂直刀架，一个刀架进行检验时，另一个刀架应置于接近立柱的位置上。

垂直度允差为0.02/1000mm。

10.检验垂直刀架横向移动对工作台面的平行度（图14-27）

工作台位于行程的中间位置。横梁位于接近工作台的位置并锁紧。工作台中央位置沿床身导轨垂直方向上放置平尺或量块。指示器固定在垂直刀架上，使其测头触及平尺或量块的上表面。水平移动垂直刀架检验。左、右刀架要分别检验。误差以指示器读数的最大代数差值计。

平行度允差，全长允差：在1m刨削宽度内为0.02mm，刨削宽度每增加500mm，允差增加0.01mm。局部公差：在任意1m测量长度上为0.02mm。

11.检验侧刀架垂直移动对工作台面的垂直度（图14-28）

工作台位于行程的中间位置。在工作台的中央放置圆形角尺。将指示器固定在侧刀架上，使其测头触及圆形角尺的表面，垂直移动侧刀架检验。左、右侧刀架要分别检验。然后将圆形角尺旋转180°，再检验一次。误差以两次检验结果的代数差之半计。

垂直度允差，0.02/1000mm。

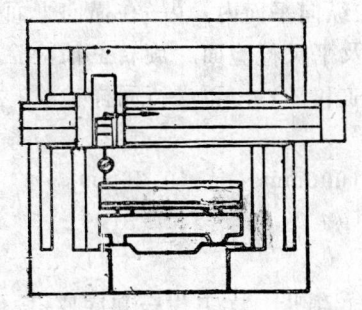 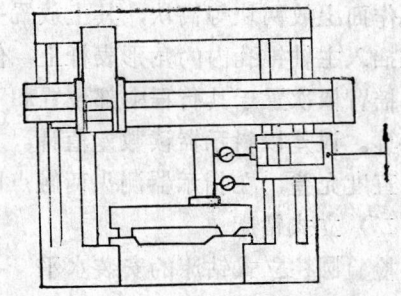

图 14-27　检验垂直刀架移动对工作台平行度　　图 14-28　检验侧刀架移动对工作台的垂直度

五、牛头刨床精度检验

1.检验机床安装水平（图14-29）

将工作台移在横梁导轨和垂直导轨的中间位置。在工作台平面中央位置按纵向、横向放置水平仪，分别在纵向与横向平面内检验。

安装水平允差，纵向及横向为0.04/1000mm。

2.检验工作台水平移动对前支承面的平行度（用于底座有工作台支承面的机床）

如图 14-30 所示，横梁紧固在其行程的中间位置。工作台上固定指示器，其测头触及支承面上。移动工作台检验。误差以指示器读数的最大代数差计。

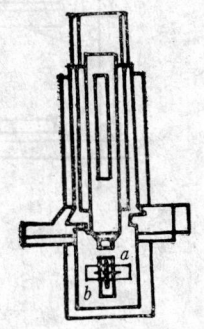 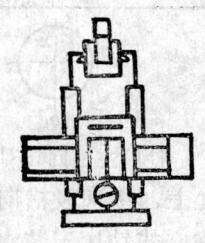

图 14-29　检验牛头刨床水平　　　　图 14-30　检验工作台水平移动的平行度

平行度允差见表14-30。

工作台水平移动平行度允差（mm）　　　　表 14-30

最大刨削长度	≤320	>320～630	>630
平行度允差	0.02	0.04	0.05

六、钻床安装精度检验

（一）摇臂钻床

1.检验机床安装水平

在其底座工作台面的中间位置上，将标准平尺放在两等高块上，其上放置水平仪，分别在纵向和横向平面内测量。

安装水平允差，纵向及横向为0.10/1000mm。

2.检验主轴回转轴线对底座工作台的垂直度（图14-31）

主轴缩回到原始位置，摇臂位于其行程的上部位置Ⅰ，摇臂、立柱和主轴箱夹紧。在底座工作面上放两块等高块，其上放置平尺：a—在纵向平面内；b—在横向平面内，指示器装在插入主轴锥孔内的角形表杆上，使其测头触及平尺检验面。旋转主轴检验。

将摇臂依次置于其行程中部位置和下部位置（Ⅱ和Ⅲ），再进行同样检验。a、b误差分别计算。误差以指示器读数差值计。

垂直度允差，在指示器测头两触点间的距离为1000mm，允差0.20mm。

（二）立式钻床

1.检验圆柱立式钻床的安装水平

如图14-32所示，将工作台置于行程中间位置并锁紧。在工作台和底座工作面放平尺，其上放水平仪，分别在a纵向平面和b横向平面内检验。当底座面未切削加工时，只在工作台面上进行检验。

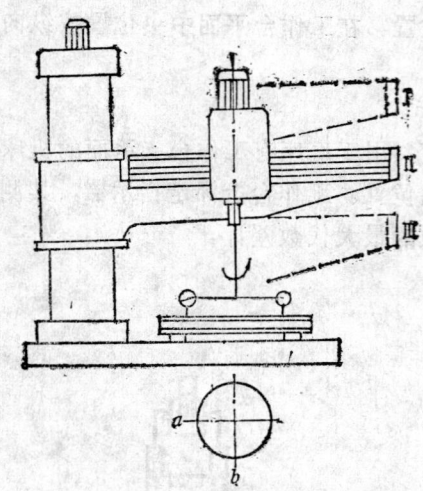

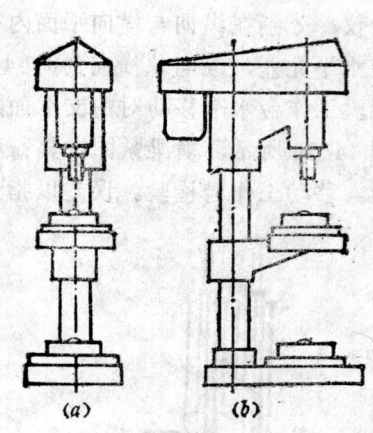

图 14-31　检验主轴回转对底座的垂直度　　图 14-32　检验圆柱立式钻床水平

安装水平允差，纵向及横向为0.04/1000mm。

2.检验方柱立式钻床安装水平（图14-33）

将工作台和主轴箱分别置于其行程的中间位置。锁紧工作台（无锁紧机构时，应使其处于上升状态）。在工作台面上放置平尺，其上放水平仪，分别在a纵向平面和b横向平面内检验。

安装水平允差，纵向及横向为0.04/1000mm。

七、磨床安装精度检验

（一）外圆磨床

1.检验机床的安装水平

安装水平按下述方法之一进行检验：

（1）最大磨削长度小于等于1m的机床，可将工作台移至其行程的中间位置，在工作台中央放置专用检具（桥板），其上安放水平仪，按纵向、横向分别检验。也可将工作台移至其行程的中间位置，在外露的床身导轨上放置专用检具，其上放水平仪，按纵向、横向分别检验。

（2）最大磨削长度大于1m的机床，应将工作台拆卸下，在床身导轨上放置专用检

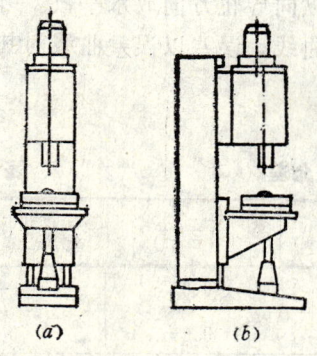

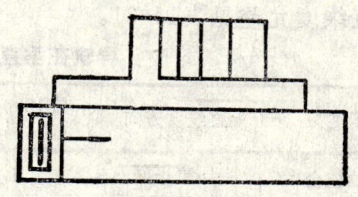

图 14-33　检验方柱立钻床水平　　　　图 14-34　检验纵向导轨平行度

具，其上放水平仪进行检验。评定纵向安装水平时，每隔检具长度移动一次水平仪，并记录水平仪读数k，可得k_1、k_2、……k_n。纵向安装水平：

$$a = \frac{k_1 + k_2 + \cdots\cdots + k_n}{n}$$

上述计算结果为运动曲线两端点连线的斜率，故也可用作图法求得。

横向安装水平可在平导轨的中间放水平仪进行检验。

最大磨削长度大于1m的机床，也可在床身导轨的两端、中间（或几个位置上）放置专用检具及水平仪，按纵向、横向分别检验。

安装水平允差，纵向及横向为0.04/1000mm，

2.检验床身纵向导轨在垂直平面内和水平面内的直线度

（1）检验在垂直平面内的直线度时，在床身纵向导轨的专用检具上放自动准直仪的反光镜，自动准直仪本身放在床身的外面（图14-20）。移动检具，每隔检具长度记录一次读数，并画出导轨的误差曲线。全长误差以误差曲线对其两端点连线间坐标值的最大代数差值计。局部误差以相邻两点相对误差曲线两端点连线坐标差的最大值计。

（2）检验在水平面内的直线度时，将自动准仪本身光管的接目镜旋转90°，按上述方法同样验一次即可。

垂直平面内和水平面内的直线度允差，在1000mm长度内为0.02mm，每增加1000mm允差值增加0.015mm，最大允差值为0.05mm。任意250mm测量长度上的局部公差为0.006mm。

3.检验床身纵向导轨在垂直平面内的平行度（图14-34）

在床身纵向导轨的专用检具上与检具移动方向垂直放置水平仪，移动检具检验。误差以水平仪读数的最大差值计。

平行度允差，最大磨削长度≤500mm的机床：0.02/1000mm；最大磨削长度>500mm的机床：0.04/1000mm。

（二）卧轴矩台平面磨床、精密卧轴矩台平面磨床

1.检验机床安装水平

安装水平的检验方法按机床使用说明书进行。说明书未规定的按外圆磨床的方法检验。

安装水平允差，按制造厂使用说明书规定执行。

2.检验床身（或拖板）纵向导轨在垂直平面内的直线度

在床身纵向导轨上放置专用检具，其上沿平行于纵向导轨方向放水平仪。等距离移动检具检验，依次记录水平仪读数，并画出导轨的误差曲线。误差以误差曲线对其两端点连线间坐标值的最大代数差值计。

直线度允差见表14-31。

导轨在垂直、水平面内的直线度允差 表 14-31

机床类型	直线度方向	在1000长度内（mm）	每增加1000允差值增加（mm）	最大允差（mm）	任意300测量长局部公差（mm）
卧轴矩台平面磨床	垂直平面内	0.02	0.015	0.05	—
	水平面内	0.02	0.020	0.05	0.010
精密卧轴矩台平面磨床	垂直平面内	0.01	0.01	0.04	0.006
	水平面内	0.01	0.010	0.04	0.008

3.检验床身（或拖板）纵向导轨在水平面内的直线度（图14-35）

在床身纵向导轨上放一专用检具（桥板），其上固定指示器，在机床外放置一标准平尺，其检验表面调整到与导轨平行。指示器固定在导轨专用检具上，其测头触及平尺工作表面，移动桥板检验。误差以指示器读数的最大代数差值计。

直线度允差见表14-30。

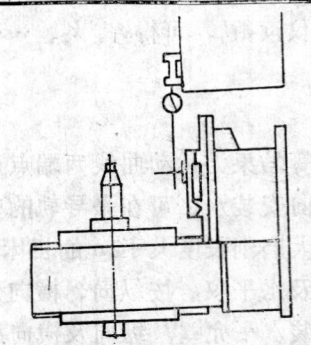
图 14-35 检验导轨在水平面内的直线度

4.检验床身（或拖板）纵向导轨在垂直平面内的平行度

在放置于床身纵向导轨的桥板上垂直纵向导轨放一水平仪。等距离移动桥板检验，记录水平仪读数。误差以水平仪读数的最大代数差值计。

平行度允差见表14-32。

纵 向 导 轨 平 行 度 允 差（mm） 表 14-32

磨 削 长 度	≤1000	>1000
卧 轴 矩 台 平 面 磨 床	0.020/1000	0.04/1000
精密卧轴矩台平面磨床	0.016/1000	0.02/1000

5.检验工作台（或磨头、立柱）横向移动对工作台的平行度

指示器固定在机床的固定部位上（如主轴能锁紧,则装在主轴上）,使其测头触及工作台面。测头应近似地与砂轮主轴垂直中心线重合。横向移动工作台（或磨头、立柱）检验（允许加桥板或平尺和块规检验）。误差以指示器读数的最大差值计。

平行度允差，卧轴矩台平面磨床，在1000mm长度内为0.01mm；精密卧轴矩台平面磨床，在300mm长度内为0.005mm。

思考题与习题

14-1 机床是如何进行分类的？各分类中有哪些机床？

14-2 我国通用机床型号是怎样编制的？试说明下列通用机床型号的含意：

CA6140   Z3080×20   T4163B
TH6150   MM7132   3M1120
X5032   B2016×90   B5020

14-3 机床平面布置的方式有几种？各有什么特点？适用于哪种生产形式？

14-4 机床排列的方式有哪些种类？其特点是什么？选择机床排列方式要考虑哪些因素？

14-5 简要叙述对机床排列的一般要求。

14-6 机床基础应满足哪些要求？其主要型式有几种？选择基础型式的主要依据是什么？

14-7 机床基础的平面尺寸、厚度及埋置深度如何确定？

14-8 一台BQ2010×30型轻便龙门刨床，机床总质量$m_1 = 8t$，最大加工质量$m_2 = 3t$，机床外形长度$L_w = 6.4m$，宽度$B_w = 2.47m$，机床的基础平面尺寸见习题14-8图，基础材料选用C15混凝土，地基土为稍密、稍湿的细砂土。(1)试确定基础厚度h；(2)进行地基承载力核算。

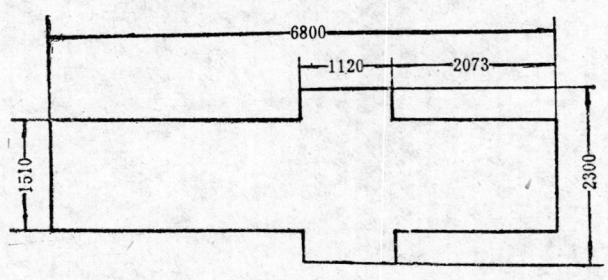

习题14-8图

14-9 机床基础防振的主要方式有哪些种？它们各具什么特点？如何进行选择？

14-10 简述机床安装的一般分类方法和安装的一般程序。

14-11 选择机床被测基准的原则是什么？它包括哪些范围？

14-12 什么是自然调平法？采用自然调平法安装机床具有什么优点？

14-13 机床精平的实质是什么？精平与粗平的方法相比有什么异、同之处？

14-14 机床无负荷试运转前应做好哪些准备工作？试运转的方法和步骤是什么？进行哪些方面的检查？符合什么要求？

14-15 大型龙门刨床床身的主要特点是什么？安装调整中有哪些要求？怎样进行安装调整？

14-16 龙门刨床的立柱如何进行安装调整？应检验哪些精度？对立柱的倾斜方向有什么要求？

14-17 龙门刨床的工作台在安装前应做好哪些准备工作？怎样进行安装？

14-18 对机床安装精度检验的一般要求是什么？

14-19 检验机床导轨的直线度，当允许差为线性值时，根据误差曲线评定误差的方法有几种？我国现行标准规定的评定方法是哪种？怎样评定？

14-20 普通车床、精密车床的安装精度检验项目有哪些？怎样检验？

14-21 龙门刨床在安装过程中，应检验哪些精度项目？怎样检验？

14-22 一台龙门刨床，其型号为B2016A×60。床身导轨长12m，用精度0.02/1000mm的水平仪检验导轨在垂直平面内的直线度。设放置水平仪的检具每隔500mm移动一次并记录读数，其中平导轨水平仪水泡偏差格数依次为：0, +0.5, +0.5, +1, +0.5, 0, +0.5, +1, 0, +0.5, +0.5, +1, +0.5, 0, -0.5, -0.5, -1, -0.5, 0, 0, -0.5, -1, -0.5, 0。试评定平导轨在垂直平面内的直线度误差并判别是否合格。

参 考 文 献

1.杨文柱主编.设备安装工艺学.北京：中国建筑工业出版社，1989.8
2.安装教材编写组.安装钳工工艺学.北京：中国建筑工业出版社，1983.7
3.赵兴仁、黄锋、何思源等编著.机械设备安装工艺学.重庆：科学技术文献出版社 重庆 分社，1985.3